#개념원리
#개념완전정복

개념
해결의 법칙

Chunjae
Makes
Chunjae

[개념 해결의 법칙] 초등 수학 6-1

기획총괄 김안나
편집개발 이근우, 서진호, 김현주, 김정민
디자인총괄 김희정
표지디자인 윤순미
내지디자인 박희춘, 이혜미
제작 황성진, 조규영

발행일 2022년 8월 15일 4판 2023년 9월 1일 2쇄
발행인 (주)천재교육
주소 서울시 금천구 가산로9길 54
신고번호 제2001-000018호
고객센터 1577-0902

※ 정답 분실 시에는 천재교육 교재 홈페이지에서 내려받으세요.
※ KC 마크는 이 제품이 공통안전기준에 적합하였음을 의미합니다.
※ 주의
책 모서리에 다칠 수 있으니 주의하시기 바랍니다.
부주의로 인한 사고의 경우 책임지지 않습니다.
8세 미만의 어린이는 부모님의 관리가 필요합니다.

모든 개념을 다 보는 해결의 법칙

수학

6·1

스케줄표

6-1

일차	날짜	내용
1일차	월 일	1. 분수의 나눗셈 10쪽 ~ 15쪽
2일차	월 일	1. 분수의 나눗셈 16쪽 ~ 19쪽
3일차	월 일	1. 분수의 나눗셈 20쪽 ~ 23쪽
4일차	월 일	1. 분수의 나눗셈 24쪽 ~ 27쪽
5일차	월 일	2. 각기둥과 각뿔 30쪽 ~ 35쪽
6일차	월 일	2. 각기둥과 각뿔 36쪽 ~ 41쪽
7일차	월 일	2. 각기둥과 각뿔 42쪽 ~ 47쪽
8일차	월 일	2. 각기둥과 각뿔 48쪽 ~ 51쪽
9일차	월 일	3. 소수의 나눗셈 54쪽 ~ 57쪽
10일차	월 일	3. 소수의 나눗셈 58쪽 ~ 61쪽
11일차	월 일	3. 소수의 나눗셈 62쪽 ~ 65쪽
12일차	월 일	3. 소수의 나눗셈 66쪽 ~ 69쪽
13일차	월 일	3. 소수의 나눗셈 70쪽 ~ 73쪽
14일차	월 일	3. 소수의 나눗셈 74쪽 ~ 77쪽
15일차	월 일	4. 비와 비율 80쪽 ~ 85쪽
16일차	월 일	4. 비와 비율 86쪽 ~ 91쪽
17일차	월 일	4. 비와 비율 92쪽 ~ 95쪽
18일차	월 일	4. 비와 비율 96쪽 ~ 101쪽
19일차	월 일	4. 비와 비율 102쪽 ~ 105쪽
20일차	월 일	4. 비와 비율 106쪽 ~ 109쪽
21일차	월 일	4. 비와 비율 110쪽 ~ 113쪽
22일차	월 일	5. 여러 가지 그래프 116쪽 ~ 121쪽
23일차	월 일	5. 여러 가지 그래프 122쪽 ~ 125쪽
24일차	월 일	5. 여러 가지 그래프 126쪽 ~ 129쪽
25일차	월 일	5. 여러 가지 그래프 130쪽 ~ 135쪽
26일차	월 일	5. 여러 가지 그래프 136쪽 ~ 139쪽
27일차	월 일	6. 직육면체의 부피와 겉넓이 142쪽 ~ 147쪽
28일차	월 일	6. 직육면체의 부피와 겉넓이 148쪽 ~ 151쪽
29일차	월 일	6. 직육면체의 부피와 겉넓이 152쪽 ~ 155쪽
30일차	월 일	6. 직육면체의 부피와 겉넓이 156쪽 ~ 159쪽

스케줄표 활용법

1 먼저 스케줄표에 공부할 날짜를 적습니다.
2 날짜에 따라 스케줄표에 제시한 부분을 공부합니다.
3 채점을 한 후 확인란에 부모님이나 선생님께 확인을 받습니다.

예 〉 1일차 월 일
1. 분수의 나눗셈
10쪽 ~ 15쪽

모든 개념을 다 보는 해결의 법칙

수학

6·1

개념 해결의 법칙만의

학습 관리

1 개념 파헤치기

교과서 개념을 만화로 쉽게 익히고 기본 문제, 쌍둥이 문제를 풀면서 개념을 제대로 이해했는지 확인할 수 있어요.

개념 동영상 강의 제공

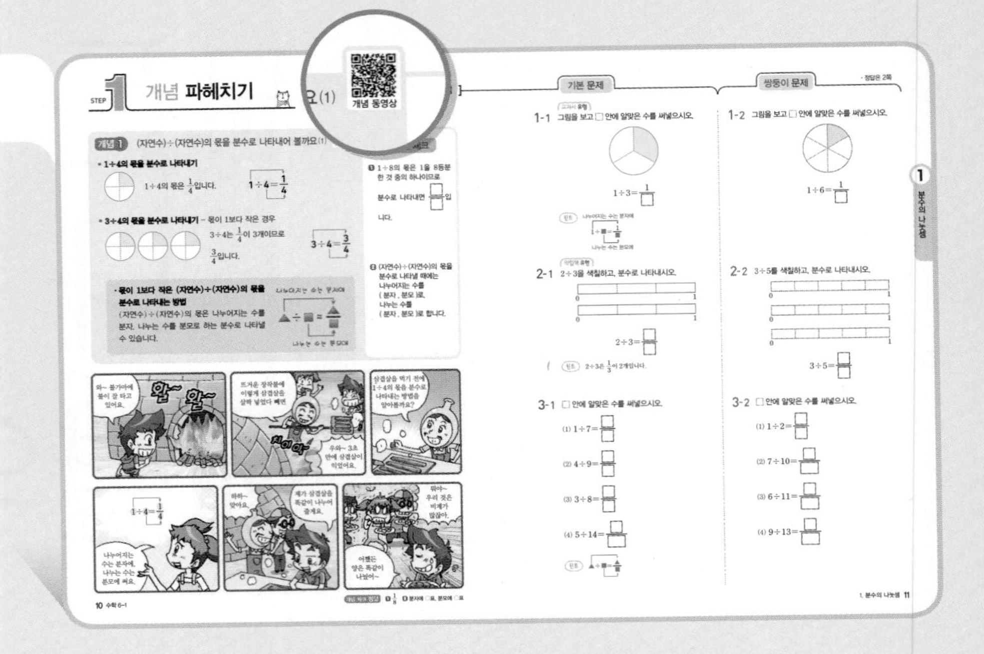
STEP 1 개념 파헤치기

개념 동영상

개념 1 (자연수)÷(자연수)의 몫을 분수로 나타내어 볼까요(1)

기본 문제

1-1 그림을 보고 □ 안에 알맞은 수를 써넣으시오.

2-1 2÷3을 색칠하고, 분수로 나타내시오.

3-1 □ 안에 알맞은 수를 써넣으시오.

쌍둥이 문제

1-2 그림을 보고 □ 안에 알맞은 수를 써넣으시오.

2-2 3÷5를 색칠하고, 분수로 나타내시오.

3-2 □ 안에 알맞은 수를 써넣으시오.

10 수학 6-1

1. 분수의 나눗셈 11

2 개념 확인하기

다양한 교과서, 익힘책 문제를 풀면서 앞에서 배운 개념을 완전히 내 것으로 만들어 보세요.

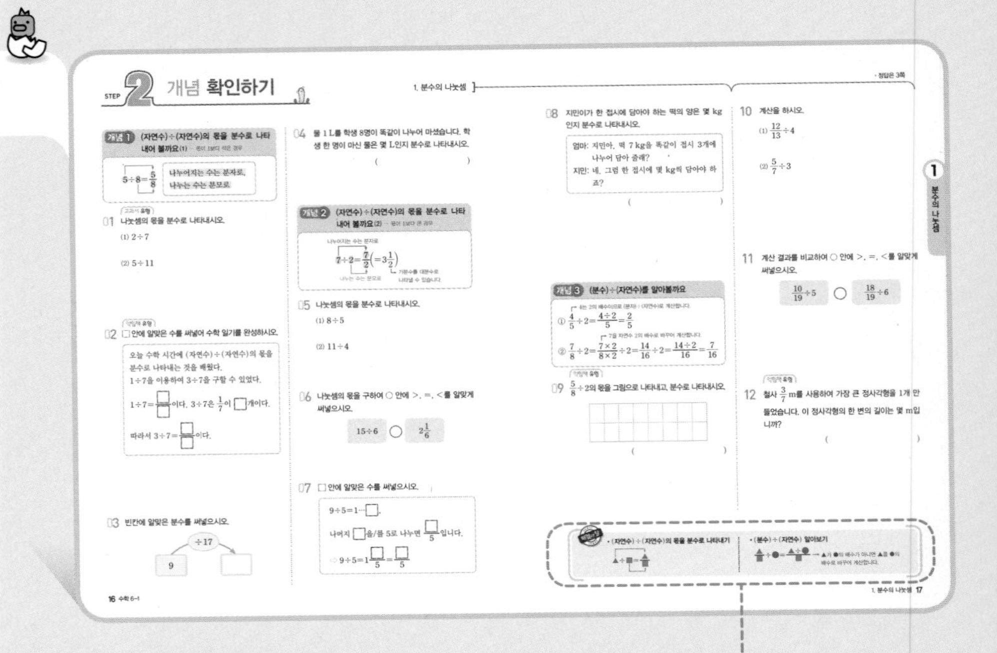
STEP 2 개념 확인하기

1. 분수의 나눗셈

16 수학 6-1

1. 분수의 나눗셈 17

꼭 알아야 할 개념, 주의해야 할 내용 등을 아래에 해결의 창으로 정리했어요. 해결의 창을 통해 문제 해결 방법을 찾아보아요.

3 단원 마무리 평가

단원 마무리 평가를 풀면서 앞에서 공부한 내용을 정리해 보세요.

유사 문제 제공

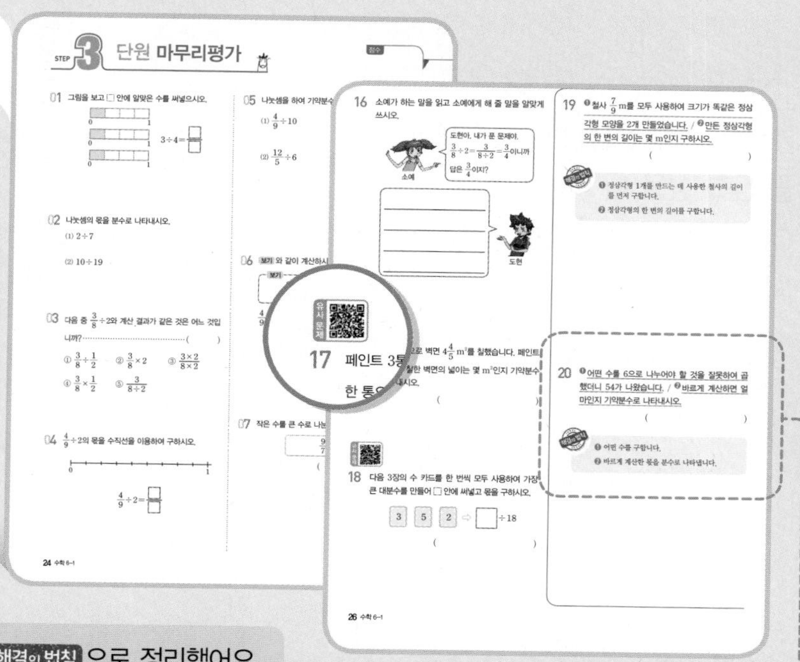

해결의 법칙

응용 문제를 단계별로 자세히 분석하여 해결의 법칙으로 정리했어요.
해결의 법칙을 통해 한 단계 더 나아간 응용 문제를 풀어 보세요.

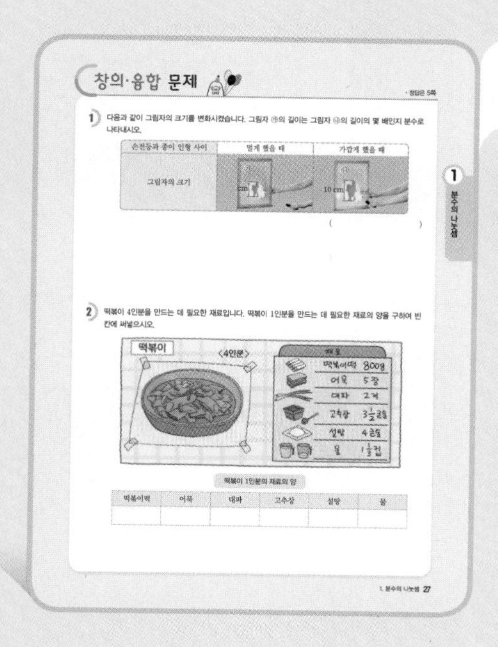

창의 · 융합 문제

단원 내용과 관련 있는 창의 · 융합 문제를
쉽게 접근할 수 있어요.

개념 해결의 법칙

QR 활용법

❗ 모바일 코칭 시스템 : 모바일 동영상 강의 서비스

개념 동영상 강의

개념에 대해 선생님의 더 자세한 설명을 듣고 싶을 때 찍어 보세요. 교재 내 QR 코드를 통해 개념 동영상 강의를 무료로 제공하고 있어요.

1단계 개념 동영상 강의

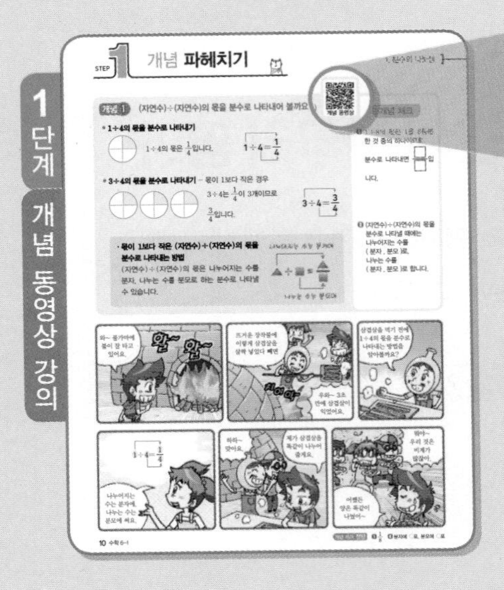

유사 문제

3단계에서 비슷한 유형의 문제를 더 풀어 보고 싶다면 QR 코드를 찍어 보세요. 추가로 제공되는 유사 문제를 풀면서 앞에서 공부한 내용을 정리할 수 있어요.

3단계 유사 문제

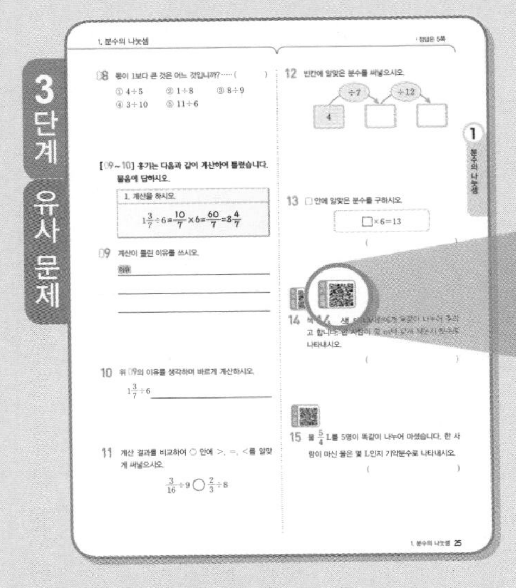

해결의 법칙 이럴 때 필요해요!

우리 아이에게 수학 개념을 탄탄하게 해 주고 싶을 때

>>>

교과서 개념, 한 권으로 끝낸다!

개념을 쉽게 설명한 교재로 개념 동영상을 확인하면서 차근차근 실력을 쌓을 수 있어요. 교과서 내용을 충실히 익히면서 자신감을 가질 수 있어요.

개념이 어느 정도 갖춰진 우리 아이에게 공부 습관을 키워 주고 싶을 때

>>>

기초부터 심화까지 몽땅 잡는다!

다양한 유형의 문제를 풀어 보도록 지도해 주세요. 이렇게 차근차근 유형을 익히며 수학 수준을 높일 수 있어요.

개념이 탄탄한 우리 아이에게 응용 문제로 수학 실력을 길러 주고 싶을 때

>>>

응용 문제는 내게 맡겨라!

수준 높고 다양한 유형의 문제를 풀어 보면서 성취감을 높일 수 있어요.

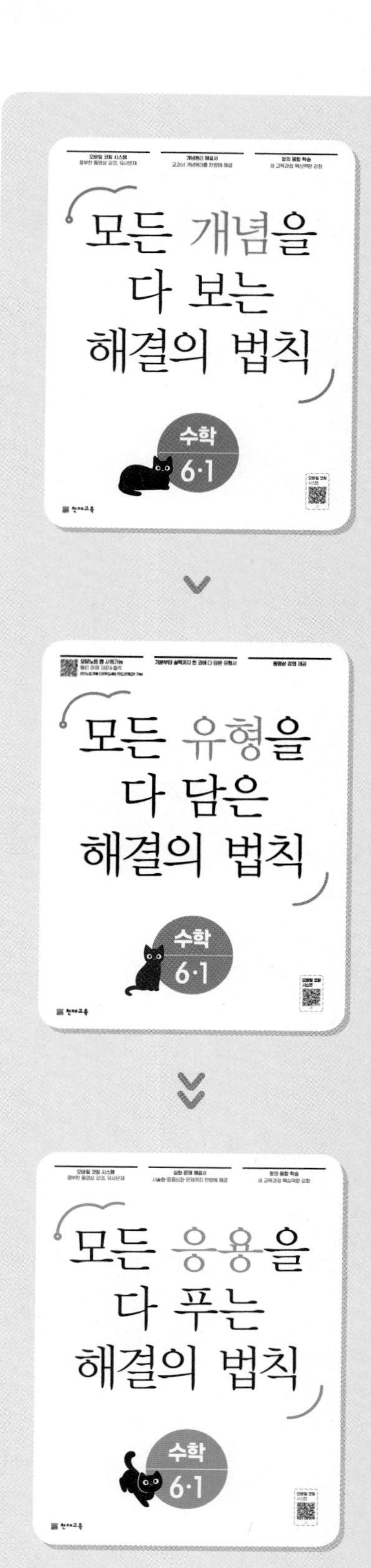

개념 해결의 법칙

차례

1 분수의 나눗셈 8쪽

1. (자연수)÷(자연수)의 몫을 분수로 나타내어 볼까요(1)
2. (자연수)÷(자연수)의 몫을 분수로 나타내어 볼까요(2)
3. (분수)÷(자연수)를 알아볼까요
4. (분수)÷(자연수)를 분수의 곱셈으로 나타내어 볼까요
5. (대분수)÷(자연수)를 알아볼까요

2 각기둥과 각뿔 28쪽

1. 각기둥을 알아볼까요(1)
2. 각기둥을 알아볼까요(2)
3. 각기둥의 전개도를 알아볼까요
4. 각기둥의 전개도를 그려 볼까요
5. 각뿔을 알아볼까요(1)
6. 각뿔을 알아볼까요(2)

3 소수의 나눗셈 52쪽

1. (소수)÷(자연수)를 알아볼까요(1)
2. (소수)÷(자연수)를 알아볼까요(2)
3. (소수)÷(자연수)를 알아볼까요(3)
4. (소수)÷(자연수)를 알아볼까요(4)
5. (소수)÷(자연수)를 알아볼까요(5)
6. (자연수)÷(자연수)의 몫을 소수로 나타내어 볼까요
7. 몫의 소수점 위치를 확인해 볼까요

6-1

4 비와 비율 78쪽

1. 두 수를 비교해 볼까요
2. 비를 알아볼까요
3. 비율을 알아볼까요
4. 비율이 사용되는 경우를 알아볼까요(1)
5. 비율이 사용되는 경우를 알아볼까요(2)
6. 비율이 사용되는 경우를 알아볼까요(3)
7. 백분율을 알아볼까요(1)
8. 백분율을 알아볼까요(2)
9. 백분율이 사용되는 경우를 알아볼까요(1)
10. 백분율이 사용되는 경우를 알아볼까요(2)
11. 백분율이 사용되는 경우를 알아볼까요(3)

5 여러 가지 그래프 114쪽

1. 그림그래프로 나타내어 볼까요
2. 띠그래프를 알아볼까요
3. 띠그래프로 나타내어 볼까요
4. 원그래프를 알아볼까요
5. 원그래프로 나타내어 볼까요
6. 그래프를 해석해 볼까요
7. 여러 가지 그래프를 비교해 볼까요

6 직육면체의 부피와 겉넓이 140쪽

1. 직육면체의 부피를 비교해 볼까요
2. 직육면체의 부피 구하는 방법을 알아볼까요
3. m^3를 알아볼까요
4. 직육면체의 겉넓이 구하는 방법을 알아볼까요(1)
5. 직육면체의 겉넓이 구하는 방법을 알아볼까요(2)

1 분수의 나눗셈

제1화 친구들과 함께 도자기를 만들었어요.

이번에 배울 내용

이미 배운 내용	이번에 배울 내용	앞으로 배울 내용
[5-2 분수의 곱셈] • (분수)×(자연수) • (자연수)×(분수) • (분수)×(분수) • 세 분수의 곱셈	• (자연수)÷(자연수)의 몫을 분수로 나타내기 • (분수)÷(자연수) 알아보기 • (분수)÷(자연수)를 분수의 곱셈으로 나타내기	[6-2 분수의 나눗셈] • (자연수)÷(단위분수) • 진분수의 나눗셈 • (자연수)÷(분수) • 대분수의 나눗셈

개념 파헤치기

개념 1 (자연수)÷(자연수)의 몫을 분수로 나타내어 볼까요 (1)

개념 동영상

- **1÷4의 몫을 분수로 나타내기**

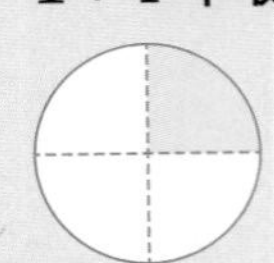

$1 \div 4$의 몫은 $\frac{1}{4}$입니다.

$$1 \div 4 = \frac{1}{4}$$

- **3÷4의 몫을 분수로 나타내기** – 몫이 1보다 작은 경우

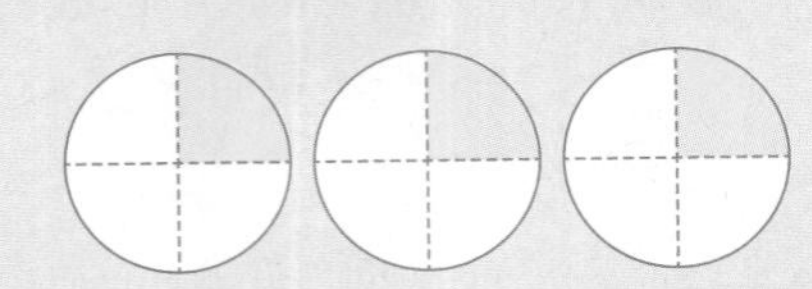

$3 \div 4$는 $\frac{1}{4}$이 3개이므로 $\frac{3}{4}$입니다.

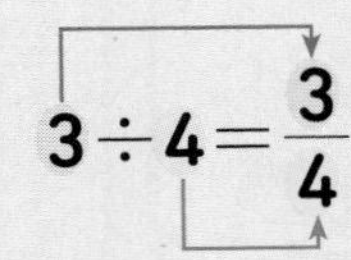

$$3 \div 4 = \frac{3}{4}$$

- **몫이 1보다 작은 (자연수)÷(자연수)의 몫을 분수로 나타내는 방법**

(자연수)÷(자연수)의 몫은 나누어지는 수를 분자, 나누는 수를 분모로 하는 분수로 나타낼 수 있습니다.

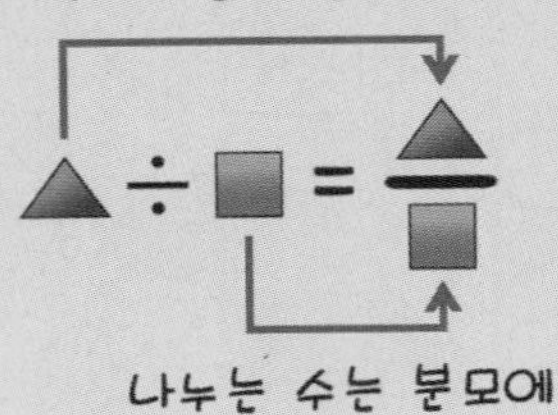

개념 체크

❶ $1 \div 8$의 몫은 1을 8등분 한 것 중의 하나이므로 분수로 나타내면 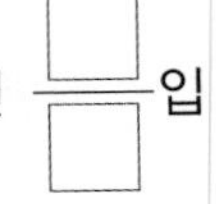 입니다.

❷ (자연수)÷(자연수)의 몫을 분수로 나타낼 때에는 나누어지는 수를 (분자 , 분모)로, 나누는 수를 (분자 , 분모)로 합니다.

개념 체크 정답 ❶ $\frac{1}{8}$ ❷ 분자에 ○표, 분모에 ○표

기본 문제

교과서 유형

1-1 그림을 보고 □ 안에 알맞은 수를 써넣으시오.

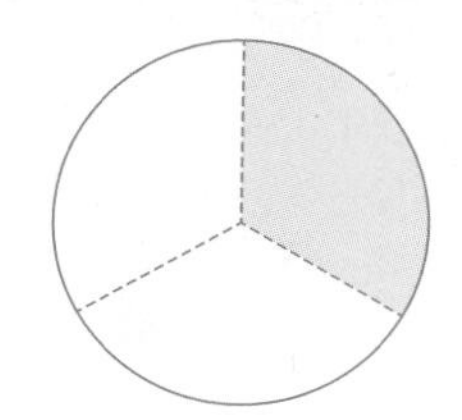

$$1 \div 3 = \frac{1}{\square}$$

힌트

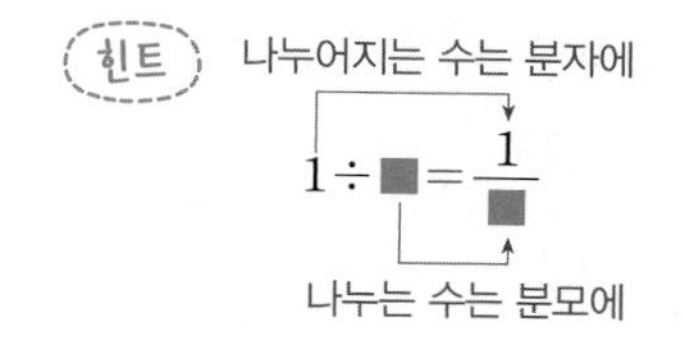

익힘책 유형

2-1 2÷3을 색칠하고, 분수로 나타내시오.

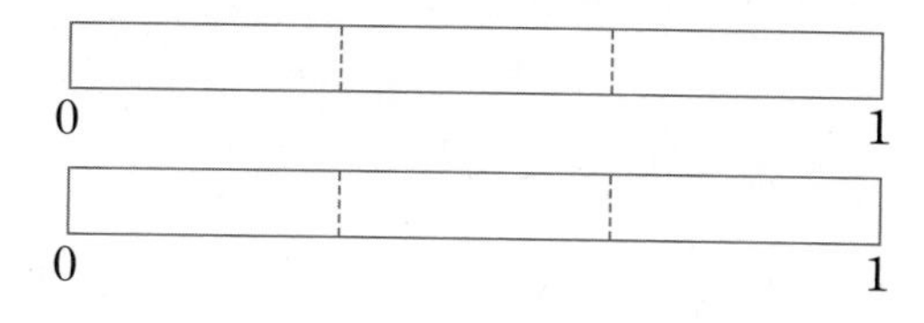

$$2 \div 3 = \frac{\square}{\square}$$

힌트 $2 \div 3$은 $\frac{1}{3}$이 2개입니다.

3-1 □ 안에 알맞은 수를 써넣으시오.

(1) $1 \div 7 = \frac{\square}{\square}$

(2) $4 \div 9 = \frac{\square}{\square}$

(3) $3 \div 8 = \frac{\square}{\square}$

(4) $5 \div 14 = \frac{\square}{\square}$

힌트

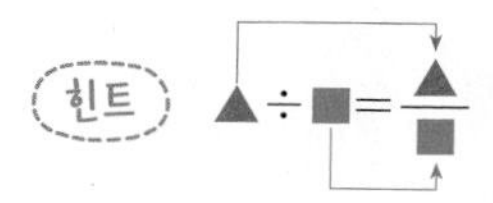

쌍둥이 문제

• 정답은 2쪽

1-2 그림을 보고 □ 안에 알맞은 수를 써넣으시오.

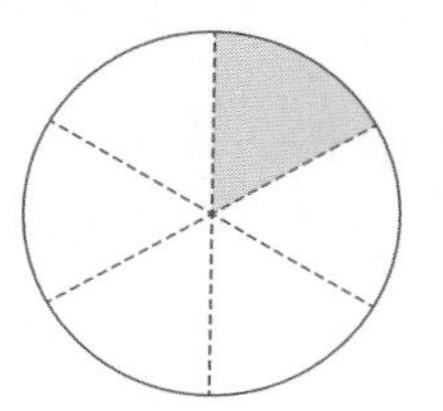

$$1 \div 6 = \frac{1}{\square}$$

2-2 3÷5를 색칠하고, 분수로 나타내시오.

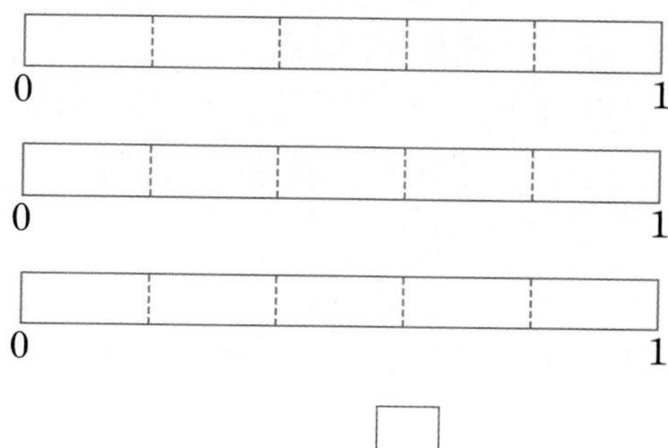

$$3 \div 5 = \frac{\square}{\square}$$

3-2 □ 안에 알맞은 수를 써넣으시오.

(1) $1 \div 2 = \frac{\square}{\square}$

(2) $7 \div 10 = \frac{\square}{\square}$

(3) $6 \div 11 = \frac{\square}{\square}$

(4) $9 \div 13 = \frac{\square}{\square}$

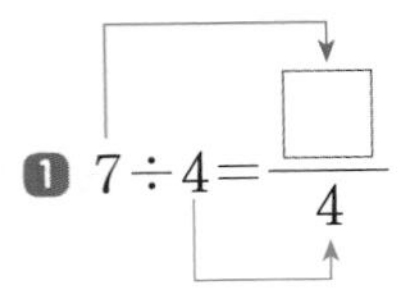

개념 2 (자연수)÷(자연수)의 몫을 분수로 나타내어 볼까요 (2)

개념 동영상

- 3÷2의 몫을 분수로 나타내기 – 몫이 1보다 큰 경우

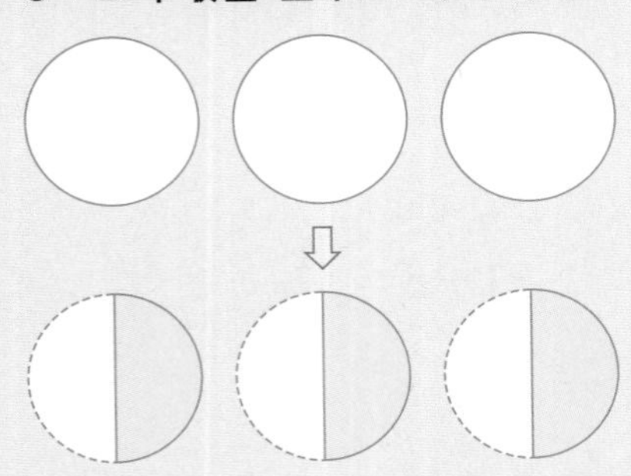

$1 \div 2 = \frac{1}{2}$입니다.

$3 \div 2$는 $\frac{1}{2}$이 3개이므로 $\frac{3}{2}$입니다.

이것을 대분수로 나타내면 $1\frac{1}{2}$입니다.

$$3 \div 2 = \frac{3}{2}\left(=1\frac{1}{2}\right)$$

- **몫이 1보다 큰 (자연수)÷(자연수)의 몫을 분수로 나타내는 방법**
  (자연수)÷(자연수)의 몫은 나누어지는 수를 분자, 나누는 수를 분모로 하는 분수로 나타낼 수 있습니다.

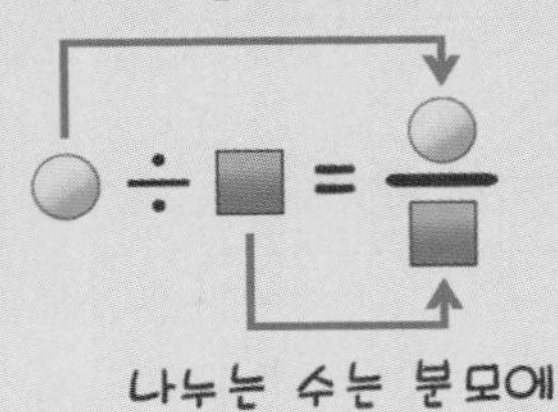

개념 체크

❶ $7 \div 4 = \frac{\square}{4}$

❷ $4 \div 3 = \frac{\square}{3}$

❸ $12 \div 5 = \frac{12}{\square}$

개념 체크 정답 ❶ 7 ❷ 4 ❸ 5

기본 문제

교과서 유형

1-1 그림을 보고 □ 안에 알맞은 수를 써넣으시오.

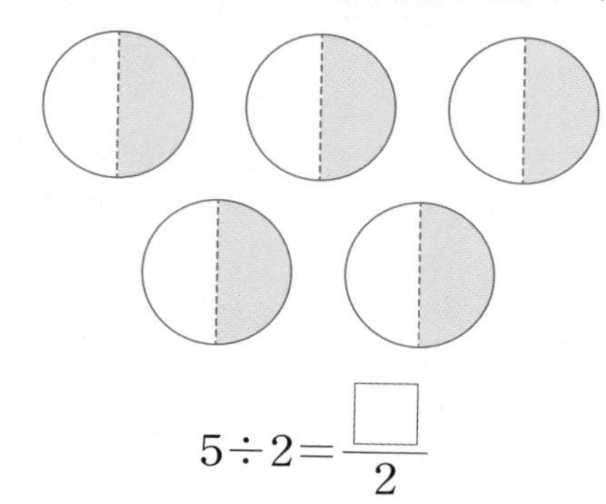

$5 \div 2 = \frac{\square}{2}$

힌트

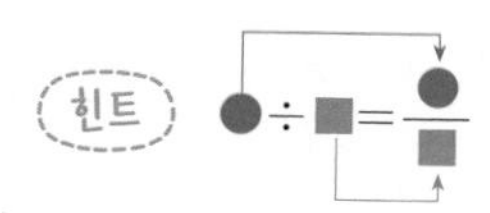

2-1 □ 안에 알맞은 수를 써넣으시오.

(1) $6 \div 5 = \frac{\square}{\square}$

(2) $9 \div 2 = \frac{\square}{\square}$

(3) $8 \div 3 = \frac{\square}{\square}$

힌트 (자연수)÷(자연수)의 몫은 나누어지는 수를 분자, 나누는 수를 분모로 합니다.

3-1 7÷3의 몫을 분수로 나타내는 과정입니다. □ 안에 알맞은 수를 써넣으시오.

$1 \div 3 = \frac{1}{\square}$입니다.

$7 \div 3$은 $\frac{1}{3}$이 □개입니다.

따라서 $7 \div 3 = \frac{\square}{3} = \square\frac{\square}{3}$입니다.

힌트 1÷■는 $\frac{1}{■}$이고 ●÷■는 $\frac{1}{■}$이 ●개인 것과 같습니다.

쌍둥이 문제

• 정답은 2쪽

1-2 그림을 보고 □ 안에 알맞은 수를 써넣으시오.

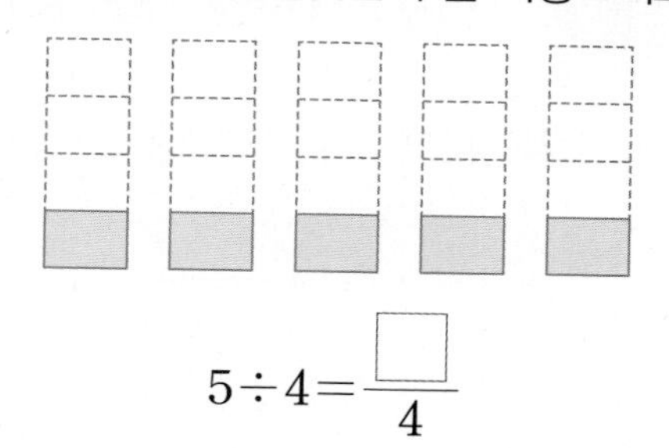

$5 \div 4 = \frac{\square}{4}$

2-2 □ 안에 알맞은 수를 써넣으시오.

(1) $9 \div 4 = \frac{\square}{\square}$

(2) $8 \div 5 = \frac{\square}{\square}$

(3) $13 \div 7 = \frac{\square}{\square}$

3-2 11÷2의 몫을 분수로 나타내는 과정입니다. □ 안에 알맞은 수를 써넣으시오.

$1 \div 2 = \frac{1}{\square}$입니다.

$11 \div 2$는 $\frac{1}{2}$이 □개입니다.

따라서 $11 \div 2 = \frac{\square}{2} = \square\frac{\square}{2}$입니다.

개념 3 (분수)÷(자연수)를 알아볼까요

개념 동영상

- $\frac{3}{5}\div3$ 알아보기 – 분자가 자연수의 배수인 경우

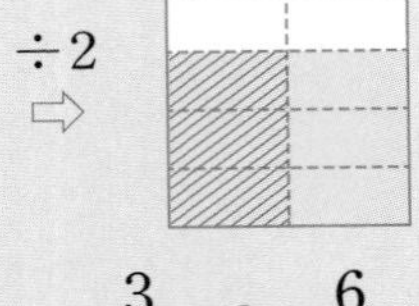

$3\div3=1$이므로 $\frac{3}{5}\div3=\frac{3\div3}{5}=\frac{1}{5}$입니다.

- $\frac{3}{4}\div2$ 알아보기 – 분자가 자연수의 배수가 아닌 경우

$\frac{3}{4}=\frac{3\times2}{4\times2}=\frac{6}{8}$ ⇨ ÷2 $\frac{3}{4}\div2=\frac{6}{8}\div2$

$\frac{3}{4}\div2=\frac{3\div2}{4}$로 계산할 수 없으므로 $\frac{3}{4}$과 크기가 같은 분수 중 분자 3이 2의 배수가 되도록 바꿉니다.

$\frac{3}{4}\div2=\frac{6}{8}\div2=\frac{6\div2}{8}$
$=\frac{3}{8}$

- **(분수)÷(자연수)를 계산하는 방법**
  ① 분자가 자연수의 배수일 때 ⇨ 분자를 자연수로 나눕니다.
  ② 분자가 자연수의 배수가 아닐 때 ⇨ 크기가 같은 분수 중 분자가 자연수의 배수인 수로 바꾸어 계산합니다.

개념 체크

❶ (분수)÷(자연수)에서 분자가 자연수의 배수일 때, (분자 , 분모)를 자연수로 나눕니다.

❷ (분수)÷(자연수)에서 분자가 자연수의 배수가 아닐 때, 크기가 같은 분수 중 (분자 , 분모)가 자연수의 배수인 수로 바꾸어 계산합니다.

$\frac{8}{9}\div4=\frac{8\div4}{9}=\frac{2}{9}$

개념 체크 정답 ❶ 분자에 ○표 ❷ 분자에 ○표

기본 문제

교과서 유형

1-1 $\frac{6}{7} \div 2$가 얼마인지 알아보시오.

(1) 수직선을 보고 □ 안에 알맞은 수를 써넣으시오.

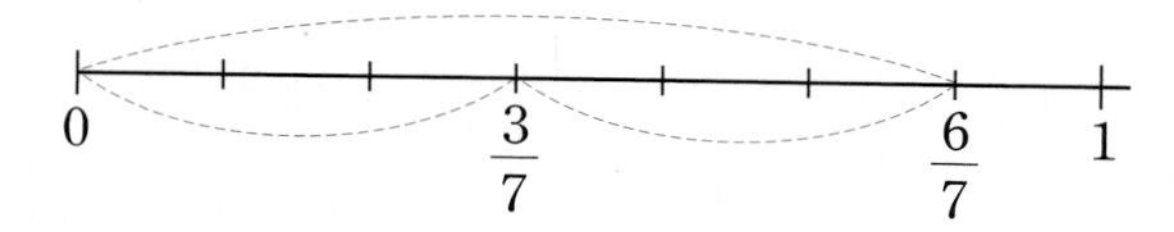

$\frac{6}{7}$을 똑같이 둘로 나누면 $\frac{\square}{7}$입니다.

(2) $6 \div 2$를 이용하여 $\frac{6}{7} \div 2$의 계산 과정을 완성하시오.

$6 \div 2 = 3$이므로

$\frac{6}{7} \div 2 = \frac{6 \div \square}{7} = \frac{\square}{7}$입니다.

힌트 $\frac{1}{7}$이 6개가 있다고 생각하면 6개를 2로 나누어 $\frac{6}{7} \div 2$를 계산할 수 있습니다.

쌍둥이 문제

• 정답은 2쪽

1-2 $\frac{3}{5} \div 2$가 얼마인지 알아보시오.

(1) 그림을 보고 □ 안에 알맞은 수를 써넣으시오.

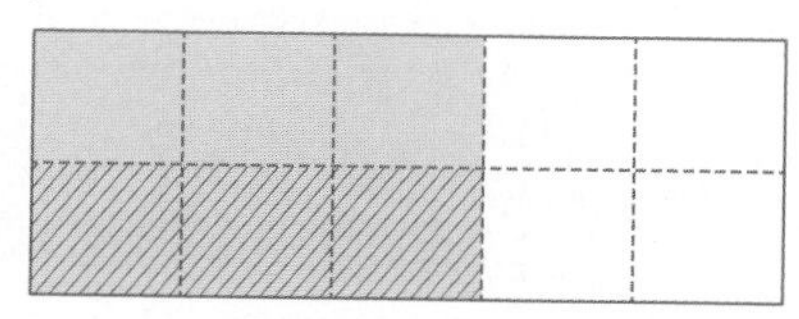

$\frac{3}{5}$을 똑같이 둘로 나누면 $\frac{\square}{10}$입니다.

(2) $\frac{3}{5} \div 2$의 계산 과정을 완성하시오.

$\frac{3}{5} \div 2 = \frac{3 \times \square}{5 \times 2} \div 2 = \frac{\square}{10} \div 2$

$= \frac{\square \div 2}{10} = \frac{\square}{10}$

2-1 □ 안에 알맞은 수를 써넣으시오.

(1) $\frac{8}{11} \div 4 = \frac{8 \div \square}{11} = \frac{\square}{11}$

(2) $\frac{12}{13} \div 6 = \frac{\square \div 6}{13} = \frac{\square}{\square}$

(3) $\frac{5}{7} \div 2 = \frac{\square}{14} \div 2$

$= \frac{\square \div 2}{14} = \frac{\square}{\square}$

힌트
• 분자가 자연수의 배수일 때
⇨ 분자를 자연수로 나눕니다.
• 분자가 자연수의 배수가 아닐 때
⇨ 크기가 같은 분수 중에 분자가 자연수의 배수인 수로 바꾸어 계산합니다.

2-2 □ 안에 알맞은 수를 써넣으시오.

(1) $\frac{10}{19} \div 5 = \frac{10 \div \square}{19} = \frac{\square}{19}$

(2) $\frac{14}{15} \div 7 = \frac{\square \div 7}{15} = \frac{\square}{\square}$

(3) $\frac{9}{10} \div 2 = \frac{\square}{20} \div 2$

$= \frac{\square \div 2}{20} = \frac{\square}{\square}$

STEP 2 개념 확인하기

개념 1 (자연수)÷(자연수)의 몫을 분수로 나타내어 볼까요(1) – 몫이 1보다 작은 경우

$5 \div 8 = \frac{5}{8}$

나누어지는 수는 분자로, 나누는 수는 분모로

교과서 유형

01 나눗셈의 몫을 분수로 나타내시오.

(1) $2 \div 7$

(2) $5 \div 11$

익힘책 유형

02 □ 안에 알맞은 수를 써넣어 수학 일기를 완성하시오.

오늘 수학 시간에 (자연수)÷(자연수)의 몫을 분수로 나타내는 것을 배웠다.
1÷7을 이용하여 3÷7을 구할 수 있었다.

$1 \div 7 = \frac{\square}{\square}$이다. 3÷7은 $\frac{1}{7}$이 □개이다.

따라서 $3 \div 7 = \frac{\square}{\square}$이다.

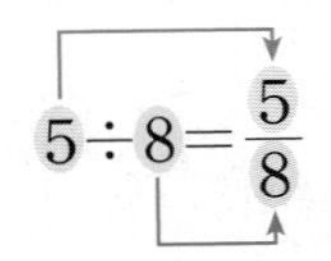

03 빈칸에 알맞은 분수를 써넣으시오.

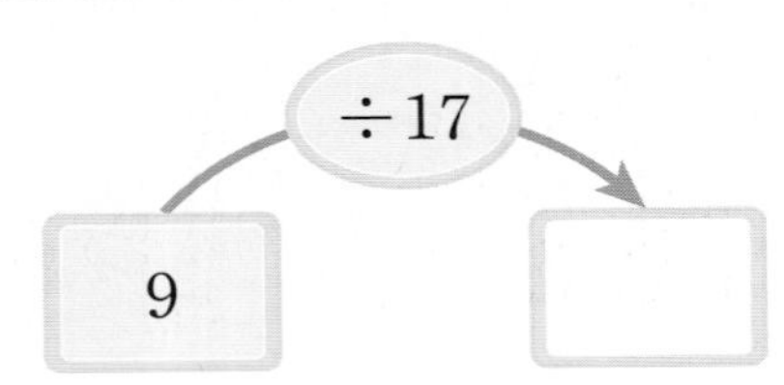

04 물 1 L를 학생 8명이 똑같이 나누어 마셨습니다. 학생 한 명이 마신 물은 몇 L인지 분수로 나타내시오.

(　　　　　　)

개념 2 (자연수)÷(자연수)의 몫을 분수로 나타내어 볼까요(2) – 몫이 1보다 큰 경우

나누어지는 수는 분자로

$7 \div 2 = \frac{7}{2}\left(=3\frac{1}{2}\right)$

나누는 수는 분모로

가분수를 대분수로 나타낼 수 있습니다.

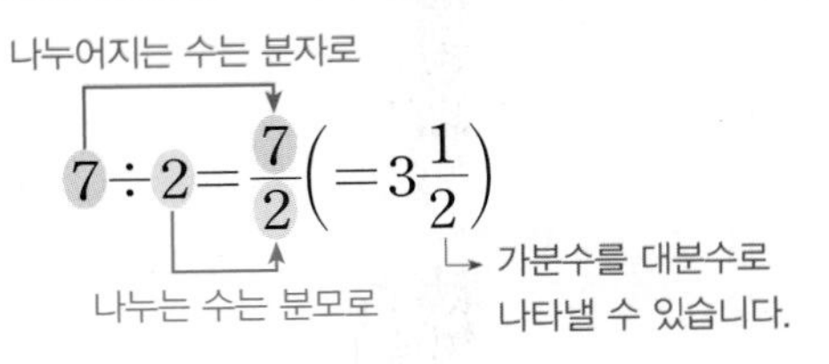

05 나눗셈의 몫을 분수로 나타내시오.

(1) $8 \div 5$

(2) $11 \div 4$

06 나눗셈의 몫을 구하여 ○ 안에 >, =, <를 알맞게 써넣으시오.

$15 \div 6$ ○ $2\frac{1}{6}$

07 □ 안에 알맞은 수를 써넣으시오.

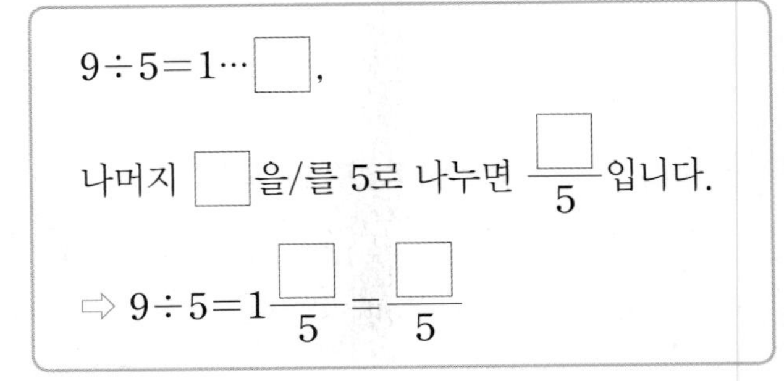

$9 \div 5 = 1 \cdots \square$,

나머지 □을/를 5로 나누면 $\frac{\square}{5}$입니다.

⇨ $9 \div 5 = 1\frac{\square}{5} = \frac{\square}{5}$

08 지민이가 한 접시에 담아야 하는 떡의 양은 몇 kg인지 분수로 나타내시오.

> 엄마: 지민아, 떡 7 kg을 똑같이 접시 3개에 나누어 담아 줄래?
> 지민: 네. 그럼 한 접시에 몇 kg씩 담아야 하죠?

(　　　　　　　　)

개념 3 (분수)÷(자연수)를 알아볼까요

↱ 4는 2의 배수이므로 (분자)÷(자연수)로 계산합니다.

① $\frac{4}{5}\div 2=\frac{4\div 2}{5}=\frac{2}{5}$

↱ 7을 자연수 2의 배수로 바꾸어 계산합니다.

② $\frac{7}{8}\div 2=\frac{7\times 2}{8\times 2}\div 2=\frac{14}{16}\div 2=\frac{14\div 2}{16}=\frac{7}{16}$

익힘책 유형

09 $\frac{5}{8}\div 2$의 몫을 그림으로 나타내고, 분수로 나타내시오.

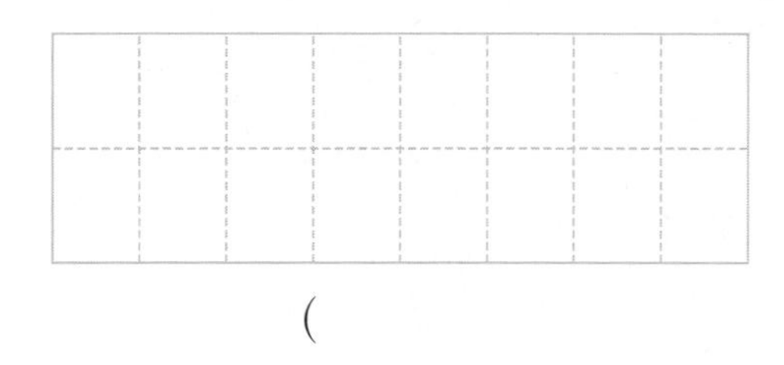

(　　　　　　　　)

10 계산을 하시오.

(1) $\frac{12}{13}\div 4$

(2) $\frac{5}{7}\div 3$

11 계산 결과를 비교하여 ○ 안에 >, =, <를 알맞게 써넣으시오.

$\frac{10}{19}\div 5$  $\frac{18}{19}\div 6$

익힘책 유형

12 철사 $\frac{3}{7}$ m를 사용하여 가장 큰 정사각형을 1개 만들었습니다. 이 정사각형의 한 변의 길이는 몇 m입니까?

(　　　　　　　　)

• (자연수)÷(자연수)의 몫을 분수로 나타내기

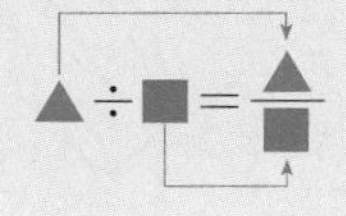

• (분수)÷(자연수) 알아보기

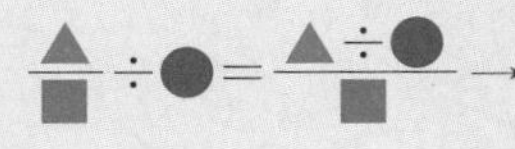

→ ▲가 ●의 배수가 아니면 ▲를 ●의 배수로 바꾸어 계산합니다.

개념 파헤치기

개념 4 (분수)÷(자연수)를 분수의 곱셈으로 나타내어 볼까요

• $\frac{3}{5} \div 2$를 분수의 곱셈으로 나타내기

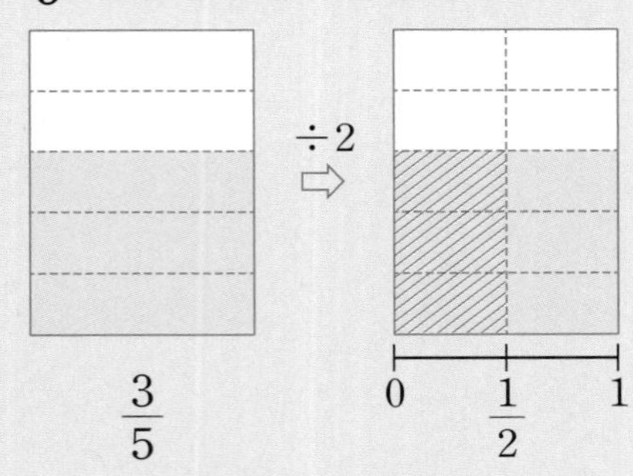

$\frac{3}{5} \div 2$의 몫은 $\frac{3}{5}$을 2등분 한 것 중의 하나입니다.

이것은 $\frac{3}{5}$의 $\frac{1}{2}$이므로 $\frac{3}{5} \times \frac{1}{2}$입니다.

⇨ $\frac{3}{5} \div 2 = \frac{3}{5} \times \frac{1}{2} = \frac{3}{10}$

• (분수)÷(자연수)를 분수의 곱셈으로 나타내어 계산하는 방법

⇨ (자연수)를 $\frac{1}{(\text{자연수})}$로 바꾼 다음 곱하여 계산합니다.

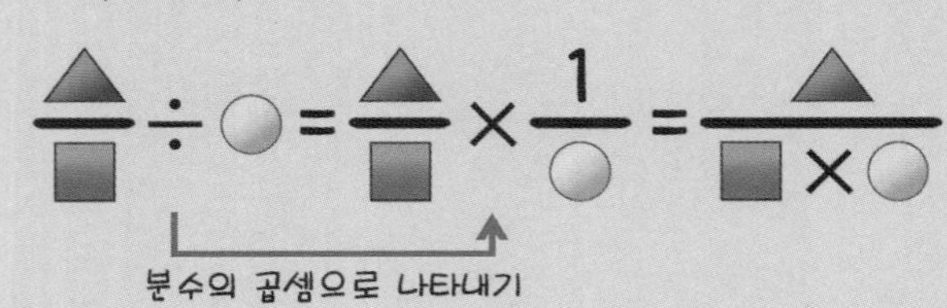

개념 체크

❶ (분수)÷(자연수)를 분수의 곱셈으로 나타내면 (분수)$\times \frac{1}{(\text{자연수})}$입니다. ……………………(○, ×)

❷ $\frac{5}{9} \div 4$는 $\frac{5}{9} \times 4$로 나타내어 계산합니다. ……………………(○, ×)

❸ $\frac{9}{7} \div 3$은 $\frac{9}{7} \times \frac{1}{3}$로 나타내어 계산합니다. ……………………(○, ×)

개념 체크 정답 ❶ ○에 ○표 ❷ ×에 ○표 ❸ ○에 ○표

기본 문제

교과서 유형

1-1 $\frac{4}{6}\div2$를 계산하려고 합니다. □ 안에 알맞은 수를 써넣으시오.

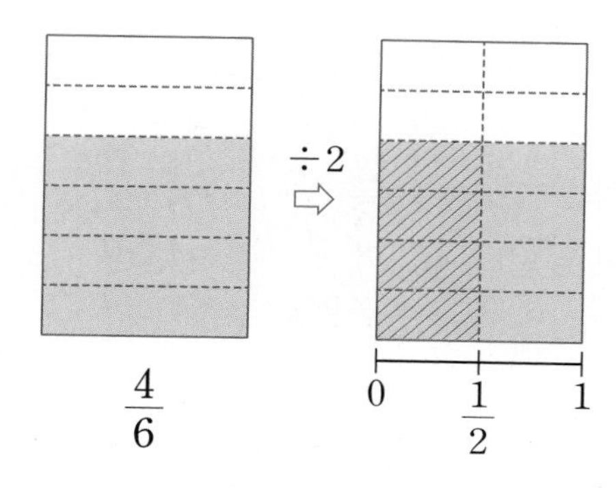

$\frac{4}{6}\div2$의 몫은 $\frac{4}{6}$를 2등분 한 것 중의 하나입니다.

이것은 $\frac{4}{6}$의 $\frac{1}{2}$이므로 $\frac{4}{6}\times\frac{\square}{\square}$입니다.

⇨ $\frac{4}{6}\div2=\frac{4}{6}\times\frac{\square}{\square}=\frac{\square}{\square}$

힌트 $\frac{4}{6}\div2$ ⇨ $\frac{4}{6}$의 $\frac{1}{2}$ ⇨ $\frac{4}{6}\times\frac{1}{2}$

2-1 나눗셈을 곱셈으로 바꾸어 계산하시오.

(1) $\frac{3}{5}\div7=\frac{3}{5}\times\frac{\square}{\square}=\frac{\square}{\square}$

(2) $\frac{7}{9}\div5=\frac{7}{9}\times\frac{\square}{\square}=\frac{\square}{\square}$

(3) $\frac{5}{4}\div7=\frac{5}{4}\times\frac{\square}{\square}=\frac{\square}{\square}$

(4) $\frac{8}{3}\div5=\frac{8}{3}\times\frac{\square}{\square}=\frac{\square}{\square}$

힌트
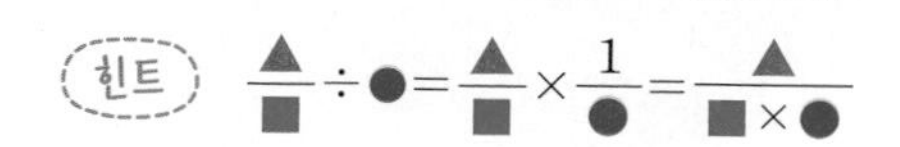

쌍둥이 문제

• 정답은 3쪽

1-2 $\frac{1}{3}\div4$를 계산하려고 합니다. □ 안에 알맞은 수를 써넣으시오.

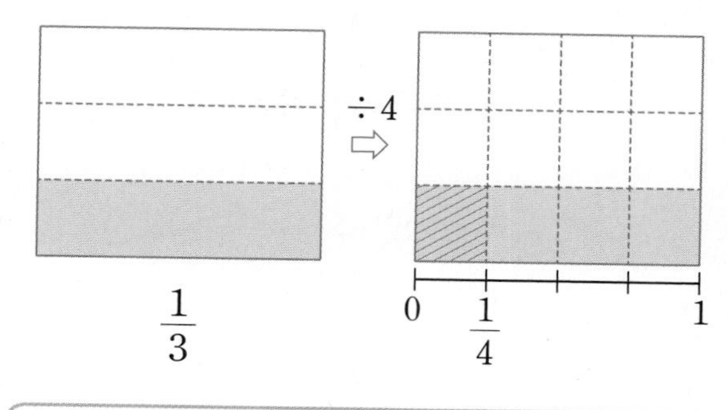

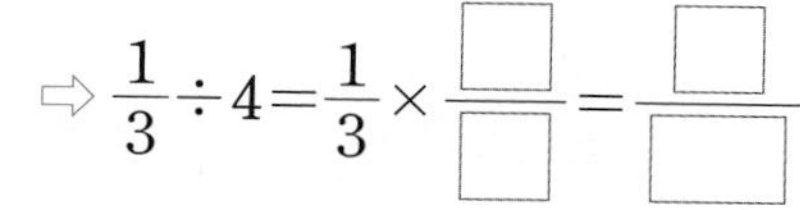

$\frac{1}{3}\div4$의 몫은 $\frac{1}{3}$을 4등분 한 것 중의 하나입니다.

이것은 $\frac{1}{3}$의 $\frac{1}{4}$이므로 $\frac{1}{3}\times\frac{\square}{\square}$입니다.

⇨ $\frac{1}{3}\div4=\frac{1}{3}\times\frac{\square}{\square}=\frac{\square}{\square}$

2-2 나눗셈을 곱셈으로 바꾸어 계산하시오.

(1) $\frac{5}{6}\div3=\frac{5}{6}\times\frac{\square}{\square}=\frac{\square}{\square}$

(2) $\frac{5}{8}\div6=\frac{5}{8}\times\frac{\square}{\square}=\frac{\square}{\square}$

(3) $\frac{7}{3}\div4=\frac{7}{3}\times\frac{\square}{\square}=\frac{\square}{\square}$

(4) $\frac{4}{3}\div8=\frac{4}{3}\times\frac{\square}{\square}=\frac{\square}{\square}$

개념 5 (대분수)÷(자연수)를 알아볼까요

• $1\frac{1}{5}\div 2$의 계산

└ (대분수)÷(자연수)의 계산에서는 먼저 대분수를 가분수로 바꿔야 합니다.

방법 1 대분수를 가분수로 바꾼 다음 분자를 자연수로 나누어 계산하기

$$1\frac{1}{5}\div 2=\frac{6}{5}\div 2=\frac{6\div 2}{5}=\frac{3}{5}$$

방법 2 대분수를 가분수로 바꾼 다음 분수의 곱셈으로 나타내어 계산하기

$$1\frac{1}{5}\div 2=\frac{6}{5}\div 2=\frac{6}{5}\times\frac{1}{2}=\frac{6}{10}\left(=\frac{3}{5}\right)$$

분자가 자연수로 나누어떨어질 때에는 분자를 자연수로 나누어 구하는 것이 편하고, 분자가 자연수로 나누어떨어지지 않을 때에는 나눗셈을 곱셈으로 나타내어 계산하는 것이 편합니다.

바른 계산 $2\frac{2}{5}\div 4=\frac{\overset{3}{\cancel{12}}}{5}\times\frac{1}{\underset{1}{\cancel{4}}}=\frac{3}{5}$

잘못된 계산 $2\frac{2}{5}\div 4=2\frac{\overset{1}{\cancel{2}}}{5}\times\frac{1}{\underset{2}{\cancel{4}}}=2\frac{1}{10}$ – 대분수를 가분수로 바꾸지 않고 계산하여 틀림

개념 체크

❶ (대분수)÷(자연수)의 계산에서 가장 먼저 해야 할 것은 대분수를 가분수로 바꾸는 것입니다. ··················(○ , ×)

❷ (대분수)÷(자연수) $=$(가분수)$\times\frac{1}{(자연수)}$ ··················(○ , ×)

❸ $1\frac{2}{3}\div 5=1\frac{2}{3}\times\frac{1}{5}=1\frac{2}{15}$ ··················(○ , ×)

개념 체크 정답 ❶ ○에 ○표 ❷ ○에 ○표 ❸ ×에 ○표

기본 문제

쌍둥이 문제

• 정답은 3쪽

1-1 관계있는 것끼리 선으로 이어 보세요.

$1\frac{1}{4}\div3$ •	• $\frac{5}{4}\times\frac{1}{3}$
$2\frac{2}{5}\div2$ •	• $\frac{5}{3}\times\frac{1}{5}$
$1\frac{2}{3}\div5$ •	• $\frac{12}{5}\times\frac{1}{2}$

힌트 (대분수)÷(자연수)=(가분수)× $\frac{1}{(\text{자연수})}$

1-2 관계있는 것끼리 선으로 이어 보세요.

$2\frac{1}{2}\div5$ •	• $\frac{8}{5}\times\frac{1}{3}$
$1\frac{3}{4}\div4$ •	• $\frac{5}{2}\times\frac{1}{5}$
$1\frac{3}{5}\div3$ •	• $\frac{7}{4}\times\frac{1}{4}$

2-1 대분수를 가분수로 바꾸어 계산하시오.

(1) $1\frac{1}{11}\div4=\frac{\square\div4}{11}=\frac{\square}{\square}$

(2) $3\frac{1}{3}\div7=\frac{\square}{3}\times\frac{1}{\square}=\frac{\square}{\square}$

힌트 ●$\frac{▲}{■}$=$\frac{●\times■+▲}{■}$와 같이 대분수를 가분수로 바꾼 후 계산합니다.

2-2 대분수를 가분수로 바꾸어 계산하시오.

(1) $2\frac{1}{4}\div3=\frac{\square\div3}{4}=\frac{\square}{\square}$

(2) $4\frac{1}{5}\div7=\frac{\square}{5}\times\frac{1}{\square}=\frac{\square}{\square}$

교과서 유형

3-1 $2\frac{1}{7}\div3$을 두 가지 방법으로 계산하시오.

(1) $2\frac{1}{7}\div3=\frac{\square\div3}{7}=\frac{\square}{7}$

(2) $2\frac{1}{7}\div3=\frac{\square}{7}\times\frac{1}{\square}=\frac{\square}{21}$

힌트 먼저 대분수를 가분수로 바꾼 다음 계산합니다.

3-2 $1\frac{3}{5}\div4$를 두 가지 방법으로 계산하시오.

(1) $1\frac{3}{5}\div4=\frac{\square\div4}{5}=\frac{\square}{5}$

(2) $1\frac{3}{5}\div4=\frac{\square}{5}\times\frac{1}{\square}=\frac{\square}{20}$

개념 확인하기

개념 4 (분수)÷(자연수)를 분수의 곱셈으로 나타내어 볼까요

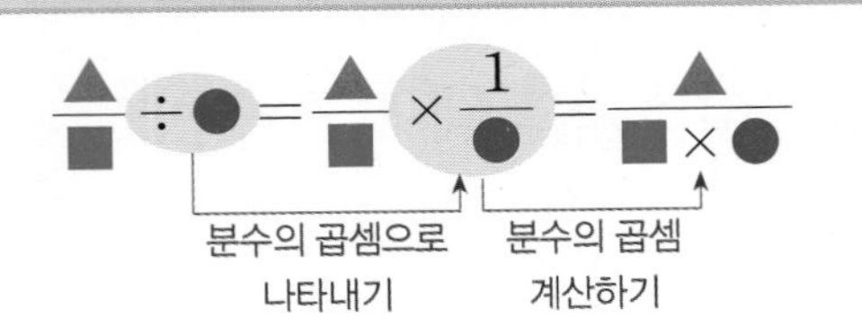

01 분수의 곱셈으로 나타낸 것을 찾아 선으로 이어 보시오.

$\frac{1}{3}\div 2$ •	• $\frac{7}{3}\times\frac{1}{5}$
$\frac{7}{3}\div 5$ •	• $\frac{1}{3}\times\frac{1}{2}$
$\frac{2}{3}\div 5$ •	• $\frac{2}{3}\times\frac{1}{5}$

익힘책 유형

02 $\frac{5}{7}\div 2$를 계산하려고 합니다. □ 안에 알맞은 수를 써넣으시오.

> $\frac{5}{7}\div 2$의 몫은 $\frac{5}{7}$를 2등분 한 것 중의 하나입니다.
>
> 이것은 $\frac{5}{7}$의 $\frac{1}{\square}$이므로 $\frac{5}{7}\times\frac{1}{\square}$입니다.
>
> ⇨ $\frac{5}{7}\div 2=\frac{5}{7}\times\frac{1}{\square}=\frac{\square}{\square}$

교과서 유형

03 계산을 하시오.

(1) $\frac{3}{4}\div 2$

(2) $\frac{7}{5}\div 10$

04 계산 결과를 비교하여 ○ 안에 >, =, <를 알맞게 써넣으시오.

$\frac{10}{19}\div 5$ ○ $\frac{18}{19}\div 6$

05 진분수를 자연수로 나눈 몫을 기약분수로 나타내시오.

$\frac{10}{7}$	$\frac{2}{9}$	6	$\frac{4}{3}$

( )

06 끈 $\frac{8}{5}$ m를 사용하여 가장 큰 정삼각형을 1개 만들었습니다. 이 정삼각형의 한 변의 길이는 몇 m입니까?

( )

개념 5 (대분수)÷(자연수)를 알아볼까요

방법 1 $1\frac{3}{7}\div 2=\frac{10}{7}\div 2=\frac{10\div 2}{7}=\frac{5}{7}$

↳ 분자를 자연수로 나누기

방법 2 $1\frac{3}{7}\div 2=\frac{10}{7}\div 2=\frac{10}{7}\times\frac{1}{2}=\frac{10}{14}\left(=\frac{5}{7}\right)$

↳ 분수의 곱셈으로 나타내어 계산하기

07 나눗셈 $2\frac{2}{3}\div 11$을 곱셈으로 바르게 나타낸 것을 찾아 ○표 하시오.

$\frac{8}{3}\times 11$	$\frac{8}{3}\times\frac{1}{11}$	$\frac{3}{8}\times\frac{1}{11}$
(　　)	(　　)	(　　)

교과서 유형

08 계산을 하시오.

(1) $2\frac{2}{5}\div 4$

(2) $1\frac{3}{10}\div 2$

09 빈칸에 알맞은 수를 써넣으시오.

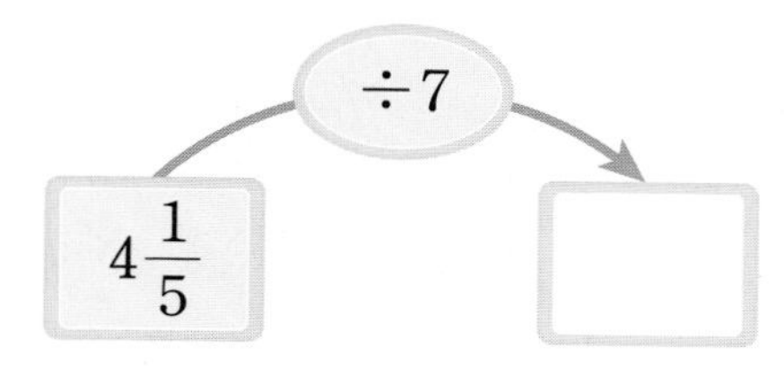

10 빈칸에 알맞은 수를 써넣으시오.

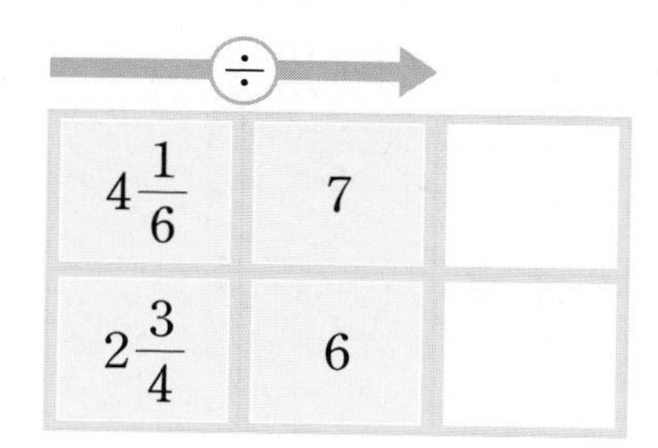

÷ →		
$4\frac{1}{6}$	7	
$2\frac{3}{4}$	6	

11 소예가 잘못 계산한 곳을 찾아 바르게 계산하시오.

$2\frac{4}{5}\div 2=2\frac{\overset{2}{\cancel{4}}}{5}\times\frac{1}{\underset{1}{\cancel{2}}}=2\frac{2}{5}$

바른 계산

익힘책 유형

12 □ 안에 들어갈 수 있는 자연수를 모두 쓰시오.

$1<2\frac{1}{4}\div\square$

(　　　　　　)

• (대분수)÷(자연수)의 계산 순서

① 대분수를 가분수로 바꿉니다. → ② 분자를 자연수로 나누거나 분수의 곱셈으로 나타내어 계산합니다.

단원 마무리평가

점수

01 그림을 보고 □ 안에 알맞은 수를 써넣으시오.

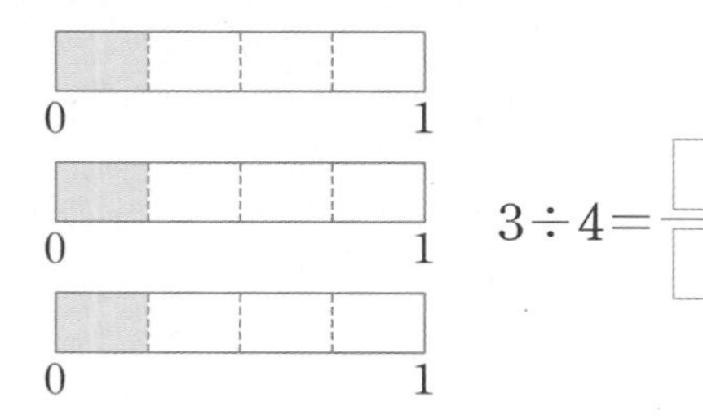

$3\div4=\frac{\square}{\square}$

02 나눗셈의 몫을 분수로 나타내시오.

(1) $2\div7$

(2) $10\div19$

03 다음 중 $\frac{3}{8}\div2$와 계산 결과가 같은 것은 어느 것입니까? ······································ (　　　)

① $\frac{3}{8}\div\frac{1}{2}$ ② $\frac{3}{8}\times2$ ③ $\frac{3\times2}{8\times2}$

④ $\frac{3}{8}\times\frac{1}{2}$ ⑤ $\frac{3}{8\div2}$

04 $\frac{4}{9}\div2$의 몫을 수직선을 이용하여 구하시오.

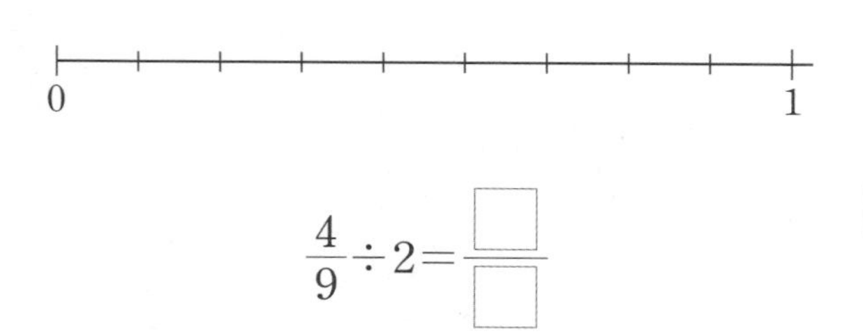

$\frac{4}{9}\div2=\frac{\square}{\square}$

05 나눗셈을 하여 기약분수로 나타내시오.

(1) $\frac{4}{9}\div10$

(2) $\frac{12}{5}\div6$

06 보기 와 같이 계산하시오.

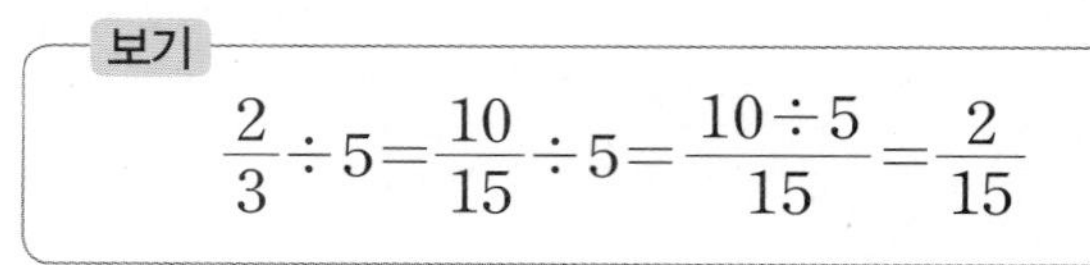

보기

$\frac{2}{3}\div5=\frac{10}{15}\div5=\frac{10\div5}{15}=\frac{2}{15}$

$\frac{4}{9}\div3$ ______________________

07 작은 수를 큰 수로 나눈 몫을 구하시오.

$\frac{9}{7}$ 　　 4

(　　　　　　　　　　)

08 몫이 1보다 큰 것은 어느 것입니까? ‥‥‥ (   )

① $4 \div 5$ ② $1 \div 8$ ③ $8 \div 9$
④ $3 \div 10$ ⑤ $11 \div 6$

[09~10] 홍기는 다음과 같이 계산하여 틀렸습니다. 물음에 답하시오.

1. 계산을 하시오.

$$1\frac{3}{7} \div 6 = \frac{10}{7} \times 6 = \frac{60}{7} = 8\frac{4}{7}$$

09 계산이 틀린 이유를 쓰시오.

이유

10 위 09의 이유를 생각하며 바르게 계산하시오.

$1\frac{3}{7} \div 6$ ______

11 계산 결과를 비교하여 ○ 안에 >, =, <를 알맞게 써넣으시오.

$$\frac{3}{16} \div 9 \bigcirc \frac{2}{3} \div 8$$

12 빈칸에 알맞은 분수를 써넣으시오.

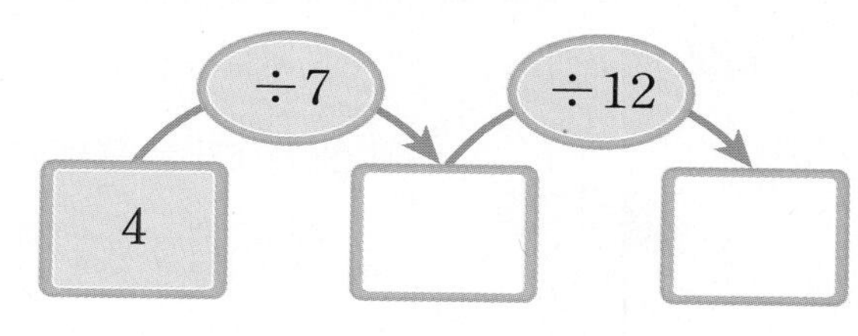

13 □ 안에 알맞은 분수를 구하시오.

$\square \times 6 = 13$

(   )

14 색 테이프 5 m를 13사람에게 똑같이 나누어 주려고 합니다. 한 사람이 몇 m씩 갖게 되는지 분수로 나타내시오.

(   )

15 물 $\frac{5}{4}$ L를 5명이 똑같이 나누어 마셨습니다. 한 사람이 마신 물은 몇 L인지 기약분수로 나타내시오.

(   )

• 정답은 5쪽

16 소예가 하는 말을 읽고 소예에게 해 줄 말을 알맞게 쓰시오.

17 페인트 3통으로 벽면 $4\frac{4}{5}$ m^2를 칠했습니다. 페인트 한 통으로 칠한 벽면의 넓이는 몇 m^2인지 기약분수로 나타내시오.

(   )

18 다음 3장의 수 카드를 한 번씩 모두 사용하여 가장 큰 대분수를 만들어 □ 안에 써넣고 몫을 구하시오.

3 5 2 ⇨ □ ÷ 18

(   )

19 ❶ 철사 $\frac{7}{9}$ m를 모두 사용하여 크기가 똑같은 정삼각형 모양을 2개 만들었습니다. / ❷ 만든 정삼각형의 한 변의 길이는 몇 m인지 구하시오.

(   )

해결의 법칙

❶ 정삼각형 1개를 만드는 데 사용한 철사의 길이를 먼저 구합니다.

❷ 정삼각형의 한 변의 길이를 구합니다.

20 ❶ 어떤 수를 6으로 나누어야 할 것을 잘못하여 곱했더니 54가 나왔습니다. / ❷ 바르게 계산하면 얼마인지 기약분수로 나타내시오.

(   )

❶ 어떤 수를 구합니다.

❷ 바르게 계산한 몫을 분수로 나타냅니다.

창의·융합 문제

· 정답은 5쪽

1 다음과 같이 그림자의 크기를 변화시켰습니다. 그림자 ㉮의 길이는 그림자 ㉯의 길이의 몇 배인지 분수로 나타내시오.

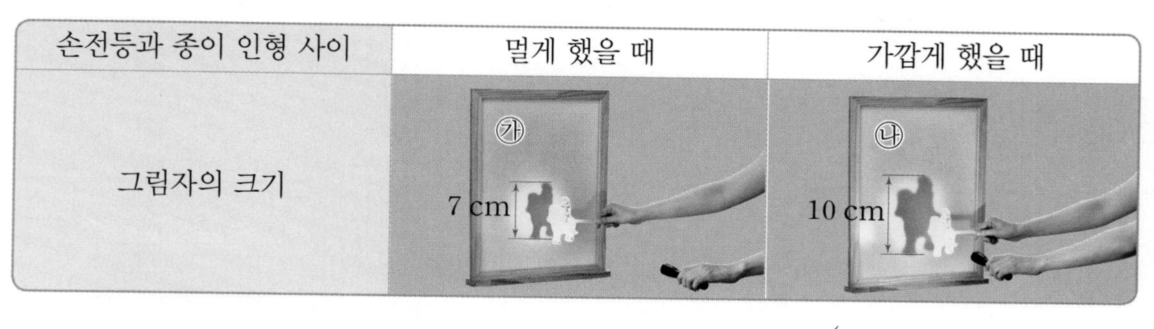

(   )

2 떡볶이 4인분을 만드는 데 필요한 재료입니다. 떡볶이 1인분을 만드는 데 필요한 재료의 양을 구하여 빈칸에 써넣으시오.

떡볶이 1인분의 재료의 양

떡볶이떡	어묵	대파	고추장	설탕	물

2 각기둥과 각뿔

제2화 각기둥과 각뿔 모양의 의자 만들기!

이번에 배울 내용

이미 배운 내용	이번에 배울 내용	앞으로 배울 내용
[5-2 직육면체] • 직육면체 알아보기 • 직육면체의 겨냥도 • 직육면체의 전개도	• 각기둥 알아보기 • 각기둥의 전개도 알아보기 • 각기둥의 전개도 그리기 • 각뿔 알아보기	[6-2 원기둥, 원뿔, 구] • 원기둥 알아보기 • 원뿔 알아보기 • 구 알아보기

STEP 1 개념 파헤치기

개념 1 각기둥을 알아볼까요(1)

개념 동영상

• 각기둥: 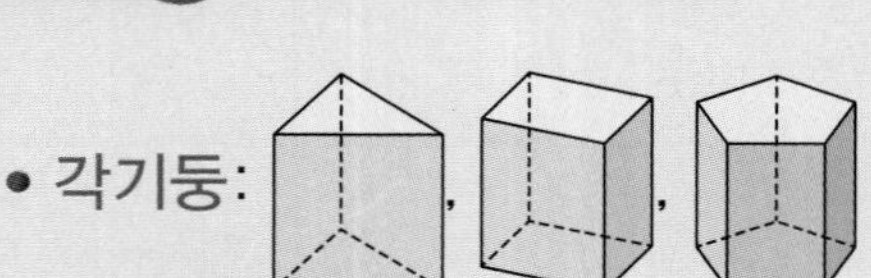 등과 같은 입체도형

서로 평행한 두 면이 합동인 다각형으로 이루어진 입체도형입니다.

(다각형: 선분으로만 둘러싸인 도형)

• **각기둥의 밑면**: 서로 평행하고 합동인 두 면 — 면 ㄱㄴㄷ, 면 ㄹㅁㅂ

이때 두 밑면은 나머지 면들과 모두 수직으로 만납니다.

(다각형이고, 밑면은 항상 2개입니다.)

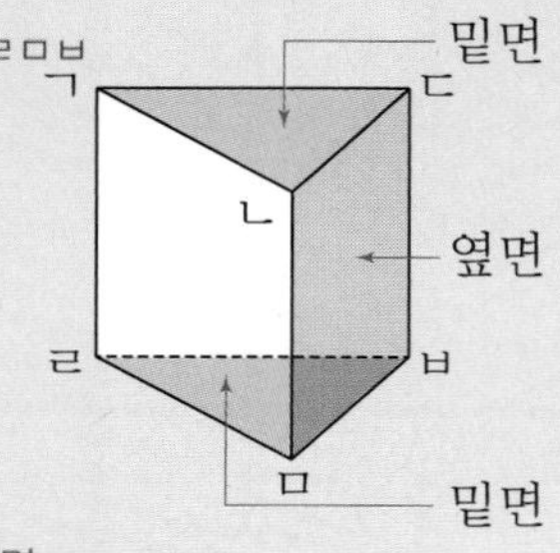

• **각기둥의 옆면**: 두 밑면과 만나는 면 — 면 ㄱㄹㅁㄴ, 면 ㄴㅁㅂㄷ, 면 ㄱㄹㅂㄷ

각기둥의 옆면은 모두 직사각형입니다.

(직사각형이고, 옆면의 수는 한 밑면의 변의 수와 같습니다.)

개념 체크

❶ 서로 평행한 두 면이 합동인 다각형으로 이루어진 입체도형을 [　　　] 이라고 합니다.

❷ 각기둥의 밑면은 (2개 , 3개)입니다.

❸ 각기둥의 옆면의 수는 한 밑면의 변의 수와 (같습니다 , 다릅니다).

각기둥은?

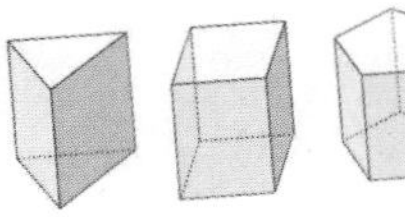

등과 같은

입체도형을 각기둥이라 하지~

개념 체크 정답 ❶ 각기둥 ❷ 2개에 ○표 ❸ 같습니다에 ○표

기본 문제

교과서 유형

1-1 각기둥을 모두 찾아 ○표 하시오.

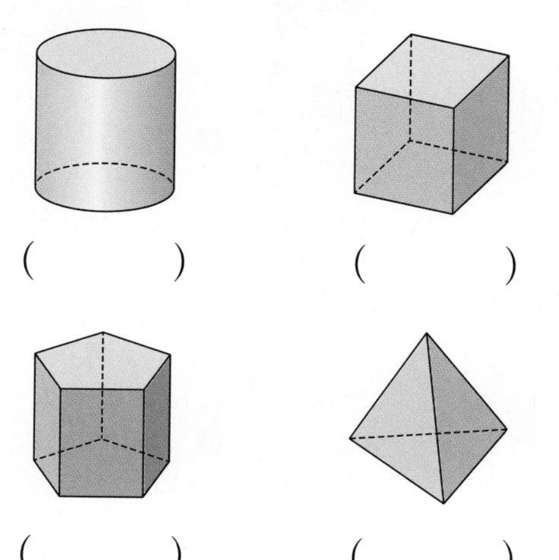

( ) ( )

( ) ( )

힌트 각기둥은 서로 평행한 두 면이 합동인 다각형으로 이루어진 입체도형입니다.

익힘책 유형

2-1 □ 안에 알맞은 말을 써넣으시오.

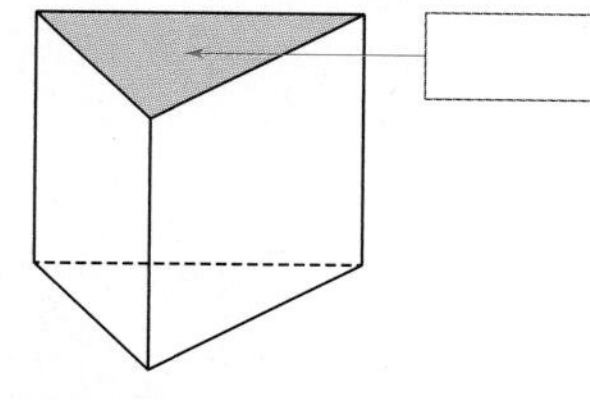

힌트 각기둥에서 서로 평행하고 합동인 두 면을 밑면이라 하고, 두 밑면과 만나는 면을 옆면이라고 합니다.

3-1 각기둥에서 서로 평행하고 합동인 두 면을 찾아 색칠하시오.

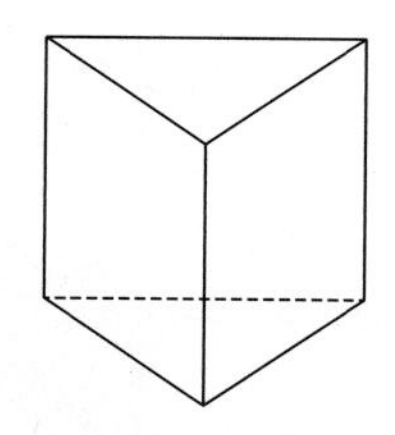

힌트 각기둥에서 서로 평행하고 합동인 두 면은 밑면입니다.

쌍둥이 문제

• 정답은 7쪽

1-2 각기둥을 모두 찾아 ○표 하시오.

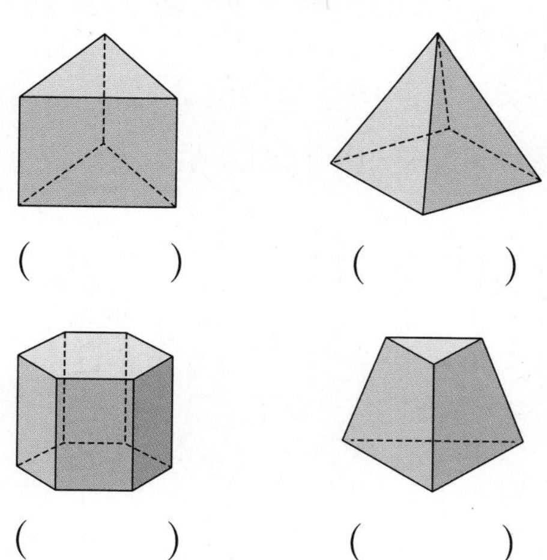

( ) ( )

( ) ( )

2-2 □ 안에 알맞은 말을 써넣으시오.

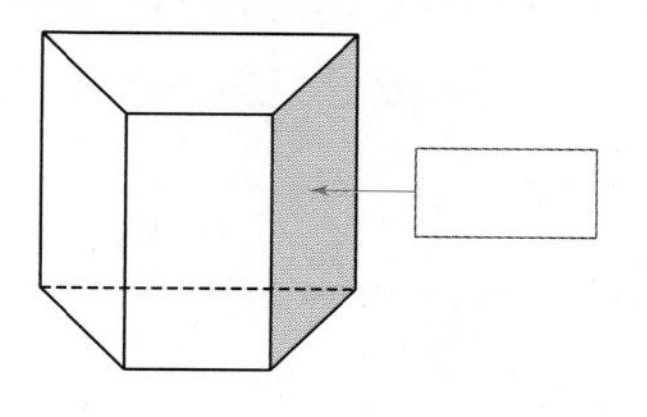

3-2 각기둥에서 서로 평행하고 합동인 두 면을 찾아 색칠하시오.

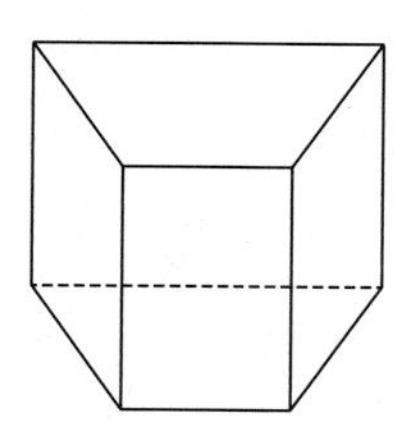

개념 2 각기둥을 알아볼까요 (2)

- 각기둥은 밑면의 모양이 삼각형, 사각형, 오각형……일 때 삼각기둥, 사각기둥, 오각기둥……이라고 합니다.

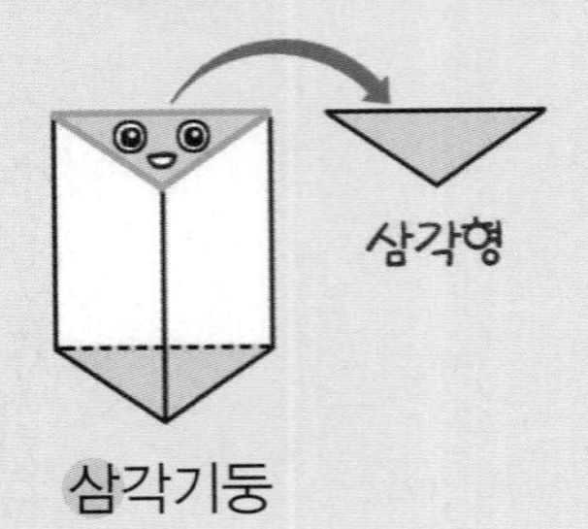

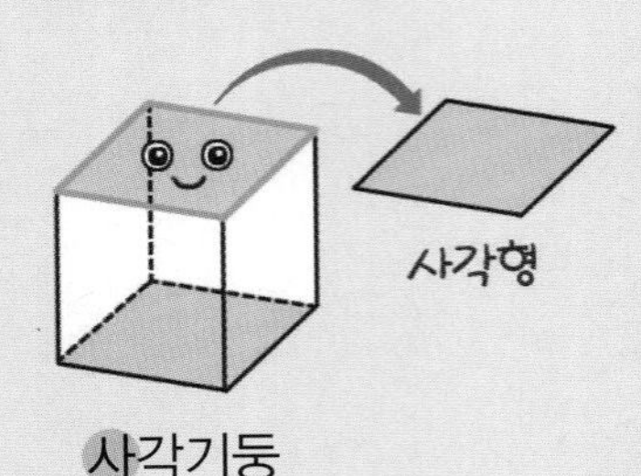

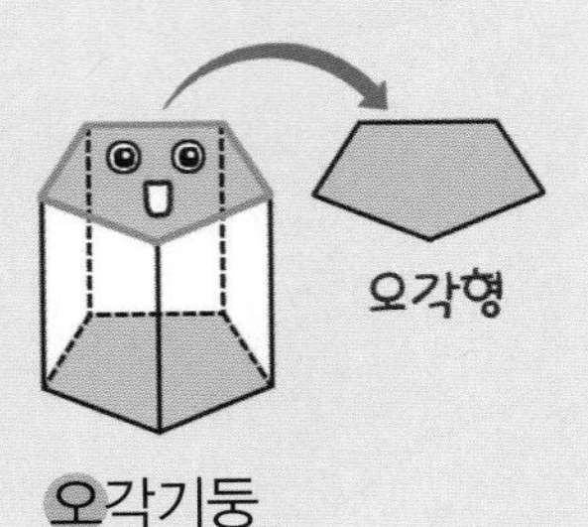

- 각기둥의 구성 요소

모서리	면과 면이 만나는 선분
꼭짓점	모서리와 모서리가 만나는 점
높이	두 밑면 사이의 거리

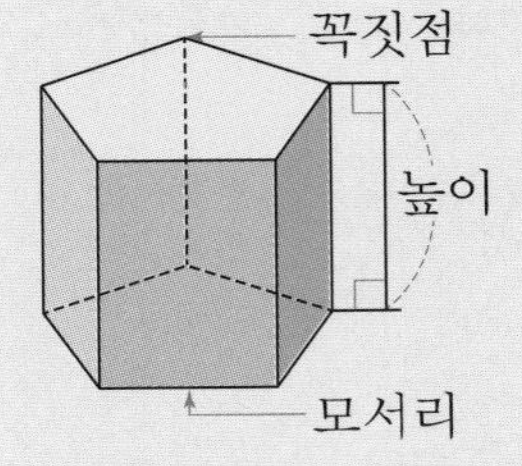

각기둥의 높이는 합동인 두 밑면의 대응하는 꼭짓점을 이은 모서리의 길이와 같습니다. 이 모서리의 길이를 각기둥의 높이라고도 합니다.

개념 체크

❶ 각기둥의 이름은 (밑면 , 옆면)의 모양에 따라 정해집니다.

❷ 각기둥에서 면과 면이 만나는 선분을 [ ]라고 합니다.

❸ 각기둥에서 모서리와 모서리가 만나는 점을 [ ]이라고 합니다.

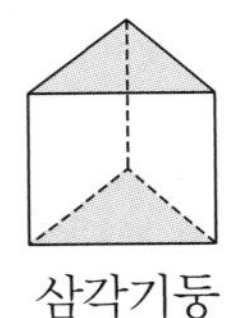

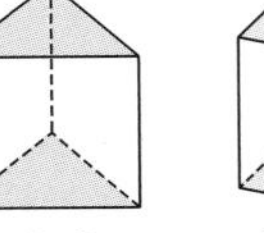

개념 체크 정답 ❶ 밑면에 ○표 ❷ 모서리 ❸ 꼭짓점

기본 문제

1-1 각기둥의 이름은 무엇입니까?

(1)

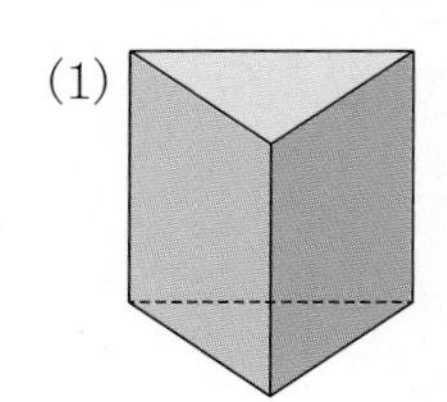

(   )

(2)

(   )

힌트 각기둥의 이름은 밑면의 모양에 따라 정해집니다.

교과서 유형

2-1 □ 안에 알맞은 말을 써넣으시오.

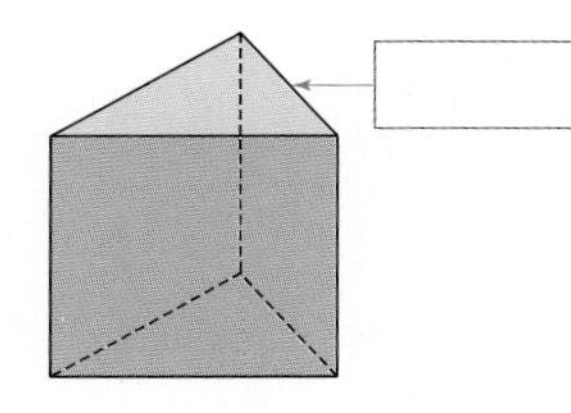

힌트 화살표가 가리키는 것은 면과 면이 만나는 선분입니다.

3-1 사각기둥의 겨냥도에서 모서리를 찾아 파란색으로 표시하시오.

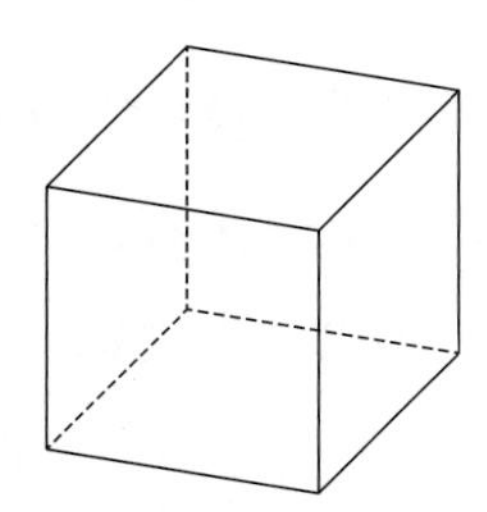

힌트 각기둥에서 모서리는 면과 면이 만나는 선분입니다.

쌍둥이 문제

• 정답은 7쪽

1-2 각기둥의 이름은 무엇입니까?

(1)

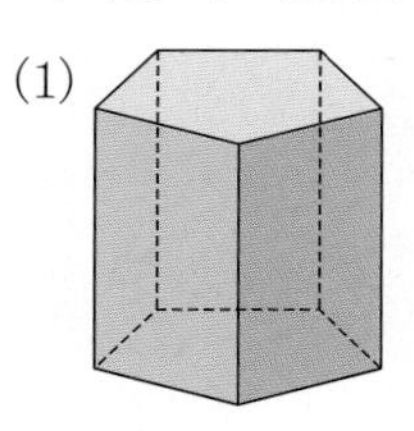

(   )

(2)

(   )

2-2 □ 안에 알맞은 말을 써넣으시오.

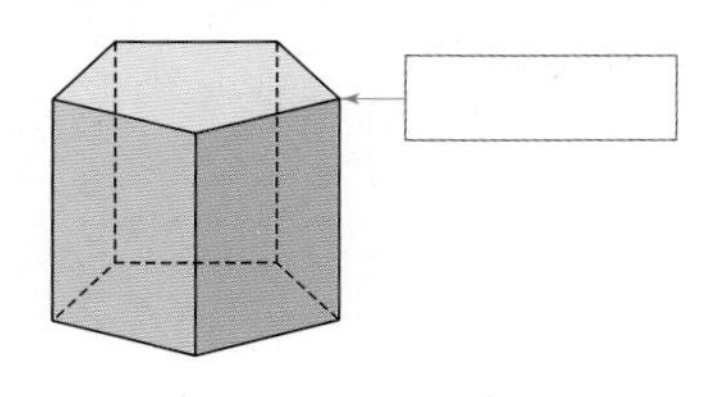

3-2 오각기둥의 겨냥도에서 꼭짓점을 찾아 빨간색으로 표시하시오.

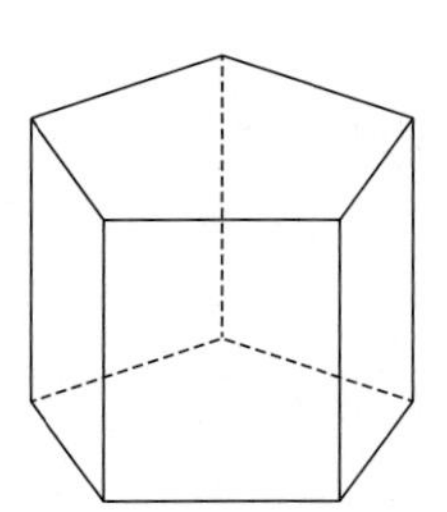

2 각기둥과 각뿔

개념 확인하기

개념 1 각기둥을 알아볼까요(1)

	각기둥의 밑면	각기둥의 옆면
모양	다각형	직사각형
수	2개	한 밑면의 변의 수와 같음.

01 각기둥을 모두 찾아 기호를 쓰시오.

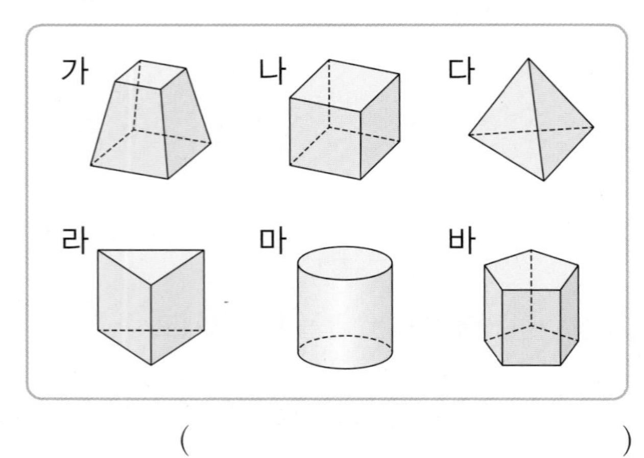

( )

교과서 유형

02 각기둥의 옆면을 모두 찾아 ○표 하시오.

(1)

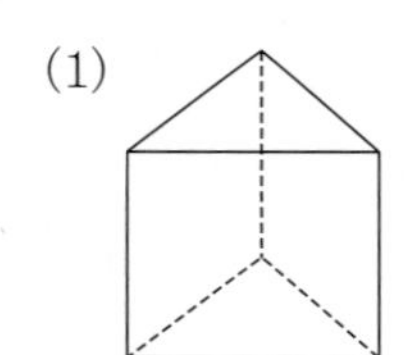

(2)

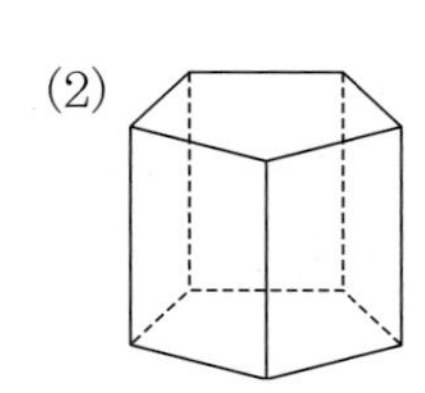

03 오른쪽 각기둥에서 두 밑면과 만나는 면은 어떤 모양입니까?

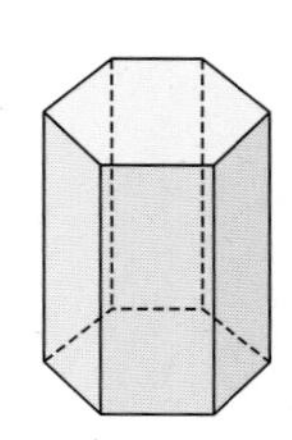

( )

04 각기둥에서 밑면을 모두 찾아 쓰시오.

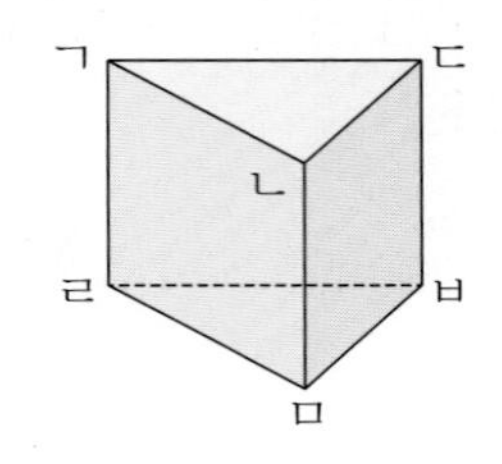

( )

익힘책 유형

05 각기둥의 겨냥도를 완성해 보시오.

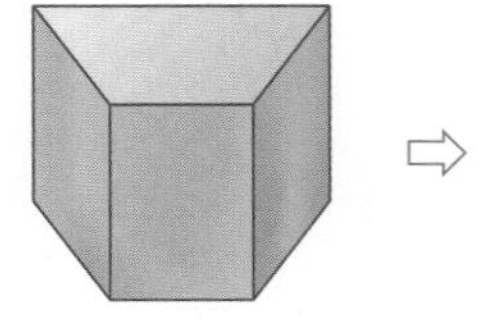

⇨

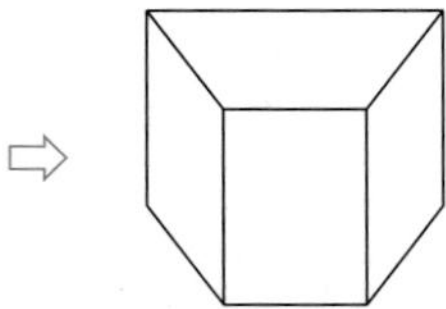

06 각기둥의 특징을 완성하시오.

(1) 밑면은 항상 □개입니다.

(2) 옆면의 모양은 □입니다.

07 각기둥의 특징을 잘못 설명한 친구를 찾아 이름을 쓰시오.

> 지호: 각기둥의 밑면은 다각형이야.
> 윤아: 옆면의 모양은 밑면의 모양에 따라 달라져.

( )

개념 2 각기둥을 알아볼까요 (2)

도형	꼭짓점의 수(개)	면의 수(개)	모서리의 수(개)
●각기둥	●×2	●+2	●×3
삼각기둥	3×2=6	3+2=5	3×3=9

08 □ 안에 알맞은 말을 써넣으시오.

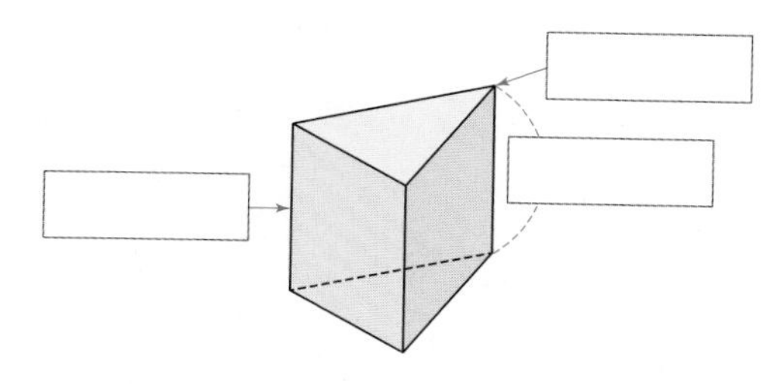

교과서 유형

09 오른쪽 각기둥에서 높이를 나타내는 모서리는 몇 개입니까?

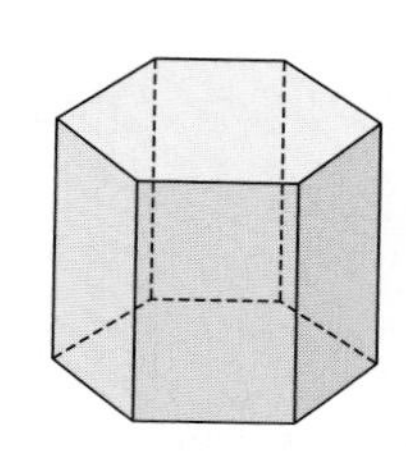

( )

10 미국 국방부 건물인 펜타곤을 위에서 본 모양은 다각형입니다. 밑면의 모양이 펜타곤을 위에서 본 모양과 같은 각기둥의 이름을 쓰시오.

▲ 펜타곤

( )

[11~12] 각기둥을 보고 물음에 답하시오.

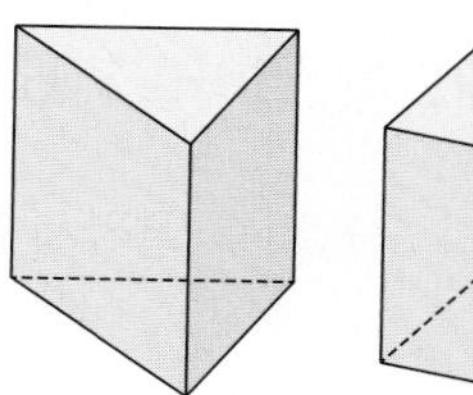
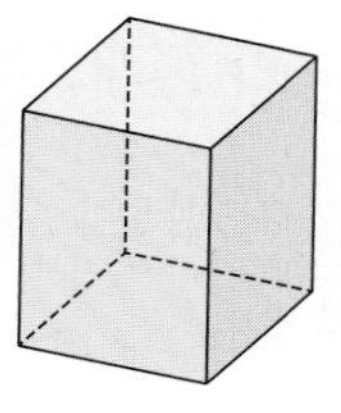
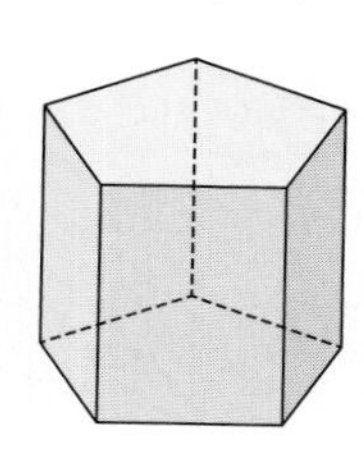

11 각기둥을 보고 표를 완성하시오.

도형	한 밑면의 변의 수(개)	꼭짓점의 수(개)	면의 수(개)	모서리의 수(개)
삼각기둥				
사각기둥				
오각기둥				

익힘책 유형

12 위 11의 표를 보고 규칙을 찾아 식으로 나타내려고 합니다. □ 안에 알맞은 수를 써넣으시오.

(1) (꼭짓점의 수)

=(한 밑면의 변의 수)×□

(2) (면의 수)

=(한 밑면의 변의 수)+□

(3) (모서리의 수)

=(한 밑면의 변의 수)×□

• 각기둥의 밑면 찾기

잘못된 풀이

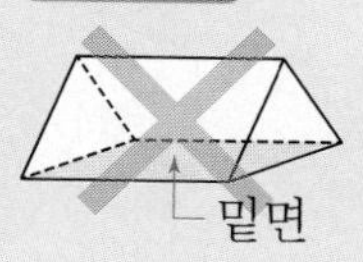

바른 풀이

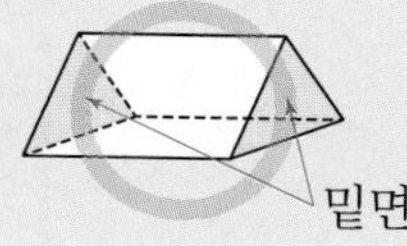

각기둥의 밑면이 반드시 아래쪽에 위치해 있다고 생각하면 안 됩니다.
각기둥에서 밑면은 서로 평행하고 합동인 두 면을 말합니다.

2 각기둥과 각뿔

개념 파헤치기

개념 3 각기둥의 전개도를 알아볼까요

개념 동영상

- 각기둥의 전개도: 각기둥의 모서리를 잘라서 평면 위에 펼쳐 놓은 그림

예 삼각기둥의 전개도

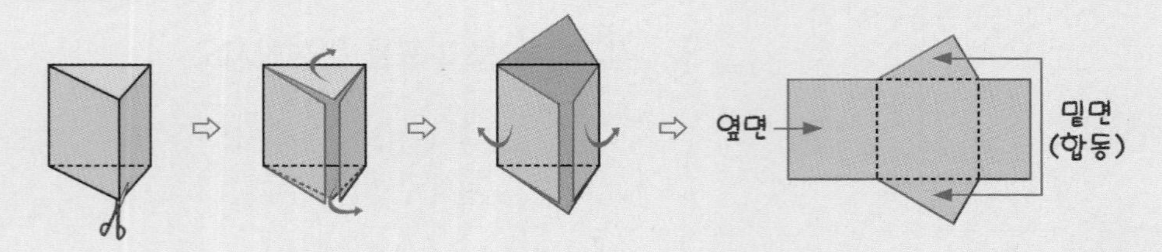

예 사각기둥의 전개도

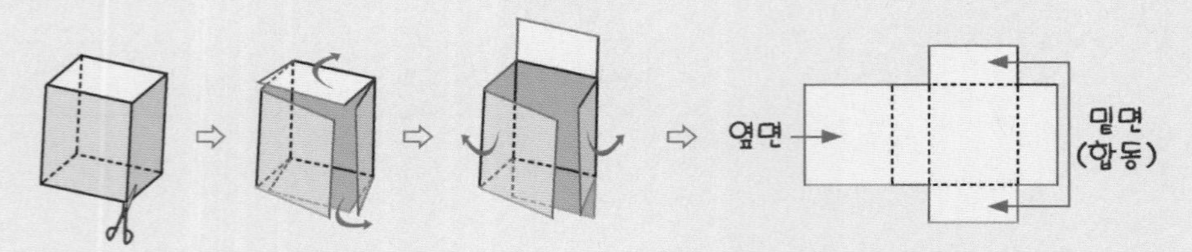

각기둥의 전개도는 합동인 2개의 밑면과 직사각형 모양의 옆면으로 이루어져 있습니다.

각기둥의 전개도를 접어 입체도형을 만들 때 서로 맞닿는 선분의 길이는 서로 같습니다.

개념 체크

1. 각기둥의 전개도는 각기둥의 [ ]를 잘라서 평면 위에 펼쳐 놓은 그림입니다.

2. 삼각기둥의 전개도에서 밑면의 모양은 (삼각형 , 사각형)입니다.

3. 각기둥의 전개도를 접어 입체도형을 만들 때 서로 맞닿는 선분의 길이는 서로 (같습니다 , 다릅니다).

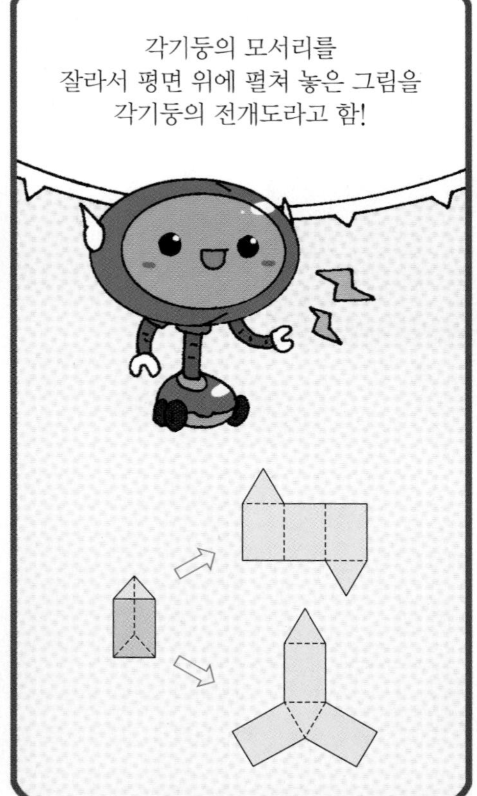

개념 체크 정답 1 모서리 2 삼각형에 ○표 3 같습니다에 ○표

기본 문제

쌍둥이 문제

• 정답은 8쪽

1-1 각기둥의 전개도를 보고 알맞은 말에 ○표 하시오.

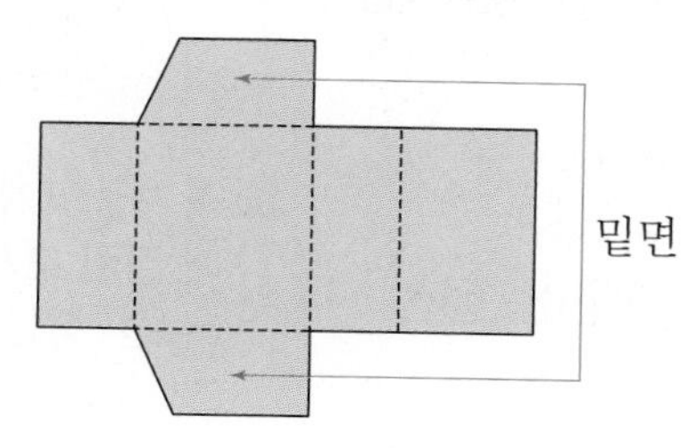

밑면의 모양이 (삼각형, 사각형)이므로 전개도를 접으면 (삼각기둥 , 사각기둥)이 만들어집니다.

힌트 밑면의 모양이 ■각형인 각기둥의 전개도를 접으면 ■각기둥이 만들어집니다.

1-2 각기둥의 전개도를 보고 알맞은 말에 ○표 하시오.

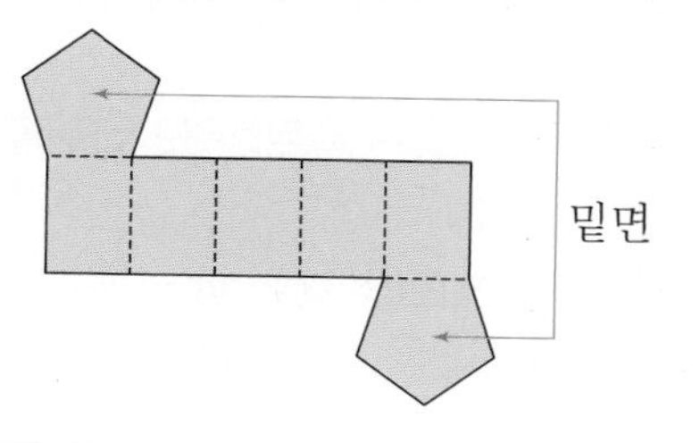

밑면의 모양이 (사각형, 오각형)이므로 전개도를 접으면 (사각기둥 , 오각기둥)이 만들어집니다.

교과서 유형

2-1 삼각기둥의 전개도에 ○표 하시오.

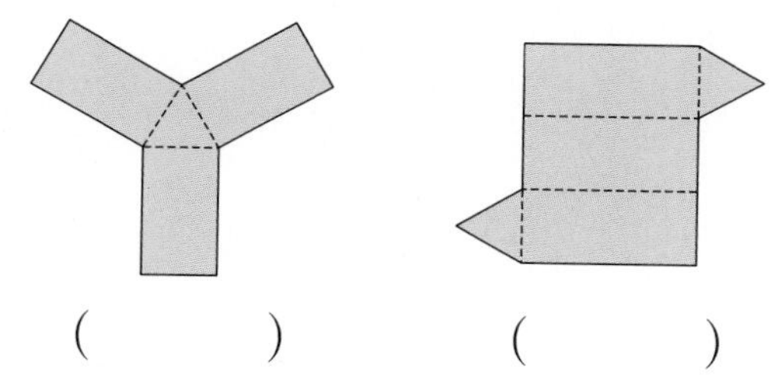

( ) ( )

힌트 밑면과 옆면이 맞게 있는지, 겹치는 면은 없는지 알아봅니다.

2-2 사각기둥의 전개도에 ○표 하시오.

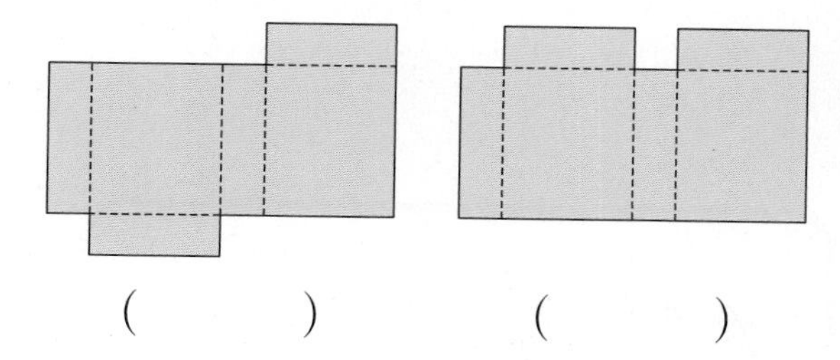

( ) ( )

익힘책 유형

3-1 전개도의 점선을 따라 접어서 각기둥을 만들었습니다. □ 안에 알맞은 수를 써넣으시오.

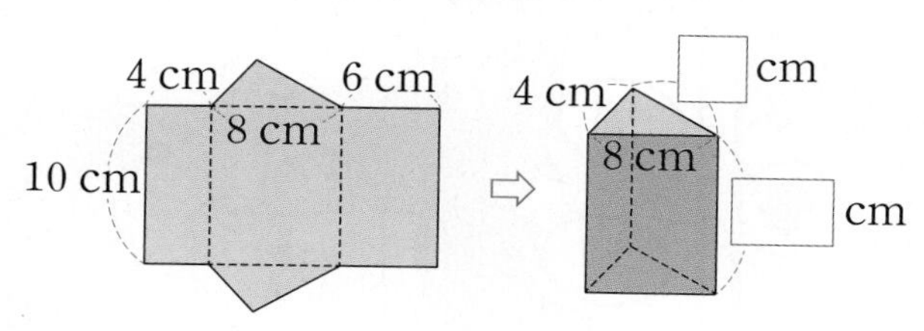

힌트 전개도를 접어 입체도형을 만들 때 서로 맞닿는 선분의 길이는 서로 같습니다.

3-2 전개도의 점선을 따라 접어서 각기둥을 만들었습니다. □ 안에 알맞은 수를 써넣으시오.

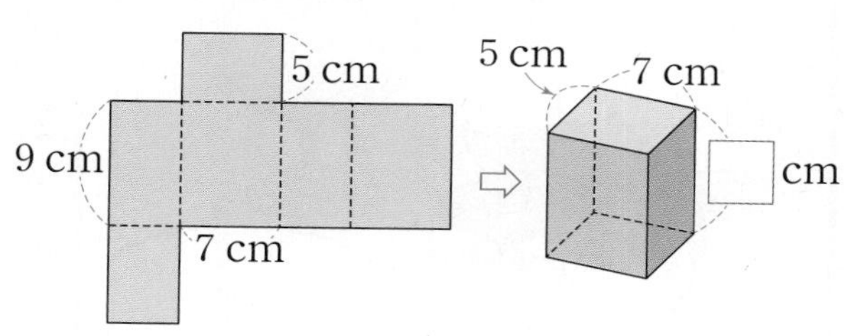

개념 4 각기둥의 전개도를 그려 볼까요

- 각기둥의 전개도는 **자르는 모서리**에 따라 **여러 가지 모양**이 될 수 있습니다.
- 각기둥의 전개도를 그릴 때 **잘린 모서리는 실선**으로, **잘리지 않은 모서리는 점선**으로 그립니다.

㉮ 삼각기둥의 전개도 그리기

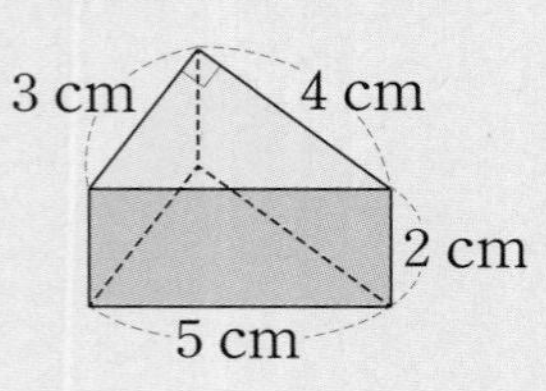

밑면은 삼각형 2개, 옆면은 직사각형 3개야.

1 cm
1 cm

개념 체크

❶ 각기둥의 전개도를 그릴 때 잘린 모서리는 (실선 , 점선)으로 그립니다.

❷ 각기둥의 전개도를 그릴 때 잘리지 않은 모서리는 (실선 , 점선)으로 그립니다.

❸ 삼각기둥의 전개도를 그릴 때에는 밑면으로 합동인 삼각형 ☐개를 그리고, 옆면으로 직사각형 ☐개를 그립니다.

3 cm
4 cm
2 cm
5 cm
1 cm
1 cm

밑면으로 합동인 삼각형 2개를 그리고, 옆면으로 직사각형 3개를 그리지. 잘린 모서리는 실선으로, 잘리지 않은 모서리는 점선으로 그리면 돼!

개념 체크 정답 ❶ 실선에 ○표 ❷ 점선에 ○표 ❸ 2, 3

기본 문제

쌍둥이 문제

• 정답은 8쪽

익힘책 유형

1-1 삼각기둥의 전개도를 완성하시오.

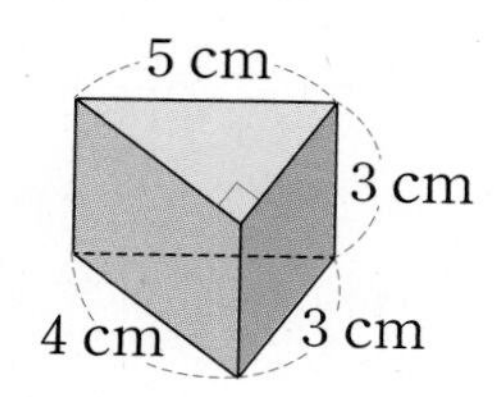

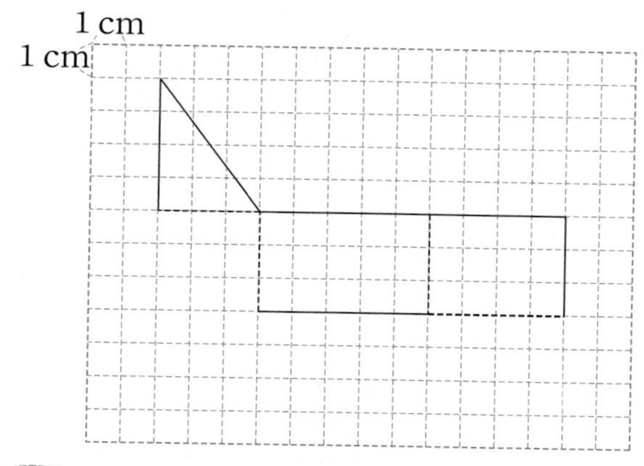

힌트 모눈 한 칸은 1 cm를 나타냅니다.

1-2 삼각기둥의 전개도를 완성하시오.

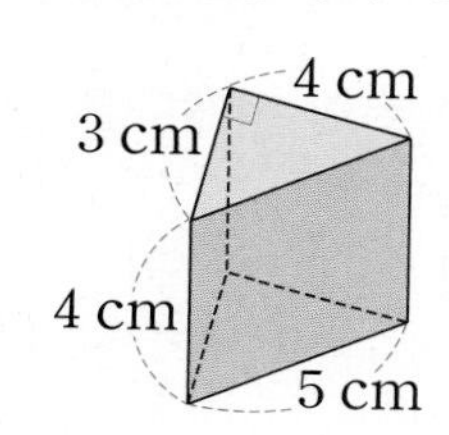

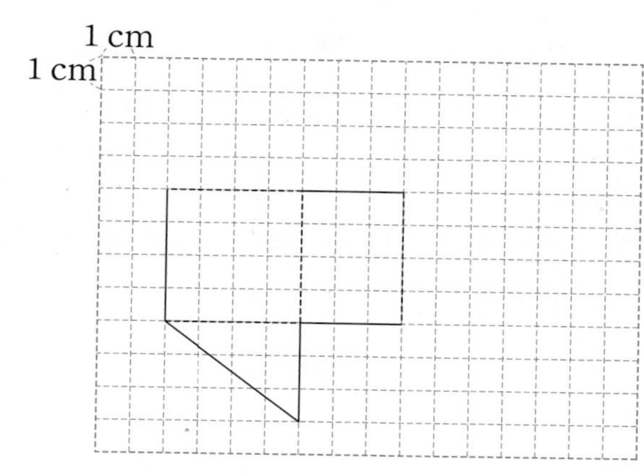

2-1 사각기둥의 전개도를 완성하시오.

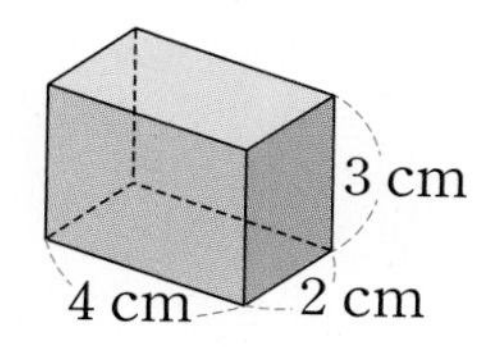

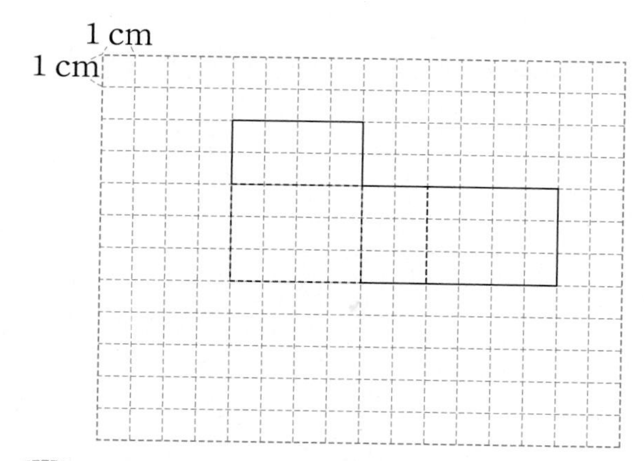

힌트 잘린 모서리는 실선으로, 잘리지 않은 모서리는 점선으로 그립니다.

2-2 사각기둥의 전개도를 완성하시오.

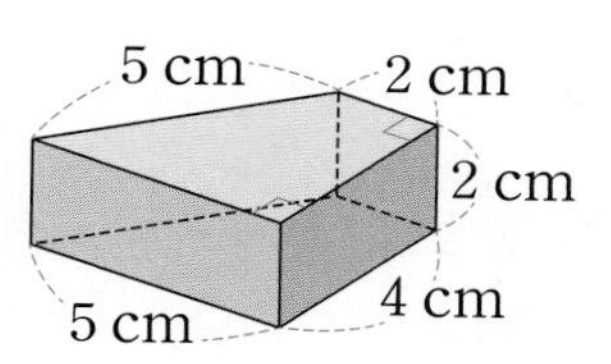

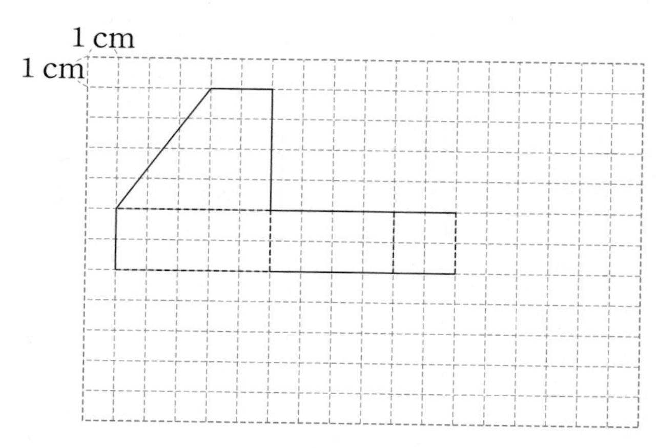

STEP 2 개념 확인하기

개념 3 각기둥의 전개도를 알아볼까요

• ●각기둥의 전개도 특징

	밑면	옆면
모양	●각형	직사각형
수	2개	●개

01 전개도를 접었을 때 선분 ㄱㄴ과 맞닿는 선분을 찾아 쓰시오.

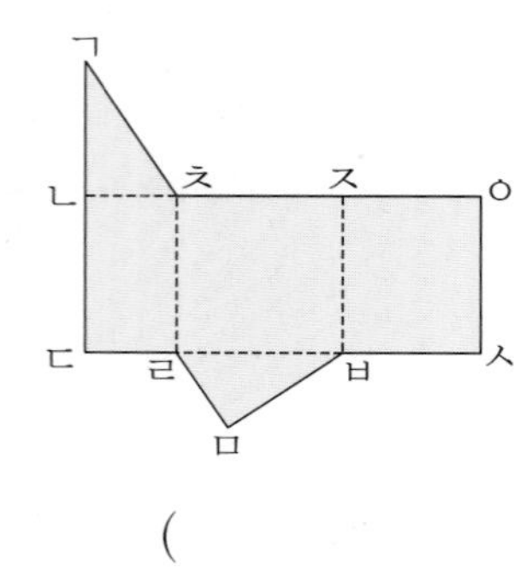

(　　　　　　　　　　)

02 사각기둥을 보고 전개도를 그린 것입니다. □ 안에 알맞은 수를 써넣으시오.

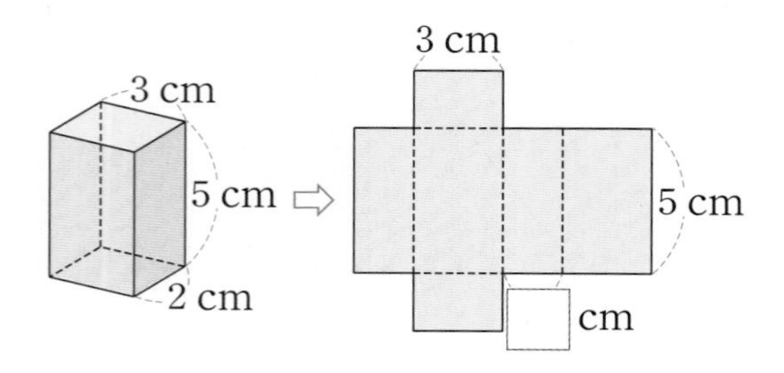

교과서 유형

03 오른쪽 전개도를 접었을 때 만들어지는 입체도형의 이름을 쓰시오.

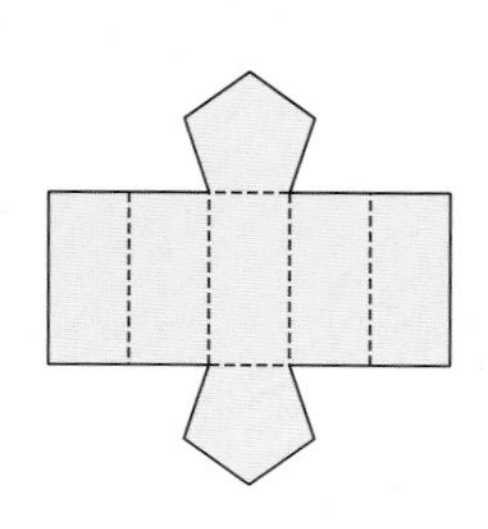

(　　　　　　　　　　)

04 육각기둥을 만들 수 있는 전개도를 모두 찾아 기호를 쓰시오.

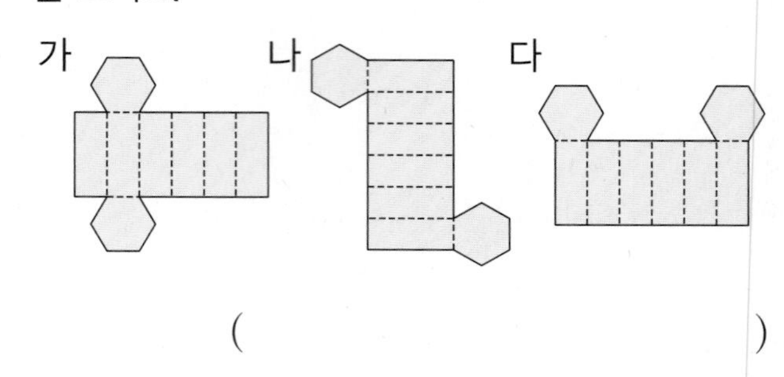

(　　　　　　　　　　)

05 사각기둥의 전개도입니다. 전개도를 접었을 때 색칠된 면과 수직인 면은 모두 몇 개입니까?

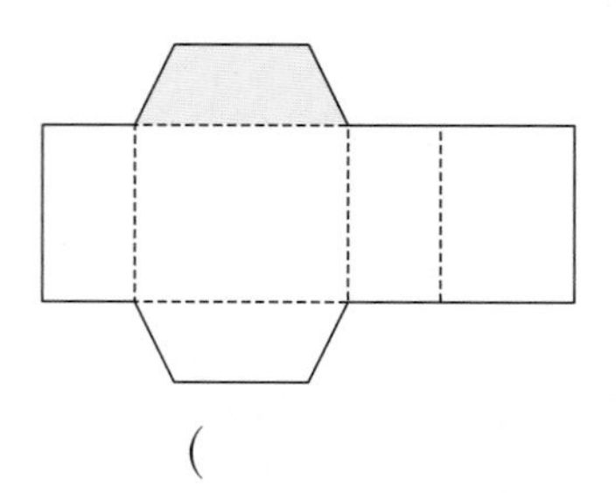

(　　　　　　　　　　)

익힘책 유형

06 다음 전개도를 접어서 만든 각기둥의 높이는 몇 cm입니까?

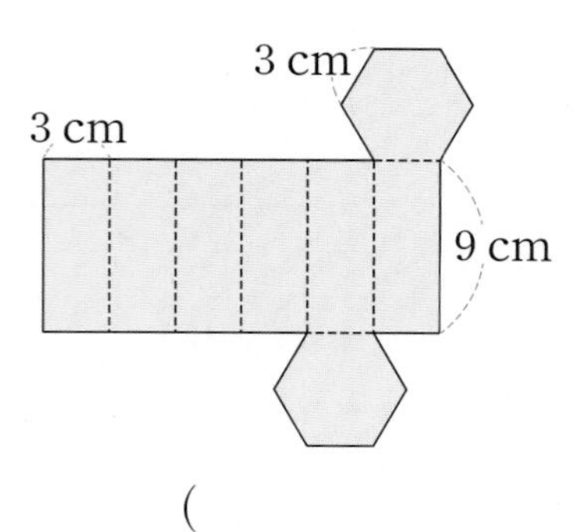

(　　　　　　　　　　)

개념 4 각기둥의 전개도를 그려 볼까요

〈각기둥의 전개도를 그릴 때 주의할 점〉
- 접었을 때 서로 겹치는 면이 없어야 합니다.
- 접었을 때 맞닿는 선분의 길이가 같아야 합니다.

교과서 유형

07 오른쪽 육각기둥의 겨냥도를 보고 육각기둥의 전개도를 완성하시오.

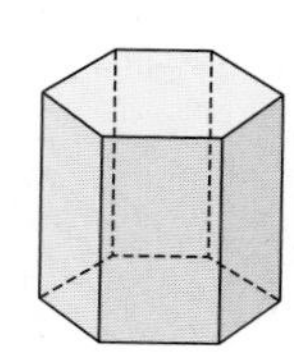

08 사각기둥의 전개도를 완성하시오.

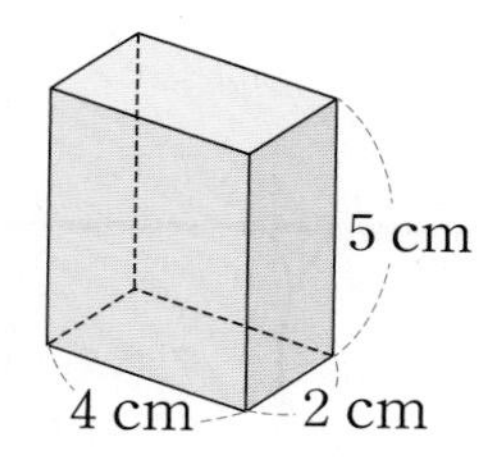

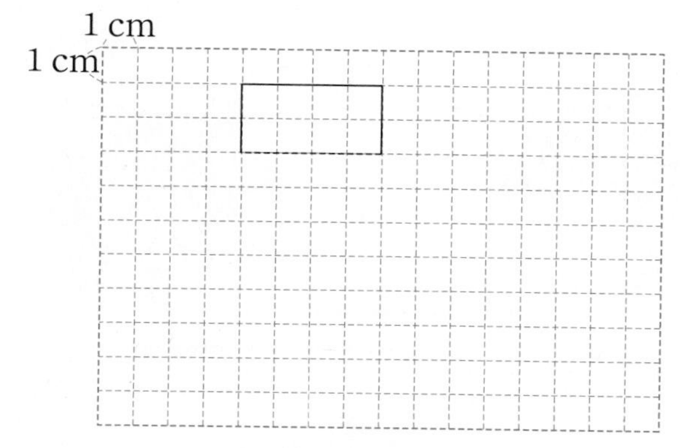

09 오른쪽 사각기둥의 전개도를 그리시오.

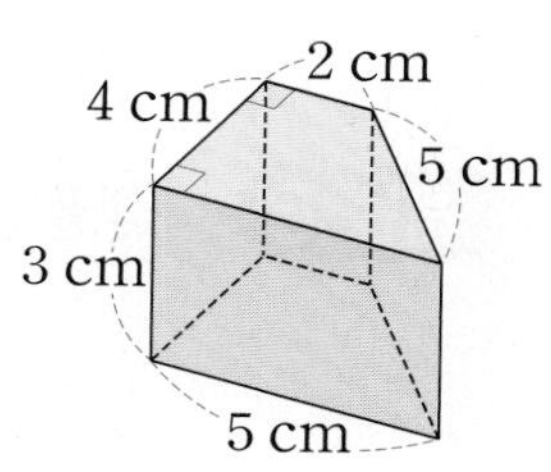

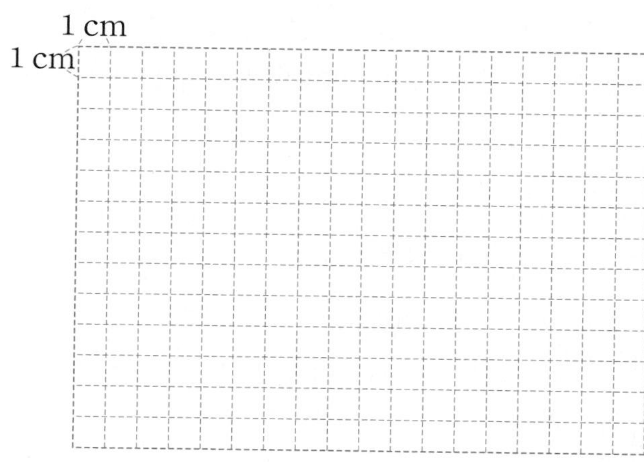

익힘책 유형

10 삼각기둥의 전개도를 그리시오.

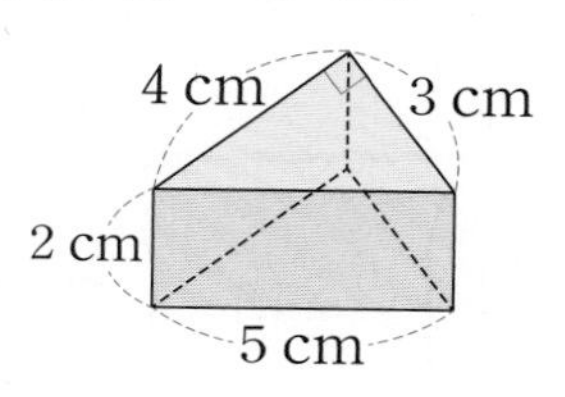

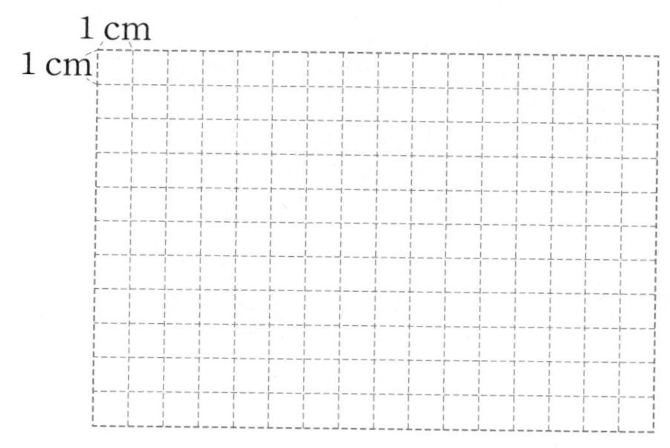

해결의 창

- 각기둥의 전개도를 잘못 그린 경우

두 면이 겹칩니다.

맞닿는 선분의 길이가 다릅니다.

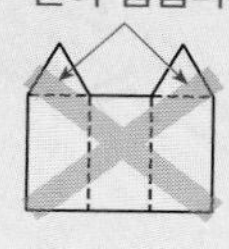

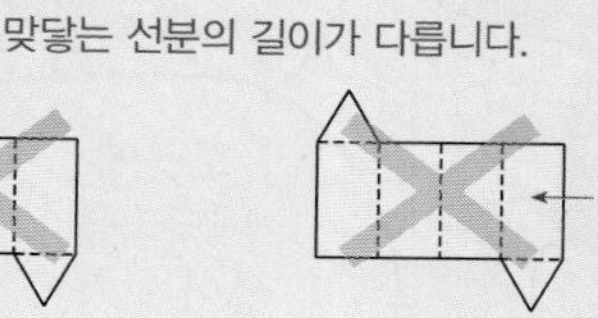

옆면의 수가 한 밑면의 변의 수와 같지 않습니다.

개념 파헤치기

개념 5 각뿔을 알아볼까요(1)

• 각뿔: 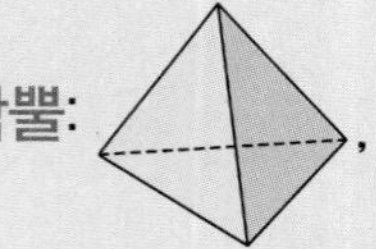, 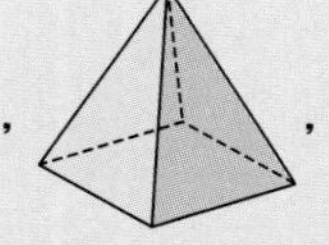, 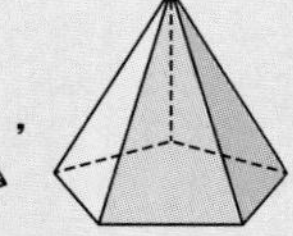 등과 같은 입체도형

밑에 놓인 면이 다각형이고 옆으로 둘러싼 면이 모두 삼각형인 입체도형입니다.

• 각뿔의 밑면: 면 ㄴㄷㄹㅁ과 같이 밑에 놓인 면

└ 다각형이고, 밑면은 항상 1개입니다.

• 각뿔의 옆면: 밑면과 만나는 면 ┌ 면 ㄱㄴㄷ, 면 ㄱㄷㄹ, 면 ㄱㅁㄹ, 면 ㄱㄴㅁ

각뿔의 옆면은 모두 삼각형입니다.

삼각형이고, 옆면의 수는 밑면의 변의 수와 같습니다.

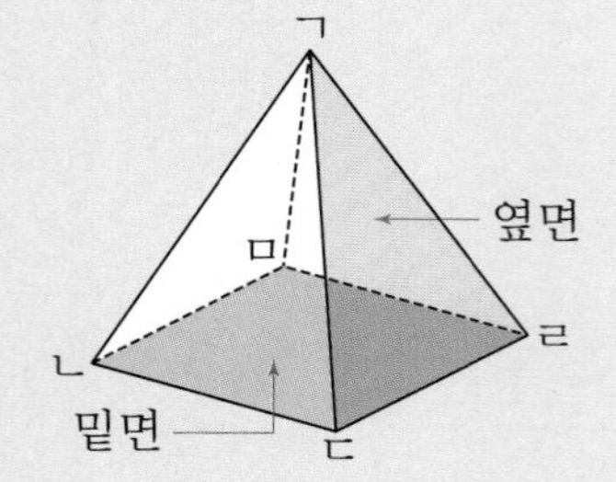

• 각기둥과 각뿔의 비교

도형	밑면의 모양	옆면의 모양	밑면의 수
각기둥	다각형	직사각형	2개
각뿔		삼각형	1개

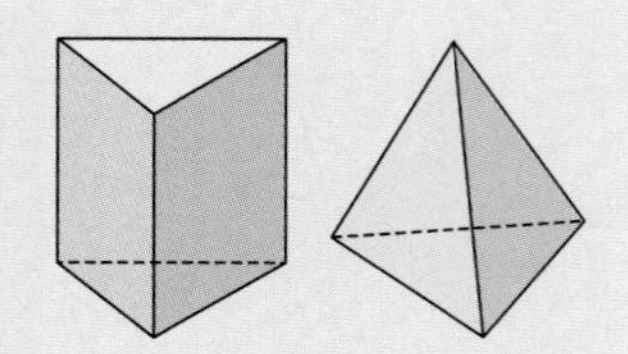

개념 체크

❶ 각뿔의 밑면은 다각형이고 옆면의 모양은 [ ] 입니다.

❷ 각뿔의 밑면은 (1개 , 2개)입니다.

❸ 각뿔의 옆면의 수는 밑면의 변의 수와 (같습니다 , 다릅니다).

각뿔에서 밑에 놓인 면을 밑면이라 하고 밑면과 만나는 면을 옆면이라고 하는 것도 알아.

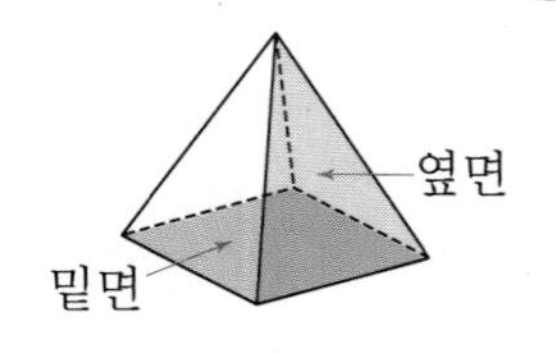

개념 체크 정답 ❶ 삼각형 ❷ 1개에 ○표 ❸ 같습니다에 ○표

기본 문제

1-1 각뿔을 모두 찾아 ○표 하시오.

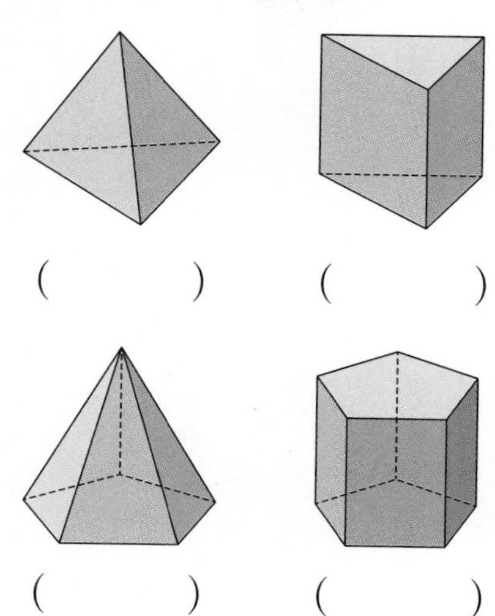

(　　　) (　　　)

(　　　) (　　　)

힌트 각뿔은 밑에 놓인 면이 다각형이고 옆으로 둘러싼 면이 모두 삼각형인 입체도형입니다.

교과서 유형

2-1 □ 안에 알맞은 말을 써넣으시오.

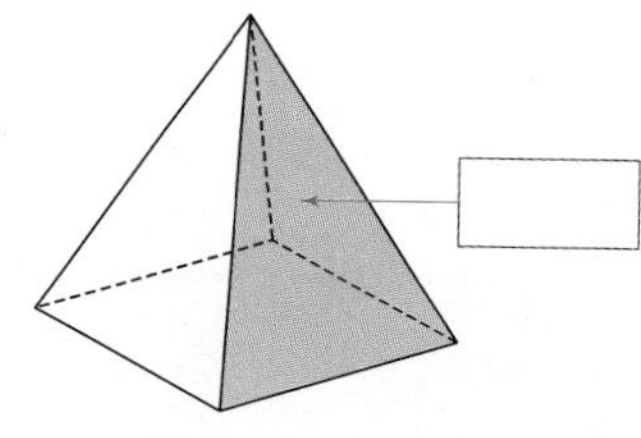

힌트 각뿔에서 밑에 놓인 면을 밑면이라 하고, 밑면과 만나는 면을 옆면이라 합니다.

3-1 다음 각뿔의 밑면과 옆면은 각각 몇 개입니까?

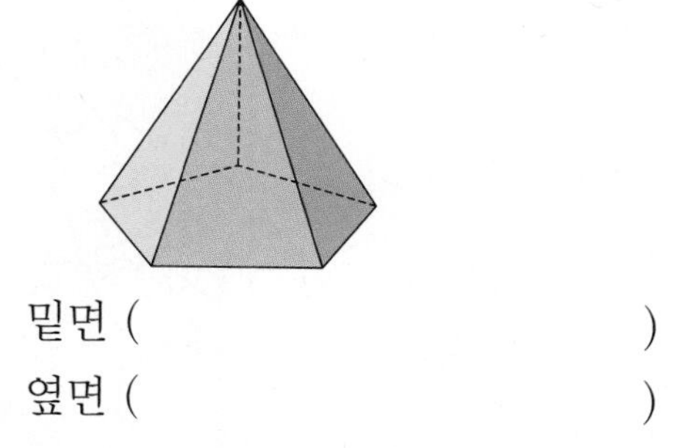

밑면 (　　　　　　　　)

옆면 (　　　　　　　　)

힌트 각뿔의 옆면은 삼각형이고 옆면의 수는 밑면의 변의 수와 같습니다.

쌍둥이 문제

• 정답은 10쪽

1-2 각뿔을 모두 찾아 ○표 하시오.

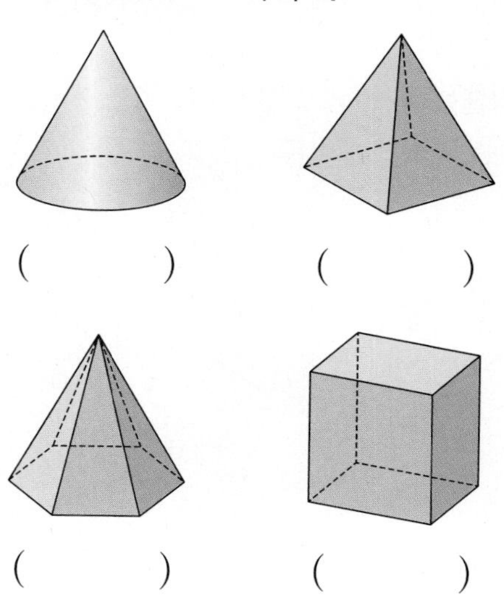

(　　　) (　　　)

(　　　) (　　　)

2-2 □ 안에 알맞은 말을 써넣으시오.

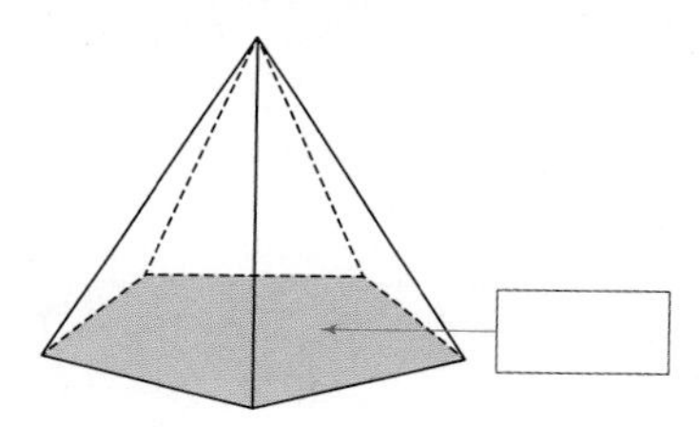

3-2 다음 각뿔의 밑면과 옆면은 각각 몇 개입니까?

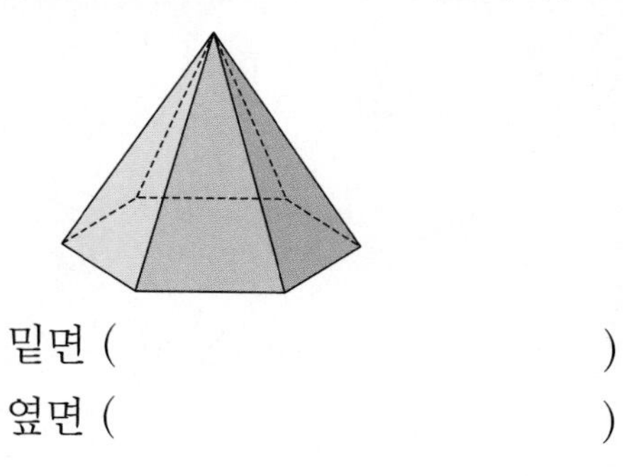

밑면 (　　　　　　　　)

옆면 (　　　　　　　　)

개념 6 각뿔을 알아볼까요 (2)

개념 동영상

- 각뿔은 밑면의 모양이 삼각형, 사각형, 오각형……일 때 삼각뿔, 사각뿔, 오각뿔……이라고 합니다.

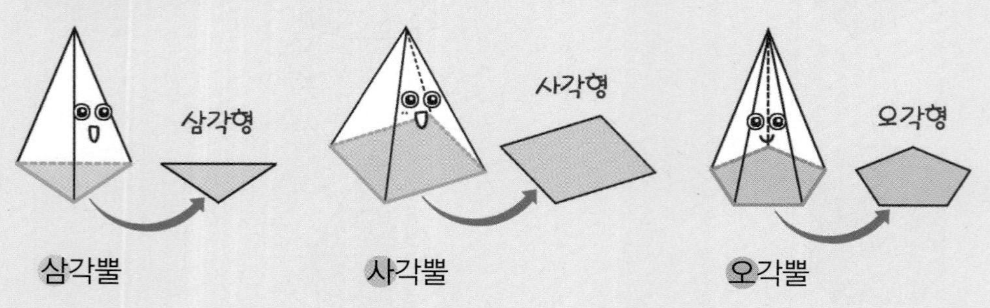

- **각뿔의 구성 요소**

모서리	면과 면이 만나는 선분
꼭짓점	모서리와 모서리가 만나는 점
각뿔의 꼭짓점	꼭짓점 중에서도 옆면이 모두 만나는 점
높이	각뿔의 꼭짓점에서 밑면에 수직인 선분의 길이

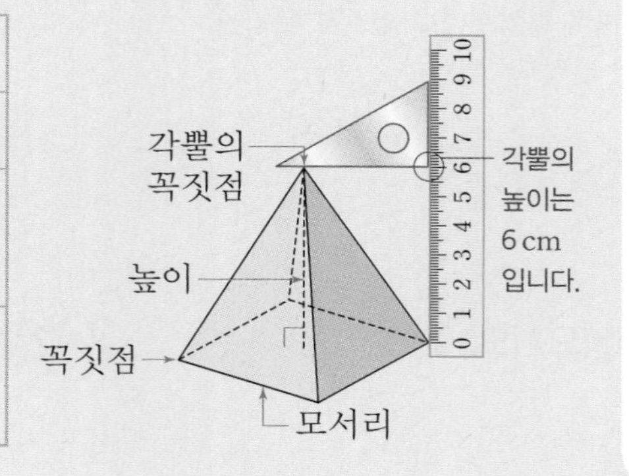

개념 체크

1. 각뿔의 이름은 (밑면 , 옆면)의 모양에 따라 정해집니다.

2. 각뿔에서 꼭짓점 중에서도 옆면이 모두 만나는 점을 ☐ 이라고 합니다.

3. 각뿔의 꼭짓점에서 밑면에 수직인 선분의 길이를 ☐ 라고 합니다.

개념 체크 정답 ❶ 밑면에 ○표 ❷ 각뿔의 꼭짓점 ❸ 높이

기본 문제

1-1 각뿔의 이름은 무엇입니까?

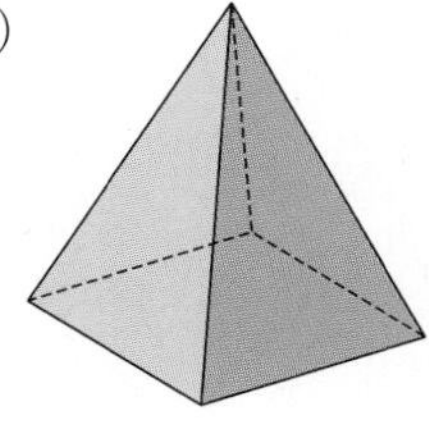

(　　　　　　　　　　)

(2)

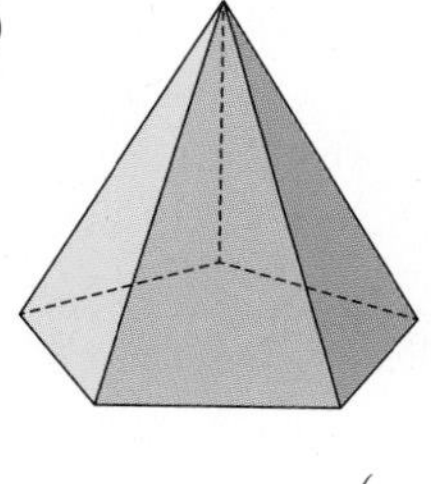

(　　　　　　　　　　)

(힌트) 각뿔의 이름은 밑면의 모양에 따라 정해집니다.

2-1 □ 안에 알맞은 말을 써넣으시오.

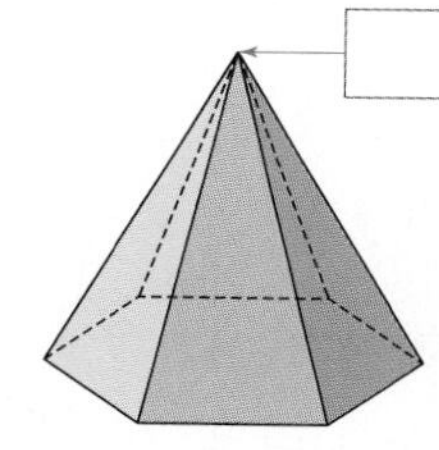

(힌트) 화살표가 가리키는 부분은 옆면이 모두 만나는 점입니다.

교과서 유형

3-1 각뿔의 높이는 몇 cm입니까?

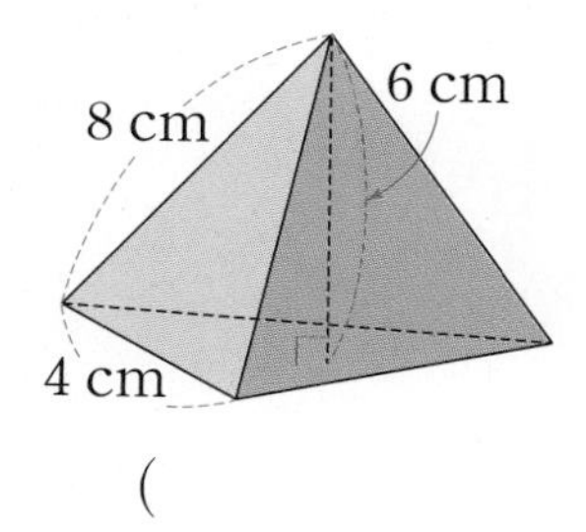

(　　　　　　　　　　)

(힌트) 각뿔의 높이는 각뿔의 꼭짓점에서 밑면에 수직인 선분의 길이입니다.

쌍둥이 문제

1-2 각뿔의 이름은 무엇입니까?

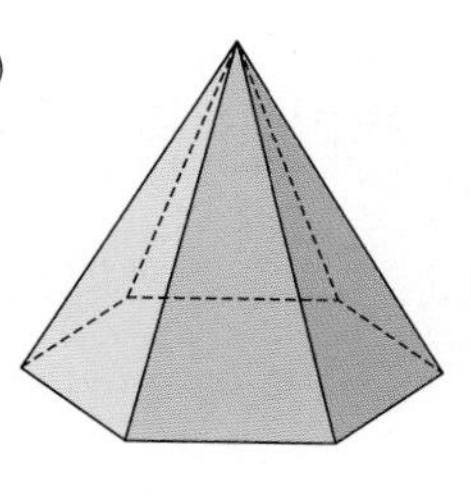

(　　　　　　　　　　)

(2)

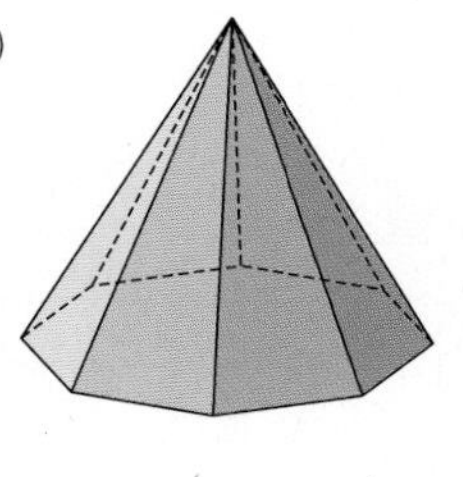

(　　　　　　　　　　)

2-2 □ 안에 알맞은 말을 써넣으시오.

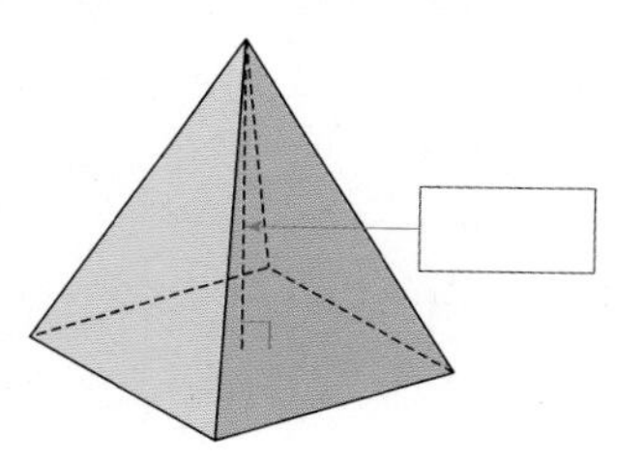

3-2 각뿔의 높이는 몇 cm입니까?

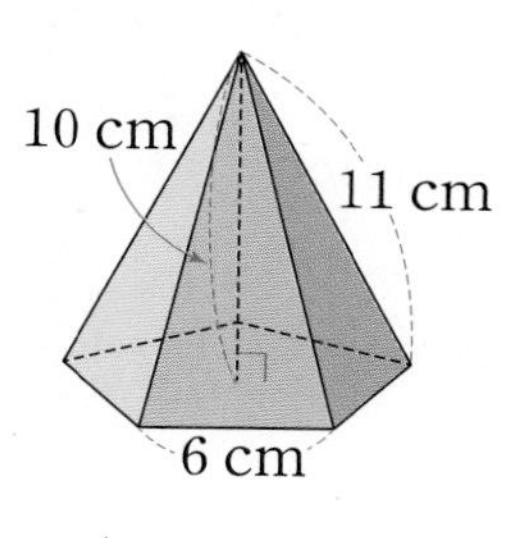

(　　　　　　　　　　)

개념 확인하기

개념 5 각뿔을 알아볼까요 (1)

	각뿔의 밑면	각뿔의 옆면
모양	다각형	삼각형
수	1개	밑면의 변의 수와 같음.

01 각뿔을 모두 찾아 기호를 쓰시오.

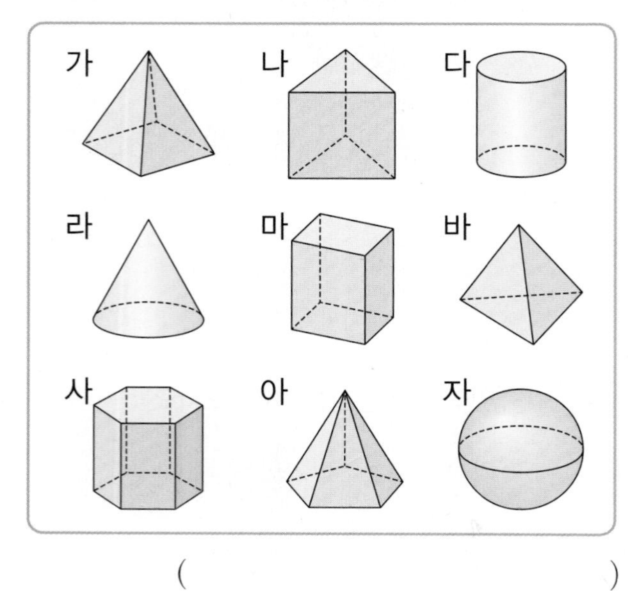

(　　　　　　　　　　　　)

교과서 유형

02 각뿔의 밑면을 찾아 색칠하고, 옆면을 모두 찾아 ○표 하시오.

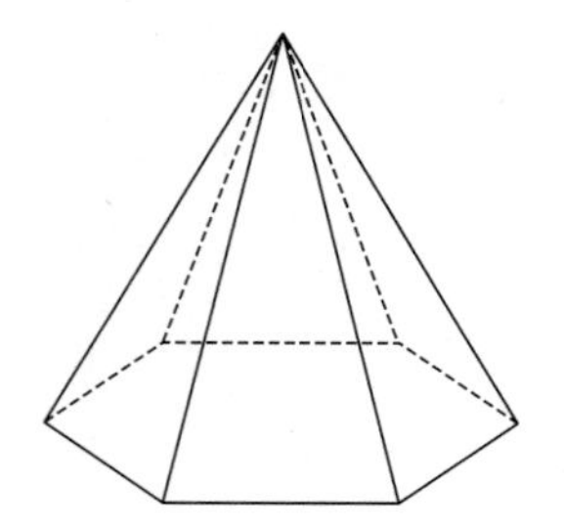

03 각뿔을 보고 물음에 답하시오.

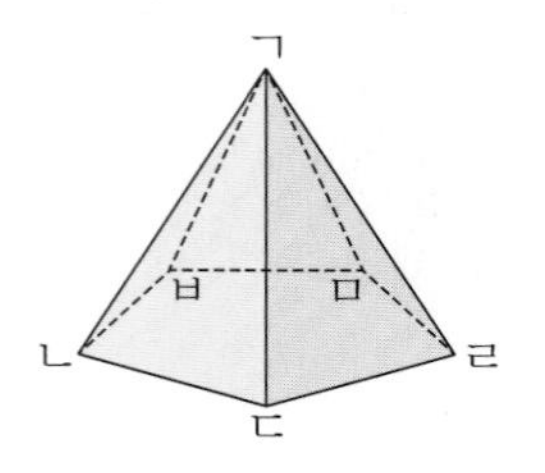

(1) 밑면과 만나는 면은 몇 개입니까?

(　　　　　　　　　　　　)

(2) 옆면을 모두 찾아 쓰시오.

(　　　　　　　　　　　　)

04 각뿔의 특징을 완성하시오.

(1) 밑면은 항상 □개입니다.

(2) 옆면의 모양은 □입니다.

익힘책 유형

05 오른쪽 입체도형이 각뿔이 아닌 이유를 바르게 말한 사람은 누구입니까?

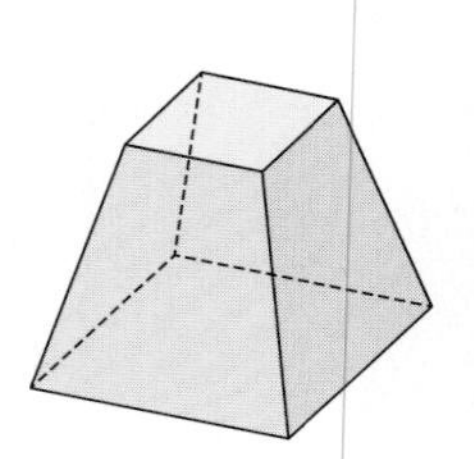

각뿔은 밑면이 1개인데 이 입체도형은 밑면이 1개가 아니야.

각뿔은 옆면의 모양이 직사각형인데 이 입체도형은 옆면이 사다리꼴이야.

(　　　　　　　　　　　　)

개념 6 각뿔을 알아볼까요 (2)

도형	꼭짓점의 수(개)	면의 수(개)	모서리의 수(개)
●각뿔	●+1	●+1	●×2
삼각뿔	3+1=4	3+1=4	3×2=6

06 각뿔의 높이를 바르게 잰 것의 기호를 쓰시오.

가 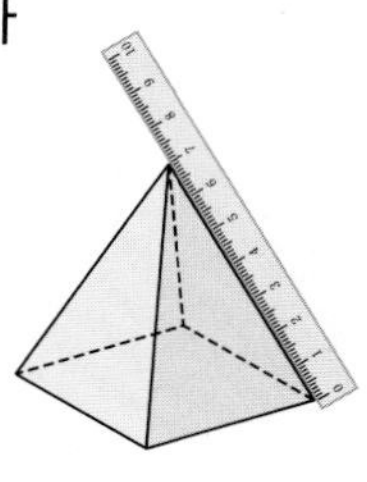

나 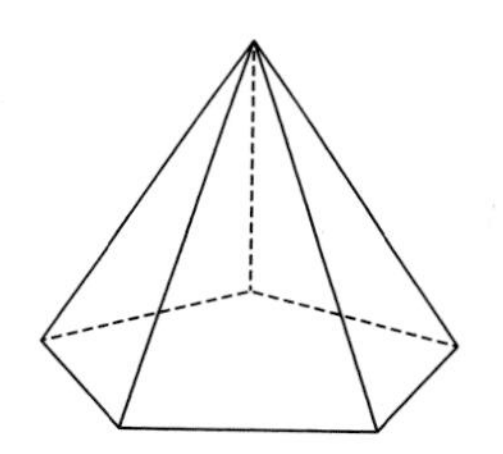

(　　　　　　　　)

교과서 유형

07 각뿔의 겨냥도에서 모서리는 파란색으로, 꼭짓점은 빨간색으로 표시하시오.

08 관계있는 것끼리 선으로 이어 보시오.

밑면의 모양	각뿔의 이름
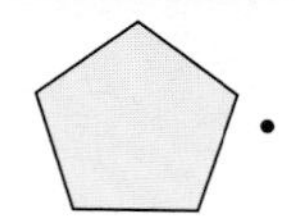 •	• 팔각뿔
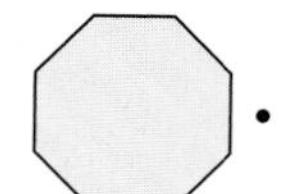 •	• 오각뿔

09 피라미드는 밑면의 모양이 사각형인 각뿔 모양입니다. 피라미드의 모서리는 몇 개입니까?

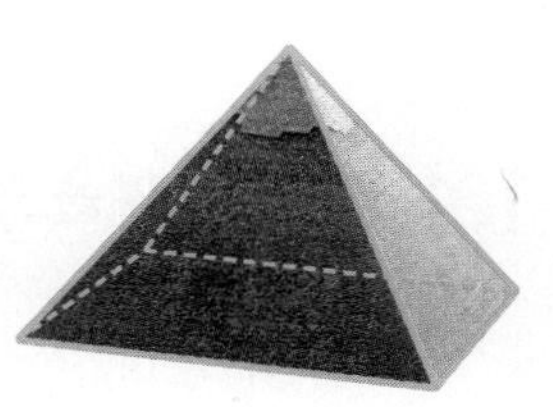

(　　　　　　　　)

익힘책 유형

10 각뿔을 보고 표를 완성하고, 규칙을 찾아 □ 안에 알맞은 수를 써넣으시오.

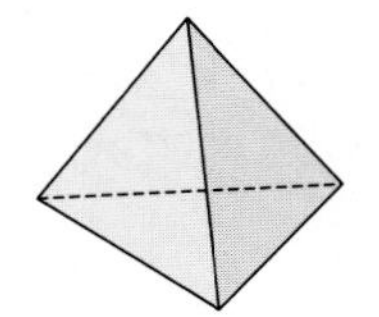 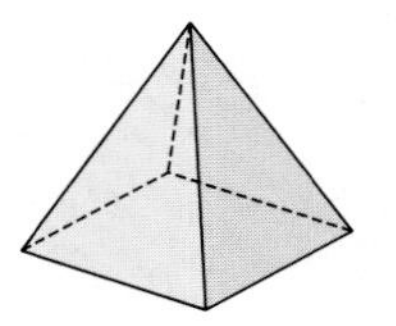

도형	밑면의 변의 수(개)	꼭짓점의 수(개)	면의 수(개)	모서리의 수(개)
삼각뿔				
사각뿔				

(꼭짓점의 수)=(밑면의 변의 수)+□

(면의 수)=(밑면의 변의 수)+□

(모서리의 수)=(밑면의 변의 수)×□

11 개수가 많은 것부터 차례로 기호를 쓰시오.

㉠ 팔각뿔의 꼭짓점의 수
㉡ 구각뿔의 면의 수
㉢ 육각뿔의 모서리의 수

(　　　　　　　　)

해결의 창

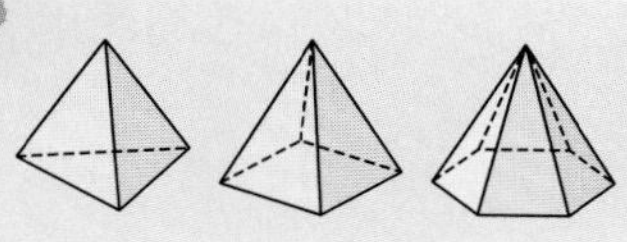

• 각뿔의 밑면은 밑에 있는 면으로 다각형이고, 항상 1개입니다.
• 각뿔의 옆면은 모두 삼각형이고 밑면의 변의 수와 같습니다.

단원 마무리평가

점수

[01~03] 도형을 보고 물음에 답하시오.

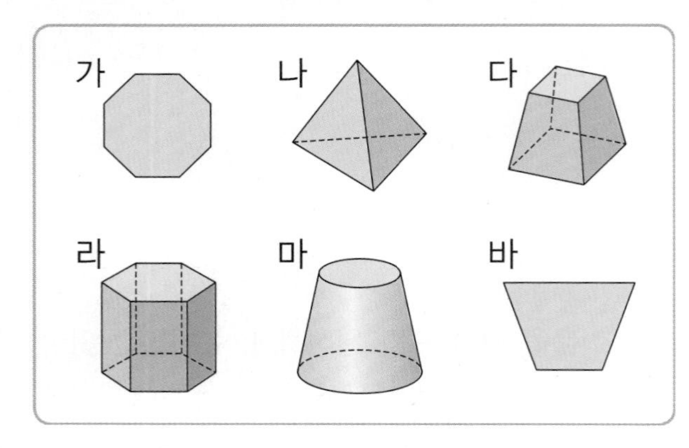

01 입체도형을 모두 찾아 기호를 쓰시오.

( )

02 각기둥을 찾아 기호를 쓰시오.

( )

03 각뿔을 찾아 기호를 쓰시오.

( )

04 각뿔의 밑면을 찾아 쓰시오.

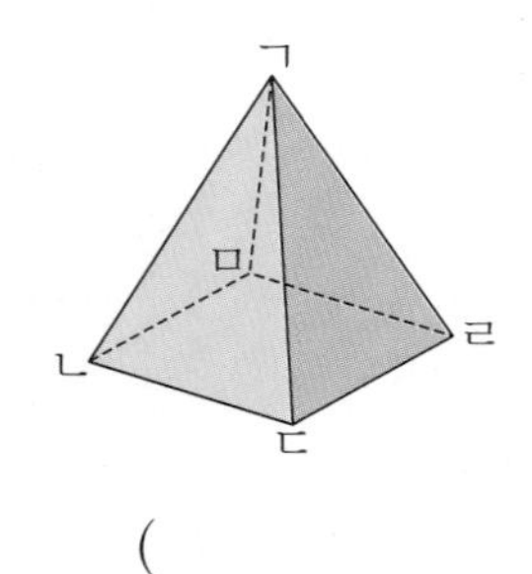

( )

[05~06] 입체도형의 이름을 쓰시오.

05

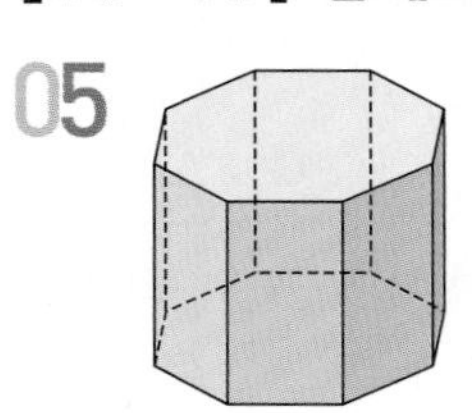

( )

06

( )

07 다음 그림과 같은 삼각기둥 모양의 만화경이 있습니다. 이 만화경과 같은 삼각기둥의 높이는 몇 cm입니까?

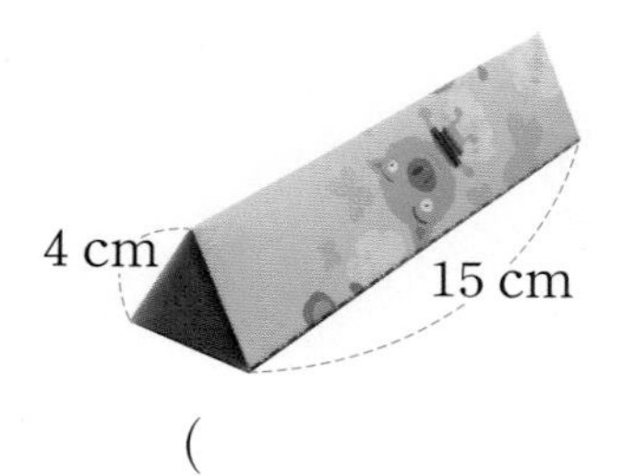

( )

08 오른쪽 전개도를 접었을 때 만들어지는 입체도형의 이름을 쓰시오.

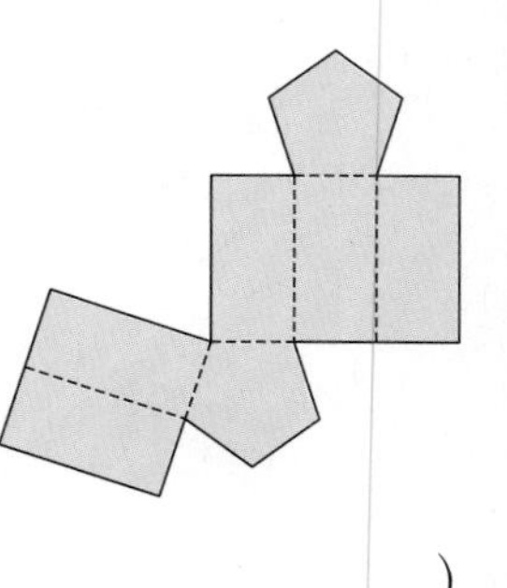

( )

• 정답은 11~12쪽

[09~10] 각기둥을 보고 물음에 답하시오.

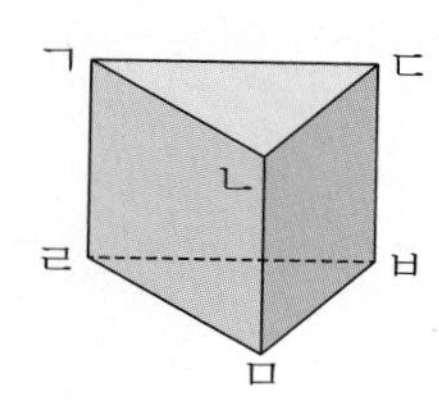

09 각기둥의 옆면을 모두 찾아 쓰시오.

10 각기둥의 모서리를 모두 찾아 쓰시오.

11 각뿔의 특징을 잘못 설명한 친구를 찾아 이름을 쓰시오.

지혜: 각뿔의 밑면은 2개야.
소민: 각뿔의 옆면은 모두 삼각형이야.

( )

12 오른쪽 입체도형이 각뿔이 아닌 이유를 쓰시오.

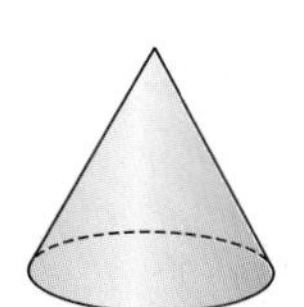

이유

13 전개도를 접어서 각기둥을 만들었습니다. □ 안에 알맞은 수를 써넣으시오.

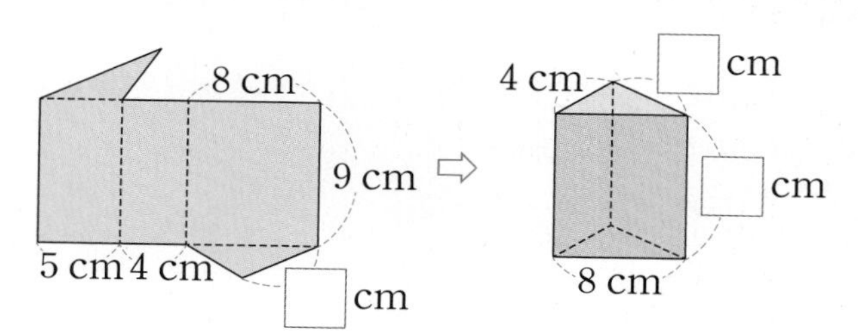

14 입체도형을 보고 표를 완성하시오.

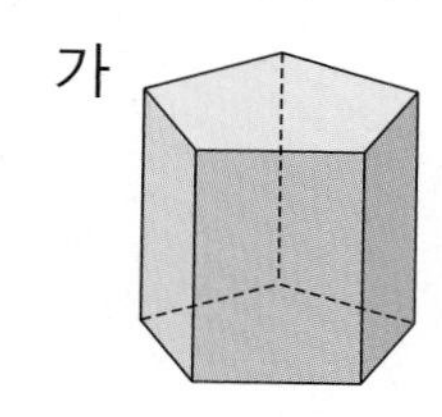

도형	가	나
밑면의 모양		
꼭짓점의 수(개)		
면의 수(개)		
모서리의 수(개)		

15 밑면의 모양이 육각형인 각뿔의 모서리는 몇 개입니까?

( )

16 각뿔에서 개수가 같은 것을 모두 찾아 기호를 쓰시오.

㉠ 밑면의 변의 수　㉡ 꼭짓점의 수
㉢ 면의 수　㉣ 모서리의 수

( )

2 각기둥과 각뿔

• 정답은 12쪽

17 사각기둥의 전개도를 완성하시오.

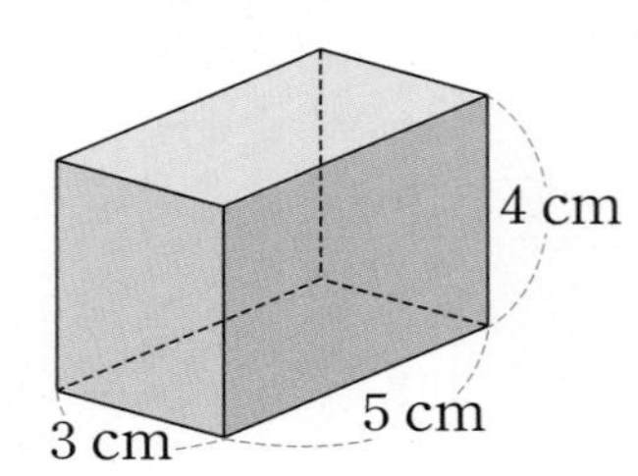

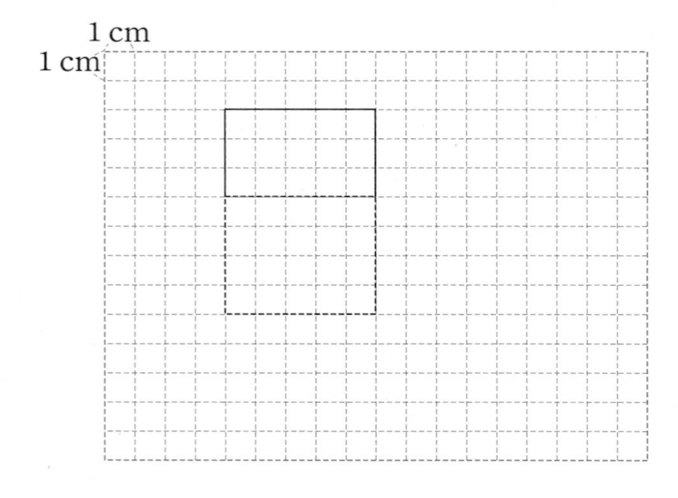

18 장기알은 밑면의 모양이 팔각형인 각기둥 모양입니다. 장기알의 꼭짓점은 몇 개인지 풀이 과정을 완성하고 답을 구하시오.

풀이 밑면의 모양이 팔각형인 각기둥의 이름은 ☐입니다.

따라서 장기알의 꼭짓점은

☐ × ☐ = ☐(개)입니다.

답 ☐

19 ❶사각기둥의 전개도를 점선을 따라 접었을 때 / ❷면 ㉮와 평행한 면을 찾아 쓰시오.

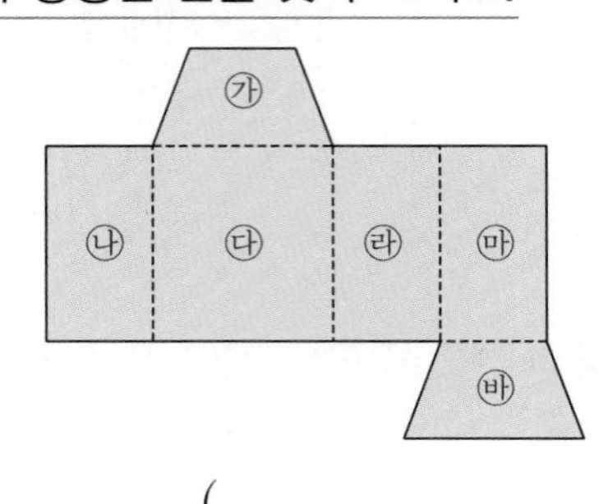

(　　　　　　　　)

해결의 법칙

❶ 전개도를 점선을 따라 접었을 때 면 ㉮와 만나는 면을 모두 찾습니다.

❷ ❶에서 찾은 면을 제외하면 면 ㉮와 평행한 면입니다.

20 ❶모서리가 20개인 각뿔의 / ❷면은 몇 개입니까?

(　　　　　　　　)

해결의 법칙

❶ 각뿔의 밑면의 변의 수를 구하여 각뿔의 이름을 찾습니다.

❷ ❶에서 찾은 각뿔의 면의 수를 구합니다.

창의·융합 문제

• 정답은 12쪽

1 민준이는 다음에서 설명하는 입체도형 모양의 새장에서 앵무새를 키우고 있습니다. 앵무새가 새장 안에 들어가도록 새장을 그려 보시오.

• 밑면의 모양은 오각형이고 1개입니다.
• 옆면의 모양은 모두 삼각형이고 5개입니다.

2 그림과 같이 고무찰흙은 꼭짓점으로, 막대는 모서리로 하여 입체도형을 만들었습니다. 이와 같이 칠각기둥을 만들 때 필요한 고무찰흙과 막대의 수는 각각 몇 개입니까?

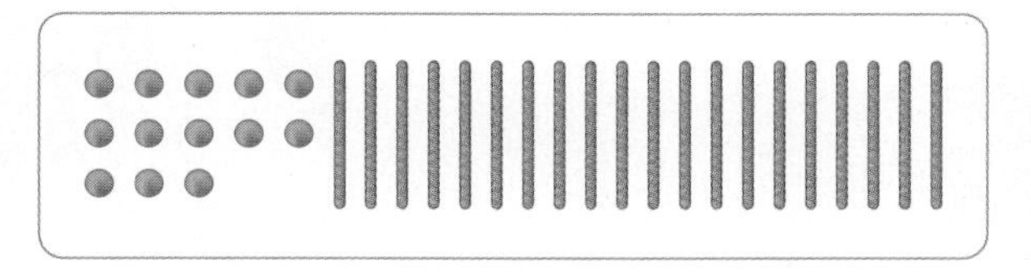

⇨

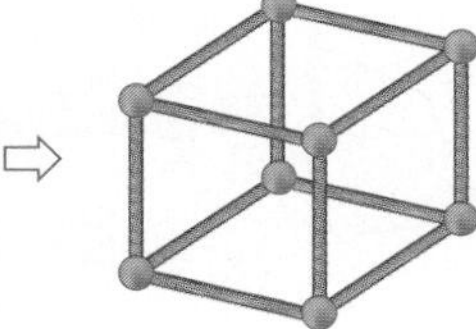

고무 찰흙 (   ), 막대 (   )

3 소수의 나눗셈

제3화 이상형을 찾아 주는 신호기

소수 두 자리 수는 분모가 100인 분수로 계산할 수 있어.

$$8.68 \div 7 = \frac{868}{100} \div 7 = \frac{868 \div 7}{100} = \frac{124}{100} = 1.24$$

이미 배운 내용		이번에 배울 내용		앞으로 배울 내용
[5–2 소수의 곱셈] • (소수)×(소수) [6–1 분수의 나눗셈] • (분수)÷(자연수)	▶	• 몫이 소수인 (소수)÷(자연수) • (자연수)÷(자연수)의 몫을 소수로 나타내기 • 몫을 어림하여 소수점의 위치 확인하기	▶	[6–2 소수의 나눗셈] • (소수)÷(소수) • (자연수)÷(소수)

3은 3.00과 같아.
몫의 소수점은 자연수 바로 뒤에 올려서 찍고,
소수점 아래에서 받아내릴 수가 없는 경우 0을
받아내려 계산해야 해.

```
      7 5              0.7 5
 4 ) 3 0 0   ⇨   4 ) 3.0 0
     2 8               2 8
     ─────             ─────
       2 0               2 0
       2 0               2 0
     ─────             ─────
         0                 0
```

개념 파헤치기

개념 동영상

개념 1 (소수)÷(자연수)를 알아볼까요 (1)

• **자연수의 나눗셈을 이용하여 소수의 나눗셈 계산하기**

예 244÷2를 이용하여 24.4÷2와 2.44÷2를 계산하기

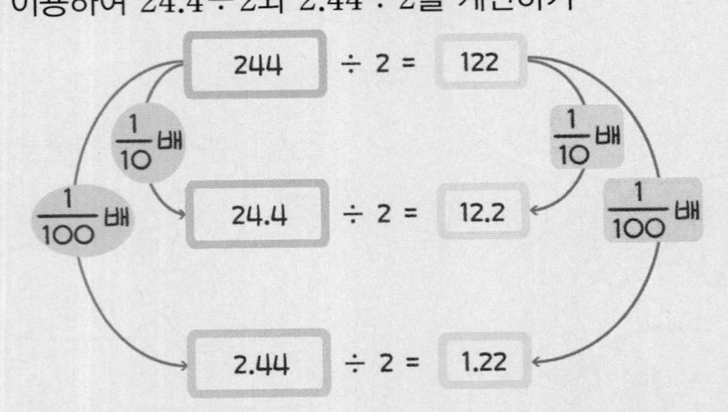

24.4는 244의 $\frac{1}{10}$배이고 2.44는 244의 $\frac{1}{100}$배이므로 몫 또한 244÷2의 몫인 122의 $\frac{1}{10}$배인 12.2, $\frac{1}{100}$배인 1.22가 됩니다.

나누는 수가 같고 나누어지는 수가 $\frac{1}{10}$배$\left(\frac{1}{100}배\right)$가 되면 몫도 $\frac{1}{10}$배$\left(\frac{1}{100}배\right)$가 되므로 소수점이 왼쪽으로 한 칸(두 칸) 이동합니다.

개념 체크

❶ 나누어지는 수가 $\frac{1}{10}$배가 되면 몫도 $\frac{1}{\square}$배가 됩니다.

❷ 나누어지는 수가 $\frac{1}{100}$배가 되면 몫도 $\frac{1}{\square}$배가 됩니다.

나누어지는 수가 $\frac{1}{10}$배가 되면 몫도 $\frac{1}{10}$배가 돼.

$\frac{1}{10}$배 244÷2=122, 24.4÷2=12.2 $\frac{1}{10}$배

개념 체크 정답 ❶ 10 ❷ 100

기본 문제

쌍둥이 문제

• 정답은 13쪽

교과서 유형

1-1 2.46 m인 끈을 2명에게 똑같이 나누어 주려고 합니다. 한 명이 가질 수 있는 끈이 몇 m인지 알아보시오.

(1) 한 명이 가질 수 있는 끈이 몇 m인지 구하는 식을 쓰시오.

$\square \div \square$

(2) □ 안에 알맞은 수를 써넣으시오.

1 m=100 cm이므로 2.46 m=246 cm입니다.

$246 \div 2 = \square$

한 명이 가질 수 있는 끈은 □ cm이므로 □ m입니다.

힌트 1 m=100 cm이므로 2.46 m=246 cm입니다.

1-2 44.8 cm인 리본을 4등분하려고 합니다. 리본 한 도막의 길이는 몇 cm인지 알아보시오.

(1) 리본 한 도막의 길이는 몇 cm인지 구하는 식을 쓰시오.

$\square \div \square$

(2) □ 안에 알맞은 수를 써넣으시오.

1 cm=10 mm이므로 44.8 cm=448 mm입니다.

$448 \div 4 = \square$

리본 한 도막의 길이는 □ mm이므로 □ cm입니다.

익힘책 유형

2-1 자연수의 나눗셈을 이용하여 □ 안에 알맞은 수를 써넣으시오.

$28 \div 2 = 14$

$\frac{1}{10}$배 ↓ ↓ $\frac{1}{10}$배

⇨ $2.8 \div 2 = \square$

힌트 나누어지는 수가 $\frac{1}{10}$배가 되면 몫도 $\frac{1}{10}$배가 됩니다.

2-2 자연수의 나눗셈을 이용하여 □ 안에 알맞은 수를 써넣으시오.

(1) $69 \div 3 = \square$ ⇨ $6.9 \div 3 = \square$

(2) $244 \div 4 = \square$ ⇨ $24.4 \div 4 = \square$

3-1 □ 안에 알맞은 수를 써넣으시오.

$\frac{1}{100}$배

$162 \div 3 = \square$ ⇨ $1.62 \div 3 = \square$

$\frac{1}{100}$배

힌트 나누어지는 수가 $\frac{1}{100}$배가 되면 몫도 $\frac{1}{100}$배가 됩니다.

3-2 □ 안에 알맞은 수를 써넣으시오.

(1) $56 \div 2 = \square$ ⇨ $0.56 \div 2 = \square$

(2) $633 \div 3 = \square$ ⇨ $6.33 \div 3 = \square$

개념 2 (소수)÷(자연수)를 알아볼까요 (2)

• 8.68÷7의 계산

① 분수의 나눗셈으로 바꾸어 계산하기

$$8.68\div7=\frac{868}{100}\div7=\frac{868\div7}{100}=\frac{124}{100}=1.24$$

소수 두 자리 수는 분모가 100인 분수로 고쳐서 계산

② 자연수의 나눗셈을 이용하여 계산하기

$868\div7=124$ ⇨ $8.68\div7=1.24$ ($\frac{1}{100}$배, $\frac{1}{100}$배)

③ 세로로 계산하기

$$\begin{array}{r} 124 \\ 7\overline{)868} \\ \underline{7} \\ 16 \\ \underline{14} \\ 28 \\ \underline{28} \\ 0 \end{array} \Rightarrow \begin{array}{r} 1.24 \\ 7\overline{)8.68} \\ \underline{7} \\ 16 \\ \underline{14} \\ 28 \\ \underline{28} \\ 0 \end{array}$$

몫의 소수점은 나누어지는 수의 소수점을 올려 찍어!

$$\begin{array}{r} 1.24 \\ 7\overline{)8.68} \\ \underline{7} \\ 16 \\ \underline{14} \\ 28 \\ \underline{28} \\ 0 \end{array}$$

개념 체크

❶ $5.84\div4=\frac{584}{100}\div4=\frac{584\div4}{100}=\frac{\square}{100}=\square$

❷
$$\begin{array}{r} \square \\ 4\overline{)5.84} \\ \underline{4} \\ 18 \\ \underline{16} \\ 24 \\ \underline{24} \\ 0 \end{array}$$

개념 체크 정답 ❶ 146, 1.46 ❷ 1.46

기본 문제

교과서 유형

1-1 □ 안에 알맞은 수를 써넣으시오.

$$8.96\div8=\frac{\square}{100}\div8=\frac{\square\div\square}{100}$$
$$=\frac{\square}{100}=\square$$

힌트 소수의 나눗셈을 분수의 나눗셈으로 바꾸어 계산하여 몫을 구합니다.

2-1 자연수의 나눗셈을 이용하여 □ 안에 알맞은 수를 써넣으시오.

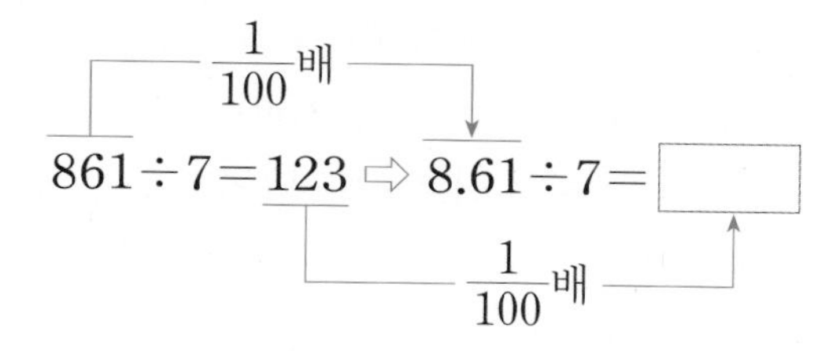

힌트 나누어지는 수가 $\frac{1}{100}$배가 되면 몫도 $\frac{1}{100}$배가 됩니다.

3-1 □ 안에 알맞은 수를 써넣으시오.

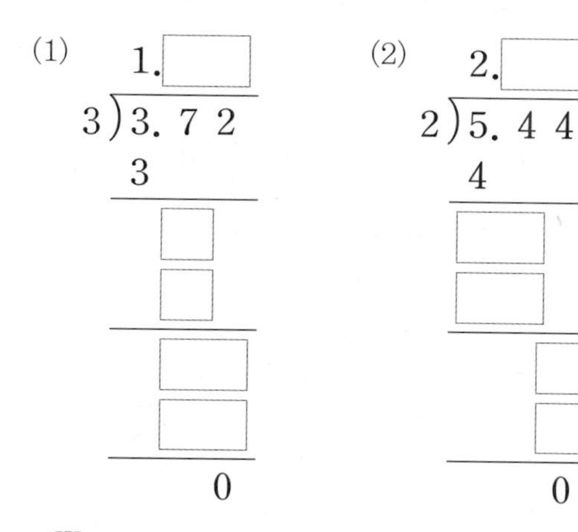

힌트 자연수의 나눗셈과 같은 방법으로 계산하고 몫의 소수점은 나누어지는 수의 소수점을 올려 찍습니다.

쌍둥이 문제

• 정답은 13쪽

1-2 □ 안에 알맞은 수를 써넣으시오.

$$19.44\div4=\frac{\square}{100}\div4$$
$$=\frac{\square\div\square}{100}$$
$$=\frac{\square}{100}=\square$$

2-2 자연수의 나눗셈을 이용하여 □ 안에 알맞은 수를 써넣으시오.

(1) $756\div4=\square$ ⇨ $7.56\div4=\square$

(2) $945\div3=\square$ ⇨ $9.45\div3=\square$

3-2 계산을 하시오.

(1) 5)3 1.1 5

(2) 7)3 1.6 4

3 소수의 나눗셈

STEP 2 개념 확인하기

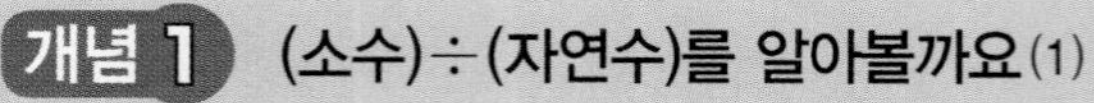

개념 1 (소수)÷(자연수)를 알아볼까요 (1)

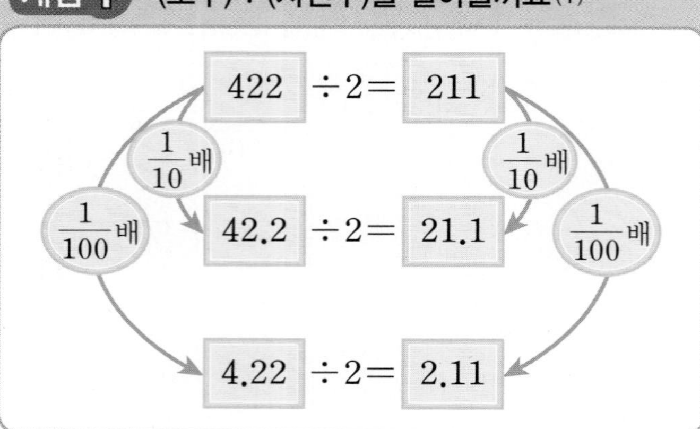

교과서 유형

01 □ 안에 알맞은 수를 써넣으시오.

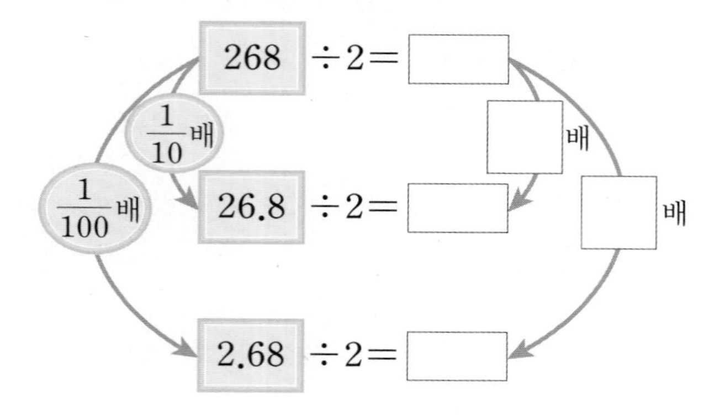

익힘책 유형

[02~03] 자연수의 나눗셈을 이용하여 소수의 나눗셈을 하시오.

02 $124 \div 4 = 31$ ⇨ $12.4 \div 4 =$ □

03 $693 \div 3 = 231$ ⇨ $6.93 \div 3 =$ □

04 자연수의 나눗셈을 하고 소수의 나눗셈을 하려고 합니다. □ 안에 알맞은 수를 써넣으시오.

$165 \div 3 =$ □

$16.5 \div 3 =$ □

$1.65 \div 3 =$ □

05 호진이는 상자 4개를 묶기 위해 리본 256 cm를 4개로 똑같이 나누었습니다. 소예도 호진이와 같은 방법으로 리본 2.56 m를 사용하여 상자 4개를 묶으려고 합니다. 소예의 리본 한 도막의 길이는 몇 m인지 구하시오.

64 cm

호진 256 cm

□ m

소예 2.56 m

(　　　　　　　　)

06 $824 \div 2$를 이용하여 계산한 값이 $824 \div 2$의 $\frac{1}{10}$배인 나눗셈식을 만들어 보시오.

□ $\div 2 =$ □

개념 2 (소수)÷(자연수)를 알아볼까요 (2)

$$
\begin{array}{r}
1.42 \\
6\,\overline{)\,8.52} \\
\underline{6} \\
25 \\
\underline{24} \\
12 \\
\underline{12} \\
0
\end{array}
$$

(자연수)÷(자연수)와 같이 계산하고 몫의 소수점은 나누어지는 수의 소수점을 올려 찍습니다.

교과서 유형

07 계산을 하시오.

(1) $4\overline{)4.96}$

(2) $3\overline{)8.58}$

익힘책 유형

08 계산이 잘못된 곳을 찾아 바르게 계산하시오.

$$47.04\div6=\frac{474}{10}\div6=\frac{474\div6}{10}$$
$$=\frac{79}{10}=7.9$$

⇨ $47.04\div6$ ______________________

____

09 왼쪽 식의 몫을 오른쪽에서 찾아 선으로 이어 보시오.

$34.65\div7$ •		• 4.68
		• 4.85
$24.25\div5$ •		• 4.95

10 몫의 크기를 비교하여 ○ 안에 $>$, $=$, $<$를 알맞게 써넣으시오.

$192\div16$ ○ $19.2\div16$

익힘책 유형

11 지유가 가지고 있는 거울의 한 변의 길이는 몇 cm인지 구하시오.

내가 가지고 있는 거울은 둘레가 12.56 cm인 마름모 모양이야.

지유

(   )

$2838\div6=473$ ⇨ $28.38\div6=4.73$ (나누어지는 수: $\frac{1}{100}$배, 몫: $\frac{1}{100}$배)

나누는 수가 같고 나누어지는 수가 자연수의 $\frac{1}{100}$배가 되면 몫도 $\frac{1}{100}$배가 됩니다.

3 소수의 나눗셈

개념 3 (소수)÷(자연수)를 알아볼까요 (3)

개념 동영상

• 7.65÷9의 계산

① 분수의 나눗셈으로 바꾸어 계산하기

$$7.65\div9=\frac{765}{100}\div9=\frac{765\div9}{100}=\frac{85}{100}=0.85$$

② 자연수의 나눗셈을 이용하여 계산하기

$765\div9=85$ ⇨ $7.65\div9=0.85$ ($\frac{1}{100}$배, $\frac{1}{100}$배)

③ 세로로 계산하기

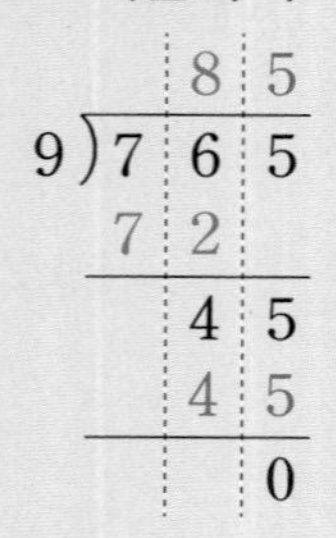

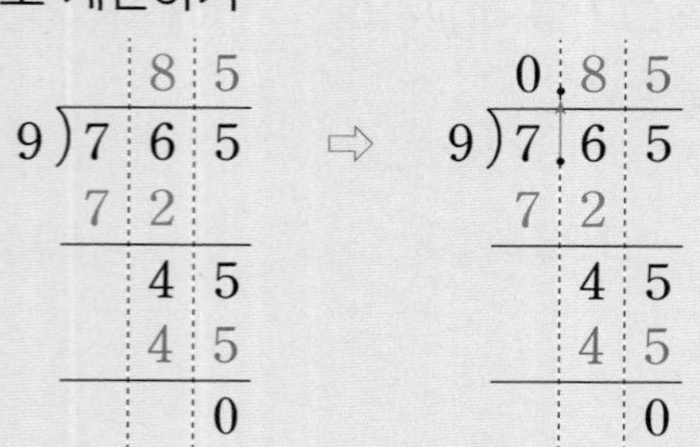

몫이 1보다 작으면 자연수 자리에 0을 써요.

개념 체크

❶ $231\div3=77$

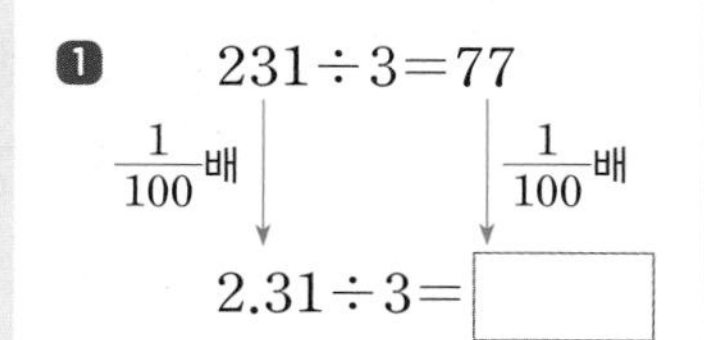

$2.31\div3=$ □

❷ $1.52\div8=$ □.19

몫이 1보다 작으면 자연수 자리에 0을 써주면 돼. 몫의 소수점은 나누어지는 수의 소수점을 올려 찍음.

개념 체크 정답 ❶ 0.77 ❷ 0

기본 문제

교과서 유형

1-1 □ 안에 알맞은 수를 써넣으시오.

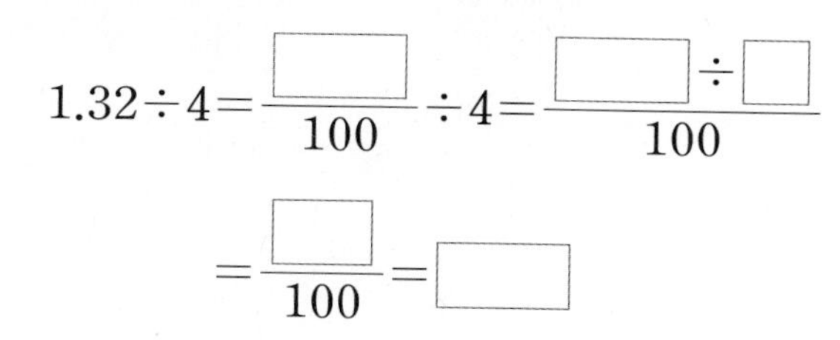

$$1.32 \div 4 = \frac{\square}{100} \div 4 = \frac{\square \div \square}{100} = \frac{\square}{100} = \square$$

힌트 소수를 분수로 고쳐서 계산하여 몫을 구합니다.

익힘책 유형

2-1 자연수의 나눗셈을 이용하여 □ 안에 알맞은 수를 써넣으시오.

$75 \div 5 = 15$

$\frac{1}{100}$배, $\frac{1}{100}$배

⇨ $0.75 \div 5 = \square$

힌트 나누어지는 수가 $\frac{1}{100}$배가 되면 몫도 $\frac{1}{100}$배가 됩니다.

3-1 □ 안에 알맞은 수를 써넣으시오.

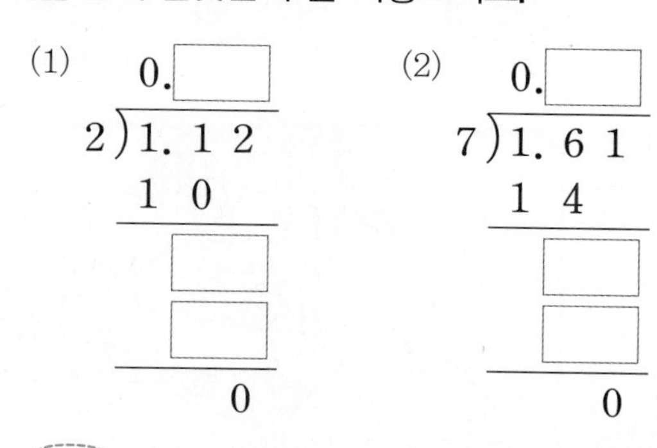

(1) $2\overline{)1.12}$, 몫 0.□, 1 0, □, □, 0

(2) $7\overline{)1.61}$, 몫 0.□, 1 4, □, □, 0

힌트 나누어지는 수가 나누는 수보다 작은 경우, 먼저 몫의 일의 자리에 0을 쓰고 몫의 소수점은 나누어지는 수의 소수점을 올려 찍습니다.

쌍둥이 문제

• 정답은 15쪽

1-2 □ 안에 알맞은 수를 써넣으시오.

$$6.12 \div 9 = \frac{\square}{100} \div 9 = \frac{\square \div \square}{100} = \frac{\square}{100} = \square$$

2-2 자연수의 나눗셈을 이용하여 □ 안에 알맞은 수를 써넣으시오.

(1) $146 \div 2 = \square$ ⇨ $1.46 \div 2 = \square$

(2) $567 \div 9 = \square$ ⇨ $5.67 \div 9 = \square$

3-2 계산을 하시오.

(1) $3\overline{)1.68}$

(2) $8\overline{)2.08}$

3 소수의 나눗셈

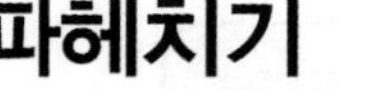

개념 4 (소수)÷(자연수)를 알아볼까요 (4)

- **6.2÷5의 계산**

① 분수로 고쳐서 계산하기

$$6.2\div5=\frac{620}{100}\div5=\frac{620\div5}{100}=\frac{124}{100}=1.24$$

→ $\frac{62\div5}{10}$에서 62÷5가 자연수로 나누어떨어지지 않아 $\frac{620}{100}$으로 계산합니다.

② 자연수의 나눗셈을 이용하여 계산하기

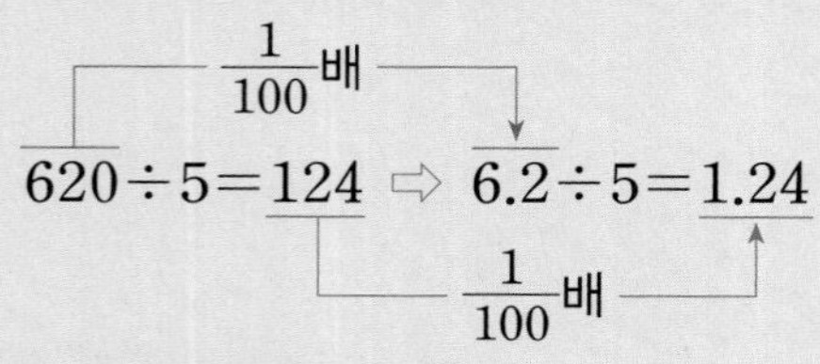

$620\div5=124$ ⇨ $6.2\div5=1.24$ ($\frac{1}{100}$배, $\frac{1}{100}$배)

③ 세로로 계산하기

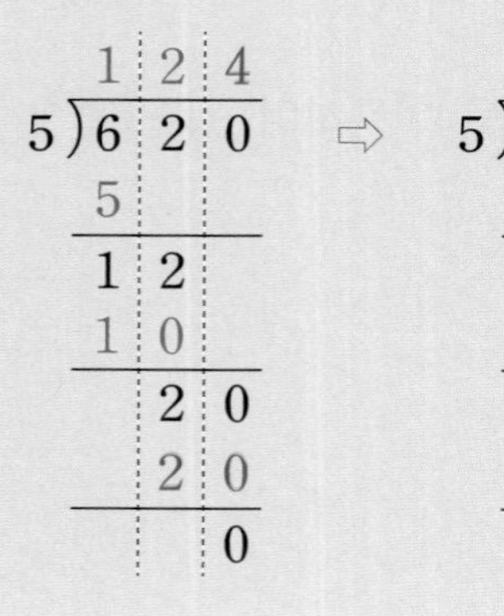

⇨

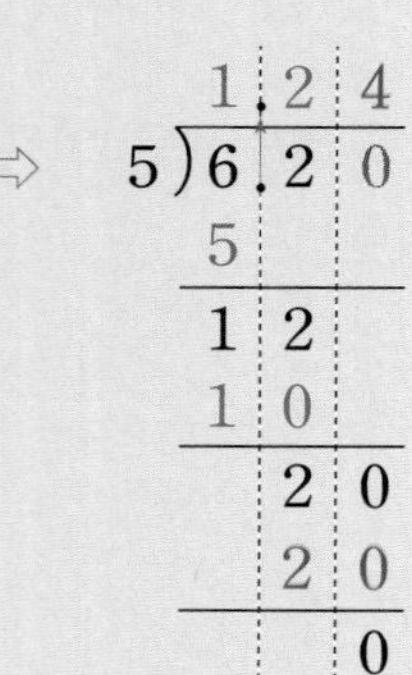

→ 나누어지는 수의 오른쪽 끝자리에 0이 있는 것으로 생각하고 0을 내려 계산합니다.

```
    1.24
5)6.20
  5
  12
  10
   20
   20
    0
```

개념 체크

❶ $750\div6=125$ ($\frac{1}{100}$배, $\frac{1}{100}$배)

$7.5\div6=$ ☐

❷

```
    1.2 5
6)7.5
  6
  1 5
  1 2
    3 ☐
    3 0
      0
```

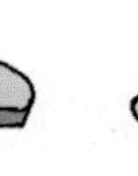

개념 체크 정답 ❶ 1.25 ❷ 0

기본 문제

쌍둥이 문제

• 정답은 15쪽

교과서 유형

1-1 □ 안에 알맞은 수를 써넣으시오.

$$2.3\div2=\frac{230}{100}\div2=\frac{230\div\square}{100}$$

$$=\frac{\square}{100}=\square$$

힌트 소수를 분수로 고쳐서 계산하여 몫을 구합니다.

1-2 □ 안에 알맞은 수를 써넣으시오.

$$8.6\div4=\frac{\square}{100}\div4=\frac{\square\div\square}{100}$$

$$=\frac{\square}{100}=\square$$

2-1 자연수의 나눗셈을 이용하여 □ 안에 알맞은 수를 써넣으시오.

$\frac{1}{100}$배

$660\div4=165$ ⇨ $6.6\div4=\square$

$\frac{1}{100}$배

힌트 나누어지는 수가 $\frac{1}{100}$배가 되면 몫도 $\frac{1}{100}$배가 됩니다.

2-2 자연수의 나눗셈을 이용하여 □ 안에 알맞은 수를 써넣으시오.

(1) $750\div6=\square$ ⇨ $7.5\div6=\square$

(2) $920\div8=\square$ ⇨ $9.2\div8=\square$

3-1 나머지가 0이 될 때까지 계산하려고 합니다. □ 안에 알맞은 수를 써넣으시오.

```
      4.1□
   2)8.3
     8
     ---
      3
      2
     ---
      1□
      □
     ---
        0
```

힌트 나누어떨어지지 않는 경우에는 나누어지는 수의 오른쪽 끝자리에 0이 계속 있는 것으로 생각하고 0을 내려 계산합니다.

3-2 나머지가 0이 될 때까지 계산하시오.

(1)
```
     1.5
  5)7.8
    5
    --
    2 8
    2 5
    ---
      3
```

(2)
```
      6.3
  4)2 5.4
    2 4
    ---
      1 4
      1 2
      ---
        2
```

3 소수의 나눗셈

개념 확인하기

개념 3 (소수)÷(자연수)를 알아볼까요 (3)

5÷8의 몫이 자연수로 나누어 떨어지지 않으므로 몫의 일의 자리에 0을 씁니다.

$8\overline{)5.6}$ → 0. ⇨ $8\overline{)5.6}$, 몫 0.7, 56, 0

01 계산을 하시오.

(1) $8\overline{)3.6\ 8}$

(2) $4\overline{)1.1\ 2}$

02 계산이 잘못된 곳을 찾아 바르게 계산해 보시오.

$7\overline{)2.5\ 2}$ 몫 3.6, 2 1, 4 2, 4 2, 0 ⇨ $7\overline{)2.5\ 2}$

교과서 유형

03 보기 와 같은 방법으로 계산해 보시오.

보기

$$6.57\div9=\frac{657}{100}\div9=\frac{657\div9}{100}=\frac{73}{100}=0.73$$

$4.25\div5$ ____________________

04 몫의 소수점을 잘못 찍은 것을 찾아 기호를 쓰시오.

㉠ $36\div4=9$ ⇨ $3.6\div4=0.9$
㉡ $195\div5=39$ ⇨ $1.95\div5=3.9$
㉢ $162\div3=54$ ⇨ $1.62\div3=0.54$

(　　　　　　)

05 빈 곳에 알맞은 소수를 써넣으시오.

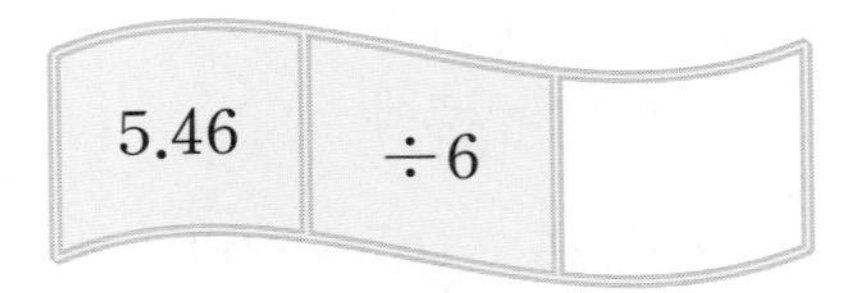

06 몫이 더 작은 쪽에 ○표 하시오.

5.68÷8	5.76÷9
(　　)	(　　)

익힘책 유형

07 1, 3, 6, 8 의 수 카드 중 3장을 골라 가장 작은 소수 두 자리 수를 만들고, 남은 수 카드의 수로 나누었을 때 몫을 구하시오.

(　　　　　　)

개념 4 (소수)÷(자연수)를 알아볼까요 (4)

```
    1.3            1.3 8
5)6.9    ⇨    5)6.9 0
  5              5
  1 9            1 9
  1 5            1 5
    ④              4 0
                   4 0
                     0
```

나누어떨어지지 않는 경우에는 나누어지는 수의 오른쪽 끝자리에 0이 계속 있는 것으로 생각하고 0을 내려 씁니다.

교과서 유형

08 계산을 하시오.

(1) $5\overline{)8.1}$

(2) $4\overline{)33.8}$

09 빈칸에 알맞은 소수를 써넣으시오.

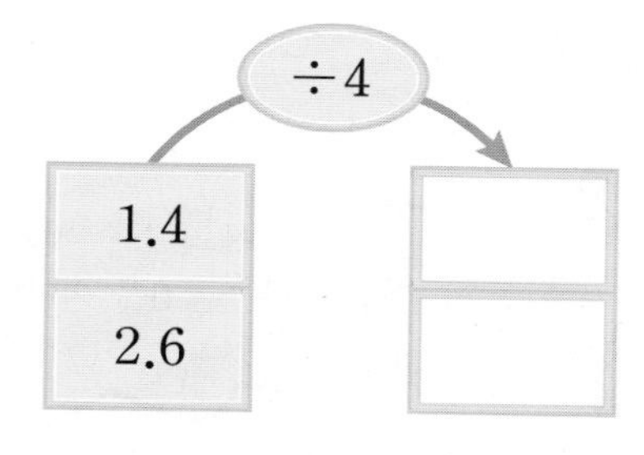

10 자연수의 나눗셈을 이용하여 □ 안에 알맞은 수를 써넣으시오.

$930 \div 6 = \square$ ⇨ $9.3 \div 6 = \square$

11 몫의 크기를 비교하여 ○ 안에 >, =, <를 알맞게 써넣으시오.

$15.6 \div 5$ ○ $25.2 \div 8$

12 어떤 수에 4를 곱했더니 5.80이 되었습니다. 어떤 수를 구하시오.

(　　　　　　　　)

익힘책 유형

13 사과 한 개의 무게는 몇 kg인지 구하시오.

(단, 사과의 무게는 모두 같습니다.)

(　　　　　　　　)

3 소수의 나눗셈

해결의 창

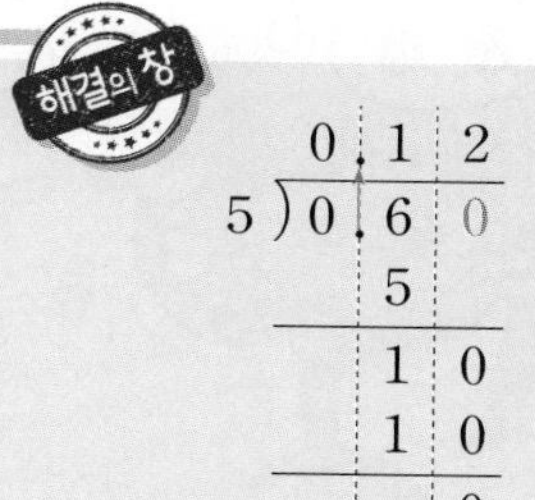

소수점 아래에서 나누어떨어지지 않는 경우 0을 내려 계산하는 것에 주의합니다.

개념 **파헤치기**

개념 5 (소수)÷(자연수)를 알아볼까요 (5)

- **8.4÷8의 계산**

① 분수의 나눗셈으로 바꾸어 계산하기

$$8.4 \div 8 = \frac{840}{100} \div 8 = \frac{840 \div 8}{100} = \frac{105}{100} = 1.05$$

② 자연수의 나눗셈을 이용하여 계산하기

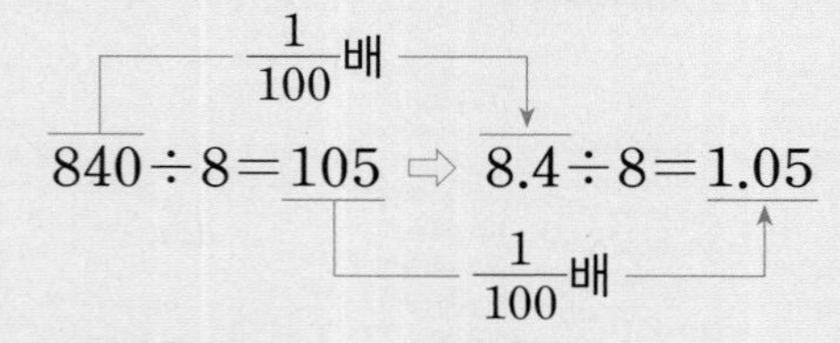

③ 세로로 계산하기

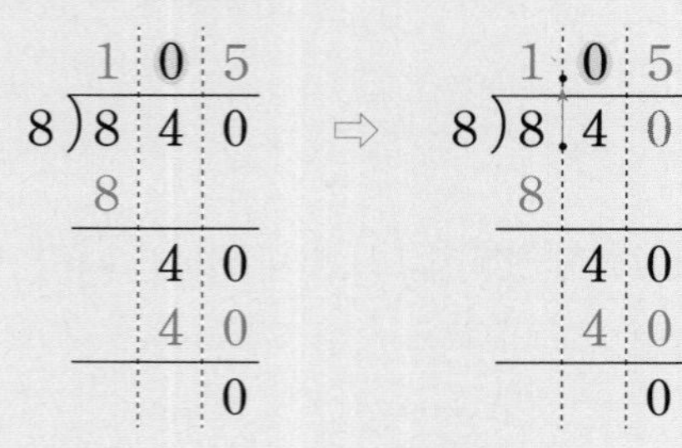

⇨

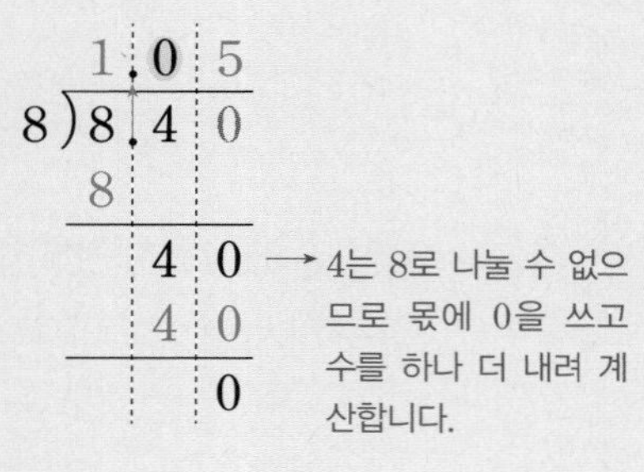

→ 4는 8로 나눌 수 없으므로 몫에 0을 쓰고 수를 하나 더 내려 계산합니다.

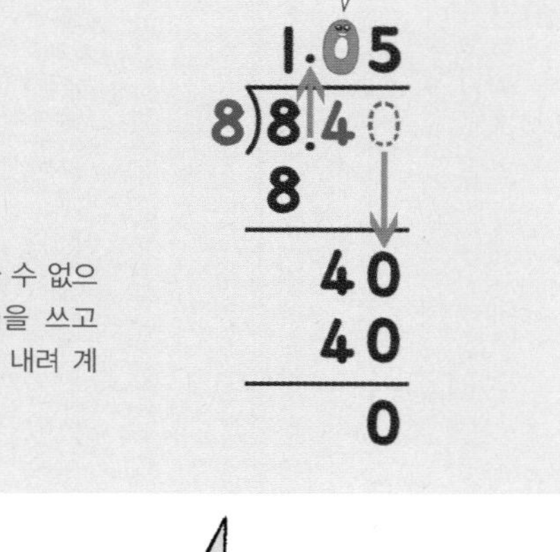

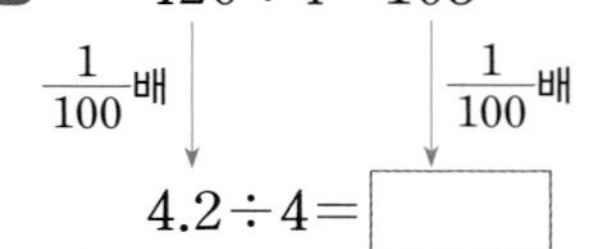

1 $420 \div 4 = 105$

$\frac{1}{100}$배 ↓ ↓ $\frac{1}{100}$배

$4.2 \div 4 =$ ☐

2

```
     1.☐5
  4)4. 2
    4
      2 0
      2 0
        0
```

개념 체크 정답 **1** 1.05 **2** 0

기본 문제

쌍둥이 문제

• 정답은 17쪽

교과서 유형

1-1 □ 안에 알맞은 수를 써넣으시오.

$$24.3 \div 6 = \frac{\square}{100} \div 6 = \frac{\square \div \square}{100}$$

$$= \frac{\square}{100} = \square$$

(힌트) 소수를 분수로 고쳐서 계산하여 몫을 구합니다.

1-2 보기 와 같이 분수의 나눗셈으로 바꾸어 계산하시오.

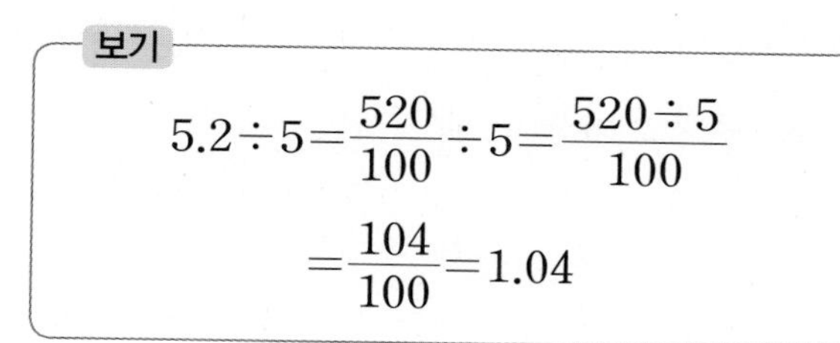

보기

$$5.2 \div 5 = \frac{520}{100} \div 5 = \frac{520 \div 5}{100}$$

$$= \frac{104}{100} = 1.04$$

$32.2 \div 4$ ________________

2-1 자연수의 나눗셈을 이용하여 □ 안에 알맞은 수를 써넣으시오.

$\frac{1}{100}$배

$1030 \div 5 = 206 \Rightarrow 10.3 \div 5 = \square$

$\frac{1}{100}$배

(힌트) 나누어지는 수가 $\frac{1}{100}$배가 되면 몫도 $\frac{1}{100}$배가 됩니다.

2-2 자연수의 나눗셈을 이용하여 □ 안에 알맞은 수를 써넣으시오.

(1) $820 \div 4 = \square \Rightarrow 8.2 \div 4 = \square$

(2) $630 \div 6 = \square \Rightarrow 6.3 \div 6 = \square$

3-1 □ 안에 알맞은 수를 써넣으시오.

```
     □.□□
  3) 9 . 1 8
     9
     ------
       □
       1 8
     ------
         0
```

(힌트) 받아내림을 하고 수가 작아 나누기를 계속할 수 없으면 몫에 0을 쓰고 수를 하나 더 내려 계산합니다.

3-2 나머지가 0이 될 때까지 계산하시오.

(1)
```
     7.
  6)4 2.3
    4 2
    ----
       3
```

(2)
```
     6.
  8)4 8.4
    4 8
    ----
       4
```

3 소수의 나눗셈

개념 6 (자연수)÷(자연수)의 몫을 소수로 나타내어 볼까요

개념 동영상

- 3÷4의 계산

① 분수로 바꾸어 계산하기 → (자연수)÷(자연수)를 분수로 바꾸어 계산할 때 몫을 소수로 나타내려면 분모가 10, 100……인 분수로 나타내어 몫을 구합니다.

$$3\div4=\frac{3}{4}=\frac{75}{100}=0.75$$

② 300÷4를 이용하여 3÷4를 계산하기

$300\div4=\underline{75}$ ⇨ $3\div4=\underline{0.75}$ ($\frac{1}{100}$배, $\frac{1}{100}$배)

③ 세로로 계산하기

$$\begin{array}{r} 75 \\ 4\overline{)300} \\ 28 \\ \hline 20 \\ 20 \\ \hline 0 \end{array} \Rightarrow \begin{array}{r} 0.75 \\ 4\overline{)3.00} \\ 28 \\ \hline 20 \\ 20 \\ \hline 0 \end{array}$$

→ 3은 3.00과 같습니다. 몫의 소수점은 자연수 바로 뒤에서 올려서 찍고 소수점 아래에서 받아내릴 수가 없는 경우 0을 받아내려 계산합니다.

3÷4의 몫이 자연수로 나누어떨어지지 않으므로 몫의 일의 자리에 0을 써.

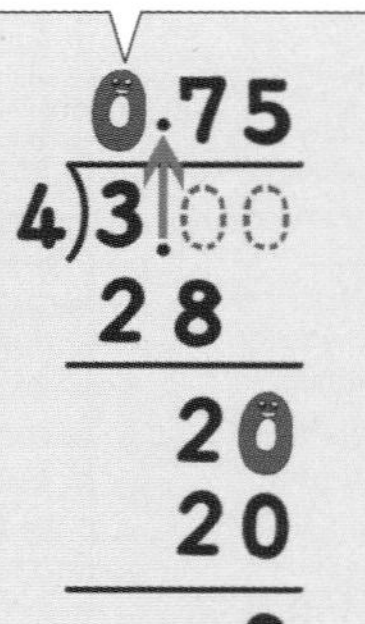

개념 체크

❶ $3\div2=\frac{\square}{2}=\frac{\square}{10}=\square$

❷ $\begin{array}{r} \square.\square \\ 2\overline{)3} \\ 2 \\ \hline 1\ 0 \\ 1\ 0 \\ \hline 0 \end{array}$

개념 체크 정답 ❶ 3, 15, 1.5 ❷ 1, 5

기본 문제

교과서 유형

1-1 자연수의 나눗셈을 분수로 바꾸어 몫을 구하려고 합니다. □ 안에 알맞은 수를 써넣으시오.

$$7 \div 5 = \frac{\square}{5} = \frac{\square}{10} = \square$$

힌트 (자연수)÷(자연수)를 분수로 바꿀 때 나누는 수는 분모가 되고, 나누어지는 수는 분자가 됩니다.

2-1 □ 안에 알맞은 수를 써넣으시오.

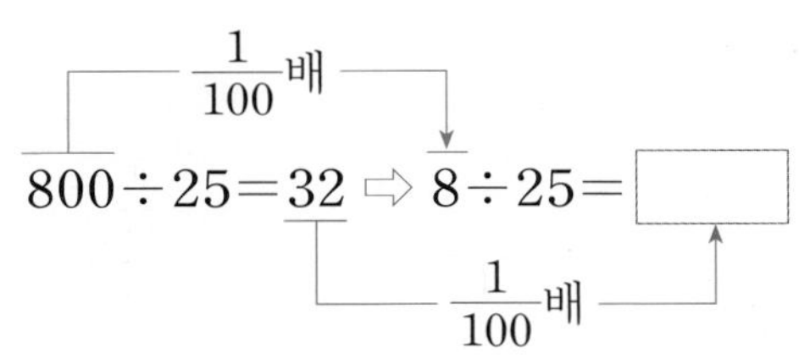

힌트 나누어지는 수가 $\frac{1}{100}$배가 되면 몫도 $\frac{1}{100}$배가 됩니다.

3-1 □ 안에 알맞은 수를 써넣으시오.

(1)

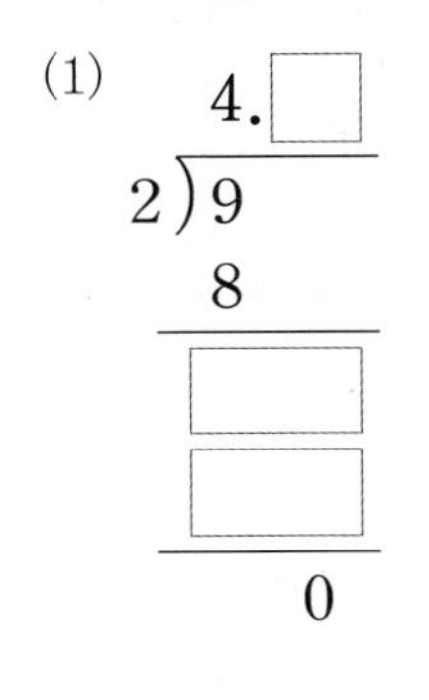

(2)

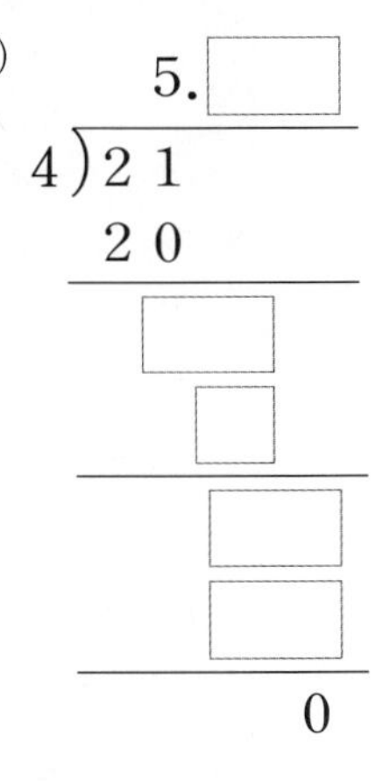

힌트 몫이 자연수로 나누어떨어지지 않는 경우에는 나누어지는 수의 오른쪽 끝자리에 0이 계속 있는 것으로 생각하고 0을 받아내려 계산합니다.

쌍둥이 문제

• 정답은 17쪽

1-2 자연수의 나눗셈을 분수로 바꾸어 몫을 구하려고 합니다. □ 안에 알맞은 수를 써넣으시오.

$$5 \div 4 = \frac{\square}{4} = \frac{\square}{100} = \square$$

2-2 □ 안에 알맞은 수를 써넣으시오.

$30 \div 5 = 6 \Rightarrow 3 \div 5 = \square$ (30에서 3: $\frac{1}{10}$배, 6에서 □: $\frac{1}{10}$배)

3-2 나눗셈의 몫을 소수로 나타내시오.

(1) $6\overline{)9}$

(2) $4\overline{)11}$

개념 7 몫의 소수점 위치를 확인해 볼까요

- **11.6÷4의 몫을 어림하기**

11.6은 11보다 12에 더 가까우므로 12로 어림할 수 있습니다.

11.6÷4를 어림한 식으로 나타내면 12÷4이므로 몫을 어림하면 약 3입니다.

⇨ 11.6÷4의 몫은 2보다 크고 3보다 작으므로 몫의 소수점을 찍으면 11.6÷4=2▫9입니다.

> 소수 나눗셈의 수를 간단한 자연수로 반올림하여 계산한 후 어림한 결과와 계산한 결과의 크기를 비교하여 소수점의 위치가 맞는지 확인합니다.
>
> 예 28.4÷4
>
> 어림 28÷4 ⇨ 약 7
>
> 몫 7▫1 (○) 0▫71 (×)

참고 • 나누어지는 수의 소수 첫째 자리에서 반올림하여 소수를 자연수로 만들어 몫을 어림하면 몫의 소수점 위치를 쉽게 찾을 수 있습니다.

• 반올림 외에도 올림, 버림 등을 사용하여 어림셈하여 몫의 소수점의 위치를 찾을 수 있습니다.

개념 체크

1 18.7÷5의 나누어지는 수를 소수 첫째 자리에서 반올림하여 어림하여 나타내면 ☐÷5입니다.

- 반올림: 구하려는 자리 바로 아래 자리의 숫자가 0, 1, 2, 3, 4이면 버리고 5, 6, 7, 8, 9이면 올리는 방법
- 올림: 구하려는 자리 미만의 수를 올려서 나타내는 방법
- 버림: 구하려는 자리 미만의 수를 버려서 나타내는 방법

개념 체크 정답 1 19

기본 문제

• 정답은 17쪽

교과서 유형

1-1 어림을 이용하여 $5.82 \div 6$의 몫에 소수점의 위치를 맞게 찍은 것을 찾으려고 합니다. 물음에 답하시오.

(1) 나누어지는 수를 소수 첫째 자리에서 반올림하여 어림한 식으로 나타내어 보시오.

$5.82 \div 6 \Rightarrow \square \div 6$

(2) (1)의 어림한 식의 몫을 구하여 $5.82 \div 6$의 몫을 어림하시오.

$\square \div 6 = \square$이므로 $5.82 \div 6$의 몫은 $\square$보다 작습니다.

(3) (2)의 어림한 식을 이용하여 몫을 바르게 나타낸 식에 ○표 하시오.

$5.82 \div 6 = 9.7$	$5.82 \div 6 = 0.97$
(　　　)	(　　　)

힌트 소수 첫째 자리에서 반올림하여 소수를 자연수로 만들어 몫을 어림하면 몫의 소수점 위치를 쉽게 찾을 수 있습니다.

쌍둥이 문제

1-2 어림을 이용하여 $8.32 \div 4$의 몫에 소수점의 위치를 맞게 찍은 것을 찾으려고 합니다. 물음에 답하시오.

(1) 나누어지는 수를 소수 첫째 자리에서 반올림하여 어림한 식으로 나타내어 보시오.

$8.32 \div 4 \Rightarrow \square \div 4$

(2) (1)의 어림한 식의 몫을 구하여 $8.32 \div 4$의 몫을 어림하시오.

$\square \div 4 = \square$이므로 $8.32 \div 4$의 몫은 2보다 크고 $\square$보다 작습니다.

(3) (2)의 어림한 식을 이용하여 몫을 바르게 나타낸 식에 ○표 하시오.

$8.32 \div 4 = 20.8$	$8.32 \div 4 = 2.08$
(　　　)	(　　　)

익힘책 유형

2-1 어림하여 몫의 소수점의 위치를 찾아 소수점을 찍으려고 합니다. □ 안에 알맞게 써넣으시오.

$8.32 \div 8$

어림 $\square \div 8 \Rightarrow$ 몫은 약 $\square$입니다.

몫 1□0□4

힌트 소수 나눗셈의 수를 간단한 자연수로 반올림하여 계산한 후 어림한 결과와 계산한 결과의 크기를 비교합니다.

2-2 어림하여 몫의 소수점의 위치를 찾아 소수점을 찍으려고 합니다. □ 안에 알맞게 써넣으시오.

$30.4 \div 2$

어림 $\square \div 2 \Rightarrow$ 몫은 약 $\square$입니다.

몫 1□5□2

개념 확인하기

개념 5 (소수)÷(자연수)를 알아볼까요 (5)

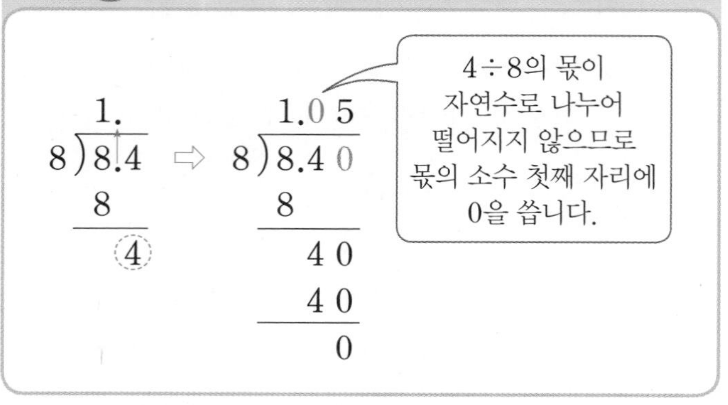

01 계산을 하시오.

(1) $5\overline{)35.4}$

(2) $6\overline{)54.3}$

02 계산이 잘못된 곳을 찾아 바르게 계산하시오.

$$\begin{array}{r} 8.6 \\ 5\overline{)40.3} \\ 40 \\ \hline 30 \\ 30 \\ \hline 0 \end{array}$$

⇨ $5\overline{)40.3}$

교과서 유형

03 자연수의 나눗셈을 이용하여 소수의 나눗셈을 하시오.

(1) $612 \div 3 =$ ☐ ⇨ $6.12 \div 3 =$ ☐

(2) $4235 \div 7 =$ ☐ ⇨ $42.35 \div 7 =$ ☐

04 빈칸에 알맞은 소수를 써넣으시오.

÷ →

36.3	6	
24.4	8	

05 어느 날 서울 지역에 내린 비의 양을 조사한 것입니다. 노원구에 내린 비의 양은 금천구에 내린 비의 양의 몇 배인지 소수로 나타내시오.

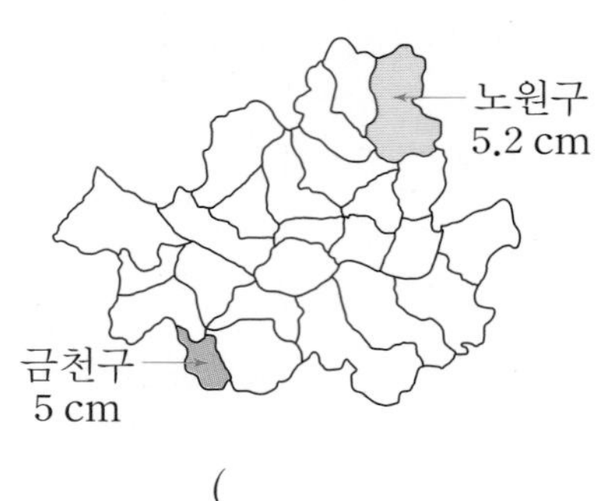

(　　　　　　　　　　)

익힘책 유형

06 모든 모서리의 길이가 같은 삼각뿔이 있습니다. 삼각뿔의 모든 모서리의 길이의 합이 6.12 m일 때 한 모서리의 길이는 몇 m인지 구하시오.

식 ☐ ÷ ☐ = ☐

답 ☐ m

개념 6 (자연수)÷(자연수)의 몫을 소수로 나타내어 볼까요

$$4\overline{)3.} \quad (0.) \Rightarrow 4\overline{)3.00} \quad (0.75)$$

28
20
20
0

→ 소수점 아래에서 받아내릴 수가 없는 경우 0을 받아내려 계산합니다.

07 나눗셈의 몫을 소수로 나타내시오.

(1) $6\overline{)15}$ (2) $20\overline{)17}$

교과서 유형

08 보기 와 같이 자연수의 나눗셈을 분수로 바꾸어 몫을 구하시오.

보기

$$3\div2=\frac{3}{2}=\frac{15}{10}=1.5$$

$6\div4$ ____________

09 빈 곳에 나눗셈의 몫을 소수로 써넣으시오.

7	÷4	

10 무게가 같은 키위가 한 봉지에 5개씩 4봉지 있습니다. 4봉지의 무게가 5 kg일 때 키위 한 개의 무게는 몇 kg인지 구하시오.

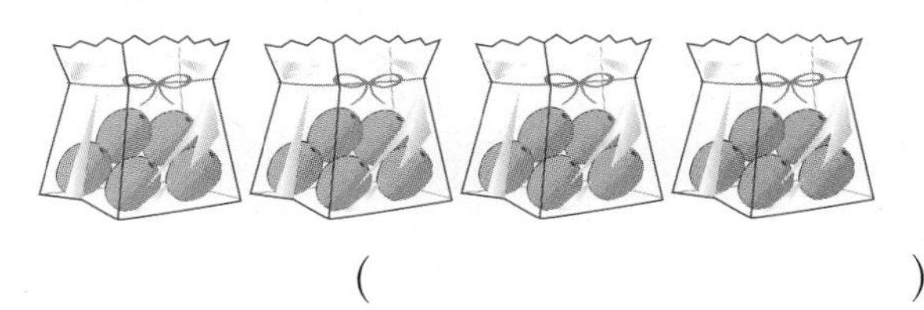

(　　　　)

개념 7 몫의 소수점 위치를 확인해 볼까요

소수 나눗셈의 수를 간단한 자연수로 반올림하여 계산한 후 어림한 결과와 계산한 결과의 크기를 비교하여 소수점의 위치가 맞는지 확인합니다.

예 $19.6\div4$를 $20\div4$로 어림하면 몫은 약 5이므로 $19.6\div4$의 몫은 4보다 크고 5보다 작습니다.

⇨ $19.6\div4=4.9$

11 몫을 어림하여 알맞은 식을 찾아 ○표 하시오.

$30.24\div4=756$ (　　)
$30.24\div4=75.6$ (　　)
$30.24\div4=7.56$ (　　)
$30.24\div4=0.756$ (　　)

익힘책 유형

12 몫을 어림하여 몫이 1보다 큰 나눗셈을 모두 찾아 기호를 쓰시오.

㉠ $2.56\div4$ ㉡ $5.8\div5$
㉢ $1.26\div3$ ㉣ $4.68\div4$

(　　　　)

(자연수)÷(자연수)에서 몫의 소수점은 자연수 바로 뒤에서 올려 찍고 소수점 아래에서 받아내릴 수가 없는 경우 0을 받아내려 계산합니다.

3 소수의 나눗셈

STEP 3 단원 마무리평가

점수

01 □ 안에 알맞은 수를 써넣으시오.

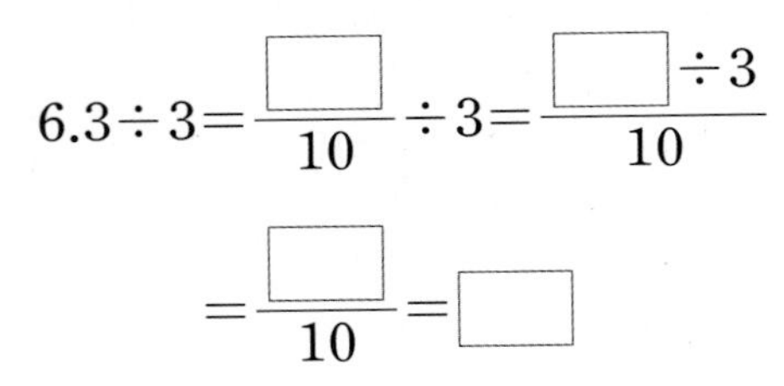

$$6.3 \div 3 = \frac{\square}{10} \div 3 = \frac{\square \div 3}{10} = \frac{\square}{10} = \square$$

02 자연수의 나눗셈을 이용하여 □ 안에 알맞은 수를 써넣으시오.

$352 \div 22 = 16$ ⇨ $35.2 \div 22 = \square$

03 몫의 크기를 비교하여 ○ 안에 >, =, <를 알맞게 써넣으시오.

$922 \div 2$ ○ $9.22 \div 2$

04 계산을 하시오.

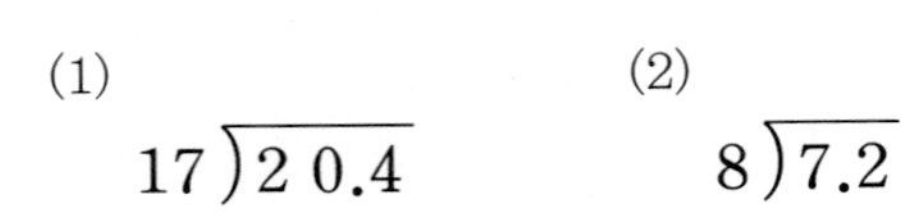

(1) $17\overline{)20.4}$　　(2) $8\overline{)7.2}$

05 보기 와 같이 분수로 고쳐서 계산하시오.

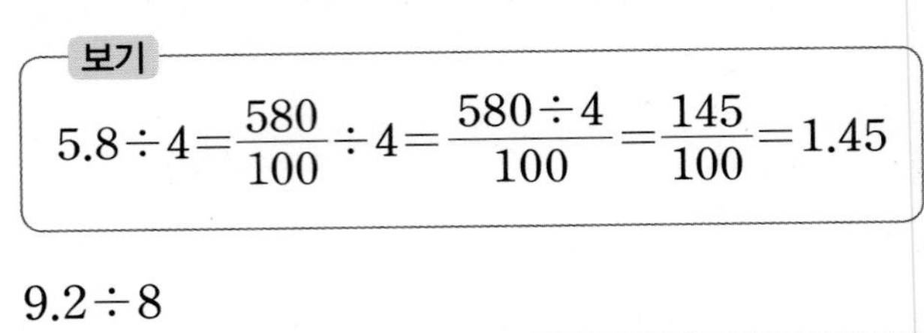

보기

$$5.8 \div 4 = \frac{580}{100} \div 4 = \frac{580 \div 4}{100} = \frac{145}{100} = 1.45$$

$9.2 \div 8$ ______________________

06 빈칸에 알맞은 소수를 써넣으시오.

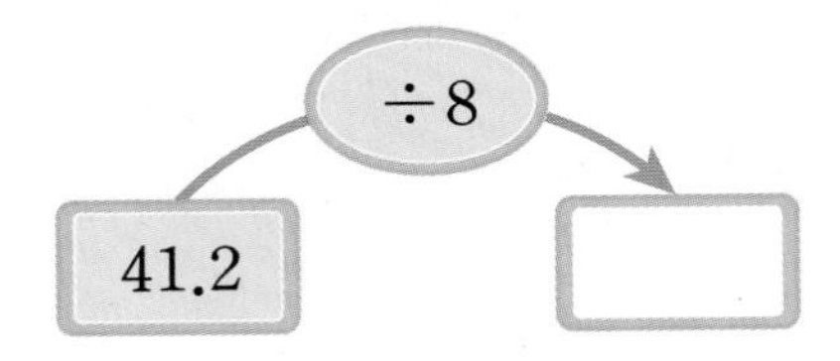

07 □ 안에 알맞은 소수를 써넣으시오.

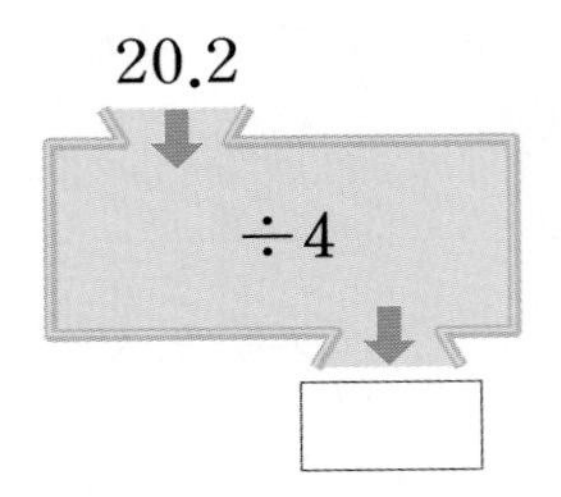

08 계산이 잘못된 곳을 찾아 바르게 계산하시오.

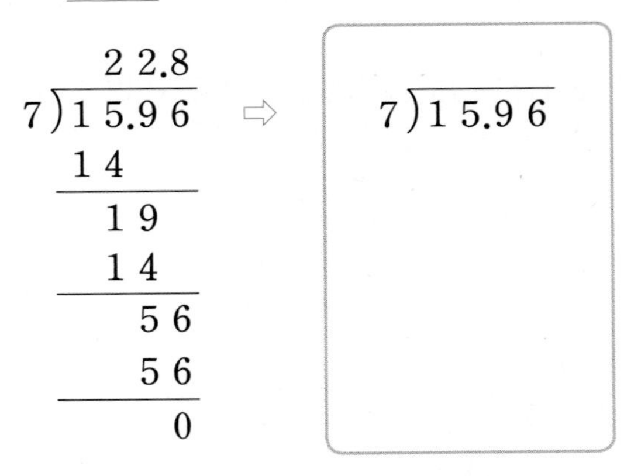

• 정답은 19쪽

09 왼쪽 식의 몫을 찾아 선으로 이어 보시오.

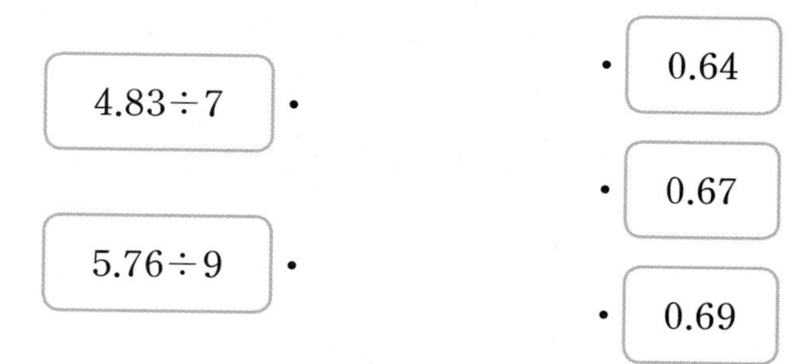

10 큰 수를 작은 수로 나누어 몫을 구하시오.

26.8　　8

(　　　　　　)

11 몫이 더 큰 쪽에 ○표 하시오.

10.8÷5　　32.4÷8

(　　)　　(　　)

12 나누어지는 수를 소수 첫째 자리에서 반올림하여 어림한 식으로 나타내어 몫의 소수점의 위치를 찾아 소수점을 찍어 보시오.

5.52÷6

어림 □÷6=□

몫 0□9□2

13 몫이 가장 큰 수를 찾아 ○표 하시오.

15÷3　　1.5÷3　　0.15÷3

14 넓이가 79.2 m^2인 직사각형 모양의 땅을 4등분하였습니다. 색칠된 부분의 넓이는 몇 m^2인지 구하시오.

(　　　　　　)

15 둘레가 16.5 cm인 정삼각형의 한 변의 길이는 몇 cm인지 식을 쓰고 답을 구하시오.

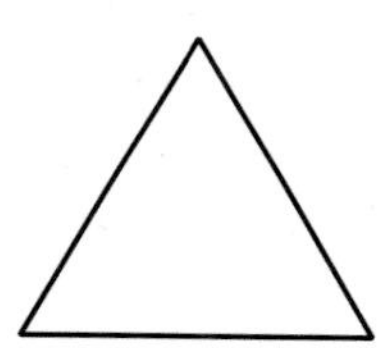

식 ________________

____

3 소수의 나눗셈

• 정답은 19쪽

16 진호는 자전거를 타고 일정한 빠르기로 2시간 동안 18.16 km를 달렸습니다. 진호가 한 시간 동안 달린 거리는 몇 km인지 식을 쓰고 답을 구하시오.

식 ______________________

답 ______________

17 페인트 16.86 L를 사용하여 가로가 3 m, 세로가 2 m인 직사각형 모양의 벽을 칠했습니다. $1\ m^2$의 벽을 칠하는 데 사용한 페인트는 몇 L입니까?

(　　　　　　　　)

유사문제

18 $2715 \div 6 = 452.5$임을 이용하여 □ 안에 알맞은 수를 써넣으시오.

$\square \div 6 = 45.25$

19 ❶ 길이가 9.4 m인 길 한쪽에 같은 간격으로 나무 6그루를 심으려고 합니다. / ❷ 나무 사이의 간격을 몇 m로 해야 하는지 구하시오.

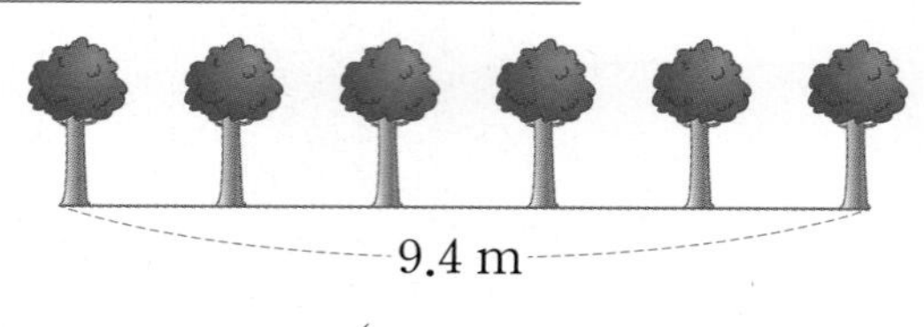

(　　　　　　　　)

❶ 나무 사이의 간격이 모두 몇 군데인지 구합니다.

❷ 나무 사이의 간격의 거리를 구합니다.

20 ❶ 수 카드 4장 중 2장을 뽑아 나눗셈식을 만들었을 때, 몫이 가장 작은 나눗셈식을 찾아 / ❷ 몫을 소수로 나타내시오.

5	4	7	8

(　　　　　　　　)

❶ 몫이 가장 작은 나눗셈식을 만듭니다.

❷ ❶에서 만든 나눗셈식의 몫을 구합니다.

창의·융합 문제

• 정답은 19쪽

1 지구의 반지름을 1이라고 보았을 때의 태양과 각 행성의 반지름을 나타낸 것입니다. 천왕성의 반지름을 1이라고 본다면 토성의 반지름은 몇이 됩니까?

명칭	반지름	명칭	반지름	명칭	반지름
태양	109	지구	1	토성	9.4
수성	0.4	화성	0.5	천왕성	4
금성	0.9	목성	11.2	해왕성	3.9

(　　　　　　　　)

2 진주와 진호가 밀가루 2.4 kg을 남김없이 똑같이 나누어 가지기로 하였습니다. 다음을 읽고 한 사람이 가지게 될 밀가루는 몇 kg인지 □ 안에 알맞은 수를 구하시오.

(　　　　　　　　)

4 비와 비율

제4화 멍멍봇과 매쓰봇의 수학 실력은?

뼈다귀 묶음에서
사과 맛 뼈 수는 오렌지 맛 뼈 수의
몇 배일까?

묶음 수	1	2	3	4	5	6
오렌지 맛 뼈 수(개)	4	8	12	16	20	24
사과 맛 뼈 수(개)	2	4	6	8	10	12

(사과 맛 뼈 수)$\div$(오렌지 맛 뼈 수)

$=2\div4=\frac{1}{2}$

이번에 **배울 내용**

이미 배운 내용	이번에 배울 내용	앞으로 배울 내용
[5-1 규칙과 대응] • 대응 관계에서 규칙 찾기 • 대응 관계를 식으로 나타내기 [5-1 약분과 통분] • 분수와 소수의 크기 비교	• 두 수 비교하기, 비 알아보기 • 비율 알아보기 • 비율이 사용되는 경우 알아보기 • 백분율 알아보기 • 백분율이 사용되는 경우 알아보기	[6-1 여러 가지 그래프] • 띠그래프와 원그래프로 나타내기 [6-2 비례식과 비례배분] • 비례식 풀기 • 비례배분하기

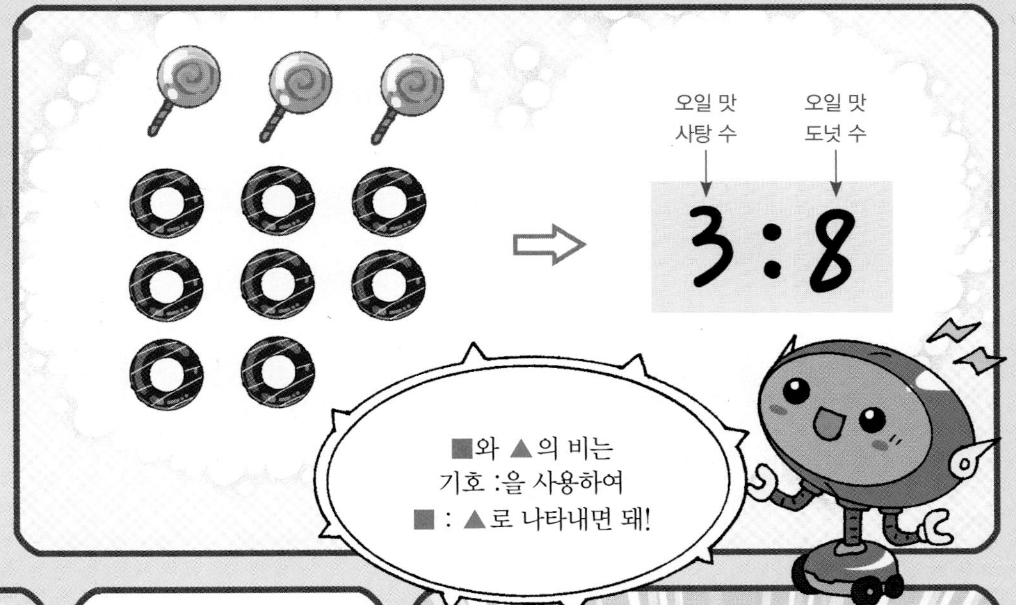

개념 파헤치기

개념 동영상

개념 1 두 수를 비교해 볼까요

• **두 수 비교하기**(1)

「**뺄셈**」으로 비교	「**나눗셈**」으로 비교
(사과 수)$-$(귤 수)$=6-3=3$ ⇨ 사과는 귤보다 3개 더 많습니다.	(사과 수)$\div$(귤 수)$=6\div3=2$ ⇨ 사과 수는 귤 수의 2배입니다.

• **두 수 비교하기**(2)

㉮ 남학생 4명과 여학생 2명으로 한 모둠을 구성하는 경우

모둠 수	1	2	3	4	5	6
남학생 수(명)	4	8	12	16	20	24
여학생 수(명)	2	4	6	8	10	12

(남학생 수)$\div$(여학생 수)$=4\div2=8\div4=\cdots\cdots=24\div12=2$

⇨ 남학생 수는 여학생 수의 2배입니다.

개념 체크

❶ 왼쪽 그림에서 사과 수와 귤 수를 뺄셈으로 비교하면 귤은 사과보다 □개 적습니다.

❷ 왼쪽 모둠에서 여학생 수는 남학생 수의 $\frac{1}{\square}$배입니다.

개념 체크 정답 ❶ 3 ❷ 2

기본 문제

교과서 유형

1-1 검은색 바둑돌 수와 흰색 바둑돌 수를 비교한 것입니다. 그림을 보고 물음에 답하시오.

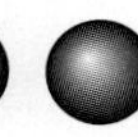

(1) 검은색 바둑돌 수와 흰색 바둑돌 수를 뺄셈으로 비교해 보시오.

(검은색 바둑돌 수)−(흰색 바둑돌 수)

$=6-\square=\square$

⇨ 검은색 바둑돌은 흰색 바둑돌보다 □개 더 많습니다.

(2) 검은색 바둑돌 수와 흰색 바둑돌 수를 나눗셈으로 비교해 보시오.

(검은색 바둑돌 수)÷(흰색 바둑돌 수)

$=6\div\square=\square$

⇨ 검은색 바둑돌 수는 흰색 바둑돌 수의 □배입니다.

힌트 검은색 바둑돌 수와 흰색 바둑돌 수를 뺄셈과 나눗셈으로 각각 비교합니다.

2-1 남학생 6명과 여학생 2명으로 한 모둠을 구성하려고 합니다. 표를 완성하고 □ 안에 알맞은 수를 써넣으시오.

모둠 수	1	2	3	4
남학생 수(명)	6	12	18	24
여학생 수(명)	2	4		

⇨ 남학생 수는 여학생 수의 □배입니다.

힌트 몇 배인지 물어보는 것이므로 남학생 수와 여학생 수를 나눗셈으로 비교합니다.

쌍둥이 문제

• 정답은 21쪽

1-2 그림을 보고 빨간색 구슬 수와 파란색 구슬 수를 비교한 것입니다. 물음에 답하시오.

(1) 빨간색 구슬 수와 파란색 구슬 수를 뺄셈으로 비교해 보시오.

(빨간색 구슬 수)−(파란색 구슬 수)

$=8-\square=\square$

⇨ 빨간색 구슬은 파란색 구슬보다 □개 더 많습니다.

(2) 빨간색 구슬 수와 파란색 구슬 수를 나눗셈으로 비교해 보시오.

(빨간색 구슬 수)÷(파란색 구슬 수)

$=8\div\square=\square$

⇨ 빨간색 구슬 수는 파란색 구슬 수의 □배입니다.

2-2 사과 6개와 배 3개를 넣어 한 상자를 만들려고 합니다. 표를 완성하고 □ 안에 알맞은 수를 써넣으시오.

상자 수	1	2	3	4
사과 수(개)	6	12	18	24
배 수(개)	3	6		

⇨ 사과 수는 배 수의 □배입니다.

개념 2 비를 알아볼까요

개념 동영상

- 두 수를 나눗셈으로 비교하기 위해 기호 :을 사용하여 나타낸 것을 비라고 합니다.
- 햄버거 수와 도넛 수의 비

⇨ 3 대 8
3과 8의 비
3의 8에 대한 비
8에 대한 3의 비

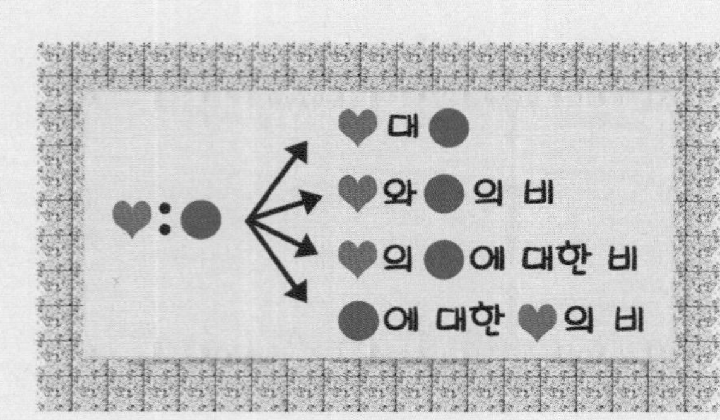

개념 체크

❶ 두 수를 나눗셈으로 비교할 때 기호 (− , :)을 사용합니다.

❷ 두 수 6과 1을 비교할 때 6 : 1이라 쓰고 6 □ 1이라고 읽습니다.

❸ 8 : 1은 8이 1을 기준으로 몇 배인지를 나타내는 □입니다.

개념 체크 정답 ❶ :에 ○표 ❷ 대 ❸ 비

기본 문제

익힘책 유형

1-1 그림을 보고 □ 안에 알맞은 수를 써넣으시오.

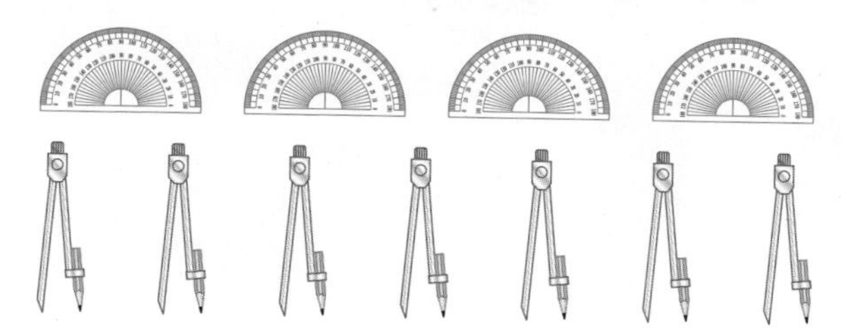

(1) 각도기 수와 컴퍼스 수의 비 ⇨ 4 : □

(2) 컴퍼스 수와 각도기 수의 비 ⇨ □ : □

(3) 컴퍼스 수에 대한 각도기 수의 비

⇨ □ : □

힌트 ■와 ▲의 비 ⇨ ■ : ▲

2-1 지후네 반 남학생 수와 여학생 수를 나타낸 것입니다. 지후네 반 남학생 수와 여학생 수의 비를 구하시오.

남학생 수	여학생 수
13명	11명

(　　　　　　　　　　)

힌트 남학생 수와 여학생 수의 비
⇨ (남학생 수) : (여학생 수)

3-1 □ 안에 알맞은 수를 써넣으시오.

(1) 7 대 9 ⇨ □ : □

(2) 13에 대한 11의 비 ⇨ □ : □

(3) 15와 14의 비 ⇨ □ : □

힌트 ㉠ : ㉡ ⇨ ㉠ 대 ㉡ / ㉡에 대한 ㉠의 비 / ㉠과 ㉡의 비

쌍둥이 문제

• 정답은 21쪽

1-2 그림을 보고 □ 안에 알맞은 수를 써넣으시오.

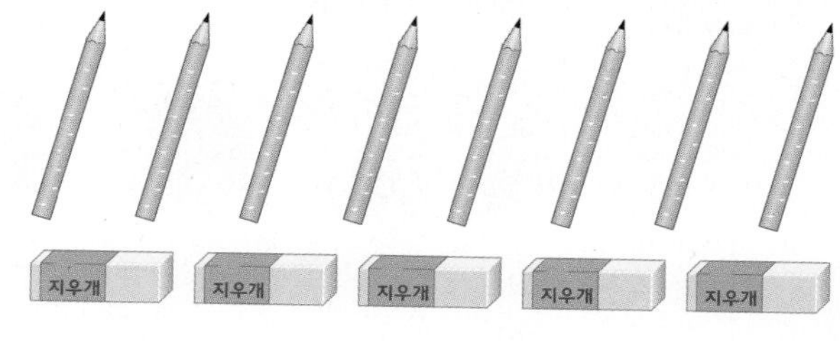

(1) 연필 수와 지우개 수의 비 ⇨ 8 : □

(2) 지우개 수와 연필 수의 비 ⇨ □ : □

(3) 연필 수에 대한 지우개 수의 비

⇨ □ : □

2-2 은솔이네 반 남학생 수와 여학생 수를 나타낸 것입니다. 은솔이네 반 남학생 수와 여학생 수의 비를 구하시오.

남학생 수	여학생 수
15명	16명

(　　　　　　　　　　)

3-2 □ 안에 알맞은 수를 써넣으시오.

(1) 4 : 5 ⇨ □ 대 □

(2) 16 : 17 ⇨ □에 대한 □의 비

(3) 12 : 10 ⇨ □의 □에 대한 비

개념 3 비율을 알아볼까요

  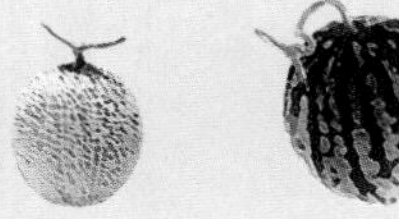    

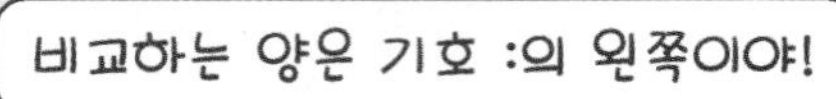

멜론 수와 수박 수의 비 ⇨ 3 : 4

기준량은 기호 :의 오른쪽이야!

$$(\text{비율})=(\text{비교하는 양})\div(\text{기준량})=\frac{(\text{비교하는 양})}{(\text{기준량})}$$

예

비	비교하는 양	기준량	비율
2 : 5	2	5	$\frac{2}{5}$ 또는 0.4

$\frac{2}{5}=\frac{4}{10}=0.4$

개념 체크

❶ 비 2 : 3에서 기호 :의 왼쪽에 있는 2는 비교하는 양이고, 오른쪽에 있는 3은 ☐입니다.

❷ 비교하는 양을 기준량으로 나눈 값을 ☐이라고 합니다.

개념 체크 정답 ❶ 기준량 ❷ 비율

기본 문제

쌍둥이 문제

• 정답은 21쪽

1-1 알맞은 말에 ○표 하시오.

비 2 : 7에서 2는 (비교하는 양 , 기준량)이고 7은 (비교하는 양 , 기준량)입니다.

힌트 ■ : ▲ ⇨ ■는 비교하는 양이고, ▲는 기준량입니다.

1-2 알맞은 수에 ○표 하시오.

비 4 : 3에서 비교하는 양은 (4 , 3)이고 기준량은 (4 , 3)입니다.

익힘책 유형

2-1 빈칸에 알맞은 수를 써넣으시오.

비	비교하는 양	기준량	비율(분수)
3 : 4	3		

힌트 $(\text{비율})=\frac{(\text{비교하는 양})}{(\text{기준량})}$

2-2 빈칸에 알맞은 수를 써넣으시오.

비	비교하는 양	기준량	비율(분수)
5 : 6	5		

3-1 □ 안에 알맞은 수를 써넣으시오.

비 7 : 10을 비율로 나타내면 $\frac{\square}{\square}=\square$ 입니다.

힌트 7 : 10을 분수로 나타낸 다음 소수로 나타냅니다.

3-2 □ 안에 알맞은 수를 써넣으시오.

비 1 : 5를 비율로 나타내면 $\frac{1}{\square}=\square$ 입니다.

4-1 직사각형의 세로에 대한 가로의 비율을 분수와 소수로 각각 나타내시오.

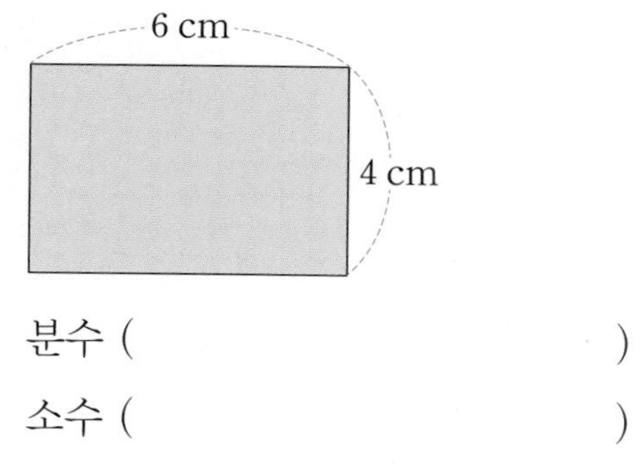

분수 (   )

소수 (   )

힌트 세로에 대한 가로의 비 ⇨ (가로) : (세로) ⇨ $\frac{(\text{가로})}{(\text{세로})}$

4-2 평행사변형의 밑변의 길이에 대한 높이의 비율을 분수와 소수로 각각 나타내시오.

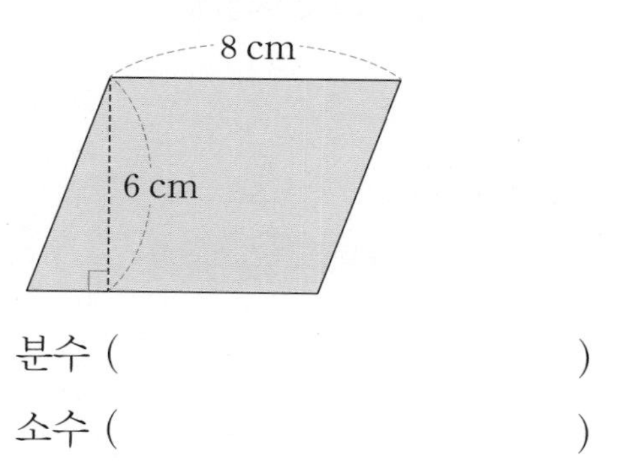

분수 (   )

소수 (   )

개념 확인하기

개념 1 두 수를 비교해 볼까요

- 뺄셈으로 두 수를 비교하면 「~개 더 많(적)습니다.」와 같이 나타낼 수 있습니다.
- 나눗셈으로 두 수를 비교하면 「~배입니다.」와 같이 나타낼 수 있습니다.

01 동물원에 호랑이가 10마리, 사자가 4마리 있습니다. 물음에 답하시오.

(1) 호랑이와 사자의 수를 뺄셈으로 비교해 보시오.

$$10-4=\square$$

(2) 호랑이와 사자의 수를 나눗셈으로 비교해 보시오.

$$10\div4=\square$$

교과서 유형

02 과수원에서 한 모둠에 바구니를 3개씩 나누어 준다고 합니다. 한 모둠이 9명일 때 물음에 답하시오.

(1) 모둠 수에 따른 학생 수와 바구니 수를 구해 표를 완성해 보시오.

모둠 수	1	2	3	4
학생 수(명)	9	18	27	36
바구니 수(개)	3	6		

(2) 모둠 수에 따른 학생 수와 바구니 수를 비교해 보시오.

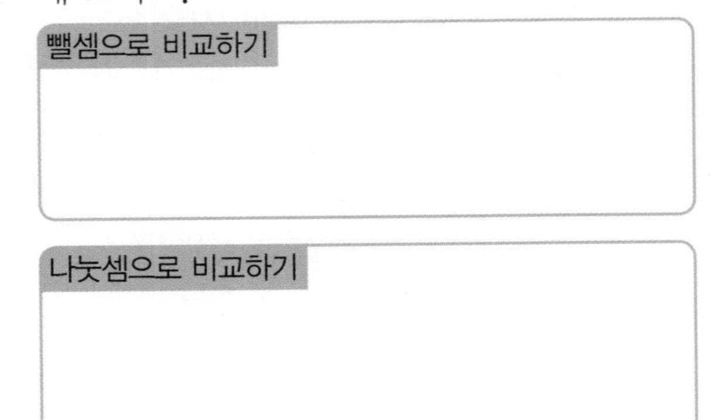

개념 2 비를 알아볼까요

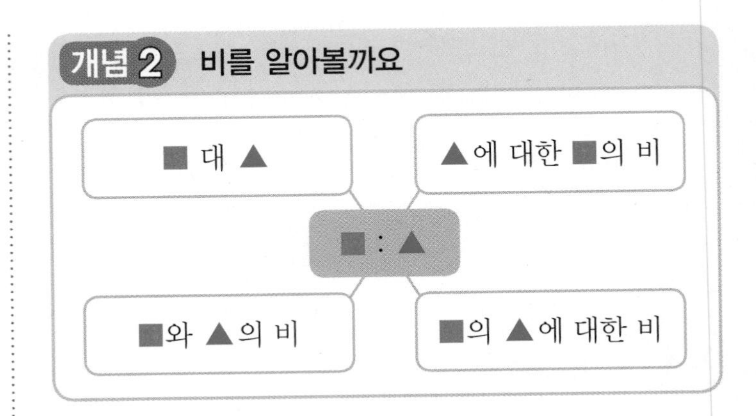

03 강아지 수와 고양이 수의 비를 구하시오.

(　　　　　　　　　　)

04 비가 다른 하나는 어느 것입니까? ········ (　　　　)

① 5 : 7　　② 5 대 7

③ 5와 7의 비　　④ 5의 7에 대한 비

⑤ 5에 대한 7의 비

05 그림을 보고 전체에 대한 색칠한 부분의 비를 쓰시오.

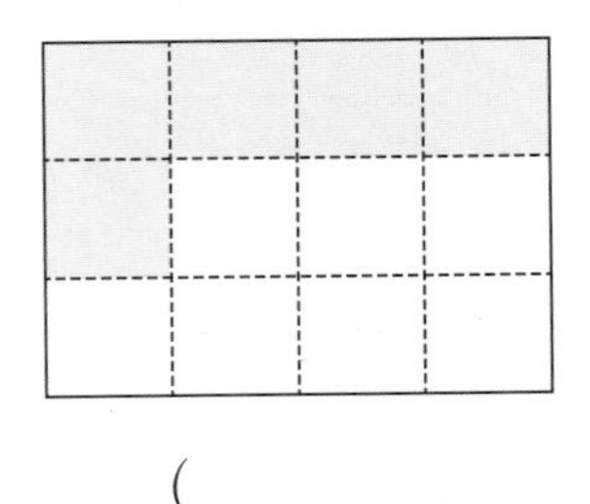

(　　　　　　　　　　)

익힘책 유형

06 시우가 비에 대해 이야기한 것이 맞는지 틀린지 표시하고 그렇게 생각한 이유를 쓰시오.

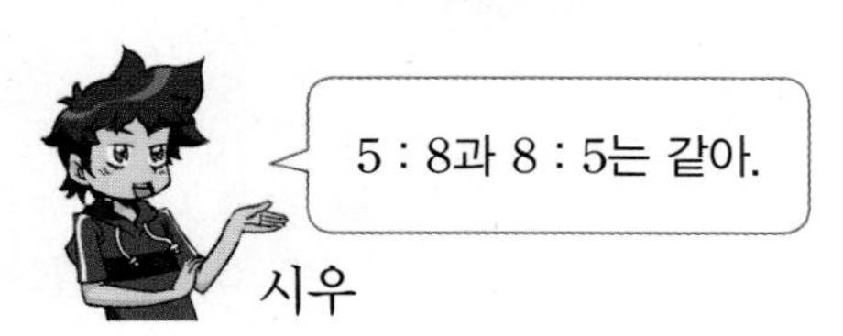

(맞습니다 , 틀립니다)

이유 ______________________

____

$$(\text{비율}) = \frac{(\text{비교하는 양})}{(\text{기준량})}$$

비교하는 양

■ : ● ⇨ $\frac{■}{●}$

기준량

07 □ 안에 알맞은 수를 써넣으시오.

비 5 : 9에서 비교하는 양은 □이고

기준량은 □입니다.

08 비를 보고 비율을 분수와 소수로 각각 나타내시오.

4에 대한 1의 비

분수 ( )

소수 ( )

익힘책 유형

09 관계있는 것끼리 선으로 이어 보시오.

3 : 10 •	• 0.3
4와 5의 비 •	• 0.35
7의 20에 대한 비 •	• 0.8

10 두 직사각형을 보고 물음에 답하시오.

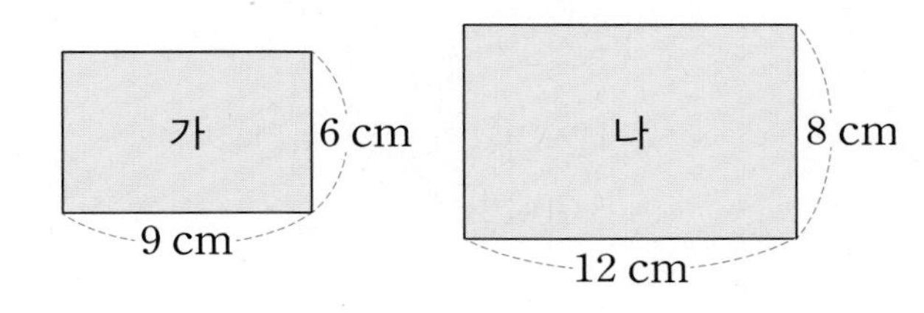

(1) 세로에 대한 가로의 비율을 분수와 소수로 나타내시오.

비율	분수	소수
가		1.5
나		

(2) 두 직사각형의 세로에 대한 가로의 비율을 비교하고 알게된 점을 쓰시오.

____

____

11 동전을 20번 던져서 그림 면이 11번 나왔습니다. 동전을 던진 횟수에 대한 그림 면이 나온 횟수의 비율을 소수로 나타내시오.

( )

• ▲에 대한 ■의 비 ⇨ ■ : ▲

• 비율을 분수로 나타낼 때 기준량이 분모가 되고 비교하는 양이 분자가 됩니다.

개념 4 비율이 사용되는 경우를 알아볼까요 (1)

- 가는 데 걸린 시간에 대한 간 거리의 비율 알아보기

주혁이는 고속 버스를 타고 2시간 동안 서울에서 대전까지 약 160 km를 갔습니다. 시간에 대한 거리의 비율을 분수나 소수로 나타내어 볼까요?

걸린 시간에 대한 간 거리의 비율
(걸린 시간: 기준량, 간 거리: 비교하는 양)

⇨ (간 거리) : (걸린 시간)
$=160 : 2$

⇨ $(\text{비율})=\dfrac{(\text{간 거리})}{(\text{걸린 시간})}$
$=\dfrac{160}{2}=80$

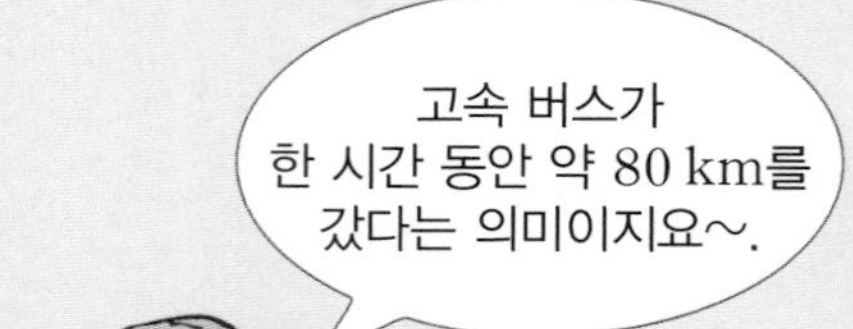

개념 체크

❶ 걸린 시간에 대한 간 거리의 비율을 알아볼 때 기준량은 [ ]이고 비교하는 양은 [ ]입니다.

❷ (걸린 시간에 대한 간 거리의 비율)

$=\dfrac{(\quad)}{(\quad)}$

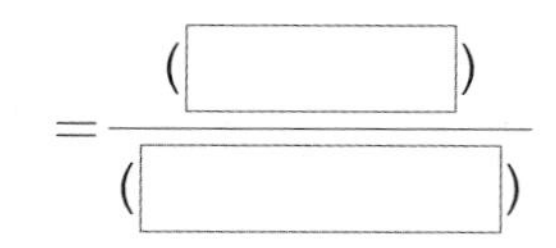

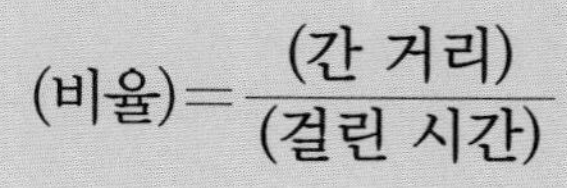

개념 체크 정답 ❶ 걸린 시간, 간 거리 ❷ $\dfrac{\text{간 거리}}{\text{걸린 시간}}$

기본 문제

쌍둥이 문제

• 정답은 22쪽

교과서 유형

1-1 고속 철도를 타고 2시간 동안 서울에서 동대구까지 약 300 km를 갔습니다. 고속 철도가 서울에서 동대구까지 가는 데 걸린 시간에 대한 간 거리의 비율을 알아보려고 합니다. 물음에 답하시오.

(1) □ 안에 알맞은 수를 써넣으시오.

걸린 시간은 □시간이고 간 거리는

약 □ km입니다.

(2) 기준량과 비교하는 양을 각각 쓰시오.

기준량 (　　　　　　　　)

비교하는 양 (　　　　　　　　)

(3) 고속 철도가 서울에서 동대구까지 가는 데 걸린 시간에 대한 간 거리의 비율을 구하시오.

$(비율)=\frac{\square}{\square}=\square$

힌트 $(걸린 시간에 대한 간 거리의 비율)=\frac{(간 거리)}{(걸린 시간)}$

1-2 고속 철도를 타고 3시간 동안 서울에서 강릉까지 약 210 km를 갔습니다. 고속 철도가 서울에서 강릉까지 가는 데 걸린 시간에 대한 간 거리의 비율을 알아보려고 합니다. 물음에 답하시오.

(1) □ 안에 알맞은 수를 써넣으시오.

걸린 시간은 □시간이고 간 거리는

약 □ km입니다.

(2) 기준량과 비교하는 양을 각각 쓰시오.

기준량 (　　　　　　　　)

비교하는 양 (　　　　　　　　)

(3) 고속 철도가 서울에서 강릉까지 가는 데 걸린 시간에 대한 간 거리의 비율을 구하시오.

$(비율)=\frac{\square}{\square}=\square$

2-1 비행기가 가는 데 걸린 시간에 대한 간 거리의 비율을 구하시오.

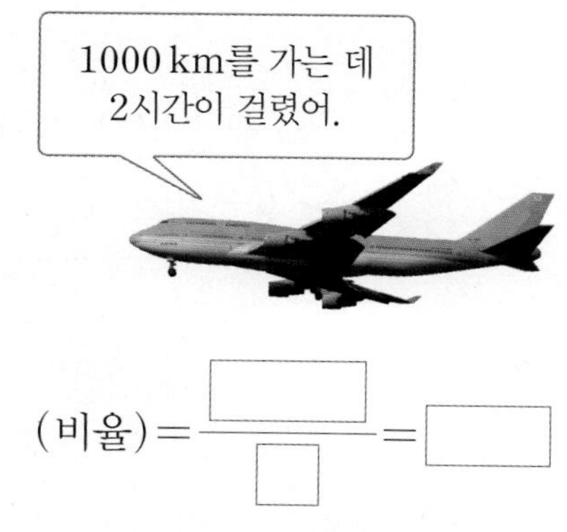

$(비율)=\frac{\square}{\square}=\square$

힌트 $(걸린 시간에 대한 간 거리의 비율)=\frac{(간 거리)}{(걸린 시간)}$

2-2 비행기가 가는 데 걸린 시간에 대한 간 거리의 비율을 구하시오.

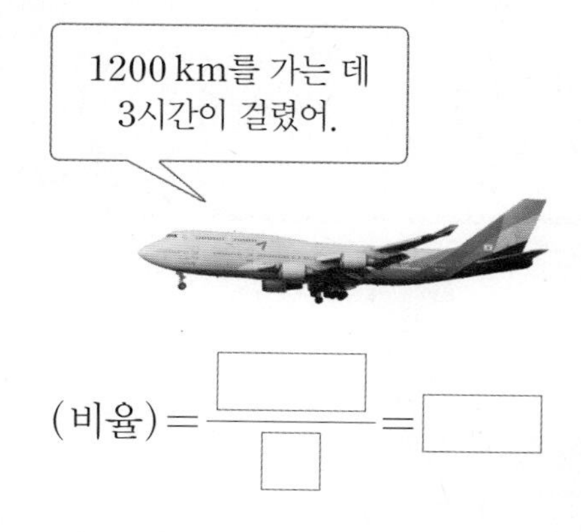

$(비율)=\frac{\square}{\square}=\square$

4 비와 비율

개념 5 비율이 사용되는 경우를 알아볼까요 (2)

개념 동영상

• 넓이에 대한 인구의 비율 알아보기

넓이에 대한 인구의 비율

기준량 비교하는 양

⇨ (인구) : (넓이)

$=5000 : 2$

⇨ $(\text{비율})=\dfrac{(\text{인구})}{(\text{넓이})}$

$=\dfrac{5000}{2}$

$=2500$

개념 체크

❶ 넓이에 대한 인구의 비율을 알아볼 때 기준량은 ☐이고, 비교하는 양은 ☐입니다.

❷ (넓이에 대한 인구의 비율)

$=\dfrac{(\square)}{(\square)}$

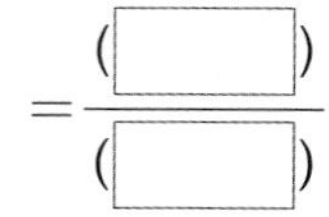

넓이에 대한
인구의 비율을
(인구)/(넓이)로 구하는
거잖아요.

우리 동네에는
1 km² 당 2500명
정도가 살고 있어서
공용 화장실이
부족해요.

부들부들..

알아요!
안다구요!

넓이에 대한 인구의 비율이 높을수록
인구가 더 밀집한 것도 알고요…….

찌직지

개념 체크 정답 ❶ 넓이, 인구 ❷ 인구/넓이

기본 문제

교과서 유형

1-1 동건이네 마을의 넓이는 6 km^2이고 인구는 9000명입니다. 넓이에 대한 인구의 비율을 알아보려고 합니다. 물음에 답하시오.

(1) 기준량과 비교하는 양을 각각 쓰시오.

기준량 (　　　　　　　　)

비교하는 양 (　　　　　　　　)

(2) 동건이네 마을의 넓이에 대한 인구의 비율을 구하시오.

$(비율)=\frac{\square}{\square}=\square$

힌트 $(넓이에 대한 인구의 비율)=\frac{(인구)}{(넓이)}$

교과서 유형

2-1 가, 나 두 도시의 인구와 넓이를 나타낸 표입니다. 두 도시 중 인구가 더 밀집한 곳을 알아보려고 합니다. 물음에 답하시오.

도시	인구(명)	넓이(km^2)
가	160000	200
나	410000	500

(1) 가 도시의 넓이에 대한 인구의 비율을 구하시오.

(　　　　　　　　)

(2) 나 도시의 넓이에 대한 인구의 비율을 구하시오.

(　　　　　　　　)

(3) 가와 나 도시 중 인구가 더 밀집한 곳은 어디입니까?

(　　　　　　　　)

힌트 넓이에 대한 인구의 비율이 클수록 인구가 더 밀집한 곳입니다.

쌍둥이 문제

• 정답은 22쪽

1-2 다은이네 마을의 넓이는 8 km^2이고 인구는 9600명입니다. 넓이에 대한 인구의 비율을 알아보려고 합니다. 물음에 답하시오.

(1) 기준량과 비교하는 양을 각각 쓰시오.

기준량 (　　　　　　　　)

비교하는 양 (　　　　　　　　)

(2) 다은이네 마을의 넓이에 대한 인구의 비율을 구하시오.

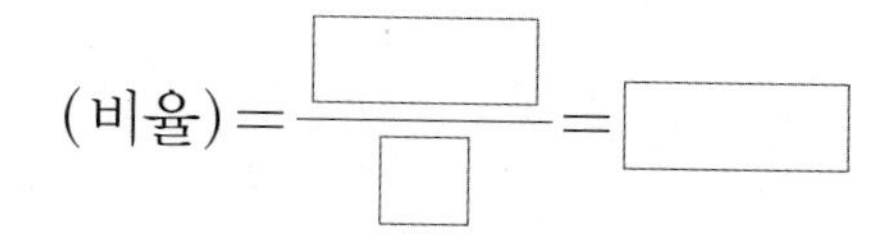

2-2 다, 라 두 도시의 인구와 넓이를 나타낸 표입니다. 두 도시 중 인구가 더 밀집한 곳을 알아보려고 합니다. 물음에 답하시오.

도시	인구(명)	넓이(km^2)
다	1500000	300
라	2400000	600

(1) 다 도시의 넓이에 대한 인구의 비율을 구하시오.

(　　　　　　　　)

(2) 라 도시의 넓이에 대한 인구의 비율을 구하시오.

(　　　　　　　　)

(3) 다와 라 도시 중 인구가 더 밀집한 곳은 어디입니까?

(　　　　　　　　)

개념 6 비율이 사용되는 경우를 알아볼까요(3)

• **물감 양의 비율 알아보기**

> 미술 시간에 하음이는 흰색 물감 100 mL에 빨간색 물감 5 mL를 섞어 분홍색을 만들었습니다. 흰색 물감 양에 대한 빨간색 물감 양의 비율을 알아볼까요?

기준량과 비교하는 양을 정확히 찾아 비율을 구해야 해요.

흰색 물감 양(기준량)에 대한 빨간색 물감양(비교하는 양)의 비율

⇨ (빨간색 물감 양) : (흰색 물감 양)

$=5:100$

⇨ $(비율)=\dfrac{(빨간색\ 물감\ 양)}{(흰색\ 물감\ 양)}$

$=\dfrac{5}{100}$

$=0.05$

흰색 물감 양에 대한 빨간색 물감 양의 비율이 클수록 진한 분홍색이 만들어져요.

개념 체크

❶ 흰색 물감 양에 대한 빨간색 물감 양의 비율을 알아볼 때 흰색 물감 양은 (기준량 , 비교하는 양)이고 빨간색 물감 양은 (기준량 , 비교하는 양)입니다.

❷ (흰색 물감 양에 대한 빨간색 물감 양의 비율)

$=\dfrac{(\qquad)}{(\qquad)}$

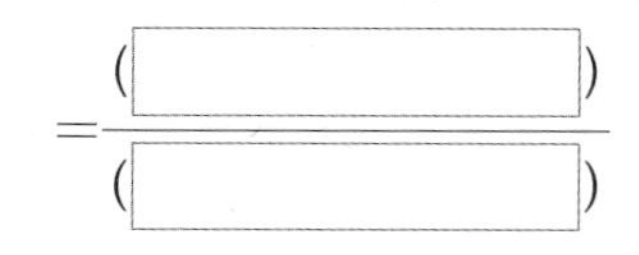

그거야 기준량과 비교하는 양을 잘 구별하면 되지.

흰색 물감 양에 대한 빨간색 물감 양의 비율은 $\dfrac{(빨간색\ 물감\ 양)}{(흰색\ 물감\ 양)}$으로 구하면 돼.

개념 체크 정답 ❶ 기준량에 ○표, 비교하는 양에 ○표 ❷ 빨간색 물감 양 / 흰색 물감 양

기본 문제

교과서 유형

1-1 시은이는 흰색 물감 200 mL에 초록색 물감 8 mL를 섞어 연두색을 만들었습니다. 흰색 물감 양에 대한 초록색 물감 양의 비율을 알아보려고 합니다. 물음에 답하시오.

(1) 기준량과 비교하는 양을 각각 쓰시오.

기준량 (   )

비교하는 양 (   )

(2) 흰색 물감 양에 대한 초록색 물감 양의 비율을 분수와 소수로 나타내시오.

$$(\text{비율})=\frac{\square}{200}=\square$$

힌트 (흰색 물감 양에 대한 초록색 물감 양의 비율) $=\frac{(\text{초록색 물감 양})}{(\text{흰색 물감 양})}$

2-1 교실 벽에 페인트 칠을 하기 위하여 흰색 페인트 1000 mL와 보라색 페인트 200 mL를 섞었습니다. 흰색 페인트 양에 대한 보라색 페인트 양의 비율을 구하시오.

(   )

힌트 (흰색 페인트 양에 대한 보라색 페인트 양의 비율) $=\frac{(\text{보라색 페인트 양})}{(\text{흰색 페인트 양})}$

교과서 유형

3-1 비커에 설탕물이 담겨 있습니다. 설탕물 양에 대한 설탕 양의 비율을 구하시오.

설탕 60 g을 넣어서 설탕물 300 g을 만들었습니다.

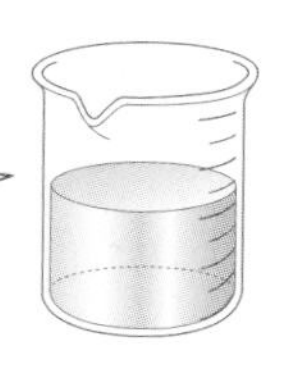

(   )

힌트 (설탕물 양에 대한 설탕 양의 비율) $=\frac{(\text{설탕 양})}{(\text{설탕물 양})}$

쌍둥이 문제

• 정답은 22쪽

1-2 태원이는 흰색 물감 300 mL에 파란색 물감 9 mL를 섞어 하늘색을 만들었습니다. 흰색 물감 양에 대한 파란색 물감 양의 비율을 알아보려고 합니다. 물음에 답하시오.

(1) 기준량과 비교하는 양을 각각 쓰시오.

기준량 (   )

비교하는 양 (   )

(2) 흰색 물감 양에 대한 파란색 물감 양의 비율을 분수와 소수로 나타내시오.

$$(\text{비율})=\frac{\square}{300}=\square$$

2-2 학교 벽에 페인트 칠을 하기 위하여 흰색 페인트 2000 mL와 주황색 페인트 500 mL를 섞었습니다. 흰색 페인트 양에 대한 주황색 페인트 양의 비율을 구하시오.

(   )

3-2 비커에 설탕물이 담겨 있습니다. 설탕물 양에 대한 설탕 양의 비율을 구하시오.

설탕 50 g을 넣어서 설탕물 200 g을 만들었습니다.

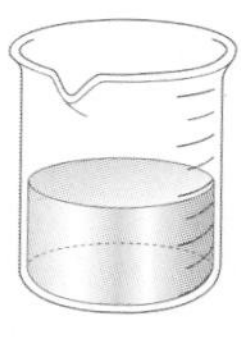

(   )

4 비와 비율

개념 확인하기

개념 4 비율이 사용되는 경우를 알아볼까요 (1)

(가는 데 걸린 시간에 대한 간 거리의 비율)

$=\frac{(\text{간 거리})}{(\text{걸린 시간})}$

01 서울에서 부산까지 새마을호 열차를 타고 가면 약 5시간이 걸립니다. 새마을호 열차가 서울에서 부산까지 가는 데 걸린 시간에 대한 간 거리의 비율을 구하시오.

(비율)$=\frac{\square}{\square}=\square$

익힘책 유형

02 지홍이는 100 m를 달리는 데 25초가 걸렸습니다. 지홍이가 100 m를 달리는 데 걸린 시간에 대한 달린 거리의 비율을 구하시오.

(비율)$=\frac{\square}{\square}=\square$

03 가 자동차와 나 자동차 중에서 어느 자동차가 더 빠른지 알아보려고 합니다. 물음에 답하시오.

200 km를 달리는 데 4시간이 걸렸어요.

165 km를 달리는 데 3시간이 걸렸어요.

가

나

(1) 가 자동차와 나 자동차의 걸린 시간에 대한 달린 거리의 비율을 각각 구하시오.

가 자동차 (　　　　　　　　　)

나 자동차 (　　　　　　　　　)

(2) 가 자동차와 나 자동차 중에서 어느 자동차가 더 빠른지 구하시오.

(　　　　　　　　　)

개념 5 비율이 사용되는 경우를 알아볼까요 (2)

(넓이에 대한 인구의 비율)$=\frac{(\text{인구})}{(\text{넓이})}$

04 해 마을의 넓이에 대한 인구의 비율을 구하시오.

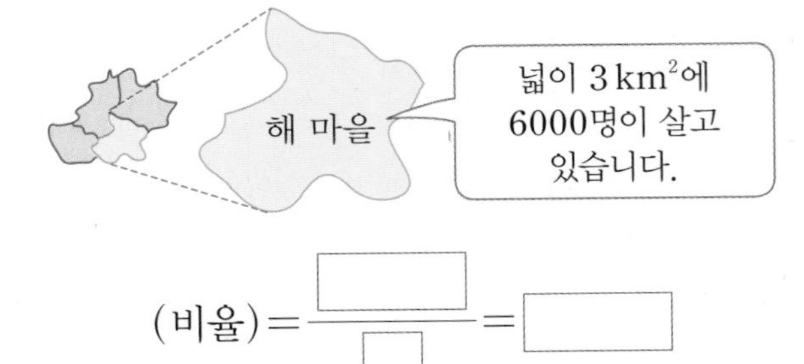

(비율)$=\frac{\square}{\square}=\square$

05 넓이가 500 km²이고 인구가 140만 명인 도시가 있습니다. 이 도시의 넓이에 대한 인구의 비율을 구하시오.

( )

06 경상남도의 넓이에 대한 인구의 비율을 구하시오.

> 경상남도의 인구는 3381000명이고 면적은 10500 km²입니다.

( )

[07~08] 어느 지역에 있는 두 마을의 인구와 넓이를 조사한 표입니다. 물음에 답하시오.

마을	사랑 마을	푸름 마을
인구(명)	25400	42000
넓이(km^2)	2	3

07 두 마을의 넓이에 대한 인구의 비율을 각각 구하시오.

사랑 마을 ( )
푸름 마을 ( )

익힘책 유형

08 두 마을 중에서 인구가 더 밀집한 곳을 구하고, 이유를 쓰시오.

( )

이유

개념 6 비율이 사용되는 경우를 알아볼까요 (3)

(흰색 물감 양에 대한 파란색 물감 양의 비율)

$$= \frac{(\text{파란색 물감 양})}{(\text{흰색 물감 양})}$$

09 흰색 물감 250 mL에 검은색 물감 5 mL를 섞어서 회색을 만들었습니다. 흰색 물감 양에 대한 검은색 물감 양의 비율을 구하시오.

( )

10 소금물 300 g에 소금이 30 g 녹아 있습니다. 소금물 양에 대한 소금 양의 비율을 소수로 나타내시오.

( )

익힘책 유형

11 예서와 건우는 물에 매실 원액을 넣어 매실주스를 만들었습니다. 두 사람이 만든 매실주스 양에 대한 매실 원액 양의 비율을 각각 구하고 누가 만든 매실주스가 더 진한지 구하시오.

물에 매실 원액 120 mL를 넣어 매실주스 300 mL를 만들었어.

예서

물에 매실 원액 180 mL를 넣어 매실주스 400 mL를 만들었어.

건우

예서 ( )
건우 ( )
더 진한 매실주스를 만든 사람
( )

• 비율이 클수록 더 빠르고, 인구가 더 밀집한 곳이고, 만든 색이 더 진합니다.

STEP 1 개념 파헤치기

개념 7 백분율을 알아볼까요 (1) — 비율을 백분율로 나타내기

- 백분율: 기준량을 100으로 할 때의 비율

백분율은 기호 %를 사용하여 나타냅니다.
비율 $\frac{25}{100}$를 25 %라 쓰고
25 퍼센트라고 읽습니다.

- 분수를 백분율로 나타내기

$$\frac{3}{10}=\frac{30}{100} \Rightarrow 30\%$$

기준량을 100으로 / 분자에 %를 붙여

- 소수를 백분율로 나타내기

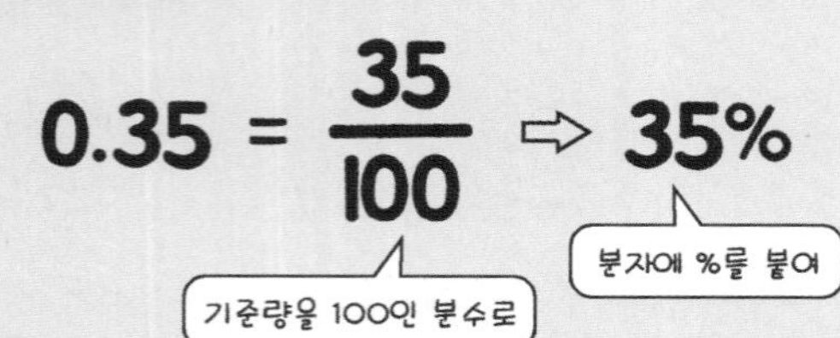

비율에 100을 곱한 다음 %를 붙여 나타낼 수도 있습니다.
$0.35\times100=35\,(\%)$

개념 체크

❶ 기준량을 100으로 할 때의 비율을 ☐이라고 합니다.

❷ $\frac{70}{100}$을 백분율로 나타내면
$\frac{70}{100}$ ⇨ ☐ %입니다.

❸ 0.12를 백분율로 나타내면
$0.12=\frac{\square}{100}$
⇨ ☐ %입니다.

개념 체크 정답 ❶ 백분율 ❷ 70 ❸ 12, 12

기본 문제

교과서 유형

1-1 $\frac{1}{2}$을 백분율로 나타내려고 합니다. □ 안에 알맞은 수를 써넣으시오.

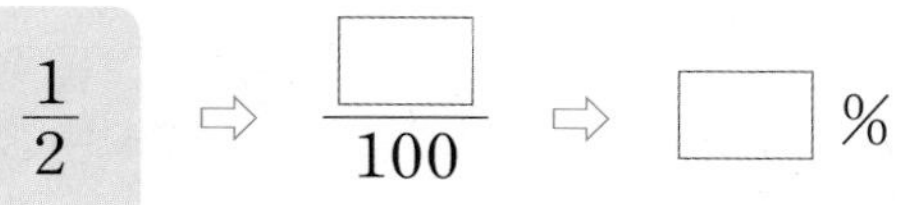

방법 1 $\frac{1}{2}$ ⇨ $\frac{\square}{100}$ ⇨ □ %

방법 2 $\frac{1}{2}$ ⇨ $\frac{1}{2}\times\square=\square$ (%)

힌트 백분율: 기준량을 100으로 할 때의 비율

쌍둥이 문제

• 정답은 24쪽

1-2 $\frac{1}{5}$을 백분율로 나타내려고 합니다. □ 안에 알맞은 수를 써넣으시오.

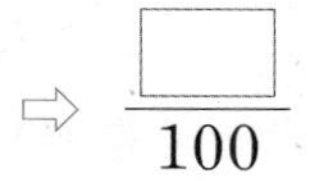

방법 1 $\frac{1}{5}$ ⇨ $\frac{\square}{100}$ ⇨ □ %

방법 2 $\frac{1}{5}$ ⇨ $\frac{1}{5}\times\square=\square$ (%)

익힘책 유형

2-1 그림을 보고 전체에 대한 색칠한 부분의 비율을 백분율로 나타내시오.

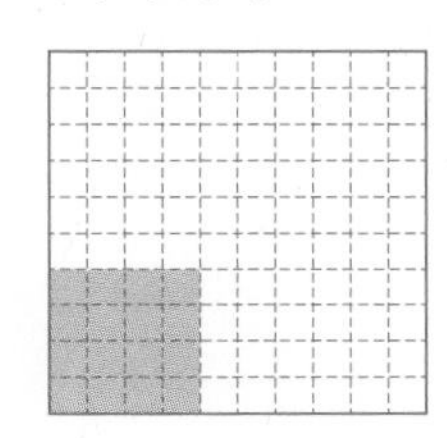

□ %

힌트 전체에 대한 색칠한 부분의 비율을 분모가 100인 분수로 나타낸 다음 백분율로 나타냅니다.

2-2 그림을 보고 전체에 대한 색칠한 부분의 비율을 백분율로 나타내시오.

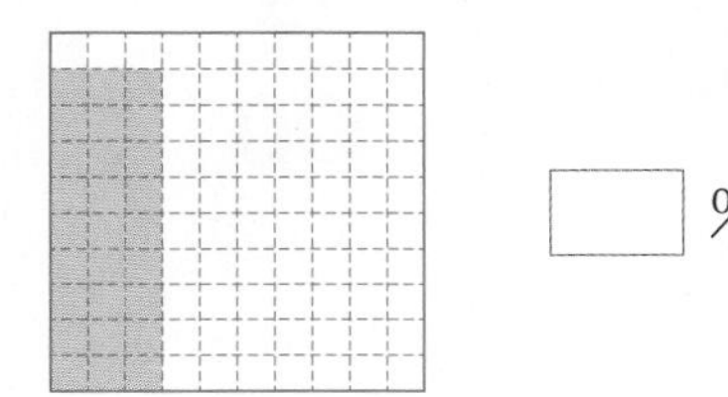

□ %

3-1 비율을 백분율로 나타내시오.

(1) $\frac{3}{20}$ (　　　　　　　　)

(2) 0.19 (　　　　　　　　)

힌트 분수와 소수를 분모가 100인 분수로 나타낸 다음 백분율로 나타냅니다.

3-2 비율을 백분율로 나타내시오.

(1) $\frac{3}{4}$ (　　　　　　　　)

(2) 0.46 (　　　　　　　　)

개념 8 백분율을 알아볼까요 (2) — 백분율을 비율로 나타내기

- **백분율을 분수로 나타내기**

% 앞의 수를 분자로, 100을 분모로!

필요한 경우 분모와 분자의 최대공약수로 나누지만 항상 그럴 필요는 없어!

$$15\% \Rightarrow \frac{15}{100} = \frac{15 \div 5}{100 \div 5} = \frac{3}{20}$$

- **백분율을 소수로 나타내기**

% 앞의 수를 분자로, 100을 분모로!

분수를 소수로 나타내기

$$15\% \Rightarrow \frac{15}{100} = 0.15$$

백분율을 소수로 나타낼 때에는 백분율을 100으로 나누어 구할 수도 있어요.
15 % ⇨ 15÷100=0.15

개념 체크

❶ 3 %를 분수로 나타내면 분자는 3이고 분모는 ☐입니다.

$3\% \Rightarrow \frac{3}{\square}$

❷ 12 %를 분수로 나타내면 $\frac{\square}{100}$이고 소수로 나타내면 ☐입니다.

개념 체크 정답 ❶ 100, 100 ❷ 12, 0.12

기본 문제

교과서 유형

1-1 백분율을 분수로 나타내려고 합니다. □ 안에 알맞은 수를 써넣으시오.

(1) 

(2) 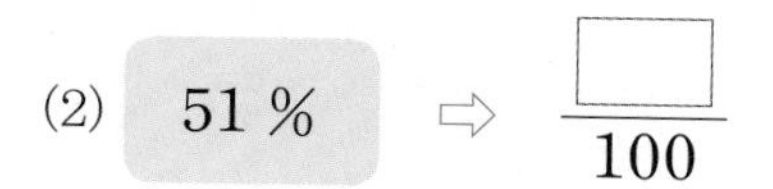

힌트 ■ % ⇨ $\frac{■}{100}$

교과서 유형

2-1 백분율을 소수로 나타내려고 합니다. □ 안에 알맞은 수를 써넣으시오.

(1) 17 % ⇨ $\frac{17}{\square}=\square$

(2) 49 % ⇨ $\frac{\square}{100}=\square$

힌트 ▲ % ⇨ $\frac{▲}{100}$ ⇨ ▲÷100

3-1 백분율만큼 모눈종이에 색칠하고 소수로 나타내시오.

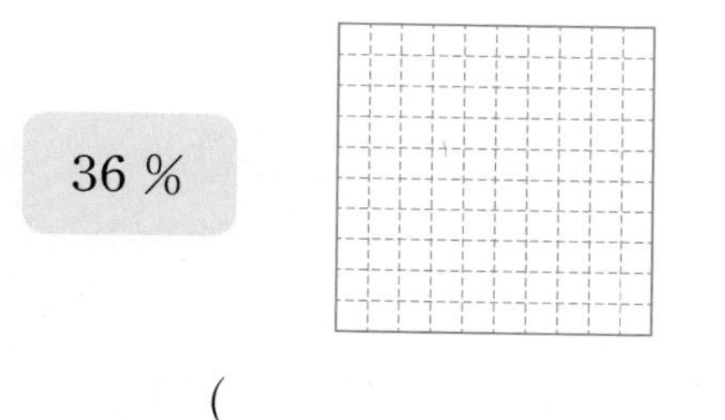

( )

힌트 백분율을 분모가 100인 분수로 나타낸 다음 소수로 나타내어 봅니다.

쌍둥이 문제

• 정답은 24쪽

1-2 백분율을 분수로 나타내려고 합니다. □ 안에 알맞은 수를 써넣으시오.

(1) 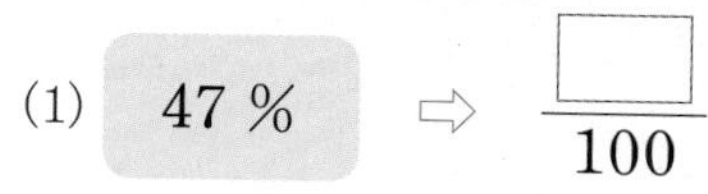

(2) 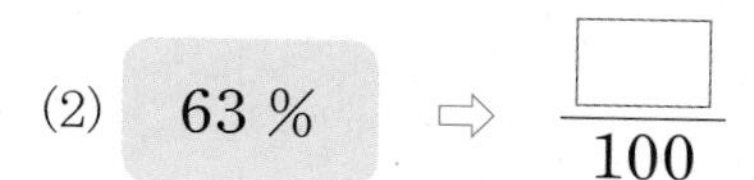

2-2 백분율을 소수로 나타내려고 합니다. □ 안에 알맞은 수를 써넣으시오.

(1) 31 % ⇨ $\frac{31}{\square}=\square$

(2) 83 % ⇨ $\frac{\square}{100}=\square$

3-2 백분율만큼 모눈종이에 색칠하고 소수로 나타내시오.

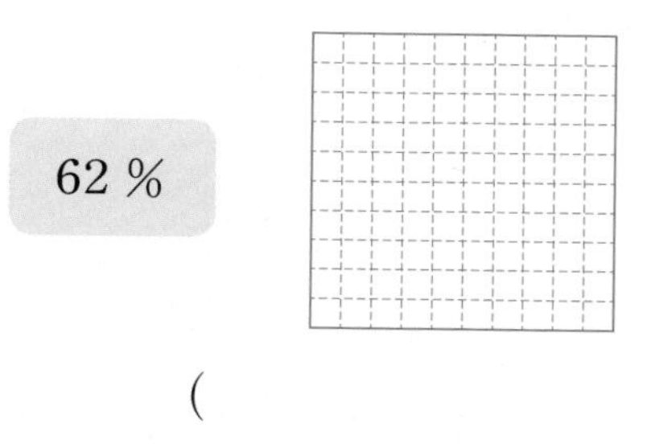

( )

STEP 2 개념 확인하기

개념 7 백분율을 알아볼까요 (1)

(비율) × 100 = (백분율)

백분율은 기호 %를 사용하여 나타내고 퍼센트라고 읽습니다.

01 비율을 백분율로 나타내시오.

(1) $\frac{19}{50}$ (　　　　　)

(2) 0.52 (　　　　　)

02 그림을 보고 전체에 대한 색칠한 부분의 비율을 백분율로 나타내시오.

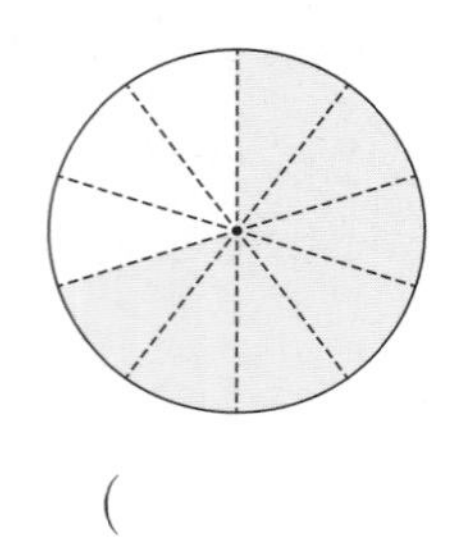

(　　　　　)

익힘책 유형

03 빈칸에 알맞은 수를 써넣으시오.

분수	소수	백분율 (%)
$\frac{37}{100}$	0.37	
	0.09	
$\frac{6}{25}$		

04 비율을 백분율로 잘못 나타낸 것을 찾아 기호를 쓰시오.

㉠ $\frac{9}{50}$ ⇨ 18 %　　㉡ $\frac{17}{20}$ ⇨ 85 %

㉢ 0.8 ⇨ 8 %　　㉣ 0.55 ⇨ 55 %

(　　　　　)

05 비율이 다른 하나를 찾아 기호를 쓰시오.

㉠ 0.42　　㉡ 42 %

㉢ 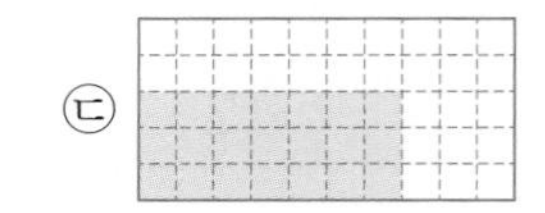　　㉣ $\frac{21}{100}$

(　　　　　)

06 은서네 반 학생 25명 중 8명이 안경을 쓰고 있습니다. 은서네 반 전체 학생에 대한 안경을 쓴 학생 수의 비율을 백분율로 나타내면 전체 학생의 몇 %입니까?

(　　　　　)

익힘책 유형

07 윤호가 백분율에 대해 이야기한 것이 맞는지 틀린지 표시하고, 그렇게 생각한 이유를 쓰시오.

비율 $\frac{1}{5}$을 소수로 나타내면 0.2이고 백분율로 나타내면 2 %야.

(맞습니다 , 틀립니다)

이유 ______________________

개념 8 백분율을 알아볼까요 (2)

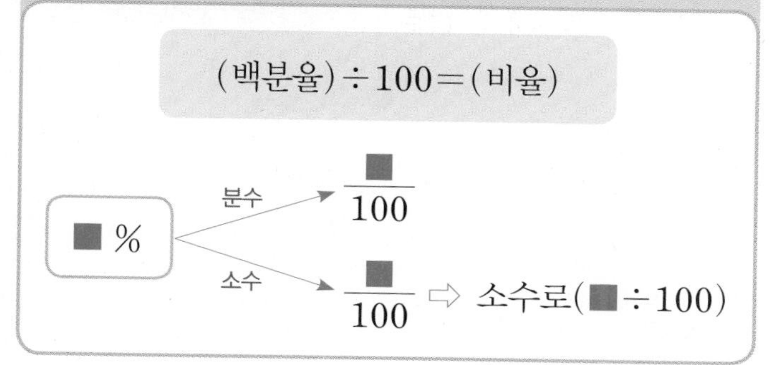

08 백분율을 분수로 바르게 나타낸 것에 ○표 하시오.

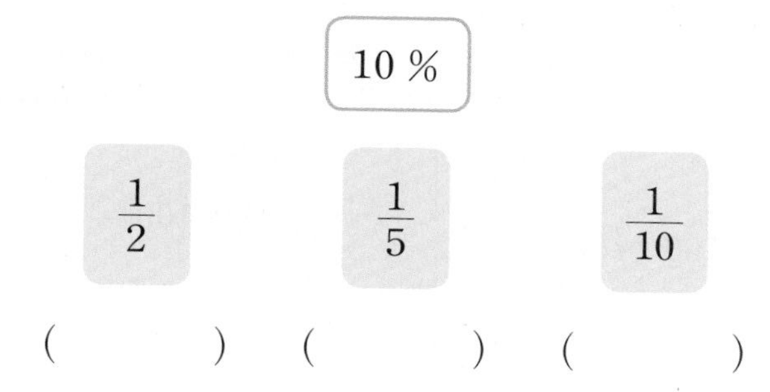

(　　　) (　　　) (　　　)

교과서 유형

09 백분율을 소수로 나타내시오.

12 % (　　　　　　)

10 크기를 비교하여 ○ 안에 >, =, <를 알맞게 써넣으시오.

80% ○ 0.08

11 관계있는 것끼리 선으로 이어 보시오.

25 % •	• $\frac{1}{2}$
50 % •	• $\frac{1}{4}$
60 % •	• $\frac{3}{5}$

12 30 % 만큼 색칠하시오.

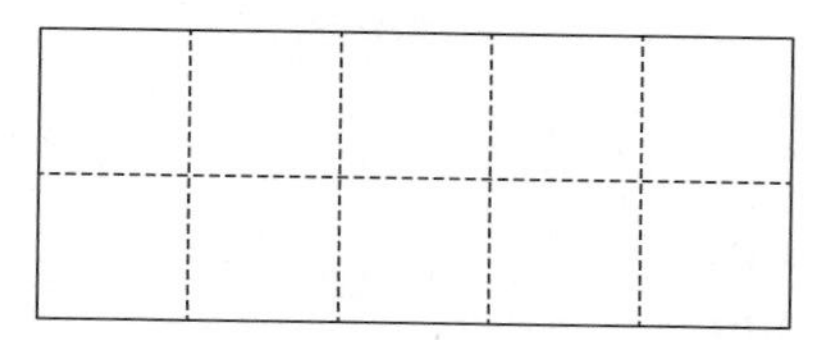

13 도전 과제가 주어졌습니다. 정윤이네 반 학생의 성공률은 75 %이고, 영우네 반 학생의 성공률은 0.8입니다. 어느 반의 성공률이 더 높습니까?

(　　　　　　)

14 식빵에 들어 있는 영양 성분 중에서 전체의 52 %가 탄수화물이라고 합니다. 식빵 200 g에 들어 있는 탄수화물은 몇 g입니까?

(　　　　　　)

• 비율을 백분율로 나타낼 때에는 비율에 100을 곱한 다음 %를 붙여 줍니다.
• 백분율을 분수나 소수로 나타낼 때에는 % 앞의 수를 분자로, 분모를 100으로 하는 분수로 나타내고 다시 소수로 나타냅니다.

4 비와 비율

개념 9 백분율이 사용되는 경우를 알아볼까요(1)

- **물건의 할인율 알아보기**

알뜰 시장에서 팽이를 할인하여 판매하려고 합니다. 팽이의 할인율은 몇 %일까요?

~~2000원~~ → 1400원

① 팽이의 할인 금액은 얼마인지 알아보기

(할인 금액)$=2000-1400$
$=600$(원)

② 할인율 구하기

$\frac{600}{2000}=\frac{30}{100}$ ⇨ 30 (%)

(600: 할인 금액, 2000: 원래 가격)

$$(\text{할인율})=\frac{(\text{할인 금액})}{(\text{원래 가격})}\times 100$$

다른 방법

① $\frac{(\text{할인된 판매 가격})}{(\text{원래 가격})}=\frac{1400}{2000}$
⇨ 70 %

② (할인율)$=100-70=30$
⇨ 30 %

로 구할 수도 있어요.

개념 체크

❶ 할인율은 $\frac{(\text{할인 금액})}{(\text{원래 가격})}\times$ □ 입니다.

❷ 원래 가격이 1000원이고 할인 금액이 100원이면 할인율은 $\frac{100}{1000}\times 100=$ □ (%) 입니다.

개념 체크 정답 ❶ 100 ❷ 10

기본 문제

쌍둥이 문제

• 정답은 26쪽

교과서 유형

1-1 서점에서 원래 가격이 8000원인 책을 할인하여 6000원에 팔고 있습니다. 책은 몇 % 할인하여 판매하는 것인지 구하려고 합니다. □ 안에 알맞은 수를 써넣으시오.

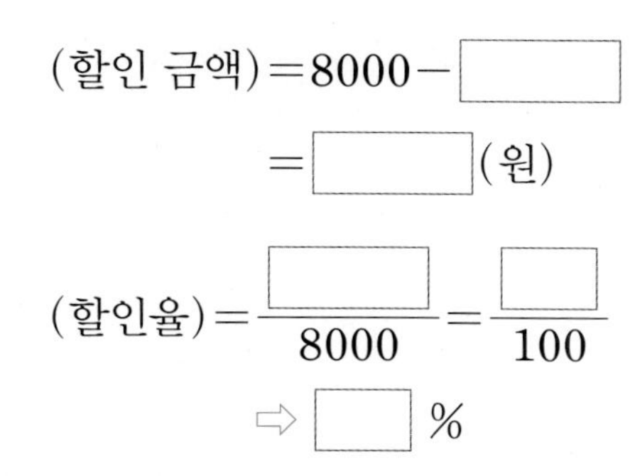

$$(\text{할인 금액})=8000-\square=\square(\text{원})$$

$$(\text{할인율})=\frac{\square}{8000}=\frac{\square}{100} \Rightarrow \square\ \%$$

힌트 $\frac{(\text{할인 금액})}{(\text{원래 가격})}$을 분모가 100인 분수로 나타냅니다.

1-2 문구점에서 원래 가격이 4000원인 물감을 할인하여 3400원에 팔고 있습니다. 물감은 몇 % 할인하여 판매하는 것인지 구하려고 합니다. □ 안에 알맞은 수를 써넣으시오.

$$(\text{할인 금액})=4000-\square=\square(\text{원})$$

$$(\text{할인율})=\frac{\square}{4000}=\frac{\square}{100} \Rightarrow \square\ \%$$

2-1 제과점에서 원래 가격이 3000원인 빵을 할인하여 2400원에 팔고 있습니다. 빵은 몇 % 할인하여 판매하는 것인지 구하려고 합니다. 물음에 답하시오.

(1) 빵을 할인해서 판매하는 가격은 원래 가격의 몇 %입니까?

$$\frac{\square}{3000}=\frac{\square}{100} \Rightarrow \square\ \%$$

(2) 빵은 몇 % 할인하여 판매하는 것입니까?

$$100-\square=\square \Rightarrow \square\ \%$$

힌트 (할인율)=100−(판매율)

2-2 떡집에서 원래 가격이 5000원인 떡을 할인하여 4500원에 팔고 있습니다. 떡은 몇 % 할인하여 판매하는 것인지 구하려고 합니다. 물음에 답하시오.

(1) 떡을 할인해서 판매하는 가격은 원래 가격의 몇 %입니까?

$$\frac{\square}{5000}=\frac{\square}{100} \Rightarrow \square\ \%$$

(2) 떡은 몇 % 할인하여 판매하는 것입니까?

$$100-\square=\square \Rightarrow \square\ \%$$

3-1 아이스크림은 몇 % 할인하여 판매하고 있습니까?

(　　　　　　　　)

힌트 비율을 구할 때 기준량은 원래 가격이어야 합니다.

3-2 사과는 몇 % 할인하여 판매하고 있습니까?

사과 1상자
10000원 → 8000원

(　　　　　　　　)

개념 10 백분율이 사용되는 경우를 알아볼까요 (2)

• 득표율 알아보기

진원이네 학교 전교 어린이 회장 선거에서 500명이 투표에 참여했습니다. 그중에서 진원이의 득표 수는 260표입니다. 진원이의 득표율은 몇 %인지 알아볼까요?

① 전체 투표 수에 대한 진원이의 득표 수의 비율 구하기

$\frac{(\text{진원이의 득표 수})}{(\text{전체 투표 수})}=\frac{260}{500}=\frac{52}{100}$

② 득표율 구하기

$\frac{52}{100}$ ⇨ 52 %

$(\text{득표율})=\frac{(\text{득표 수})}{(\text{전체 투표 수})}\times 100$

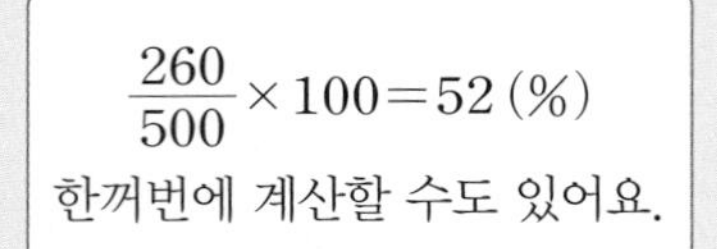

개념 체크

❶ (득표 수의 비율)

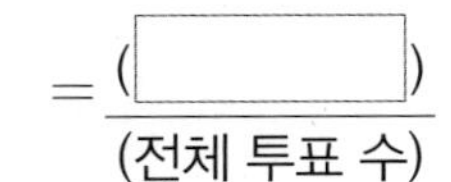

$=\frac{(\qquad)}{(\text{전체 투표 수})}$

❷ 득표율이 몇 %인지 백분율로 알아보려면 전체 투표 수에 대한 득표 수의 비율을 분모가 ☐인 분수로 나타낸 ☐에 %를 붙입니다.

후보	가	나	무효표
득표 수 (표)	265	230	5

개념 체크 정답 ❶ 득표 수 ❷ 100, 분자

기본 문제

쌍둥이 문제

• 정답은 26쪽

1-1 자훈이네 학교 전교 어린이 회장 선거에서 500명이 투표에 참여하였고 그중 자훈이의 득표 수는 180표입니다. 자훈이의 득표율이 몇 %인지 구하려고 합니다. 물음에 답하시오.

(1) □ 안에 알맞은 수를 써넣으시오.

전체 투표 수에 대한 자훈이의 투표 수의 비율은 $\frac{\square}{500}=\frac{\square}{100}$입니다.

(2) 자훈이의 득표율은 몇 %입니까?

$\frac{\square}{100}$ ⇨ □ %

힌트 (득표율)$=\frac{(\text{득표 수})}{(\text{전체 투표 수})}$

1-2 정윤이네 학교 전교 어린이 회장 선거에서 400명이 투표에 참여하였고 그중 정윤이의 득표 수는 120표입니다. 정윤이의 득표율이 몇 %인지 구하려고 합니다. 물음에 답하시오.

(1) □ 안에 알맞은 수를 써넣으시오.

전체 투표 수에 대한 정윤이의 득표 수의 비율은 $\frac{\square}{400}=\frac{\square}{100}$입니다.

(2) 정윤이의 득표율은 몇 %입니까?

$\frac{\square}{100}$ ⇨ □ %

교과서 유형

2-1 장수 마을의 마을 회장 선거에 1000명이 투표에 참여했습니다. 각 후보의 득표율을 구하려고 합니다. 물음에 답하시오.

후보	가	나	무효표
득표 수(표)	520	450	30

(1) 가 후보의 득표율은 몇 %입니까?

( )

(2) 나 후보의 득표율은 몇 %입니까?

( )

(3) 무효표는 몇 %입니까?

( )

힌트 득표율을 구할 때 기준량은 전체 투표 수인 1000이 되어야 합니다.

2-2 은하수 마을의 마을 회장 선거에 2000명이 투표에 참여했습니다. 각 후보의 득표율을 구하려고 합니다. 물음에 답하시오.

후보	다	라	무효표
득표 수(표)	1140	820	40

(1) 다 후보의 득표율은 몇 %입니까?

( )

(2) 라 후보의 득표율은 몇 %입니까?

( )

(3) 무효표는 몇 %입니까?

( )

개념 11 백분율이 사용되는 경우를 알아볼까요(3)

개념 동영상

• **소금물의 진하기 알아보기**

과학 시간에 소금물을 만들어 실험을 했습니다. 소금 50 g을 녹여 소금물 200 g을 만들었습니다. 소금물 양에 대한 소금 양의 비율은 몇 %인지 알아볼까요?

① 소금물 양에 대한 소금 양의 비율 구하기

$$\frac{(\text{소금 양})}{(\text{소금물 양})}=\frac{50}{200}=\frac{25}{100}$$

② 소금물의 진하기 구하기

$\frac{25}{100}$ ⇨ 25 %

$\frac{50}{200}\times 100=25\ (\%)$
한꺼번에 계산할 수도 있어요.

$$(\text{소금물의 진하기})=\frac{(\text{소금 양})}{(\text{소금물 양})}\times 100$$

개념 체크

❶ 전체 소금물 양에 대한 소금 양의 비율을 구할 때 기준량은
(소금물 양 , 소금 양)
입니다.

❷ (소금물의 진하기)
$=\frac{(\text{소금 양})}{(\text{소금물 양})}\times$ □

개념 체크 정답 ❶ 소금물 양에 ○표 ❷ 100

기본 문제

쌍둥이 문제

• 정답은 26쪽

1-1 소금물 200 g에 소금이 40 g 녹아 있습니다. 소금물 양에 대한 소금 양의 비율은 몇 %인지 구하려고 합니다. 물음에 답하시오.

(1) 소금물 양에 대한 소금 양의 비율을 분수로 나타내시오.

$$\frac{\square}{200}=\frac{\square}{100}$$

(2) 소금물 양에 대한 소금 양의 비율은 몇 % 입니까?

$$\frac{\square}{100} \Rightarrow \square\ \%$$

힌트 (소금물의 진하기)$=\frac{\text{(소금 양)}}{\text{(소금물 양)}}$

1-2 설탕물 300 g에 설탕이 90 g 녹아 있습니다. 설탕물 양에 대한 설탕 양의 비율은 몇 %인지 구하려고 합니다. 물음에 답하시오.

(1) 설탕물 양에 대한 설탕 양의 비율을 분수로 나타내시오.

$$\frac{\square}{\square}=\frac{\square}{100}$$

(2) 설탕물 양에 대한 설탕 양의 비율은 몇 % 입니까?

$$\frac{\square}{100} \Rightarrow \square\ \%$$

교과서 유형

2-1 가와 나 비커 중에서 어느 비커의 소금물이 더 진한지 구하려고 합니다. 물음에 답하시오.

가 비커에는 소금물 500 g에 소금이 25 g 녹아 있고 나 비커에는 소금물 300 g에 소금이 12 g 녹아 있습니다.

(1) 가와 나 비커의 소금물 양에 대한 소금 양의 비율은 각각 몇 %입니까?

가 비커 (　　　　　　　　)

나 비커 (　　　　　　　　)

(2) 어느 비커의 소금물이 더 진합니까?

(　　　　　　　　)

힌트 진하기가 클수록 더 진한 소금물입니다.

2-2 가와 나 비커 중에서 어느 비커의 설탕물이 더 진한지 구하려고 합니다. 물음에 답하시오.

가 비커에는 설탕물 400 g에 설탕이 36 g 녹아 있고, 나 비커에는 설탕물 500 g에 설탕이 55 g 녹아 있습니다.

(1) 가와 나 비커의 설탕물 양에 대한 설탕 양의 비율은 각각 몇 %입니까?

가 비커 (　　　　　　　　)

나 비커 (　　　　　　　　)

(2) 어느 비커의 설탕물이 더 진합니까?

(　　　　　　　　)

개념 확인하기

개념 9 백분율이 사용되는 경우를 알아볼까요 (1)

① 할인 금액 구하기

(할인 금액)=(원래 가격)−(할인된 판매 가격)

② 할인율 구하기

$$(\text{할인율})=\frac{(\text{할인 금액})}{(\text{원래 가격})}\times 100$$

01 가게에서 원래 가격이 8000원인 물건을 1200원을 할인하여 팔고 있습니다. 이 물건의 할인율은 몇 %입니까?

( )

02 해랑이네 가족은 할인권을 사용하여 20000원짜리 피자를 시키고 16000원을 지불하였습니다. 해랑이네 가족이 사용한 할인권에 ○표 하시오.

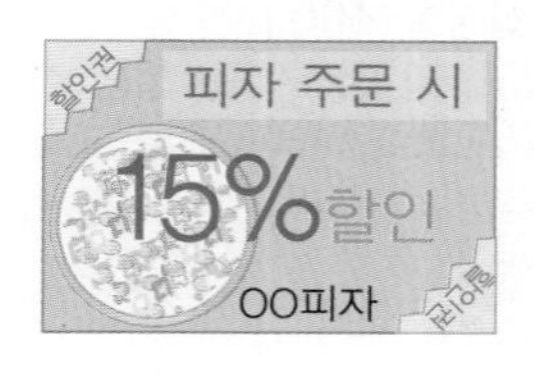

( )

( )

익힘책 유형

03 승준이가 동물원에 갔습니다. 어른의 입장료는 15000원인데 만 12세 이하인 승준이의 입장료는 9000원입니다. 승준이는 입장료를 몇 % 할인받았습니까?

( )

04 어느 문구점에서 파는 물건의 원래 가격과 판매 가격을 나타낸 것입니다. 할인율이 더 높은 물건을 알아보려고 합니다. 물음에 답하시오.

물건	원래 가격	판매 가격
물감	14000원	10500원
필통	5000원	4000원

(1) 물감과 필통의 할인율은 각각 몇 %인지 구하시오.

물감 ( )

필통 ( )

(2) 할인율이 더 높은 물건은 무엇입니까?

( )

개념 10 백분율이 사용되는 경우를 알아볼까요 (2)

$$(\text{득표율})=\frac{(\text{득표 수})}{(\text{전체 투표 수})}\times 100$$

익힘책 유형

05 체험학습을 갈 때 수목원에 가는 것에 찬성하는 학생 수를 조사하였습니다. 각 반의 찬성률은 몇 %인지 각각 구하여 빈칸에 알맞게 써넣으시오.

반	전체 학생 수(명)	찬성하는 학생 수(명)	찬성률 (%)
1반	24	18	
2반	25	19	
3반	22	11	

06 어느 초등학교의 전교 어린이 회장 선거에 3명이 나갔습니다. 다음은 후보 3명의 득표 수입니다. 무효표가 없다고 할 때 세 사람의 득표율을 구하여 빈칸에 알맞게 써넣으시오.

후보	후보 1	후보 2	후보 3
득표 수(표)	190	220	90
득표율(%)			

07 호진이네 반 회장 선거에서 호진이의 득표율은 35 %이고, 진혜는 전체 투표 수 25표 중에서 8표를 받았습니다. 호진이와 진혜 중에서 득표율이 더 높은 사람은 누구입니까?

(　　　　　　　　　　)

개념 11 백분율이 사용되는 경우를 알아볼까요 (3)

$$(\text{소금물의 진하기}) = \frac{(\text{소금 양})}{(\text{소금물 양})} \times 100$$

08 설탕물 250 g에 설탕이 50 g 녹아 있습니다. 설탕물 양에 대한 설탕 양의 비율은 몇 %입니까?

(　　　　　　　　　　)

09 소금물 1200 g에 소금이 300 g 녹아 있습니다. 소금물 양에 대한 소금 양의 비율은 몇 %입니까?

(　　　　　　　　　　)

교과서 유형

10 강헌이와 나은이는 물에 포도 원액을 넣어 포도주스를 만들었습니다. 누가 만든 포도주스가 더 진한지 구하시오.

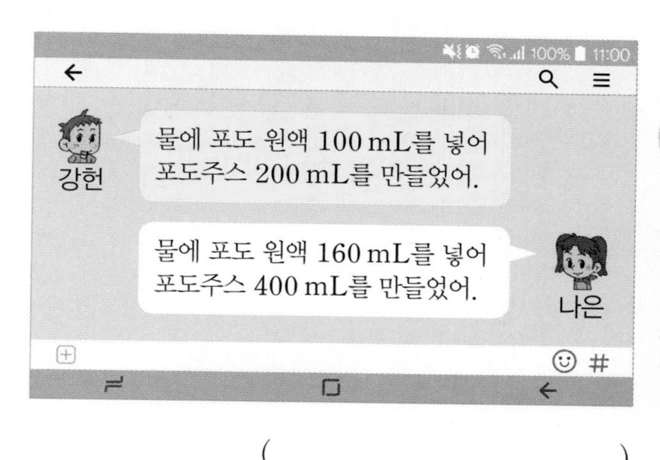

(　　　　　　　　　　)

11 가장 진한 소금물을 찾아 기호를 쓰시오.

㉠ 소금 20 g을 넣어 만든 소금물 250 g
㉡ 소금 24 g을 넣어 만든 소금물 200 g
㉢ 소금 27 g을 넣어 만든 소금물 450 g

(　　　　　　　　　　)

12 그림과 같이 소금과 물을 섞어서 소금물을 만들었습니다. 만든 소금물에서 소금물의 양에 대한 소금 양의 비율은 몇 %입니까?

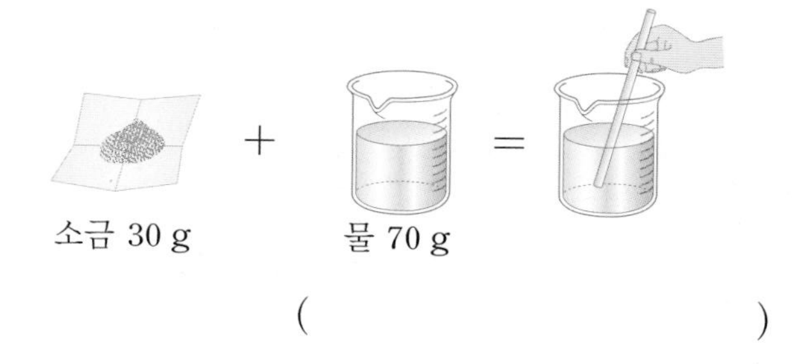

(　　　　　　　　　　)

• $(\text{할인율}) = \frac{(\text{할인 가격})}{(\text{원래 가격})} \times 100$
• 득표율과 소금물의 진하기는 비율에 100을 곱하여 백분율로 나타냅니다.

4 비와 비율

점수

01 그림을 보고 □ 안에 알맞은 수를 써넣으시오.

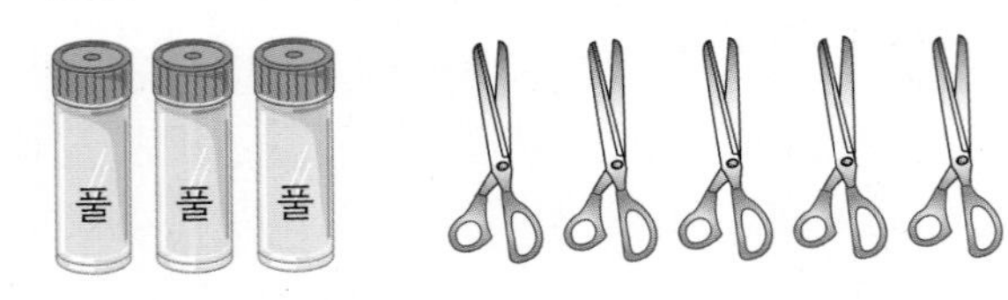

풀과 가위 수의 비 ⇨ □ : □

02 □ 안에 알맞은 수를 써넣으시오.

10의 11에 대한 비 ⇨ □ : □

[03~04] 그림을 보고 검은색 바둑돌 수와 흰색 바둑돌 수를 비교하려고 합니다. 물음에 답하시오.

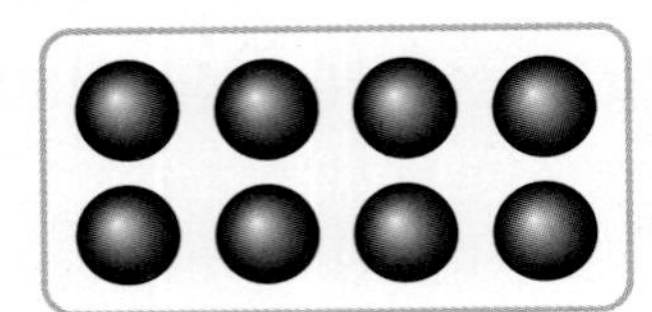 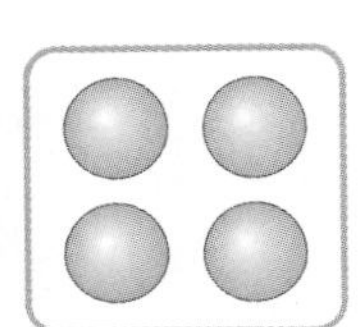

03 검은색 바둑돌 수와 흰색 바둑돌 수를 뺄셈으로 비교해 보시오.

(검은색 바둑돌 수) − (흰색 바둑돌 수)

$=8-\square=\square$

⇨ 검은색 바둑돌이 흰색 바둑돌보다 □개 더 많습니다.

04 검은색 바둑돌 수와 흰색 바둑돌 수를 나눗셈으로 비교해 보시오.

(검은색 바둑돌 수) ÷ (흰색 바둑돌 수)

$=8\div\square=\square$

⇨ 검은색 바둑돌 수는 흰색 바둑돌 수의 □배입니다.

[05~06] 비를 보고 물음에 답하시오.

12 : 20

05 기준량과 비교하는 양을 각각 쓰시오.

기준량 (　　　　　　)

비교하는 양 (　　　　　　)

06 비율을 분수와 소수로 각각 나타내시오.

분수 (　　　　　　)

소수 (　　　　　　)

07 남학생이 7명, 여학생이 3명 있습니다. 전체 학생 수에 대한 남학생 수의 비를 바르게 나타낸 것은 어느 것입니까? ························ (　　　)

① 7 : 3　② 3 : 7　③ 7 : 10
④ 10 : 7　⑤ 3 : 10

08 비율을 백분율로 나타내시오.

$\frac{2}{5}$

(　　　　　　)

09 백분율을 소수로 나타내시오.

57 %

(   )

10 관계있는 것끼리 선으로 이어 보시오.

0.7 •		• 7 %
0.07 •		• 70 %
		• 700 %

11 직사각형의 가로에 대한 세로의 비율을 분수와 소수로 각각 나타내시오.

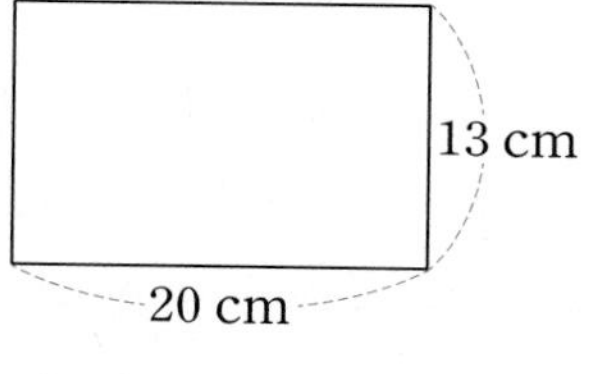

분수 (   )

소수 (   )

12 색칠한 부분은 전체의 몇 %입니까?

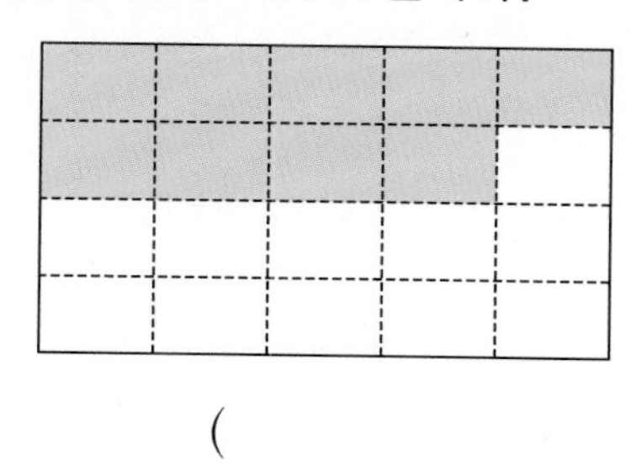

(   )

13 크기를 비교하여 ○ 안에 >, =, <를 알맞게 써넣으시오.

$20\ \% \bigcirc \frac{1}{5}$

14 백분율을 비율로 잘못 나타낸 것을 찾아 기호를 쓰시오.

㉠ 28 % ⇨ $\frac{14}{50}$	㉡ 51 % ⇨ $\frac{51}{100}$
㉢ 6 % ⇨ $\frac{6}{10}$	㉣ 72 % ⇨ $\frac{18}{25}$

(   )

15 정현이와 미정이가 체육 시간에 농구공을 던져 골대에 넣는 시합을 했습니다. 정현이의 성공률은 82 %이고, 미정이의 성공률은 0.7입니다. 누구의 성공률이 더 높습니까?

(   )

• 정답은 28쪽

16 고속 버스를 타고 부산에서 강릉까지 약 350 km를 달리는 데 5시간이 걸렸습니다. 고속 버스가 부산에서 강릉까지 가는 데 걸린 시간에 대한 간 거리의 비율을 구하시오.

(　　　　　　　　　　)

유사문제

17 전교 어린이 회장 선거에 두 명의 후보가 나갔습니다. 두 후보의 득표 수가 다음과 같을 때 **가** 후보의 득표율은 몇 %입니까?

후보	가	나	무효표
득표 수(표)	196	188	16

(　　　　　　　　　　)

18 그림과 같이 소금과 물을 섞어서 소금물을 만들었습니다. 이 소금물의 진하기는 몇 %인지 풀이 과정을 완성하고 답을 구하시오.

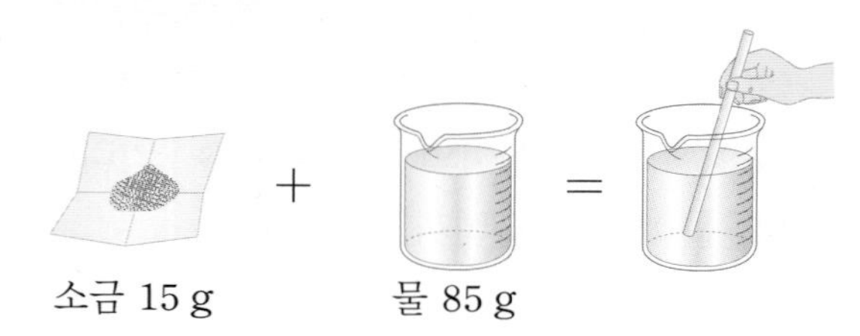

풀이 (소금물 양)$=15+\square=\square$ (g)

(소금물의 진하기)

$=\dfrac{\square}{\square}\times 100=\square$ (%)

답 $\square$ %

19 ❶ 두 지역의 인구와 넓이를 나타낸 것입니다. ❷ 두 지역 중에서 인구가 더 밀집한 곳을 구하시오.

지역	가	나
인구(명)	340000	405000
넓이(km^2)	40	45

(　　　　　　　　　　)

해결의 법칙

❶ 가 지역과 나 지역의 넓이에 대한 인구의 비율을 각각 구합니다.

❷ 위 ❶에서 구한 비율의 크기를 비교하여 인구가 더 밀집한 곳을 찾습니다.

유사문제

20 수영이가 사려고 하는 책을 **가** 서점에서는 원래 가격의 20 %를 할인하여 판매하고 있고, ❶ **나** 서점에서는 2400원을 할인하여 판매하고 있습니다. 수영이가 사려고 하는 책의 원래 가격이 16000원일 때 ❷ 어느 서점에서 책을 사는 게 더 이익입니까?

(　　　　　　　　　　)

해결의 법칙

❶ 나 서점의 할인율을 구합니다.

❷ 할인율을 비교하여 할인율이 더 큰 쪽을 찾습니다.

창의·융합 문제

• 정답은 28쪽

[1~3] 백화점 할인 기간에 수빈이는 엄마와 백화점에 가서 필요한 물건들을 구입했습니다. 물건을 구입한 영수증을 보고 물음에 답하시오.

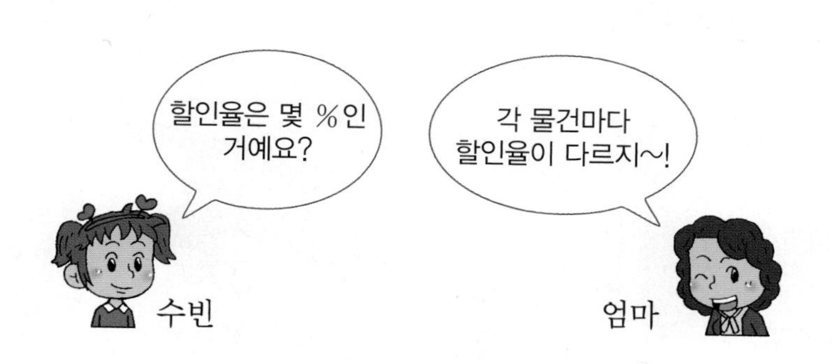

영수증			
품명	단가	수량	합계
운동화	60,000	1	60,000
	할인		−3,000
윗옷	25,000	2	50,000
	할인		−5,000
모자	18,000	1	18,000
	할인		−3,600
합계			128,000
할인합계			−11,600
결제금액			**116,400**

1 똑같은 윗옷 2벌을 샀을 때 윗옷 1벌당 할인 금액은 얼마입니까?

( )

2 각 물건의 할인율을 빈칸에 알맞게 써넣으시오.

물건	운동화	윗옷	모자
할인율 (%)			

3 산 물건들을 할인율이 큰 순서대로 쓰시오.

( )

5 여러 가지 그래프

제5화 피자 위에 가장 많이 올라간 토핑의 종류는?

이번에 배울 내용

이미 배운 내용	이번에 배울 내용	앞으로 배울 내용
[3-2 자료의 정리] • 그림그래프 [4-1 막대그래프] • 막대그래프 [4-2 꺾은선그래프] • 꺾은선그래프	• 띠그래프 알아보고 나타내기 • 원그래프 알아보고 나타내기 • 그래프를 해석하기 • 여러 가지 그래프의 비교	[중학교] • 도수분포표 • 히스토그램

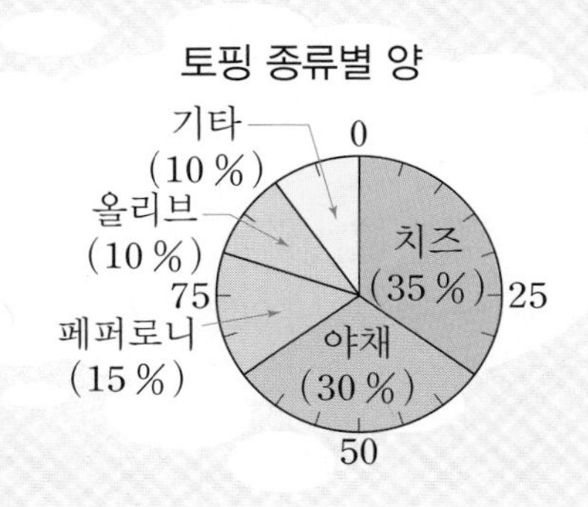

개념 파헤치기

개념 1 그림그래프로 나타내어 볼까요

마을별 인구 수

마을	가	나	다	라	합계
인구 수(만 명)	11	20	8	7	46

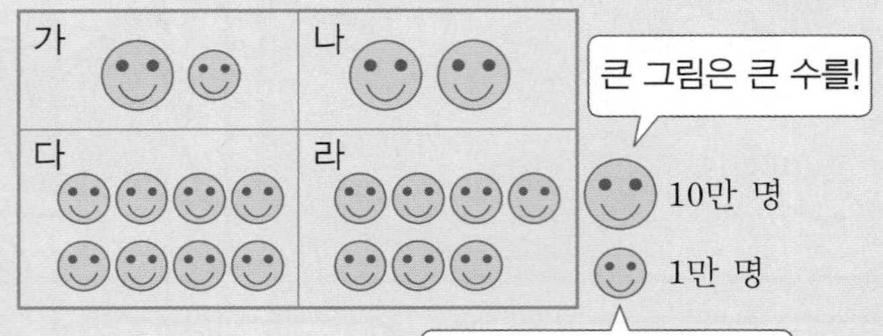

① 자료를 표로 나타내면 정확한 수치를 알 수 있습니다.
② 자료를 그림그래프로 나타내면 마을별로 많고 적음을 쉽게 파악할 수 있습니다.

개념 체크

❶ 그림그래프에서 큰 그림은 10만 명을 나타냅니다. (○ , ×)

❷ 표와 그림그래프 중 마을별로 자료의 많고 적음을 더 쉽게 파악할 수 있는 것은 그림그래프입니다. (○ , ×)

권역별 초등학교 수

권역	학교 수(개)	권역	학교 수(개)
서울, 인천, 경기	2100	강원	400
대전, 세종, 충청	800	대구, 부산, 울산, 경상	1100
광주, 전라	1000	제주	100

개념 체크 정답 ❶ ○에 ○표 ❷ ○에 ○표

기본 문제

[1-1~3-1] 어느 지역의 마을별 하루 동안의 쓰레기 배출량을 조사하여 나타낸 표입니다. 물음에 답하시오.

마을별 쓰레기 배출량

마을	가	나	다	라	합계
배출량 (kg)	90	170	250	230	740

1-1 표를 보고 그림그래프를 그릴 때 그림을 몇 가지로 나타내는 것이 좋겠습니까?

( )

힌트 100 kg을 나타내는 그림과 10 kg을 나타내는 그림으로 나타내는 것이 좋을 것 같습니다.

2-1 표를 보고 그림그래프로 나타내려고 합니다. ◈은 100 kg, ◇은 10 kg을 나타낸다고 할 때, □ 안에 알맞은 수를 써넣으시오.

나 마을의 하루 동안의 쓰레기 배출량은 170 kg입니다. 170 kg은 100 kg이 1개, 10 kg이 □개이므로 ◈ 1개, ◇ □개로 나타냅니다.

힌트 170 kg=100 kg+70 kg이고 70 kg은 10 kg이 7개임을 이용하여 그림으로 나타냅니다.

교과서 유형

3-1 표를 보고 그림그래프를 완성하시오.

마을별 쓰레기 배출량

마을	배출량
가	◇◇◇◇◇◇◇◇◇
나	◈◇◇◇◇◇◇◇
다	
라	

◈ 100 kg
◇ 10 kg

힌트 큰 그림은 100 kg, 작은 그림은 10 kg을 나타내므로 조사한 수에 맞도록 그림을 그립니다.

쌍둥이 문제

• 정답은 29쪽

[1-2~3-2] 어느 지역의 도서관별 일년 동안의 대출된 도서 수를 조사하여 나타낸 표입니다. 물음에 답하시오.

도서관별 대출된 도서 수

도서관	늘푸른	가람	누리	하늘	합계
도서 수 (만 권)	12	8	14	9	43

1-2 표를 보고 그림그래프를 그릴 때 그림을 몇 가지로 나타내는 것이 좋겠습니까?

( )

2-2 표를 보고 그림그래프로 나타내려고 합니다. ■은 10만 권, ▪은 1만 권을 나타낸다고 할 때, □ 안에 알맞은 수를 써넣으시오.

누리 도서관의 대출된 도서 수는 14만 권입니다. 14만 권은 10만 권이 1개, 1만 권이 □개이므로 ■ 1개, ▪ □개로 나타냅니다.

3-2 표를 보고 그림그래프를 완성하시오.

도서관 별 대출된 도서 수

도서관	도서 수
늘푸른	■▪▪
가람	▪▪▪▪▪▪▪▪
누리	
하늘	

■ 10만 권
▪ 1만 권

5 여러 가지 그래프

개념 2 띠그래프를 알아볼까요

- 띠그래프: 전체에 대한 각 부분의 비율을 띠 모양에 나타낸 그래프

좋아하는 과목별 학생 수

과목	영어	국어	수학	기타	합계
학생 수(명)	8	4	5	3	20
백분율(%)	40	20	25	15	100

백분율(%) ← $\frac{(\text{항목별 학생 수})}{(\text{전체 학생 수})} \times 100$

좋아하는 과목별 학생 수

0 ~ 40	40 ~ 60	60 ~ 85	85 ~ 100 (%)
영어 (40 %)	국어 (20 %)	수학 (25 %)	기타 (15 %)

- **띠그래프의 특징**

① 전체에 대한 각 부분의 비율을 알아보기 편리합니다.

② 혈액형 비율, 좋아하는 운동의 비율, 회장 선거 득표율 등을 나타내기에 좋습니다.

개념 체크

❶ 전체에 대한 각 부분의 비율을 띠 모양에 나타낸 그래프는 (막대그래프 , 띠그래프) 입니다.

❷ 왼쪽 띠그래프에서 가장 많은 학생이 좋아하는 과목은 (영어 , 국어 , 수학) 입니다.

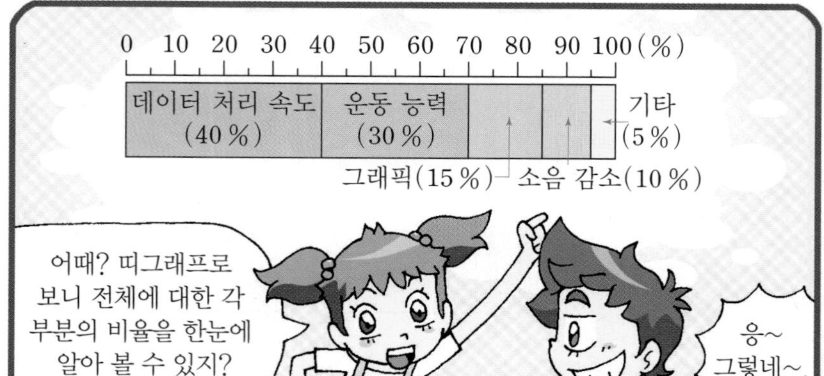

개념 체크 정답 ❶ 띠그래프에 ○표 ❷ 영어에 ○표

기본 문제

[1-1~3-1] 훈정이네 반 학생들이 태어난 계절을 조사하여 나타낸 띠그래프입니다. 물음에 답하시오.

계절별 태어난 학생 수

0 10 20 30 40 50 60 70 80 90 100(%)

봄 (20 %)	여름 (30 %)	가을(10 %)	겨울 (40 %)

교과서 유형

1-1 □ 안에 알맞은 말을 써넣으시오.

가장 많은 학생이 태어난 계절은 □입니다.

힌트 가장 많은 학생이 태어난 계절은 띠그래프에서 길이가 가장 긴 부분입니다.

2-1 □ 안에 알맞은 말을 써넣으시오.

가장 적은 학생이 태어난 계절은 □입니다.

힌트 가장 적은 학생이 태어난 계절은 띠그래프에서 길이가 가장 짧은 부분입니다.

3-1 전체 학생 수에 대한 봄에 태어난 학생 수의 백분율은 몇 %입니까?

( )

힌트 띠그래프에서 봄을 찾아 백분율을 알아봅니다.

쌍둥이 문제

• 정답은 29쪽

[1-2~3-2] 동신이네 반 학생들의 취미 활동을 조사하여 나타낸 띠그래프입니다. 물음에 답하시오.

취미 활동별 학생 수

0 10 20 30 40 50 60 70 80 90 100(%)

컴퓨터 게임 (40 %)	운동 (25 %)	독서 (20 %)	노래 (15 %)

1-2 □ 안에 알맞은 말을 써넣으시오.

가장 많은 학생의 취미 활동은 □입니다.

2-2 □ 안에 알맞은 말을 써넣으시오.

가장 적은 학생의 취미 활동은 □입니다.

3-2 전체 학생 수에 대한 운동이 취미인 학생 수의 백분율은 몇 %입니까?

( )

5 여러 가지 그래프

개념 3 띠그래프로 나타내어 볼까요

• **띠그래프 그리는 방법**

① 자료를 보고 각 항목의 백분율을 구합니다. ― $\frac{(\text{항목의 수})}{(\text{전체의 수})} \times 100$

② 각 항목의 백분율의 합계가 100 %가 되는지 확인합니다.

③ 각 항목들이 차지하는 백분율의 크기만큼 선을 그어 띠를 나눕니다.

④ 나눈 부분에 각 항목의 내용과 백분율을 씁니다.

⑤ 띠그래프의 제목을 씁니다.

좋아하는 색깔별 학생 수

색깔	노란색	빨간색	초록색	기타	합계
학생 수(명)	7	6	4	3	20
백분율(%)	35	30	20	15	100

좋아하는 색깔별 학생 수

0 10 20 30 40 50 60 70 80 90 100(%)

노란색 (35 %)	빨간색 (30 %)	초록색 (20 %)	기타 (15 %)

노란색은 35 %니까 작은 눈금 7칸만큼 띠를 나누고 항목과 백분율을 써.

0 10 20 30 40

노란색 (35 %)

개념 체크

❶ 띠그래프는 표에 비해 전체에 대한 각 항목이 차지하는 비율을 한눈에 쉽게 알 수 있습니다. (○ , ×)

❷ 왼쪽 표를 보고 빨간색을 좋아하는 학생을 띠그래프에 나타낼 때에는 ☐ % 만큼 띠를 나누어 나타냅니다.

쾅!!

매쓰봇이 망가졌어

이것이 망가진 매쓰봇의 부품들이야.

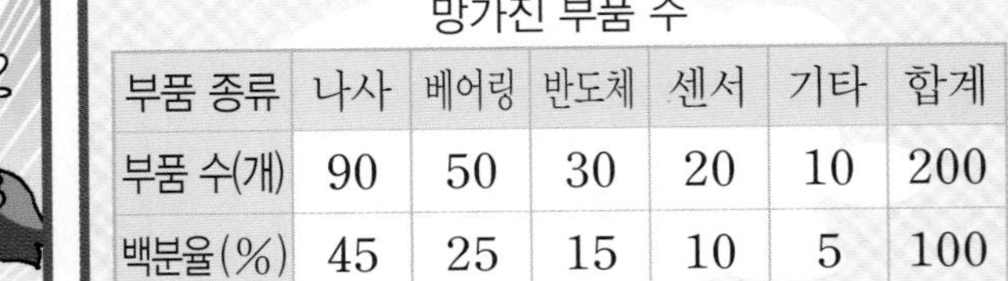

망가진 부품 수

부품 종류	나사	베어링	반도체	센서	기타	합계
부품 수(개)	90	50	30	20	10	200
백분율(%)	45	25	15	10	5	100

개념 체크 정답 ❶ ○에 ○표 ❷ 30

기본 문제

[1-1~3-1] 혜윤이네 마을에서 기르는 동물 수를 조사하여 나타낸 표입니다. 물음에 답하시오.

기르는 동물별 마릿수

동물	오리	닭	소	돼지	합계
마릿수(마리)	20	80	40	60	200

1-1 띠그래프를 그리기 위하여 구해야 하는 것은 무엇인지 □ 안에 알맞은 말을 써넣으시오.

동물별 마릿수의 □

(힌트) 띠그래프는 전체에 대한 각 부분의 비율을 띠 모양에 나타낸 그래프입니다.

2-1 전체 동물 마릿수에 대한 동물별 마릿수의 백분율을 구하시오.

오리: $\frac{20}{200}\times100=10\,(\%)$

닭: $\frac{\square}{200}\times100=\square\,(\%)$

소: $\frac{\square}{200}\times100=\square\,(\%)$

돼지: $\frac{\square}{200}\times100=\square\,(\%)$

(힌트) 백분율: $\frac{(\text{동물별 마릿수})}{(\text{전체 동물 마릿수})}\times100$

교과서 유형

3-1 위 2-1에서 구한 백분율을 보고 띠그래프를 완성하시오.

기르는 동물별 마릿수

0 10 20 30 40 50 60 70 80 90 100(%)

닭 (□ %) 돼지 (□ %)

오리(10 %) 소(□ %)

(힌트) 백분율의 크기만큼 선을 그어 띠를 나누고 나눈 부분에 각 항목의 내용과 백분율을 씁니다.

쌍둥이 문제

• 정답은 29쪽

[1-2~3-2] 찬호네 반 학생들이 가 보고 싶은 나라를 조사하여 나타낸 표입니다. 물음에 답하시오.

가 보고 싶은 나라별 학생 수

나라	미국	프랑스	영국	기타	합계
학생 수(명)	7	6	5	2	20

1-2 띠그래프를 그리기 위하여 구해야 하는 것은 무엇인지 □ 안에 알맞은 말을 써넣으시오.

가 보고 싶은 나라별 학생 수의 □

2-2 전체 학생 수에 대한 가 보고 싶은 나라별 학생 수의 백분율을 구하시오.

미국: $\frac{7}{20}\times100=35\,(\%)$

프랑스: $\frac{\square}{20}\times100=\square\,(\%)$

영국: $\frac{\square}{20}\times100=\square\,(\%)$

기타: $\frac{\square}{20}\times100=\square\,(\%)$

3-2 위 2-2에서 구한 백분율을 보고 띠그래프를 완성하시오.

가 보고 싶은 나라별 학생 수

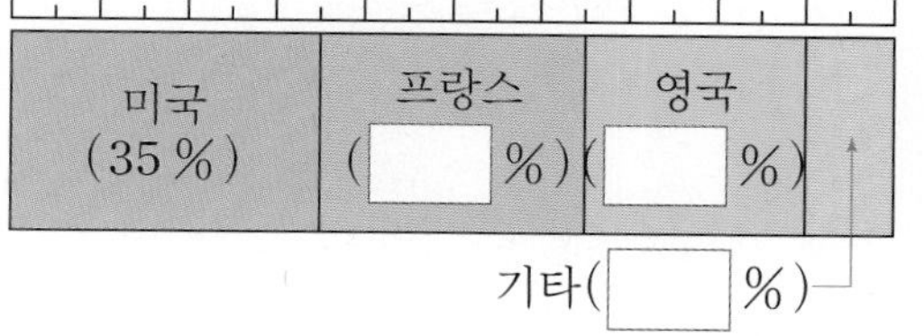

개념 1 그림그래프로 나타내어 볼까요

- 그림을 어떤 그림으로, 몇 가지로 나타낼지 생각합니다.
- 그림그래프로 나타내면 그림의 크기로 많고 적음을 쉽게 알 수 있습니다.

[01~02] 우리나라 권역별 초등학교의 선생님 수를 조사하여 나타낸 표입니다. 물음에 답하시오.

권역별 초등학교 선생님 수

권역	선생님 수(명)	권역	선생님 수(명)
서울·인천·경기	83000	강원	7000
대전·세종·충청	23000	대구·부산·울산·경상	47000
광주·전라	22000	제주	3000

01 선생님 수에 알맞은 그림을 정해 보시오.

10000명 (　　　　　　　　)

1000명 (　　　　　　　　)

교과서 유형

02 표를 보고 그림그래프로 나타내시오.

권역별 초등학교 선생님 수

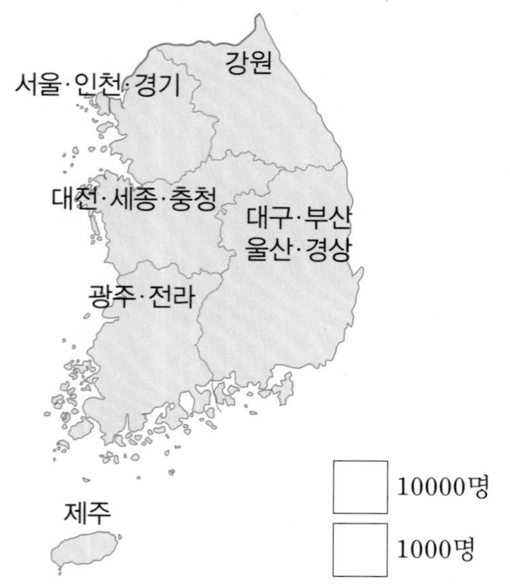

개념 2 띠그래프를 알아볼까요

띠그래프: 전체에 대한 각 부분의 비율을 띠 모양에 나타낸 그래프

03 다음과 같은 그래프를 무슨 그래프라고 합니까?

배우고 싶은 악기별 학생 수

0 10 20 30 40 50 60 70 80 90 100(%)

피아노 (55 %)	바이올린 (25 %)	첼로 (15 %)	기타 (5 %)

(　　　　　　　　)

[04~05] 시욱이네 학교 학생 500명이 수학여행으로 가고 싶은 장소를 조사하여 나타낸 띠그래프입니다. 물음에 답하시오.

수학여행 장소별 학생 수

0 10 20 30 40 50 60 70 80 90 100(%)

제주도 (48 %)	경주 (32 %)	전주 (16 %)	기타 (4 %)

04 가장 많은 학생이 수학여행으로 가고 싶은 장소는 어디입니까?

(　　　　　　　　)

익힘책 유형

05 다음 질문의 답을 구하시오.

경주에 가고 싶은 학생은 전주에 가고 싶은 학생의 몇 배인가요?

(　　　　　　　　)

• 정답은 30쪽

개념 3 띠그래프로 나타내어 볼까요

① 자료를 보고 각 항목의 백분율을 구하고, 합계가 100 %가 되는지 확인합니다.
② 각 항목들이 차지하는 백분율의 크기만큼 선을 그어 띠를 나누고, 나눈 부분에 각 항목의 내용과 백분율을 씁니다.
③ 띠그래프의 제목을 씁니다.

[06~08] 경아네 마을 학생들이 좋아하는 운동을 조사하여 나타낸 표입니다. 물음에 답하시오.

좋아하는 운동별 학생 수

운동	축구	야구	농구	기타	합계
학생 수(명)	12	10	14	4	40
백분율(%)	30				

06 전체 학생 수에 대한 좋아하는 운동별 학생 수의 백분율을 구하시오.

축구: $\frac{12}{40}\times 100=30$ (%)

야구: $\frac{\square}{40}\times 100=\square$ (%)

농구: $\frac{\square}{40}\times 100=\square$ (%)

기타: $\frac{\square}{40}\times 100=\square$ (%)

07 각 항목의 백분율을 모두 더하면 얼마인지 □ 안에 알맞은 수를 써넣으시오.

$30+\square+\square+\square=\square$ (%)

익힘책 유형

08 백분율을 보고 띠그래프를 완성하시오.

좋아하는 운동별 학생 수

0 10 20 30 40 50 60 70 80 90 100(%)

축구 (30 %)	

[09~10] 어떤 농장의 동물 수를 조사하여 나타낸 표입니다. 물음에 답하시오.

농장의 동물별 마릿수

동물	소	닭	돼지	염소	기타	합계
마릿수(마리)	20	32	16	8	4	80
백분율(%)	25					

09 전체 동물 수에 대한 농장의 동물별 마릿수의 백분율을 구하여 위 표를 완성하시오.

10 표를 보고 띠그래프로 나타내시오.

농장의 동물별 마릿수

0 10 20 30 40 50 60 70 80 90 100(%)

• 그림그래프로 나타낼 때에는 그림의 크기로 많고 적음이 잘 나타나도록 그려야 합니다.
• 띠그래프에서 각 항목의 백분율의 합은 항상 100 %가 되어야 합니다.

개념 파헤치기

개념 4 원그래프를 알아볼까요

• 원그래프: 전체에 대한 각 부분의 비율을 원 모양에 나타낸 그래프

좋아하는 차별 사람 수

차	커피	녹차	허브차	기타	합계
사람 수(명)	16	8	10	6	40
백분율(%)	40	20	25	15	100

백분율(%) = $\frac{\text{(항목별 사람 수)}}{\text{(전체 사람 수)}} \times 100$

좋아하는 차별 사람 수

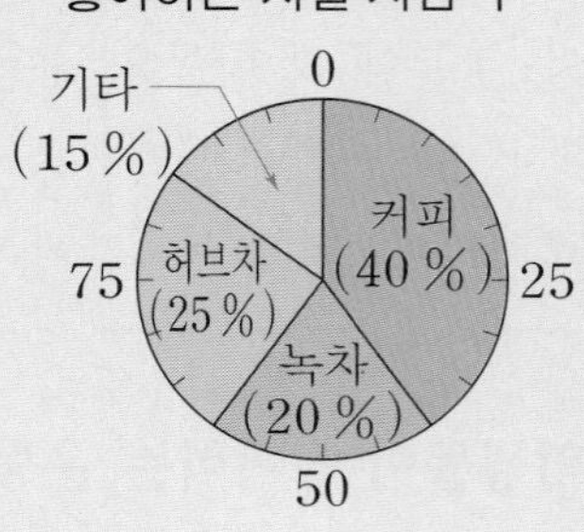

• **원그래프의 특징**

① 전체에 대한 각 항목끼리의 비율을 쉽게 비교할 수 있습니다.

② 작은 비율까지도 비교적 쉽게 나타낼 수 있습니다.

③ 좋아하는 애완동물의 비율, 좋아하는 음식의 비율, 후보별 선거 득표율 등을 나타내기에 좋습니다.

개념 체크

❶ 전체에 대한 각 부분의 비율을 원 모양으로 나타낸 그래프는 (원그래프 , 꺾은선그래프)입니다.

❷ 위 원그래프에서 가장 많은 사람이 좋아하는 차는 (커피 , 녹차 , 허브차)입니다.

개념 체크 정답 ❶ 원그래프에 ○표 ❷ 커피에 ○표

기본 문제

쌍둥이 문제

• 정답은 31쪽

[1-1~3-1] 성원이네 학교 학생들이 좋아하는 민속놀이를 조사하여 나타낸 원그래프입니다. 물음에 답하시오.

좋아하는 민속놀이별 학생 수

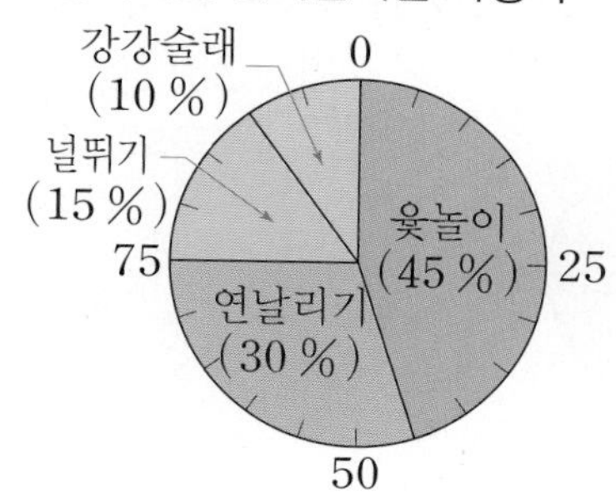

교과서 유형

1-1 □ 안에 알맞은 말을 써넣으시오.

가장 많은 학생이 좋아하는 민속놀이는 □입니다.

힌트 가장 많은 학생이 좋아하는 민속놀이는 원그래프에서 넓이가 가장 넓은 부분입니다.

2-1 □ 안에 알맞은 말을 써넣으시오.

가장 적은 학생이 좋아하는 민속놀이는 □입니다.

힌트 가장 적은 학생이 좋아하는 민속놀이는 원그래프에서 넓이가 가장 좁은 부분입니다.

3-1 전체 학생 수에 대한 널뛰기를 좋아하는 학생의 백분율은 몇 %입니까?

( )

힌트 원그래프에서 널뛰기를 찾아 비율을 알아봅니다.

[1-2~3-2] 지성이네 가족의 한 달 생활비를 조사하여 나타낸 원그래프입니다. 물음에 답하시오.

생활비 쓰임새별 금액

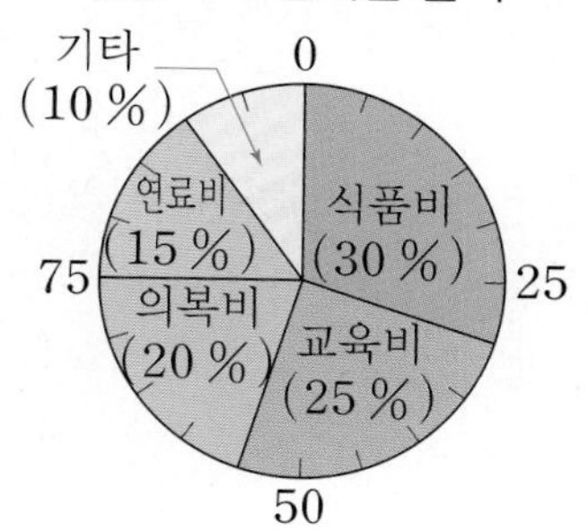

1-2 □ 안에 알맞은 말을 써넣으시오.

가장 많은 비용이 드는 쓰임새는 □입니다.

2-2 □ 안에 알맞은 말을 써넣으시오.

기타를 제외하고 가장 적은 금액을 사용한 쓰임새는 □입니다.

3-2 전체 생활비에 대한 교육비의 백분율은 몇 %입니까?

( )

5 여러 가지 그래프

개념 5 원그래프로 나타내어 볼까요

개념 동영상

- **원그래프 그리는 방법**

  $\frac{(\text{항목의 수})}{(\text{전체의 수})} \times 100$

  ① 자료를 보고 각 항목의 백분율을 구합니다.

  ② 각 항목의 백분율의 합계가 100 %가 되는지 확인합니다.

  ③ 각 항목들이 차지하는 백분율의 크기만큼 선을 그어 원을 나눕니다.

  ④ 나눈 부분에 각 항목의 내용과 백분율을 씁니다.

  ⑤ 원그래프의 제목을 씁니다.

좋아하는 색깔별 학생 수

색깔	노란색	빨간색	초록색	기타	합계
학생 수(명)	7	6	4	3	20
백분율(%)	35	30	20	15	100

좋아하는 색깔별 학생 수

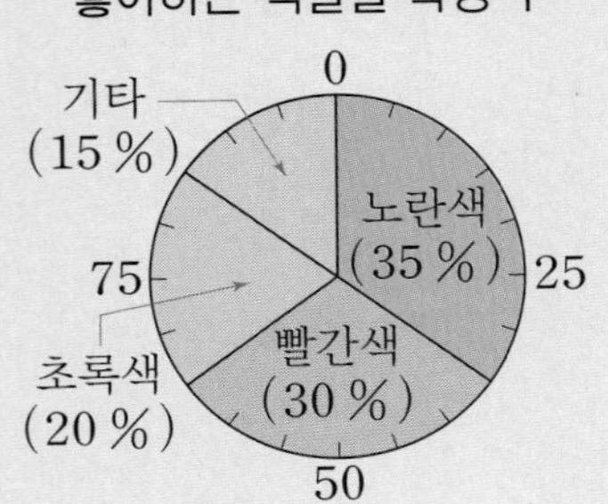

개념 체크

❶ 원그래프는 전체를 [ ] %로 하여 전체에 에 대한 부분의 비율을 알아보기 편리합니다.

❷ 왼쪽 표를 보고 노란색을 좋아하는 학생을 원그래프에 [ ] %만큼 원을 나누어 나타냅니다.

시대별 문화재 수

시대	구석기	신석기	청동기	철기	합계
문화재 수(점)	500	1000	1500	2000	5000
백분율(%)	10	20	30	40	100

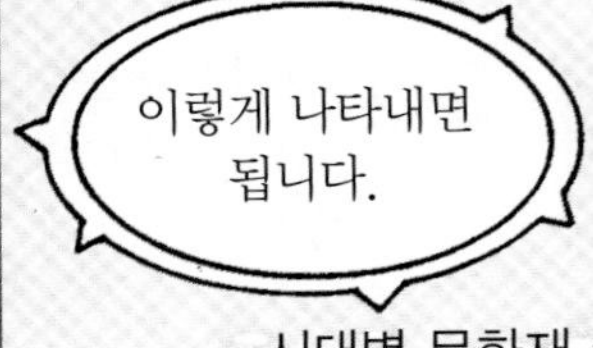

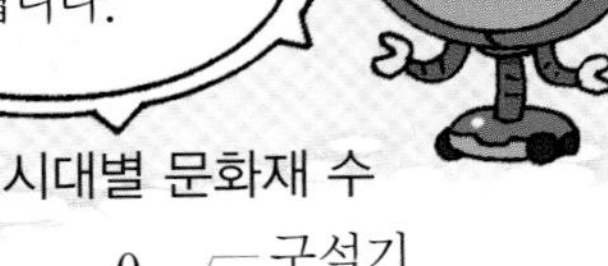

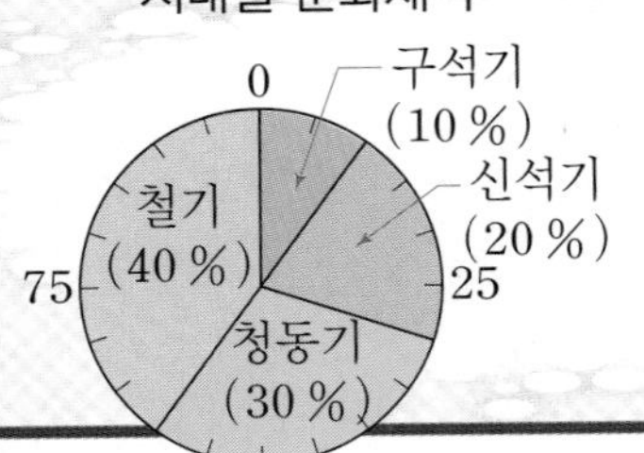

개념 체크 정답 ❶ 100 ❷ 35

기본 문제

쌍둥이 문제

• 정답은 31쪽

[1-1 ~ 2-1] 영준이네 반 학생들이 좋아하는 간식을 조사하여 나타낸 표입니다. 물음에 답하시오.

좋아하는 간식별 학생 수

간식	떡볶이	피자	햄버거	기타	합계
학생 수 (명)	7	6	4	3	20

교과서 유형

1-1 전체 학생 수에 대한 좋아하는 간식별 학생 수의 백분율을 구하시오.

떡볶이: $\frac{7}{20} \times 100 = 35$ (%)

피자: $\frac{\square}{20} \times 100 = \square$ (%)

햄버거: $\frac{\square}{20} \times 100 = \square$ (%)

기타: $\frac{\square}{20} \times 100 = \square$ (%)

힌트 백분율: $\frac{(\text{좋아하는 간식별 학생 수})}{(\text{전체 학생 수})} \times 100$

2-1 위 1-1에서 구한 백분율을 보고 원그래프를 완성하시오.

좋아하는 간식별 학생 수

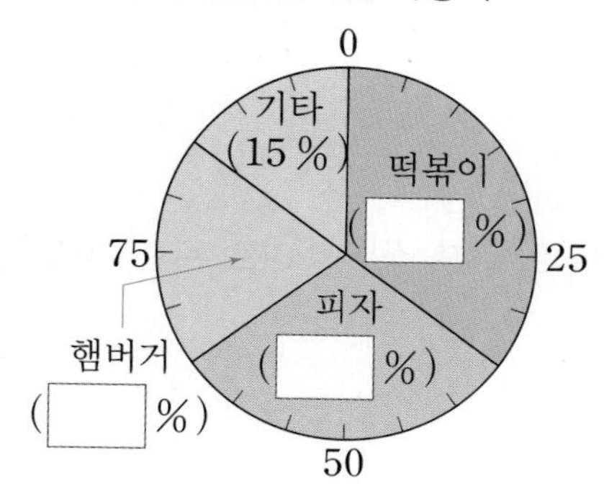

힌트 백분율의 크기만큼 선을 그어 원을 나누고 나눈 부분에 각 항목의 내용과 백분율을 씁니다.

[1-2 ~ 2-2] 도빈이네 반 학생들이 좋아하는 음악을 조사하여 나타낸 표입니다. 물음에 답하시오.

좋아하는 음악별 학생 수

음악	발라드	댄스	힙합	기타	합계
학생 수 (명)	8	7	3	2	20

1-2 전체 학생 수에 대한 좋아하는 음악별 학생 수의 백분율을 구하시오.

발라드: $\frac{8}{20} \times 100 = 40$ (%)

댄스: $\frac{\square}{20} \times 100 = \square$ (%)

힙합: $\frac{\square}{20} \times 100 = \square$ (%)

기타: $\frac{\square}{20} \times 100 = \square$ (%)

2-2 위 1-2에서 구한 백분율을 보고 원그래프를 완성하시오.

좋아하는 음악별 학생 수

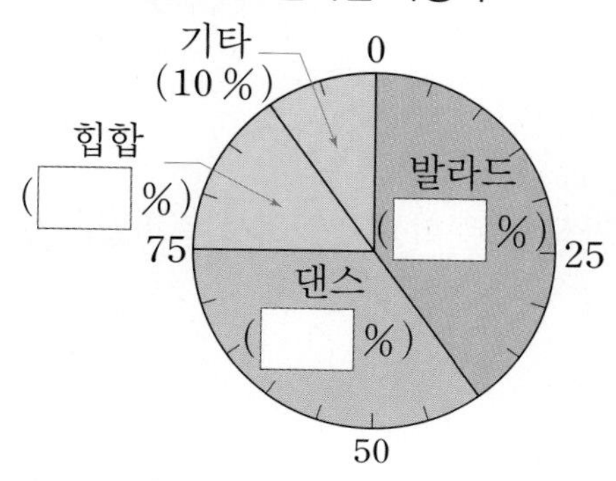

5 여러 가지 그래프

개념 확인하기

개념 4 원그래프를 알아볼까요

원그래프: 전체에 대한 각 부분의 비율을 원 모양에 나타낸 그래프

01 다음과 같은 그래프를 무슨 그래프라고 합니까?

빌린 책별 학생 수

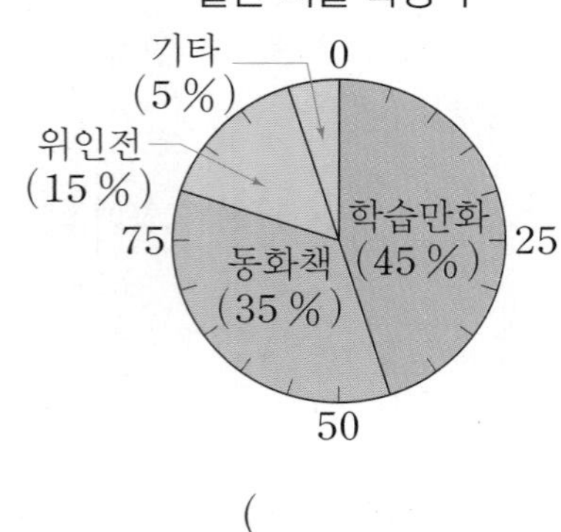

( )

[02~03] 현지네 반 학생들이 좋아하는 과일을 조사하여 나타낸 원그래프입니다. 물음에 답하시오.

좋아하는 과일별 학생 수

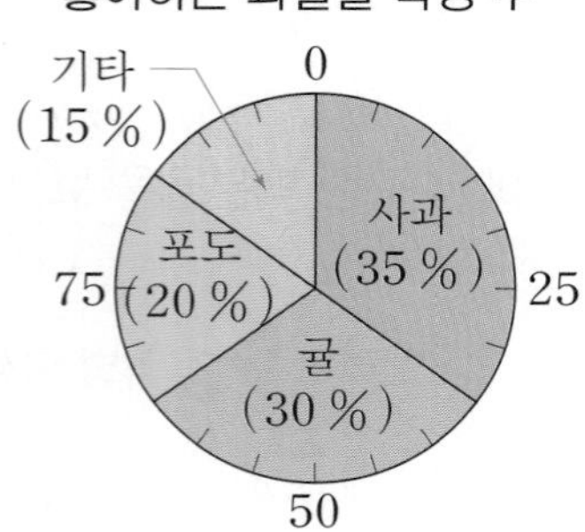

교과서 유형

02 가장 많은 학생이 좋아하는 과일은 무엇입니까?

( )

03 전체 학생 수에 대한 귤을 좋아하는 학생 수의 백분율은 몇 %입니까?

( )

[04~06] 진서네 반 학급 대표 선거에서 후보자별 득표 수를 조사하여 나타낸 원그래프입니다. 물음에 답하시오.

학급 대표 선거 후보자별 득표 수

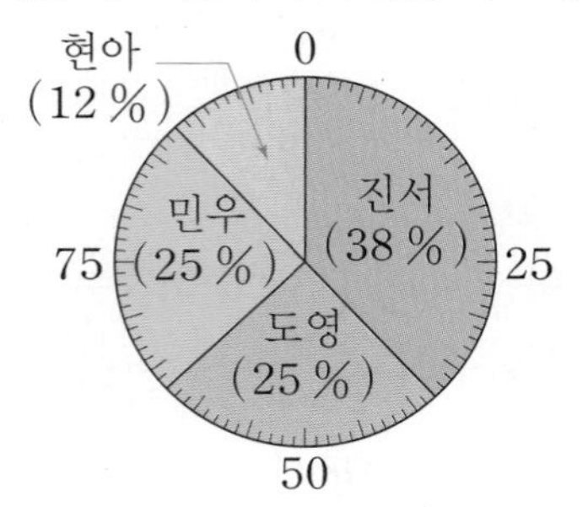

04 득표 수가 가장 많은 사람은 누구입니까?

( )

05 득표 수의 비율이 같은 사람은 누구와 누구입니까?

( )

익힘책 유형

06 민우의 득표 수는 현아의 득표 수의 약 몇 배입니까?

( )

개념 5 원그래프로 나타내어 볼까요

① 자료를 보고 각 항목의 백분율을 구하고, 합계가 100 %가 되는지 확인합니다.
② 각 항목들이 차지하는 백분율의 크기만큼 선을 그어 원을 나누고, 나눈 부분에 각 항목의 내용과 백분율을 씁니다.
③ 원그래프의 제목을 씁니다.

[07~09] 정휘네 마을 학생들의 혈액형을 조사하여 나타낸 표입니다. 물음에 답하시오.

혈액형별 학생 수

혈액형	A형	B형	O형	AB형	합계
학생 수(명)	20	10	15	5	50

07 전체 학생 수에 대한 혈액형별 학생 수의 백분율을 구하시오.

A형: $\frac{20}{50} \times 100 = 40$ (%)

B형: $\frac{\square}{50} \times 100 = \square$ (%)

O형: $\frac{\square}{50} \times 100 = \square$ (%)

AB형: $\frac{\square}{50} \times 100 = \square$ (%)

08 각 항목의 백분율을 모두 더하면 얼마입니까?

( )

09 왼쪽 07의 백분율을 보고 원그래프를 완성하시오.

혈액형별 학생 수

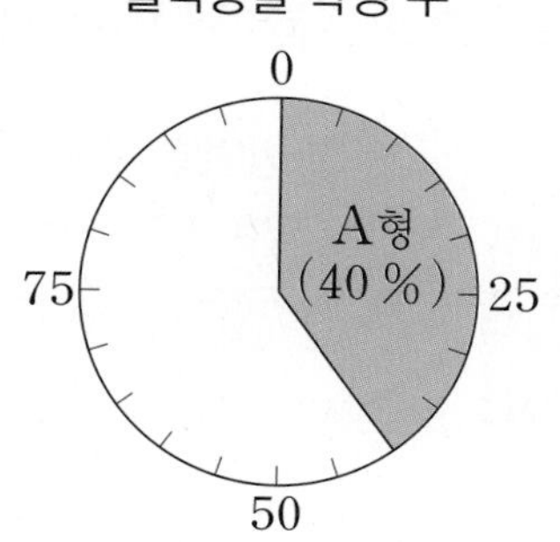

[10~11] 어떤 노래 악보에 나오는 음표를 조사하여 나타낸 표입니다. 물음에 답하시오.

악보의 음표별 수

음표	𝅘𝅥𝅯	♪	♪	기타	합계
음표 수(개)	30	10	5	5	50
백분율(%)				10	100

10 전체 음표 수에 대한 음표별 수의 백분율을 구하여 표를 완성하시오.

익힘책 유형

11 표를 보고 원그래프로 나타내시오.

악보의 음표별 수

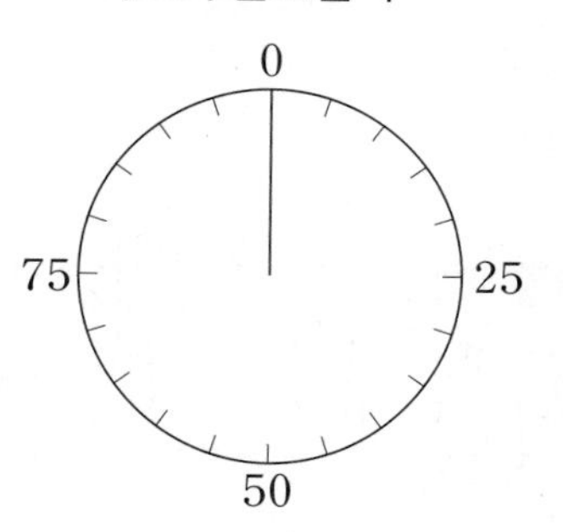

• 원그래프에서 비율이 높을수록 차지하는 부분의 넓이가 넓습니다.
• 원그래프에서 각 항목의 백분율의 합은 항상 100 %가 되어야 합니다.

개념 6 그래프를 해석해 볼까요

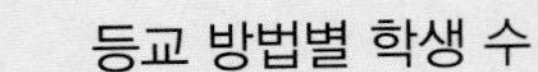
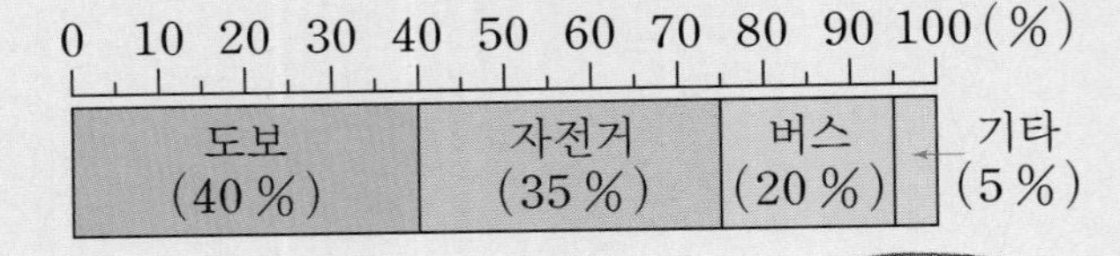

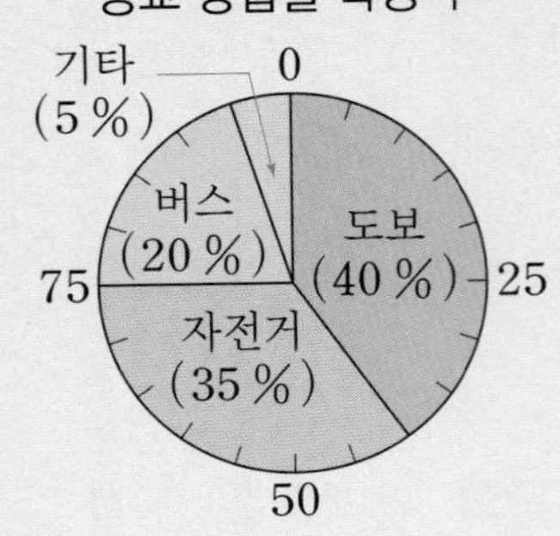

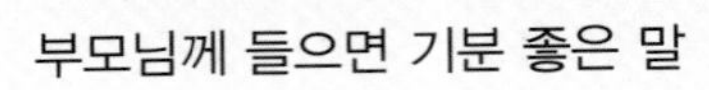
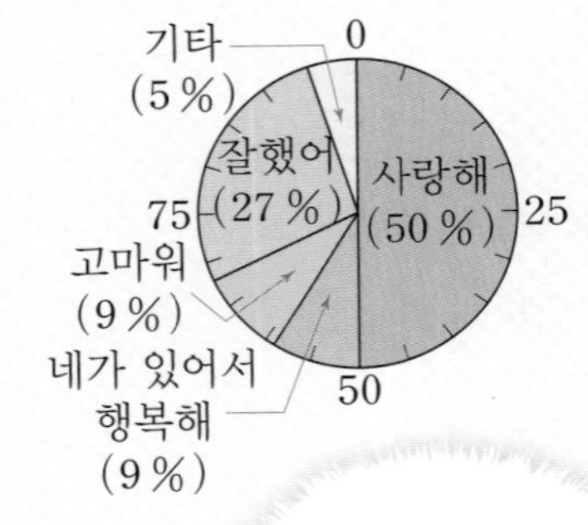

- 많이 이용하는 방법부터 순서대로 쓰면 도보, 자전거, 버스, 기타입니다.
  ⇨ 띠그래프에서 길이가 긴 부분부터 차례로 찾고, 원그래프에서 넓이가 넓은 부분부터 차례로 찾습니다.
- 조사한 전체 학생이 60명이라면 도보로 등교하는 학생은

  $60 \times \frac{40}{100} = 24$(명)입니다.

  └(전체 학생 수)×(도보로 등교하는 학생의 비율)

개념 체크

❶ 왼쪽 띠그래프에서 자전거로 등교하는 학생은 전체의 (40 % , 35 %)입니다.

❷ 왼쪽 원그래프에서 버스로 등교하는 학생은 전체의 [ ] %입니다.

개념 체크 정답 ❶ 35 %에 ○표 ❷ 20

기본 문제

[1-1~3-1] 훈정이네 학교 학생들이 좋아하는 꽃을 조사하여 나타낸 띠그래프입니다. 물음에 답하시오.

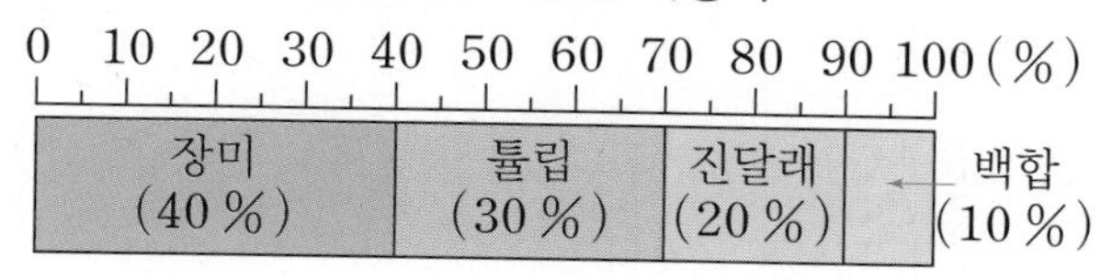

1-1 □ 안에 알맞은 수를 써넣으시오.

전체 학생 수에 대한 장미를 좋아하는 학생의 백분율은 □ % 입니다.

(힌트) 띠그래프에서 장미를 찾아 비율을 알아봅니다.

2-1 □ 안에 알맞은 수를 써넣으시오.

전체 학생 수에 대한 가장 적은 학생이 좋아하는 꽃의 백분율은 □ % 입니다.

(힌트) 띠그래프에서 길이가 가장 짧은 부분을 찾습니다.

교과서 유형

3-1 장미를 좋아하는 학생은 백합을 좋아하는 학생의 몇 배입니까?

(　　　　　　　　)

(힌트) 띠그래프에서 장미와 백합의 백분율이 각각 몇 % 인지 알아봅니다.

쌍둥이 문제

• 정답은 32쪽

[1-2~3-2] 인태네 반 학생들이 좋아하는 우유의 종류를 조사하여 나타낸 원그래프입니다. 물음에 답하시오.

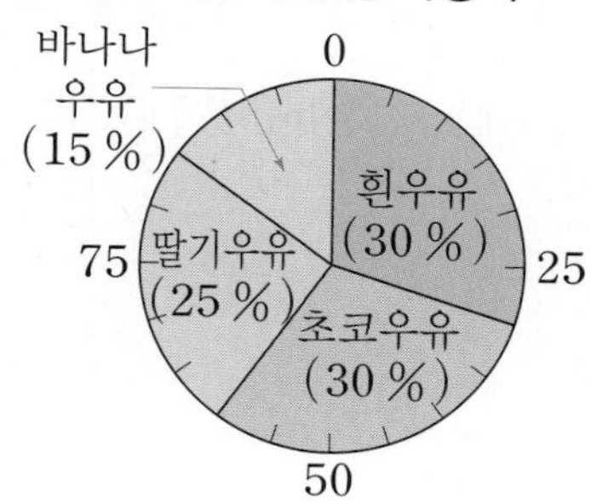

1-2 □ 안에 알맞은 수를 써넣으시오.

전체 학생 수에 대한 딸기우유를 좋아하는 학생의 백분율은 □ % 입니다.

2-2 □ 안에 알맞은 수를 써넣으시오.

전체 학생 수에 대한 가장 적은 학생이 좋아하는 우유의 백분율은 □ % 입니다.

3-2 초코우유를 좋아하는 학생은 바나나우유를 좋아하는 학생의 몇 배입니까?

(　　　　　　　　)

개념 7 여러 가지 그래프를 비교해 볼까요

막대그래프는 항목의 크기 비교에 편리하고, 꺾은선그래프는 시간에 따른 크기 비교를 나타내!

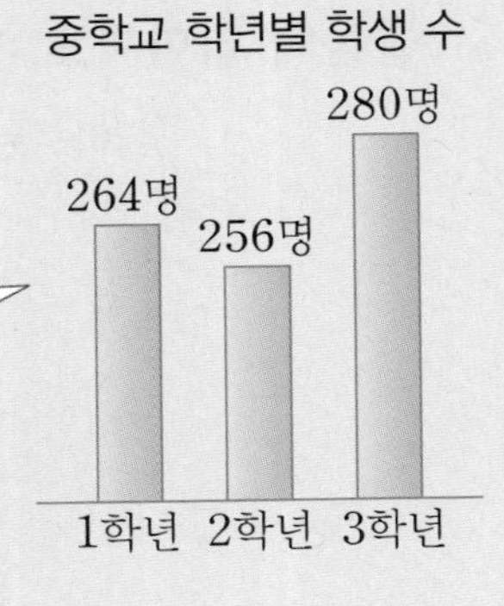

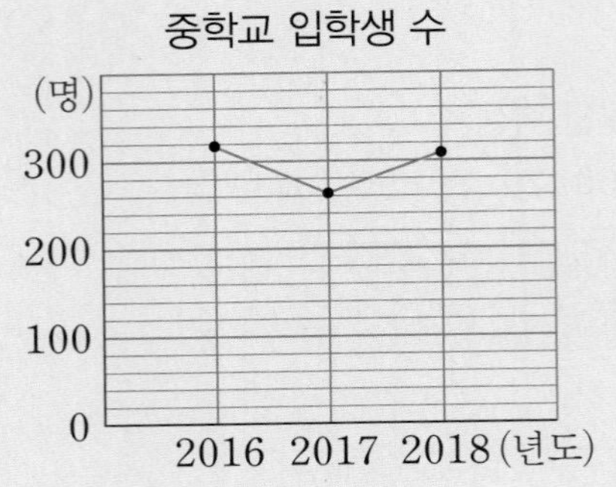

중학교 학년별 학생 수

0 10 20 30 40 50 60 70 80 90 100 (%)

1학년 (33 %)	2학년 (32 %)	3학년 (35 %)

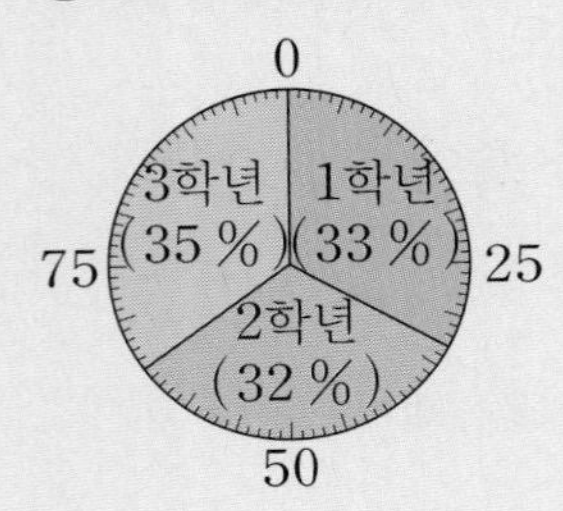

띠그래프와 원그래프는 항목별 비율을 비교해!

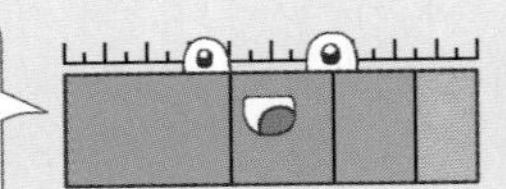

개념 체크

❶ 시간에 따른 항목의 크기 변화를 알아볼 때는 (막대그래프, 꺾은선그래프)가 편리합니다.

❷ 띠그래프나 원그래프로 나타내기 위해서는 각 항목의 [ ]을 구해야 합니다.

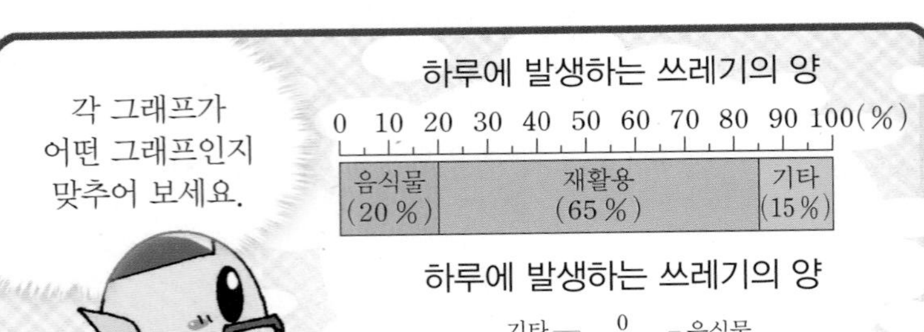

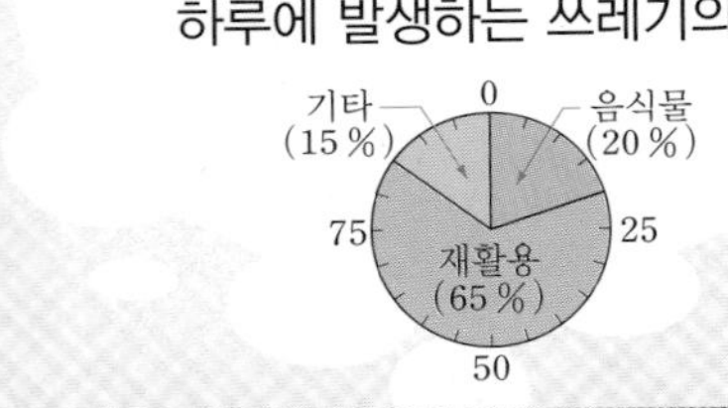

개념 체크 정답 ❶ 꺾은선그래프에 ○표 ❷ 백분율

기본 문제

[1-1~2-1] 어느 지역에 사는 외국인들의 국적을 조사하여 나타낸 그래프입니다. 물음에 답하시오.

㉮ 국적별 외국인 수

중국	미국
일본	기타

100명 10명

㉯ 국적별 외국인 수

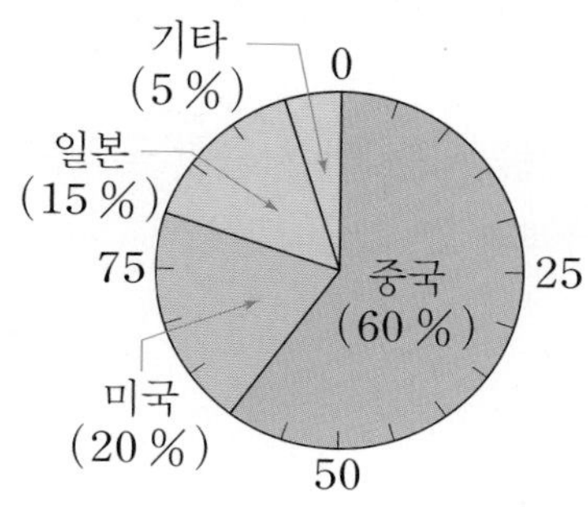

교과서 유형

1-1 각 그래프의 이름을 쓰시오.

㉮ (   )
㉯ (   )

힌트 ㉮ 그래프는 항목의 특성이 드러나는 그림으로 수량을 나타내었습니다.

2-1 알맞은 말에 ○표 하시오.

전체에 대한 각 항목의 비율을 한눈에 알아보기 쉬운 것은 (㉮ 그래프 , ㉯ 그래프)입니다.

힌트 ㉮ 그래프는 수량을 나타냈고, ㉯ 그래프는 비율을 나타내었습니다.

3-1 띠그래프나 원그래프로 나타내기에 더 알맞은 내용에 ○표 하시오.

1년 동안 키의 변화	( )
우리 반 학생들이 좋아하는 색깔	( )

힌트 시간에 따라 변하는 양은 꺾은선그래프로 나타내는 것이 좋습니다.

쌍둥이 문제

• 정답은 32쪽

[1-2~2-2] 서경이네 학교 학생들이 체험 학습으로 가고 싶어 하는 곳을 조사하여 나타낸 그래프입니다. 물음에 답하시오.

㉮ 체험 학습 장소별 학생 수

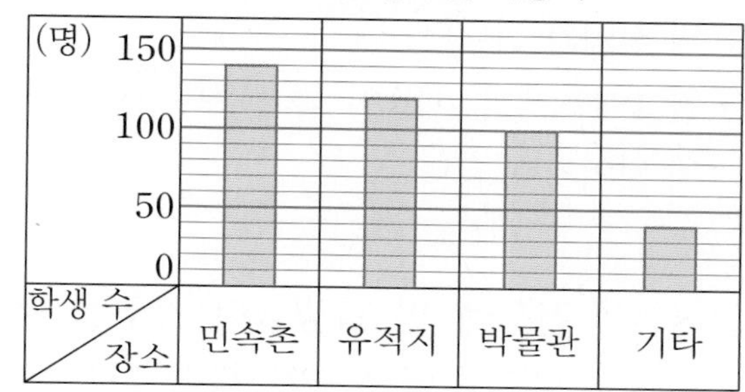

㉯ 체험 학습 장소별 학생 수

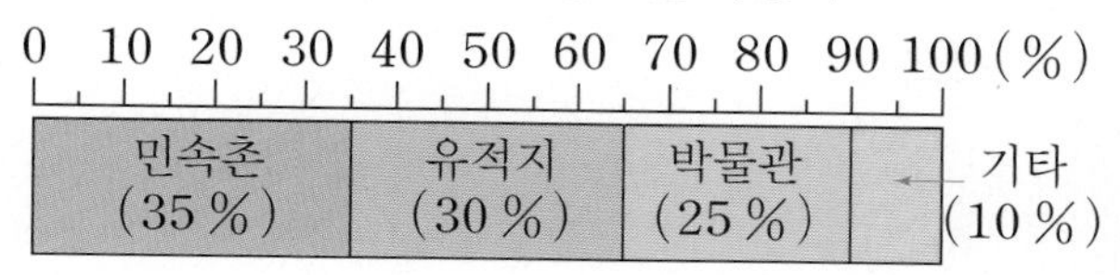

1-2 각 그래프의 이름을 쓰시오.

㉮ (   )
㉯ (   )

2-2 알맞은 말에 ○표 하시오.

막대의 길이로 수량을 쉽게 알 수 있는 것은 (㉮ 그래프 , ㉯ 그래프)입니다.

3-2 띠그래프나 원그래프로 나타내기에 더 알맞은 내용에 ○표 하시오.

우리나라 각 도시별 인구	( )
반별 수학 시험의 평균	( )

STEP 2 개념 확인하기

개념 6 그래프를 해석해 볼까요

- 띠그래프에서 비율이 높을수록 차지하는 부분의 길이가 깁니다.
- 원그래프에서 비율이 높을수록 차지하는 부분의 넓이가 넓습니다.

[01~03] 건우네 반 학생들이 일주일 동안 책을 1권씩 읽었습니다. 학생들이 읽은 책을 조사하여 나타낸 띠그래프를 보고 물음에 답하시오.

읽은 책의 종류별 학생 수

0 10 20 30 40 50 60 70 80 90 100(%)

동화책	동시집	과학책	위인전	기타
(30 %)	(25 %)	(20 %)	(15 %)	(10 %)

01 일주일 동안 가장 많은 학생이 읽은 책은 무엇입니까?

( )

02 전체 학생 수에 대한 동시집을 읽은 학생의 백분율은 몇 %입니까?

( )

03 동화책을 읽은 학생은 위인전을 읽은 학생의 몇 배입니까?

( )

[04~06] 성훈이가 일주일 동안 쓴 용돈의 쓰임새를 조사하여 나타낸 원그래프입니다. 물음에 답하시오.

용돈의 쓰임새별 금액

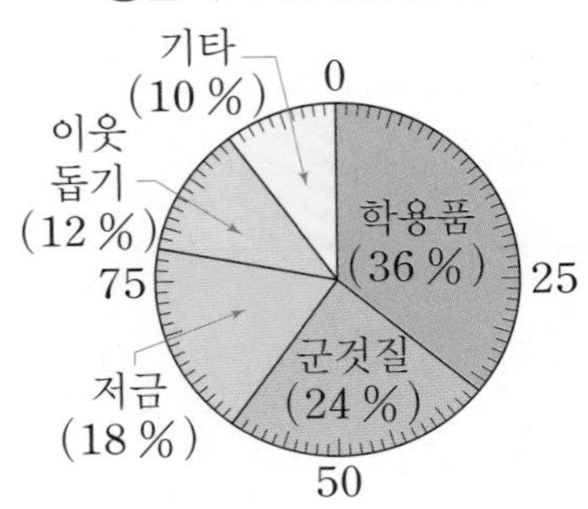

04 학용품을 사는 데 사용한 금액은 이웃돕기에 사용한 금액의 몇 배입니까?

( )

교과서 유형

05 성훈이의 용돈 쓰임새 중 학용품 또는 군것질에 사용한 금액은 전체의 몇 %입니까?

( )

익힘책 유형

06 이웃돕기에 사용한 금액이 1500원이라면 군것질에 사용한 금액은 얼마입니까?

( )

개념 7 여러 가지 그래프를 비교해 볼까요

- 항목별 크기를 비교할 때
  ⇨ 막대그래프
- 시간에 따른 항목의 크기 변화를 알아볼 때
  ⇨ 꺾은선그래프
- 항목별 비율을 비교할 때
  ⇨ 띠그래프, 원그래프

[07~09] 어느 아파트의 한 달 동안의 재활용품 분리 배출량을 조사하여 나타낸 그림그래프입니다. 물음에 답하시오.

재활용품 분리 배출량

종이류	플라스틱류
(큰 자루 2개)	(큰 자루 1개, 작은 자루 4개)
금속류	유리류
(작은 자루 4개)	(작은 자루 2개)

(큰 자루) 1000 kg (작은 자루) 100 kg

07 그림그래프를 보고 표를 완성하시오.

재활용품 분리 배출량

재활용품	종이류	플라스틱류	금속류	유리류	합계
배출량 (kg)	2000		400	200	
백분율 (%)	50				

익힘책 유형

08 왼쪽 07의 표를 보고 원그래프로 나타내시오.

재활용품 분리 배출량

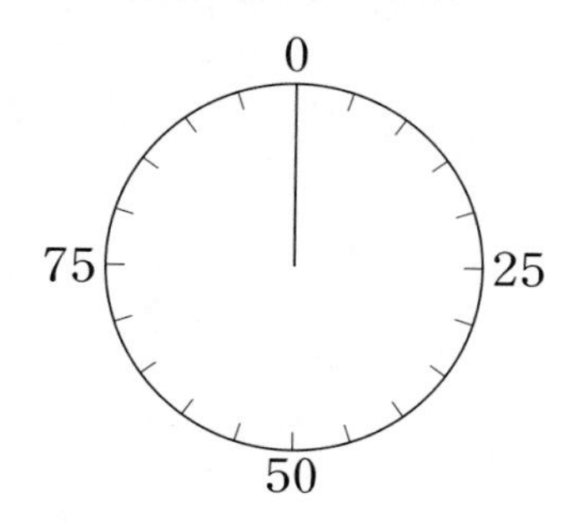

09 위 08의 원그래프를 보고 알 수 있는 사실을 한 가지 쓰시오.

____

[10~11] 어떤 그래프를 이용하면 편리하게 알 수 있는지 알맞은 그래프를 모두 찾아 기호를 쓰시오.

㉠ 막대그래프	㉡ 꺾은선그래프
㉢ 띠그래프	㉣ 원그래프

10 우현이네 학교 학년별 학생 수의 비율

( )

11 1년 동안 몸무게의 변화

( )

- 띠그래프나 원그래프에서는 항목별 비율이 클수록 차지하는 부분이 크고 비율이 작을수록 차지하는 부분이 작습니다.
- 막대그래프, 그림그래프, 꺾은선그래프는 각 항목의 수량으로 그래프를 나타낼 수 있지만 띠그래프나 원그래프는 각 항목의 비율을 구하여 그래프로 나타냅니다.

5 여러 가지 그래프

단원 마무리평가

점수

[01~03] 어느 지역의 과수원별 사과 생산량을 조사하여 나타낸 표와 그림그래프입니다. 물음에 답하시오.

과수원별 사과 생산량

과수원	가	나	다	라	합계
생산량(kg)	240		320		

과수원별 사과 생산량

가	나
다	라

100 kg 10 kg

01 □ 안에 알맞은 수를 써넣으시오.

은 100 kg, 은 10 kg을 나타낸다고 할 때 가 과수원의 사과 생산량은 은 □개, 은 □개로 나타내어야 합니다.

02 그림그래프를 보고 표의 빈칸에 알맞은 수를 써넣으시오.

03 표를 보고 그림그래프를 완성하시오.

04 바르게 말한 사람의 이름을 쓰시오.

자료를 표로 나타내면 정확한 값을 알 수 있어.

지아

자료를 그림그래프로 나타내면 값을 알 수는 없어.

경석

( )

[05~07] 영기네 학교 식당에서 한 달 동안 소비한 곡물을 조사하여 나타낸 띠그래프입니다. 물음에 답하시오.

소비한 곡물

0 10 20 30 40 50 60 70 80 90 100(%)

쌀 (45 %)	현미 (22 %)	콩 (18 %)	보리(9 %)	기타 (6 %)

05 전체 소비한 곡물에 대한 현미 소비량의 백분율은 몇 %입니까?

( )

유사문제

06 가장 많이 소비한 곡물은 무엇입니까?

( )

유사문제

07 콩의 소비량은 보리의 소비량의 몇 배입니까?

( )

08 띠그래프 또는 원그래프를 이용하면 편리하게 알 수 있는 것을 찾아 기호를 쓰시오.

㉠ 우리 마을의 사람 수
㉡ 하루 동안 교실의 온도 변화
㉢ 우리 반 학생들이 좋아하는 노래

( )

• 정답은 33~34쪽

[09~11] 규하네 마을 학생들이 좋아하는 과목을 조사하여 나타낸 표입니다. 물음에 답하시오.

좋아하는 과목별 학생 수

과목	국어	수학	사회	과학	기타	합계
학생 수 (명)	16	8	10	4	2	40

09 표를 보고 좋아하는 과목별 학생 수의 백분율을 구하여 표를 완성하시오.

좋아하는 과목별 학생 수

과목	국어	수학	사회	과학	기타	합계
백분율(%)						

10 위 09의 표를 보고 띠그래프로 나타내시오.

좋아하는 과목별 학생 수

0 10 20 30 40 50 60 70 80 90 100(%)

11 위 09의 표를 보고 원그래프로 나타내시오.

좋아하는 과목별 학생 수

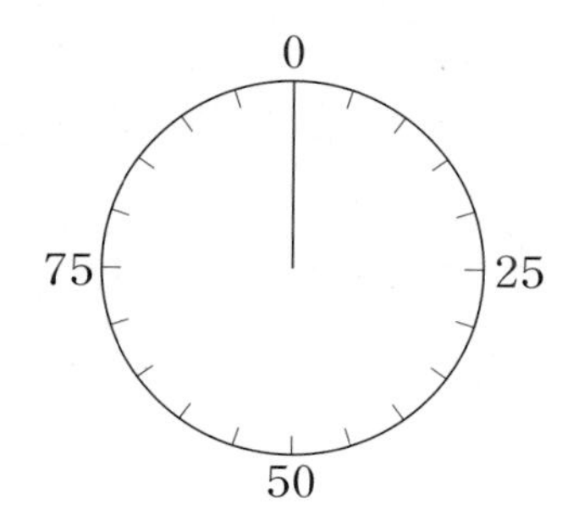

[12~15] 은비의 하루 계획표를 보고 물음에 답하시오.

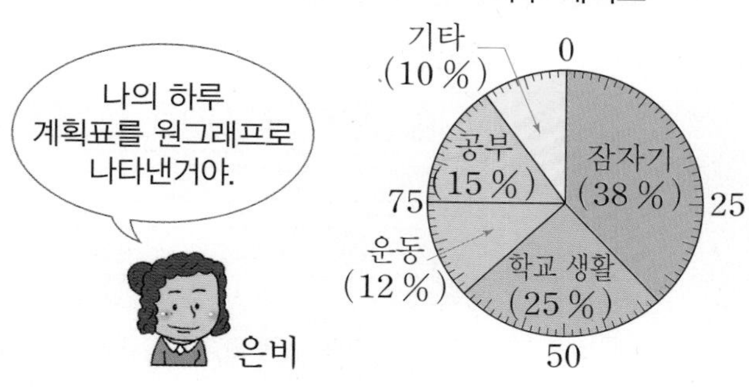

12 기타를 제외하고 은비가 하루 중 긴 시간 동안 하는 일부터 순서대로 쓰시오.

(   )

13 은비의 생활 중 하루 전체 시간의 30%를 넘게 차지하는 것은 무엇입니까?

(   )

14 은비가 학교 생활 또는 공부를 하는 시간은 하루 전체 시간의 몇 %입니까?

(   )

15 원그래프를 보고 무엇을 더 알 수 있는지 한 가지를 쓰시오.

____

____

5 여러 가지 그래프

[16~18] 아이스크림 가게에서 이번 달에 팔린 아이스크림의 수를 조사하여 나타낸 막대그래프입니다. 물음에 답하시오.

맛별 팔린 아이스크림의 수

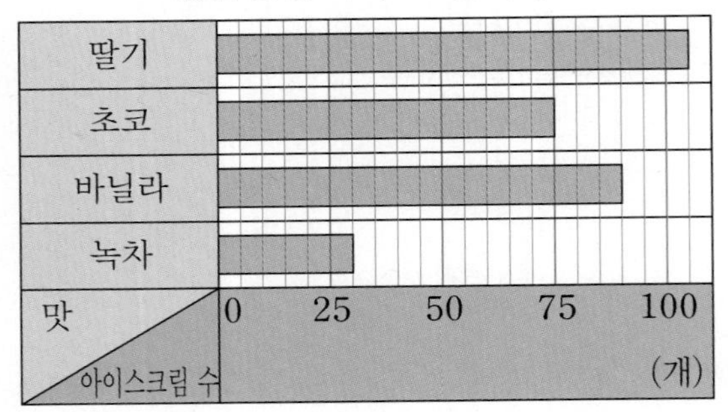

16 위 막대그래프를 보고 표로 나타내시오.

맛별 팔린 아이스크림의 수

맛	딸기	초코	바닐라	녹차	합계
아이스크림 수(개)					300
백분율(%)					100

17 위 16의 표를 보고 띠그래프로 나타내시오.

맛별 팔린 아이스크림의 수

0 10 20 30 40 50 60 70 80 90 100(%)

18 위 16의 표를 보고 원그래프로 나타내시오.

맛별 팔린 아이스크림의 수

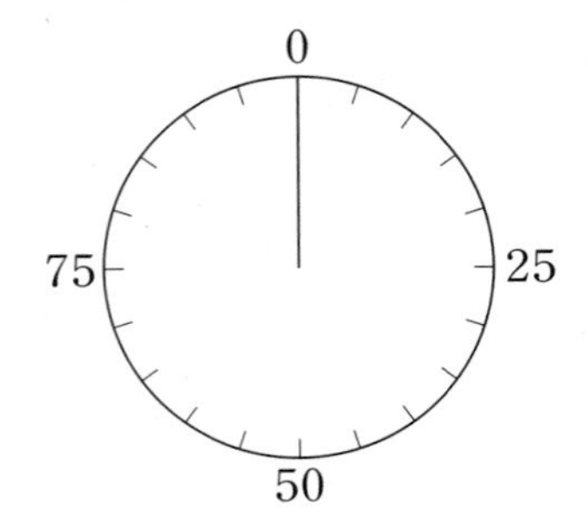

[19~20] 승우네 마을 학생 40명이 배우고 싶은 것을 조사하여 나타낸 원그래프입니다. 물음에 답하시오.

배우고 싶은 항목별 학생 수

❶

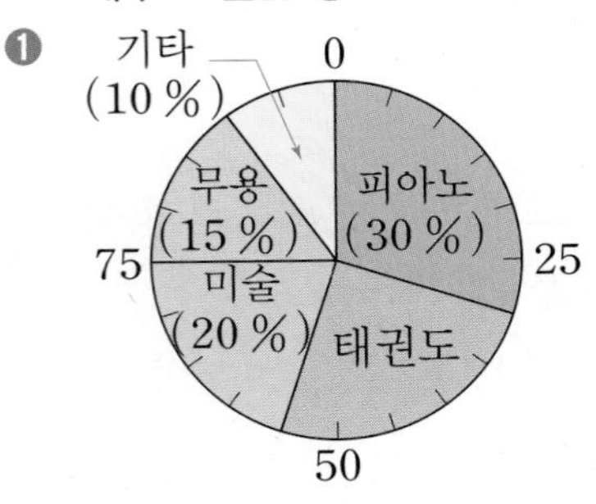

19 무용을 배우고 싶은 학생이 6명일 때 ❷ 피아노를 배우고 싶은 학생은 몇 명입니까?

( )

해결의 법칙

❶ 무용을 배우고 싶은 비율과 피아노를 배우고 싶은 비율 사이의 관계를 구합니다.

❷ 피아노를 배우고 싶은 학생 수를 구합니다.

20 승우네 마을 학생 중에서 ❷태권도를 배우고 싶어 하는 학생은 몇 명입니까?

( )

해결의 법칙

❶ 태권도를 배우고 싶어 하는 학생의 백분율을 구합니다.

❷ 태권도를 배우고 싶어 하는 학생 수를 구합니다.

창의·융합 문제

• 정답은 34쪽

[1~3] 상돈이는 찰흙으로 화산 모형을 만들려고 합니다. 화산 모형을 만드는 데 준비한 색깔별 찰흙의 무게를 보고 물음에 답하시오.

1 표를 완성하시오.

준비한 색깔별 찰흙의 무게

색깔	갈색	초록색	빨간색	파란색	기타	합계
무게(g)					10	
백분율(%)						

2 위 1의 표를 보고 띠그래프로 나타내시오.

준비한 색깔별 찰흙의 무게

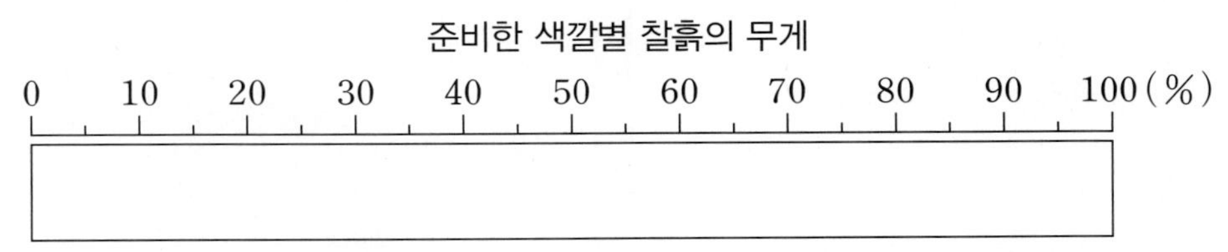

3 위 1의 표를 보고 원그래프로 나타내시오.

준비한 색깔별 찰흙의 무게

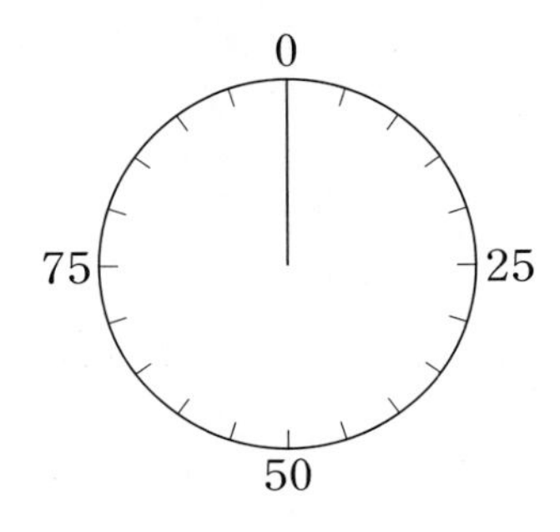

5 여러 가지 그래프

6 직육면체의 부피와 겉넓이

제6화 로봇의 대결! 대망의 결승 진출 로봇은?

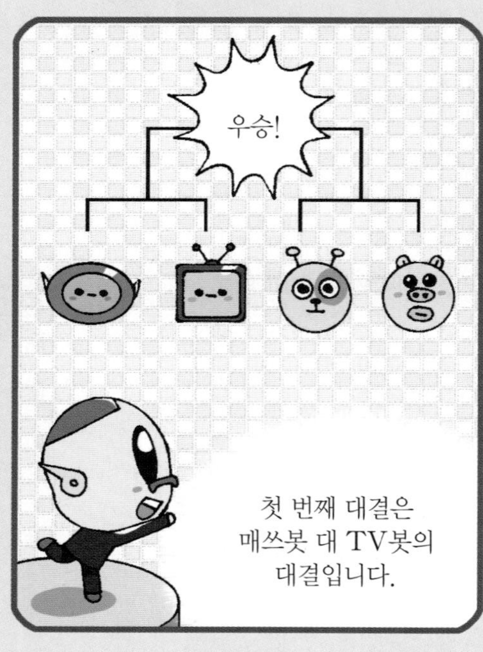

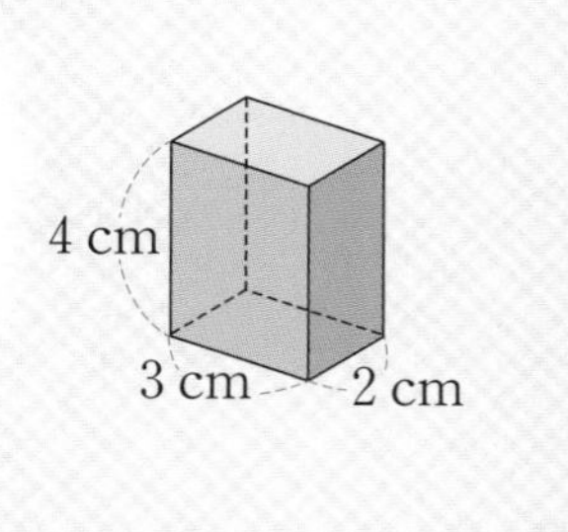

(직육면체의 겉넓이)

=(합동인 세 면의 넓이의 합)×2

$=(3\times2+3\times4+2\times4)\times2=52\ (\mathrm{cm}^2)$

따라서 직육면체의 겉넓이는 $52\ \mathrm{cm}^2$입니다.

직육면체의 겉넓이를 구하려면 (합동인 세 면의 넓이의 합)×2로 구할 수 있다는 것, 명심하세요!

이번에 **배울 내용**

이미 배운 내용		이번에 배울 내용		앞으로 배울 내용
[5-1 다각형의 둘레와 넓이] • cm^2와 m^2 알아보기 • 평면도형의 넓이 [5-2 직육면체] • 직육면체의 면 사이의 관계를 알고 전개도 그리기	▶	• 직육면체의 부피 비교하기 • $1\ cm^3$ 알아보기 • 직(정)육면체의 부피 • m^3와 cm^3 사이의 관계 • 직(정)육면체의 겉넓이	▶	[6-2 공간과 입체] • 쌓기나무 알아보기

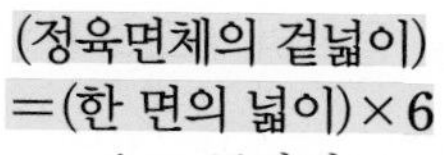

개념 1 직육면체의 부피를 비교해 볼까요

부피란? 물건이 차지하는 공간의 크기

- **직접 맞대어 비교하기**

① 가로: 가>나
② 세로: 가>나
③ 높이: 가<나

⇨ 어느 직육면체의 부피가 더 큰지 정확히 알 수 없습니다.

- **쌓기나무를 사용하여 비교하기**

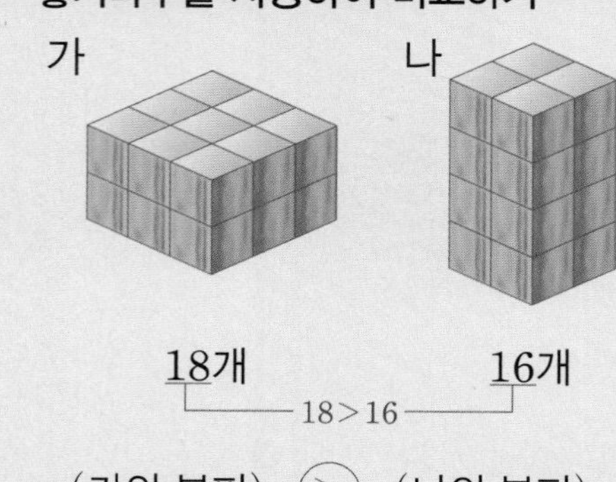

18개 16개

18>16

(가의 부피) > (나의 부피)

개념 체크

❶ 위와 같이 직접 맞대어 비교하면 부피를 정확히 비교하기 (쉽습니다 , 어렵습니다).

❷ 단위 물건을 사용하여 부피를 비교할 때에는 크기가 (같은 , 다른) 단위 물건의 수로 비교할 수 있습니다.

개념 체크 정답 ❶ 어렵습니다에 ○표 ❷ 같은에 ○표

기본 문제

쌍둥이 문제

• 정답은 35쪽

1-1 가와 나 중에서 부피가 더 큰 직육면체는 어느 것입니까?

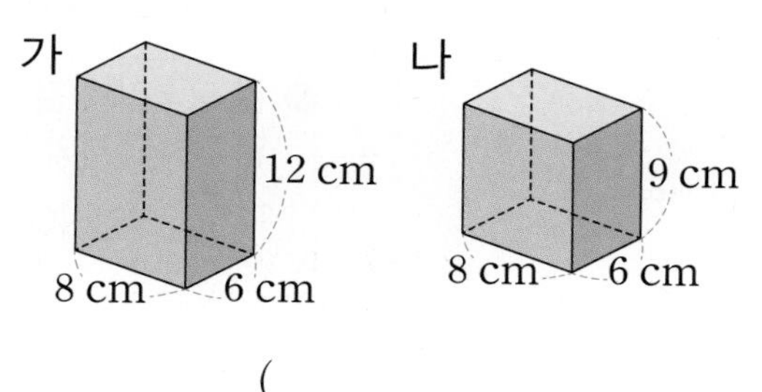

(   )

힌트 두 직육면체의 가로와 세로가 같으므로 높이를 비교합니다.

1-2 두 직육면체를 보고 알맞은 말에 ○표 하시오.

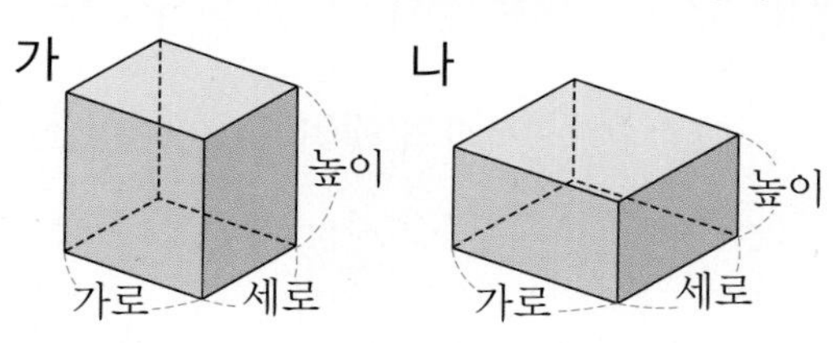

(1) 가로가 더 긴 것은 (가 , 나)입니다.

(2) 세로가 더 긴 것은 (가 , 나)입니다.

(3) 높이가 더 높은 것은 (가 , 나)입니다.

(4) 어느 직육면체의 부피가 더 작은지 정확히 알 수 (있습니다 , 없습니다).

교과서 유형

2-1 크기가 같은 쌓기나무를 사용하여 다음과 같이 쌓았습니다. 물음에 답하시오.

가

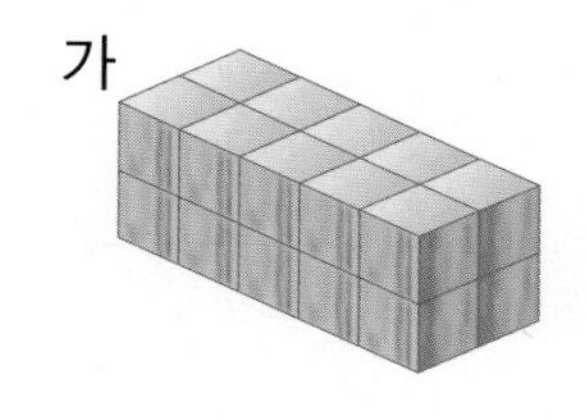

나

(1) 가에 사용한 쌓기나무는 몇 개입니까?

(   )

(2) 나에 사용한 쌓기나무는 몇 개입니까?

(   )

(3) 가와 나 중에서 부피가 더 큰 것은 어느 것입니까?

(   )

힌트 쌓은 쌓기나무가 많을수록 부피가 더 큽니다.

2-2 쌓기나무를 더 많이 담을 수 있는 직육면체 모양의 상자를 찾으려고 합니다. 물음에 답하시오.

가

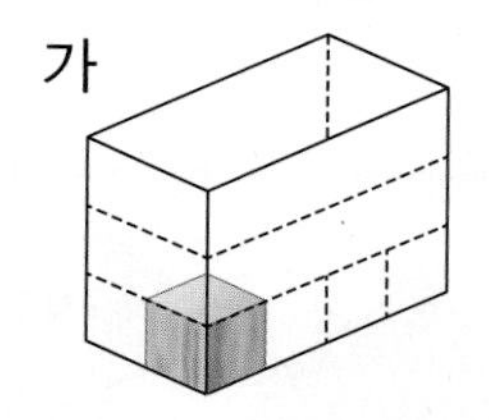

나

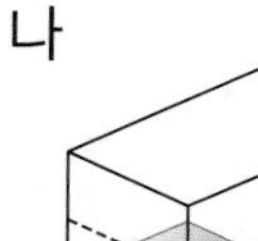

(1) 가 상자에 담을 수 있는 쌓기나무는 몇 개입니까?

(   )

(2) 나 상자에 담을 수 있는 쌓기나무는 몇 개입니까?

(   )

(3) 가와 나 중에서 쌓기나무를 더 많이 담을 수 있는 상자는 어느 것입니까?

(   )

개념 2 직육면체의 부피 구하는 방법을 알아볼까요

- $1\ \text{cm}^3$: 한 모서리의 길이가 $1\ \text{cm}$인 정육면체의 부피

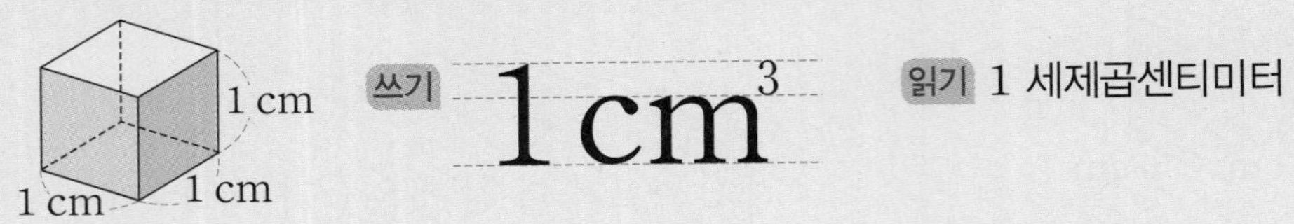

- 직육면체와 정육면체의 부피 구하기

(직육면체의 부피)=(가로)×(세로)×(높이) ← (밑면의 넓이)×(높이)

(정육면체의 부피)=(한 모서리의 길이)×(한 모서리의 길이)×(한 모서리의 길이)

정육면체는 가로, 세로, 높이가 모두 같으므로 모두 한 모서리의 길이로 표현할 수 있어.

예

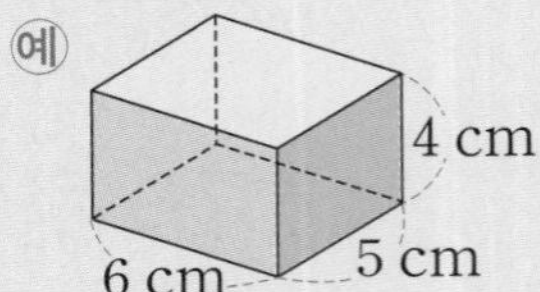

(직육면체의 부피)
$=6\times5\times4=120\ (\text{cm}^3)$

(정육면체의 부피)
$=4\times4\times4=64\ (\text{cm}^3)$

개념 체크

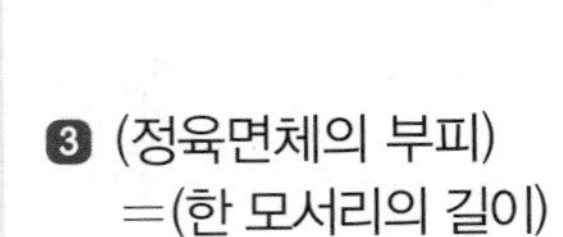

❶ 한 모서리의 길이가 $1\ \text{cm}$인 정육면체의 부피는 [ ]입니다.

❷ 직육면체의 부피는 가로, 세로, 높이를 (곱합니다 , 더합니다).

❸ (정육면체의 부피)
=(한 모서리의 길이)
×(한 모서리의 길이)
×([ ])

개념 체크 정답 ❶ $1\ \text{cm}^3$ ❷ 곱합니다에 ○표 ❸ 한 모서리의 길이

기본 문제

쌍둥이 문제

• 정답은 35쪽

1-1 부피가 1 cm^3인 쌓기나무로 오른쪽과 같이 직육면체를 만들었습니다. □ 안에 알맞은 수를 써넣으시오.

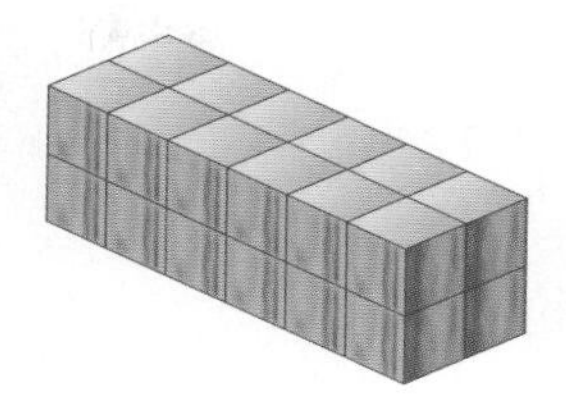

부피가 1 cm^3인 쌓기나무가 모두 □개이므로 직육면체의 부피는 □ cm^3입니다.

힌트 부피가 1 cm^3인 쌓기나무가 ■개이면 부피는 ■ cm^3입니다.

1-2 부피가 1 cm^3인 쌓기나무로 오른쪽과 같이 직육면체를 만들었습니다. 물음에 답하시오.

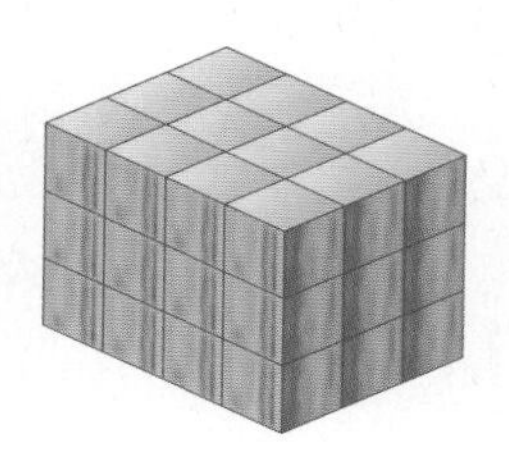

(1) 부피가 1 cm^3인 쌓기나무가 모두 몇 개입니까?

(　　　　　　　　)

(2) 직육면체의 부피는 몇 cm^3입니까?

(　　　　　　　　)

교과서 유형

2-1 부피가 1 cm^3인 쌓기나무를 사용하여 직육면체의 부피를 구하려고 합니다. □ 안에 알맞은 수를 써넣으시오.

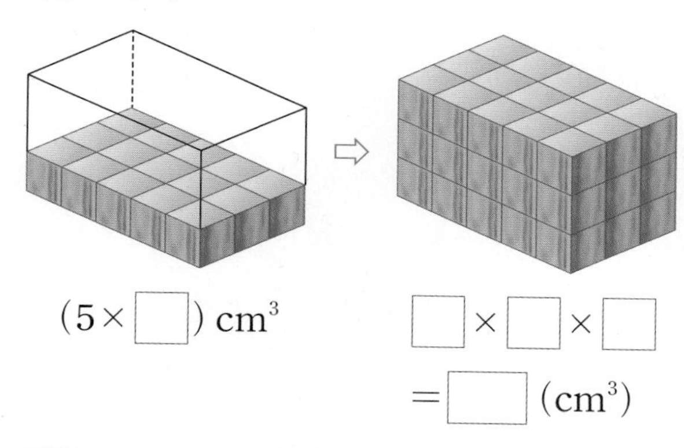

(5×□) cm^3　　□×□×□ =□ (cm^3)

힌트 먼저 직육면체의 1층에는 쌓기나무가 몇 개인지 알아봅니다.

2-2 부피가 1 cm^3인 쌓기나무를 사용하여 직육면체의 부피를 구하려고 합니다. □ 안에 알맞은 수를 써넣으시오.

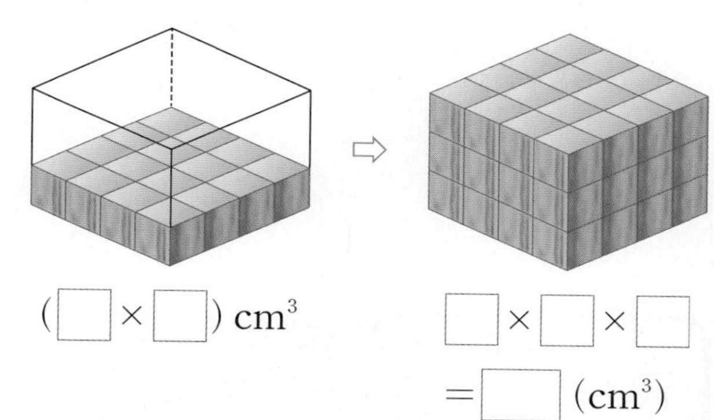

(□×□) cm^3　　□×□×□ =□ (cm^3)

3-1 정육면체의 부피는 몇 cm^3입니까?

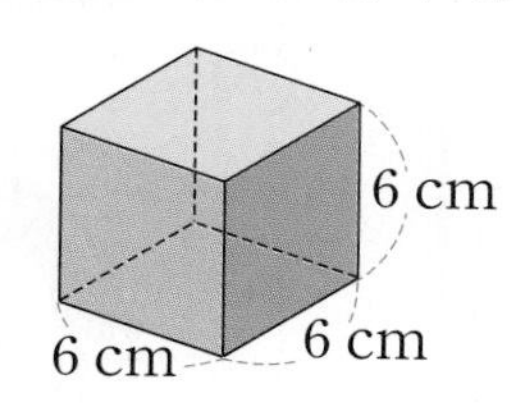

□×□×□=□ (cm^3)

힌트 (정육면체의 부피)
=(한 모서리의 길이)×(한 모서리의 길이)
×(한 모서리의 길이)

3-2 정육면체의 부피는 몇 cm^3입니까?

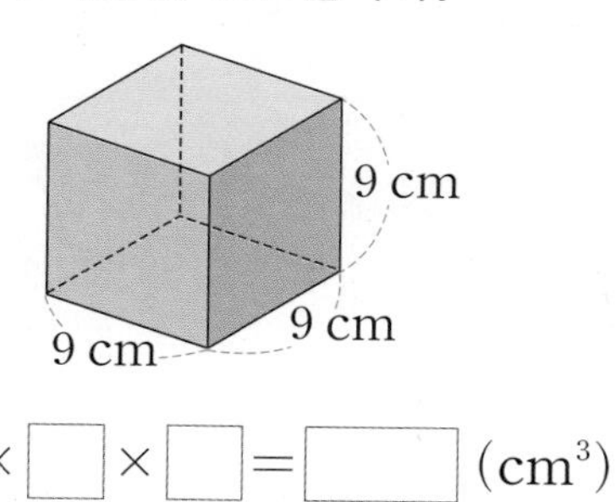

□×□×□=□ (cm^3)

6 직육면체의 부피와 겉넓이

개념 3 m^3를 알아볼까요

- $1\ m^3$: 한 모서리의 길이가 $1\ m$인 정육면체의 부피

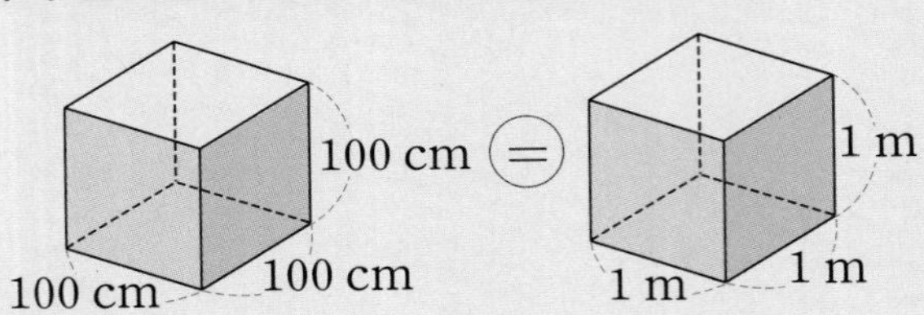

쓰기 $1\ m^3$

읽기 1 세제곱미터

- m^3와 cm^3 사이의 관계

$$\begin{aligned} 1\ m^3 &= 1\ m \times 1\ m \times 1\ m \\ &= 100\ cm \times 100\ cm \times 100\ cm \\ &= 1000000\ cm^3 \end{aligned}$$

$$1000000\ cm^3 = 1\ m^3$$

0이 6개 줄어듭니다.

개념 체크

❶ 한 모서리의 길이가 $1\ m$인 정육면체의 부피는 ($1\ cm^3$, $1\ m^3$)입니다.

❷ $1\ m^3$를 □라고 읽습니다.

❸ $1000000\ cm^3 =$ □ m^3

한 모서리의 길이가 1 m인 정육면체의 부피를 1 m³라 쓰고 1 세제곱미터라고 읽지.

쓰기는 이렇게~

$1\ m^3$

내가 매쓰봇을 망가뜨렸으니까 다시 고쳐 볼게. 맡겨 줘!

개념 체크 정답 ❶ $1\ m^3$에 ○표 ❷ 1 세제곱미터 ❸ 1

기본 문제

쌍둥이 문제

• 정답은 35쪽

1-1 □ 안에 알맞은 수를 써넣으시오.

$1\ m^3=$ □ cm^3

힌트 $1\ m=100\ cm$임을 이용하여 생각해 봅니다.

1-2 □ 안에 알맞은 수를 써넣으시오.

한 모서리의 길이가 1 m인 정육면체를 쌓는데 부피가 $1\ cm^3$인 정육면체 모양의 쌓기나무가 □개 필요합니다.

교과서 유형

2-1 직육면체의 부피는 몇 m^3인지 구하려고 합니다. 물음에 답하시오.

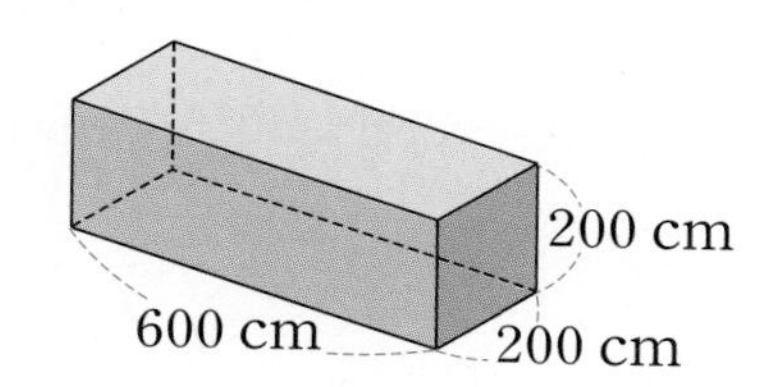

(1) 직육면체의 가로, 세로, 높이를 m로 나타내시오.

가로	세로	높이
6 m		

(2) 직육면체의 부피는 몇 m^3입니까?

( )

힌트 직육면체의 가로, 세로, 높이의 단위를 m로 나타낸 다음 직육면체의 부피를 구합니다.

2-2 직육면체의 부피는 몇 m^3인지 구하려고 합니다. 물음에 답하시오.

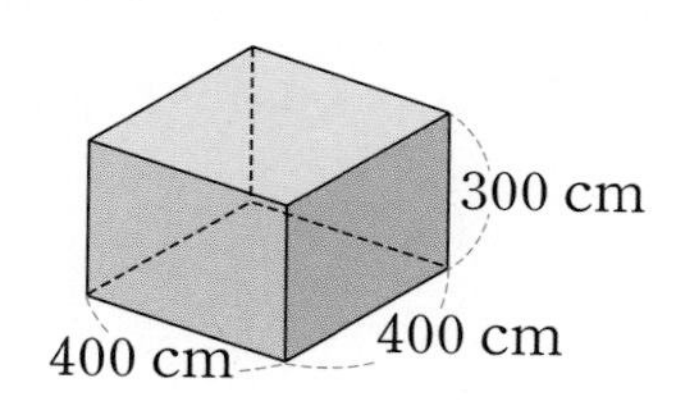

(1) 직육면체의 가로, 세로, 높이를 m로 나타내시오.

가로	세로	높이

(2) 직육면체의 부피는 몇 m^3입니까?

( )

3-1 □ 안에 알맞은 수를 써넣으시오.

(1) $2\ m^3=$ □ cm^3

(2) $18\ m^3=$ □ cm^3

(3) $9000000\ cm^3=$ □ m^3

(4) $37000000\ cm^3=$ □ m^3

힌트 $1000000\ cm^3=1\ m^3$임을 이용합니다.

3-2 옳은 것에 ○표, 틀린 것에 ×표 하시오.

(1) $5\ m^3=5000000\ cm^3$ ( )

(2) $0.9\ m^3=9000000\ cm^3$ ( )

(3) $2800000\ cm^3=28\ m^3$ ( )

(4) $4000000\ cm^3=4\ m^3$ ( )

개념 확인하기

개념 1 직육면체의 부피를 비교해 볼까요

• 직육면체의 부피 비교하는 방법
① 직접 맞대어 비교하기
② 단위 물건 사용하여 비교하기

01 부피가 큰 직육면체부터 차례로 기호를 쓰시오.

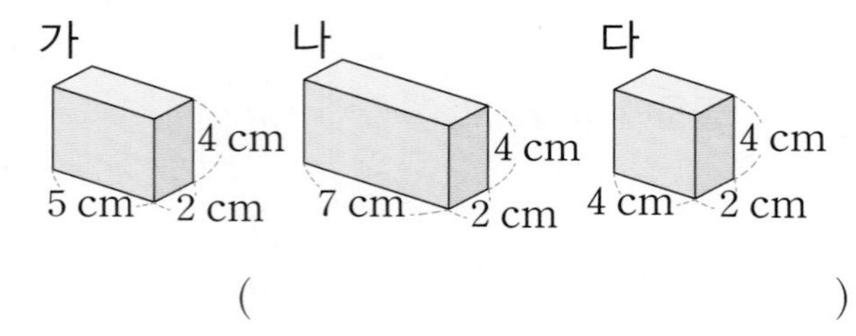

(　　　　　　　　　　)

익힘책 유형

02 두 상자에 크기가 같은 쌓기나무를 담아 두 상자의 부피를 비교하려고 합니다. 부피가 더 큰 상자는 어느 것입니까?

가 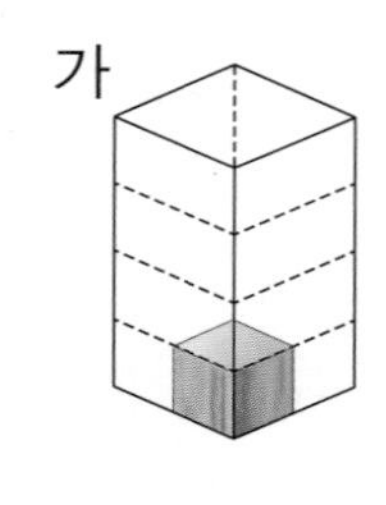 나 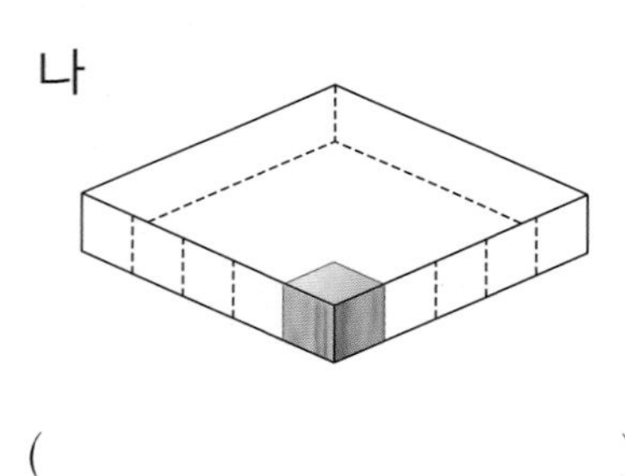

(　　　　　　　　　　)

개념 2 직육면체의 부피 구하는 방법을 알아볼까요

• (직육면체의 부피)
=(가로)×(세로)×(높이)
• (정육면체의 부피)
=(한 모서리의 길이)×(한 모서리의 길이)
×(한 모서리의 길이)

03 부피가 1 cm^3인 쌓기나무를 다음과 같이 직육면체 모양으로 쌓았습니다. 쌓기나무 수를 곱셈식으로 나타내고 직육면체의 부피를 구하시오.

• 쌓기나무 수: □×□×□=□(개)
• 부피: □ cm^3

교과서 유형

04 직육면체의 부피는 몇 cm^3입니까?

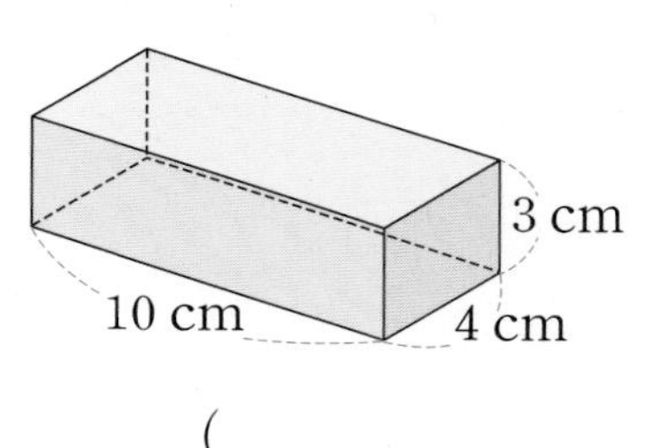

(　　　　　　　　　　)

05 한 모서리의 길이가 10 cm인 정육면체의 부피는 몇 cm^3인지 식을 쓰고 답을 구하시오.

식

답

06 주영이가 가지고 있는 직육면체 모양의 동화책과 선물 상자입니다. 부피가 더 큰 물건은 무엇입니까?

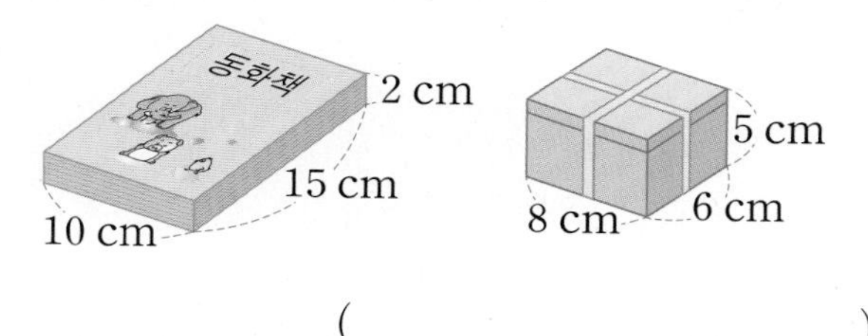

(　　　　　　　　　　)

익힘책 유형

07 직육면체 모양의 상자의 부피는 $24\ cm^3$입니다. 이 상자의 높이는 몇 cm입니까?

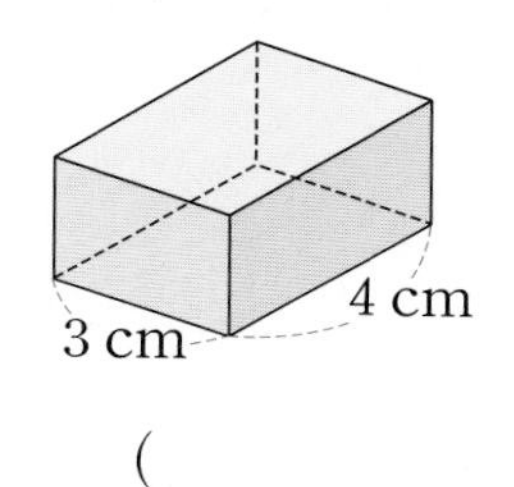

(　　　　　　　　　　)

개념 3 m^3를 알아볼까요

$1\ m^3$: 한 모서리의 길이가 1 m인 정육면체의 부피

$1000000\ cm^3 = 1\ m^3$

08 □ 안에 알맞은 수를 써넣으시오.

(1) $0.7\ m^3 =$ □ cm^3

(2) $1500000\ cm^3 =$ □ m^3

09 직육면체의 부피는 몇 m^3입니까?

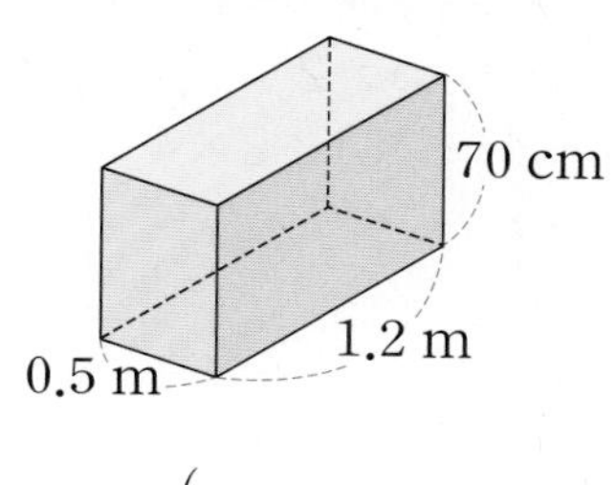

(　　　　　　　　　　)

10 부피가 큰 순서대로 기호를 쓰시오.

㉠ $2.1\ m^3$
㉡ $11000000\ cm^3$
㉢ 가로가 0.4 m, 세로가 0.5 m, 높이가 2 m인 직육면체의 부피

(　　　　　　　　　　)

• 쌓기나무 1개의 부피가 $1\ cm^3$일 때, 쌓기나무 ■개의 부피는 ■ cm^3입니다.
• (직육면체의 부피) = (가로) × (세로) × (높이) = (밑면의 넓이) × (높이)

개념 파헤치기

개념 4 직육면체의 겉넓이 구하는 방법을 알아볼까요 (1)

• 여섯 면의 넓이의 합으로 구하기

㉠+㉡+㉢+㉣+㉤+㉥
$=3\times2+3\times4+2\times4+3\times4+2\times4+3\times2$
$=52\ (\text{cm}^2)$

• 세 쌍의 합동인 면의 넓이(㉠, ㉡, ㉢)를 구해 각각 2배 한 뒤 더하기

㉠×2+㉡×2+㉢×2
$=(3\times2)\times2+(3\times4)\times2+(2\times4)\times2$
$=52\ (\text{cm}^2)$

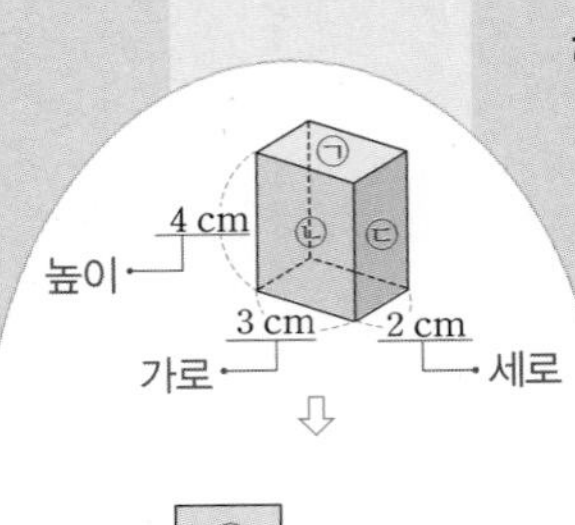

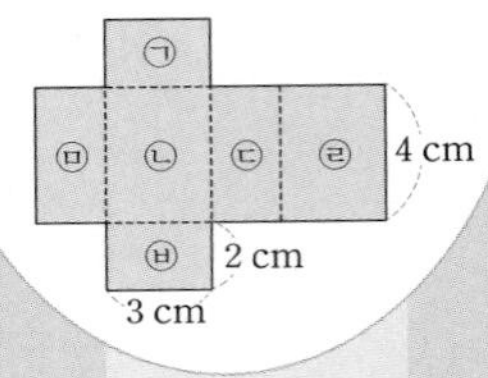

• 합동인 세 면의 넓이(㉠, ㉡, ㉢)의 합을 구한 뒤 2배 하기

(㉠+㉡+㉢)×2
$=(3\times2+3\times4+2\times4)\times2$
$=52\ (\text{cm}^2)$

• 옆면과 두 밑면의 넓이의 합으로 구하기

(㉤, ㉡, ㉢, ㉣)+㉠×2
$=(2+3+2+3)\times4+(3\times2)\times2$
$=52\ (\text{cm}^2)$

개념 체크

❶ (직육면체의 겉넓이)=(합동인 세 면의 넓이의 합)× ☐

❷ (직육면체의 겉넓이)=(옆면의 넓이)+(한 밑면의 넓이)× ☐

개념 체크 정답 ❶ 2 ❷ 2

기본 문제

쌍둥이 문제

• 정답은 37쪽

교과서 유형

1-1 직육면체 **가**의 겉넓이를 여러 가지 방법으로 구하려고 합니다. □ 안에 알맞은 수를 써넣으시오.

가

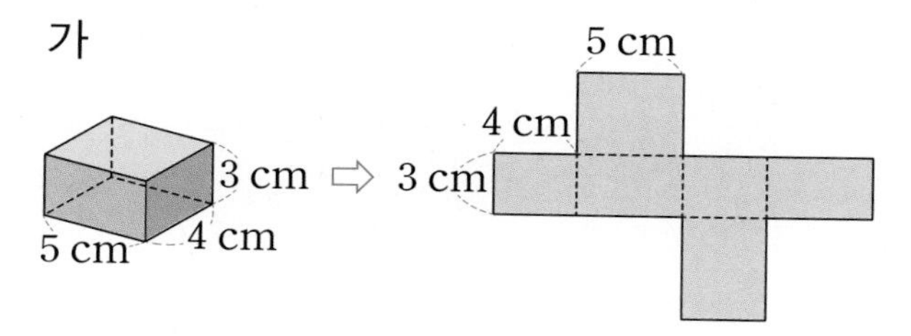

방법 1 (여섯 면의 넓이의 합)

$=20+15+12+15+\square+\square$

$=\square$ (cm^2)

방법 2 (합동인 세 면의 넓이의 합) $\times 2$

$=(20+15+\square)\times 2$

$=\square$ (cm^2)

힌트 합동인 면이 3쌍입니다.

1-2 직육면체 **가**의 겉넓이를 여러 가지 방법으로 구하려고 합니다. □ 안에 알맞은 수를 써넣으시오.

가

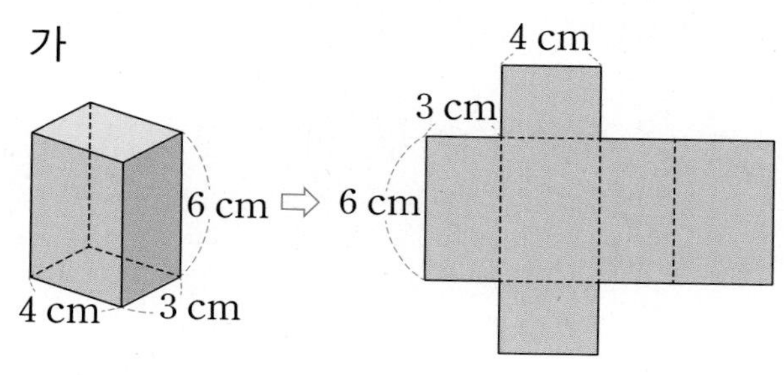

방법 1 (여섯 면의 넓이의 합)

$=12+24+18+24+\square+\square$

$=\square$ (cm^2)

방법 2 (한 꼭짓점에서 만나는 세 면의 넓이의 합) $\times 2$

$=(12+\square+\square)\times 2$

$=\square$ (cm^2)

2-1 직육면체의 겉넓이를 옆면과 두 밑면의 넓이의 합으로 구하려고 합니다. □ 안에 알맞은 수를 써넣으시오.

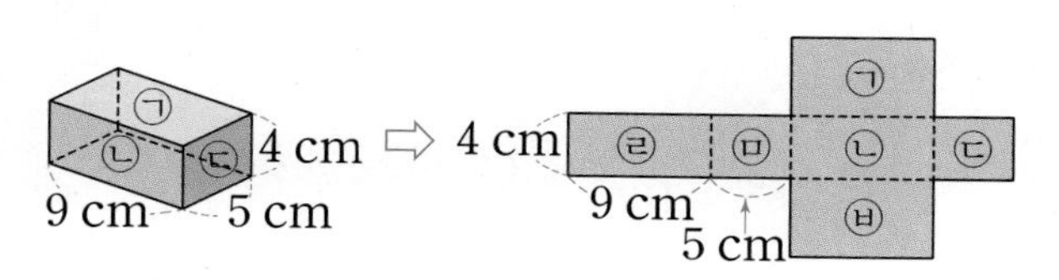

(옆면의 넓이) + (한 밑면의 넓이) $\times 2$

$=\square\times 4+\square\times\square\times 2$

$=\square$ (cm^2)

힌트 옆면은 ㉣+㉤+㉡+㉢이고 밑면은 ㉠, ㉥입니다.

2-2 직육면체의 겉넓이를 옆면과 두 밑면의 넓이의 합으로 구하려고 합니다. □ 안에 알맞은 수를 써넣으시오.

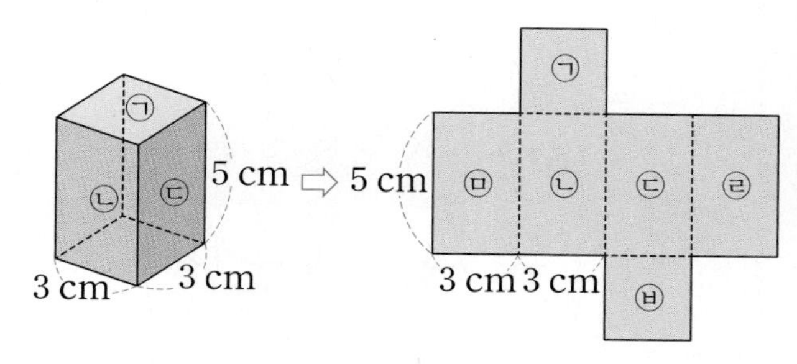

(옆면의 넓이) + (한 밑면의 넓이) $\times 2$

$=\square\times 5+\square\times\square\times 2$

$=\square$ (cm^2)

개념 5 직육면체의 겉넓이 구하는 방법을 알아볼까요(2)

• 정육면체의 겉넓이 구하기

(정육면체의 겉넓이)=(한 모서리의 길이)×(한 모서리의 길이)×6

예

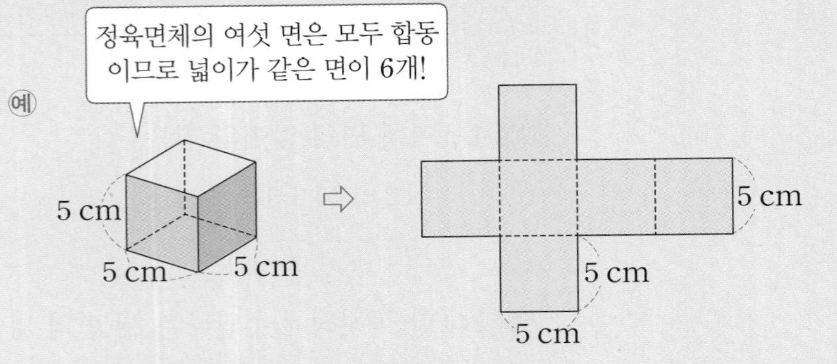

(정육면체의 겉넓이)
=(한 면의 넓이)×6 (6: 면의 수)
=(한 모서리의 길이)
×(한 모서리의 길이)×6
$=5\times5\times6$
$=150\ (cm^2)$

개념 체크

❶ 정육면체의 (다섯 , 여섯) 면은 모두 합동입니다.

❷ (정육면체의 겉넓이)
=(한 면의 넓이)×□
=(한 모서리의 길이)
×(한 모서리의 길이)
×□

개념 체크 정답 ❶ 여섯에 ○표 ❷ 6, 6

기본 문제

1-1 오른쪽 정육면체의 겉넓이를 구하려고 합니다. □ 안에 알맞은 수를 써넣으시오.

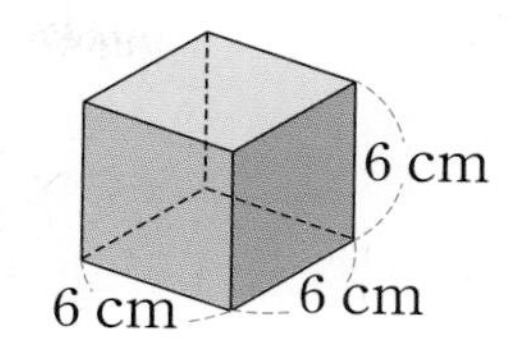

(1) (한 면의 넓이)

$=\square\times\square=\square\ (\text{cm}^2)$

(2) (정육면체의 겉넓이)

$=\square\times 6=\square\ (\text{cm}^2)$

힌트 (정육면체의 겉넓이)
=(한 면의 넓이)×6
=(한 모서리의 길이)×(한 모서리의 길이)×6

2-1 전개도를 접어서 만들 수 있는 정육면체의 겉넓이를 구하려고 합니다. □ 안에 알맞은 수를 써넣으시오.

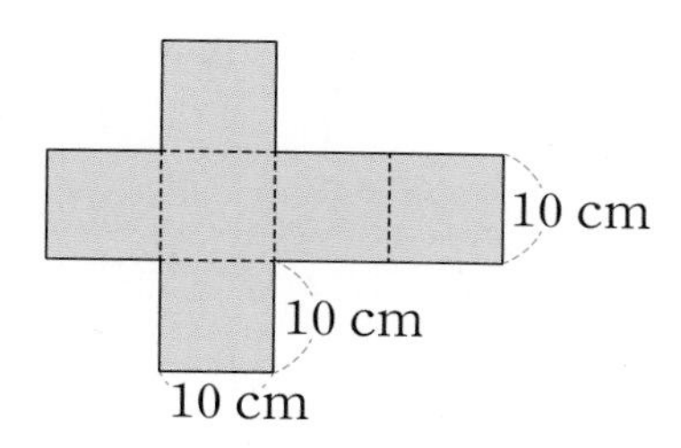

(한 모서리의 길이)×(한 모서리의 길이)×6

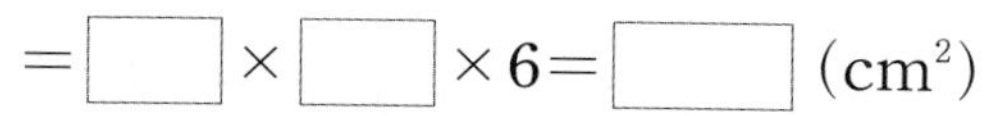

$=\square\times\square\times 6=\square\ (\text{cm}^2)$

힌트 전개도를 접으면 오른쪽과 같습니다.

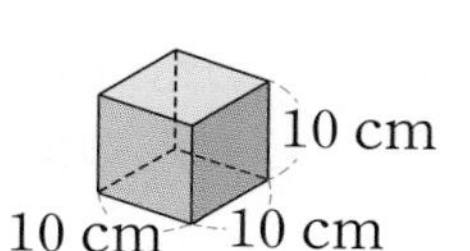

교과서 유형

3-1 오른쪽 정육면체의 겉넓이는 몇 cm^2입니까?

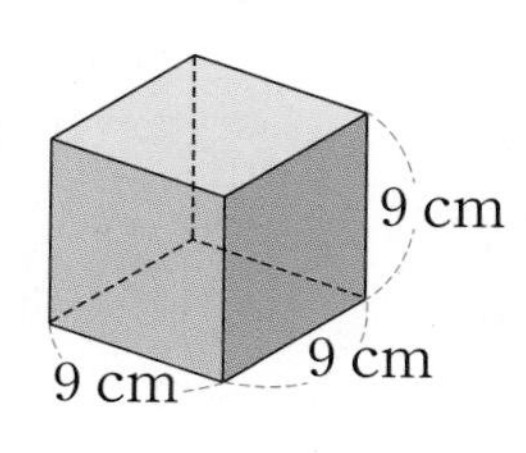

(　　　　　　　　)

힌트 (정육면체의 겉넓이)
=(한 모서리의 길이)×(한 모서리의 길이)×6

쌍둥이 문제

1-2 오른쪽 정육면체의 겉넓이를 구하려고 합니다. □ 안에 알맞은 수를 써넣으시오.

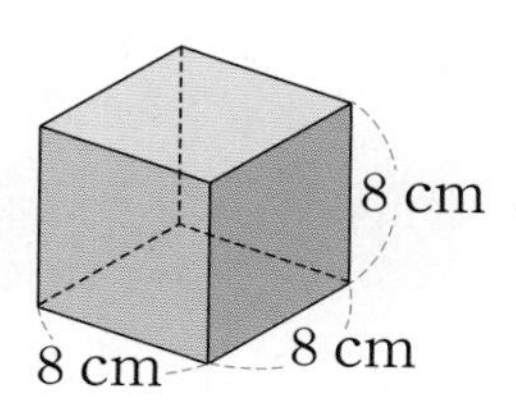

(1) (한 면의 넓이)

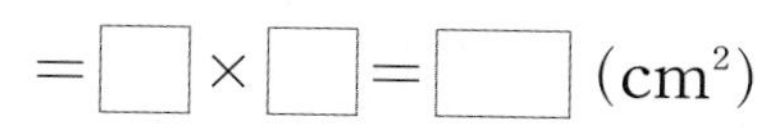

$=\square\times\square=\square\ (\text{cm}^2)$

(2) (정육면체의 겉넓이)

$=\square\times 6=\square\ (\text{cm}^2)$

2-2 전개도를 접어서 만들 수 있는 정육면체의 겉넓이를 구하려고 합니다. □ 안에 알맞은 수를 써넣으시오.

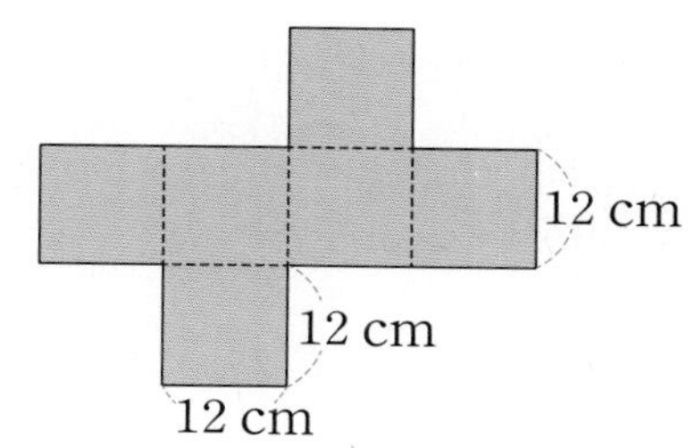

(한 모서리의 길이)×(한 모서리의 길이)×6

$=\square\times\square\times 6=\square\ (\text{cm}^2)$

3-2 정육면체의 겉넓이는 몇 cm^2입니까?

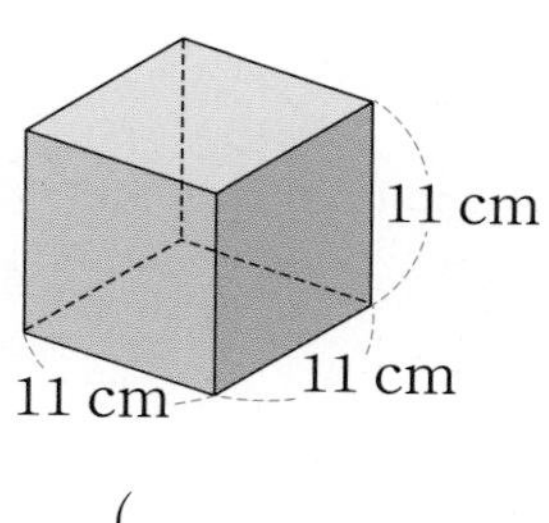

(　　　　　　　　)

개념 4 직육면체의 겉넓이 구하는 방법을 알아볼까요(1)

(직육면체의 겉넓이)
=(여섯 면의 넓이의 합)
=(합동인 세 면의 넓이의 합)×2
=(옆면의 넓이)+(한 밑면의 넓이)×2

교과서 유형

01 표를 완성하고 직육면체의 겉넓이는 몇 cm^2인지 구하시오.

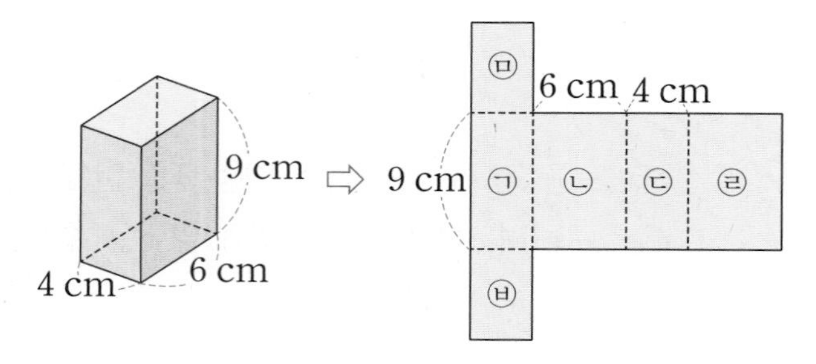

직사각형	㉠	㉡	㉢	㉣	㉤	㉥
넓이(cm^2)						

(여섯 면의 넓이의 합)
=□+□+□+□+□+□
=□ (cm^2)

02 과학 시간에 다음과 같이 직육면체 모양의 재생 비누를 만들었습니다. 재생 비누 한 개의 겉넓이는 몇 cm^2입니까?

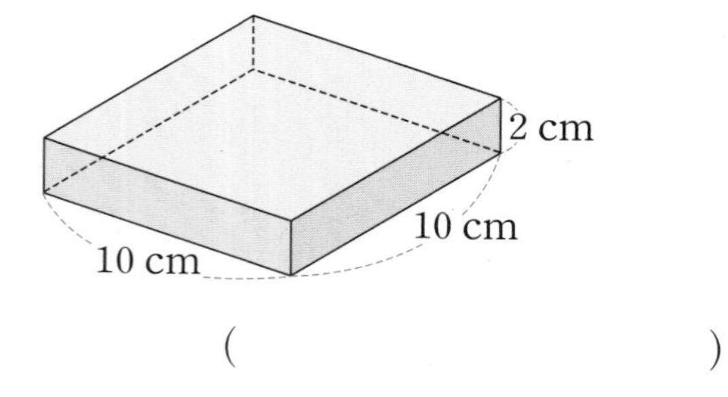

(   )

03 가로가 2 cm, 세로가 3 cm, 높이가 9 cm인 직육면체의 겉넓이는 몇 cm^2입니까?

(   )

04 다음 전개도를 이용하여 직육면체를 만들었습니다. 만든 직육면체의 겉넓이는 몇 cm^2입니까?

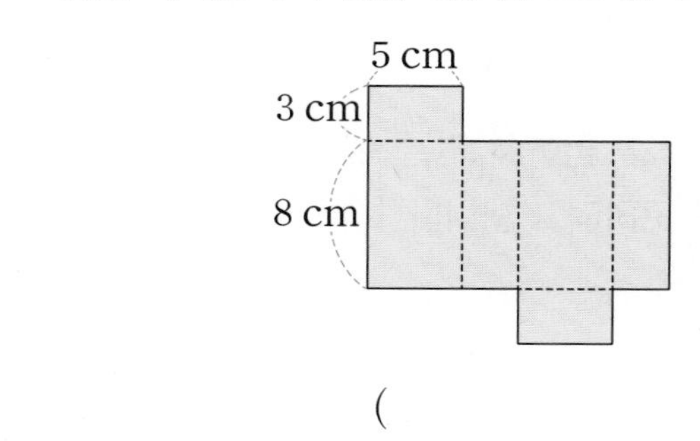

(   )

익힘책 유형

05 주혁이와 현아는 각각 직육면체 모양의 상자를 만들었습니다. 누가 만든 상자의 겉넓이가 얼마나 더 넓은지 구하시오.

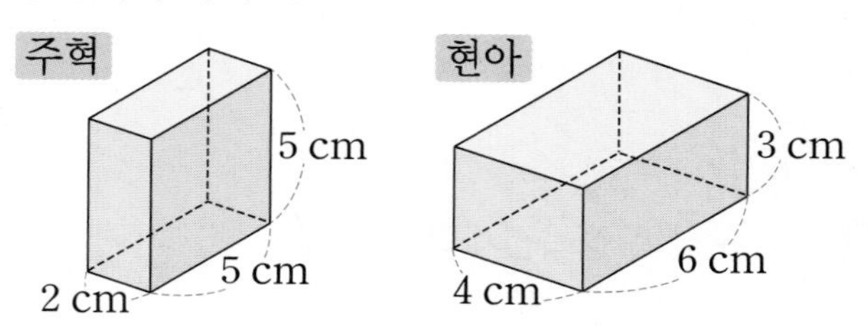

□가 만든 상자의 겉넓이가 □ cm^2 더 넓습니다.

• 정답은 38쪽

개념 5 직육면체의 겉넓이 구하는 방법을 알아볼까요 (2)

(정육면체의 겉넓이)
=(여섯 면의 넓이의 합)
=(한 면의 넓이)×6
=(한 모서리의 길이)×(한 모서리의 길이)×6

06 오른쪽 정육면체의 겉넓이를 구하려고 합니다. □ 안에 알맞은 수를 써넣으시오.

14 cm
14 cm 14 cm

(정육면체의 겉넓이)

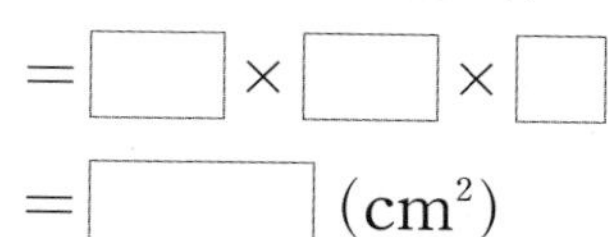

=□×□×□
=□ (cm²)

07 정육면체의 겉넓이는 몇 cm²입니까?

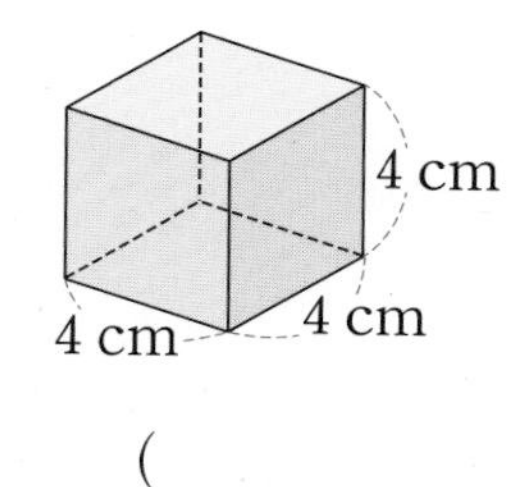

(   )

08 정육면체의 한 면의 넓이가 4 cm²일 때 겉넓이는 몇 cm²입니까?

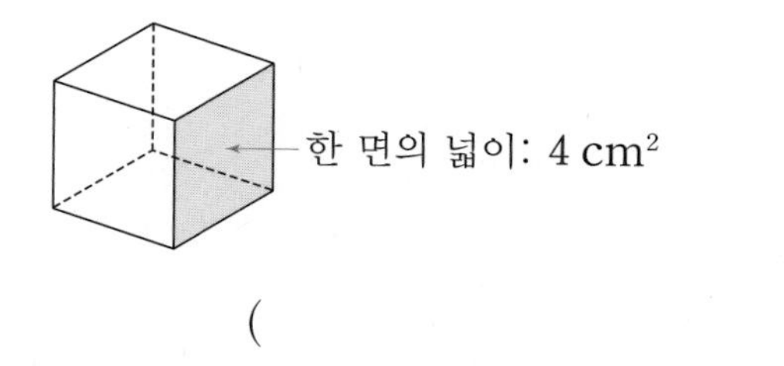

(   )

익힘책 유형

09 다음 전개도를 이용하여 정육면체 모양의 상자를 만들었습니다. 만든 상자의 겉넓이는 몇 cm²입니까?

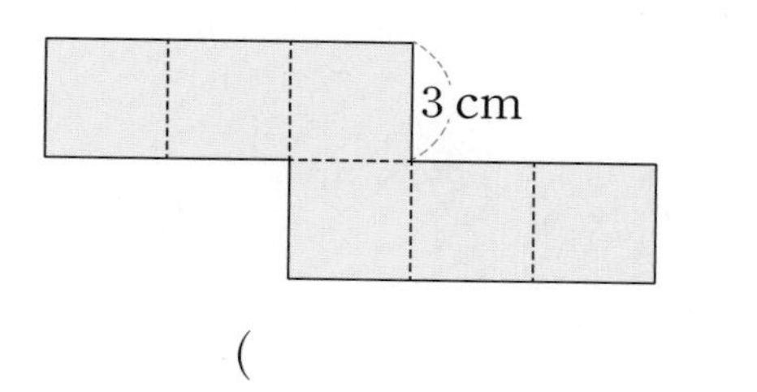

(   )

10 한 모서리의 길이가 15 cm인 정육면체의 겉넓이는 몇 cm²인지 식을 쓰고 답을 구하시오.

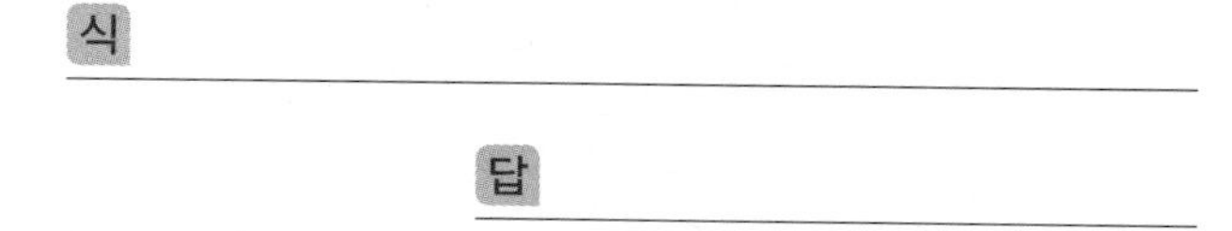

11 정육면체의 겉넓이는 384 cm²입니다. □ 안에 알맞은 수를 써넣으시오.

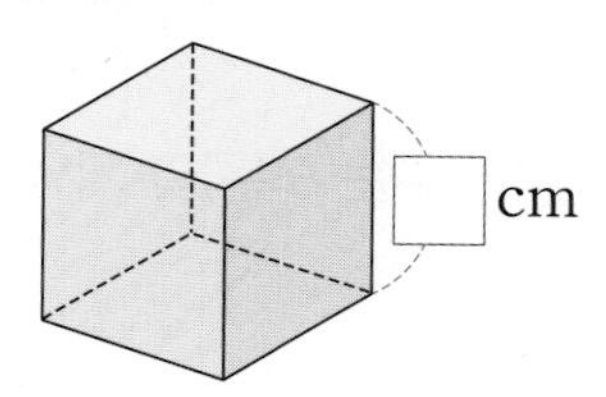

• (직육면체의 겉넓이)=(여섯 면의 넓이의 합)=(옆면의 넓이)+(한 밑면의 넓이)×2
• (정육면체의 겉넓이)=(한 모서리의 길이)×(한 모서리의 길이)×6

단원 마무리평가

점수

01 가와 나 중에서 부피가 더 큰 직육면체는 어느 것입니까?

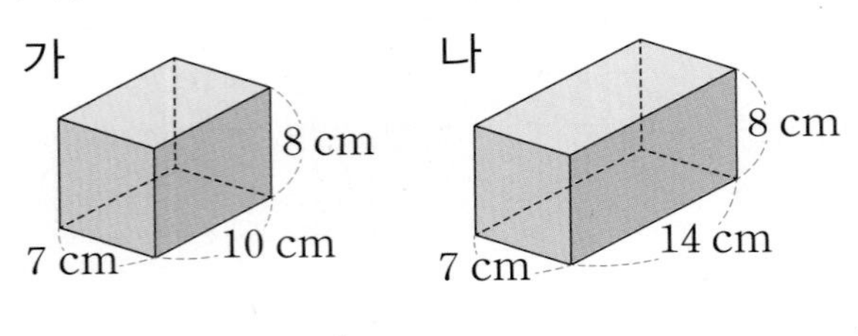

( )

02 □ 안에 알맞은 수를 써넣으시오.

부피가 1 cm^3인 쌓기나무를 사용하여 한 모서리의 길이가 1 m인 정육면체를 쌓는 데 쌓기나무가 □개 필요합니다.

⇨ $1\text{ m}^3=$□cm^3

[03~04] 부피가 1 cm^3인 쌓기나무로 직육면체를 만들었습니다. 물음에 답하시오.

03 사용한 쌓기나무는 모두 몇 개입니까?

( )

04 직육면체의 부피는 몇 cm^3입니까?

( )

05 크기가 같은 쌓기나무를 사용해 두 직육면체의 부피를 비교하여 ○ 안에 >, =, <를 알맞게 써넣으시오.

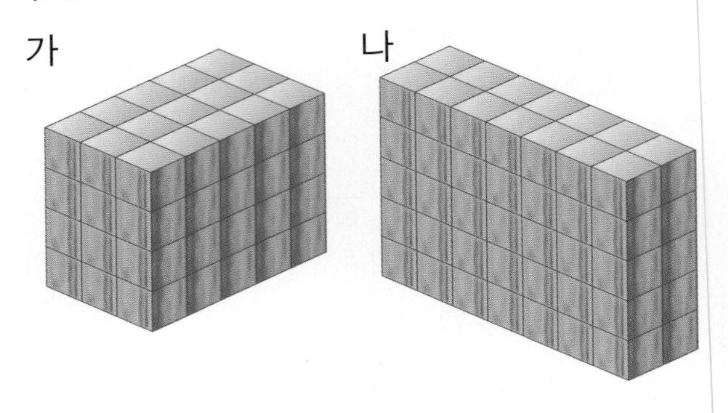

(가의 부피) ○ (나의 부피)

06 □ 안에 알맞은 수를 써넣으시오.

(1) $14\text{ m}^3=$□cm^3

(2) $60000000\text{ cm}^3=$□m^3

07 직육면체의 부피는 몇 cm^3입니까?

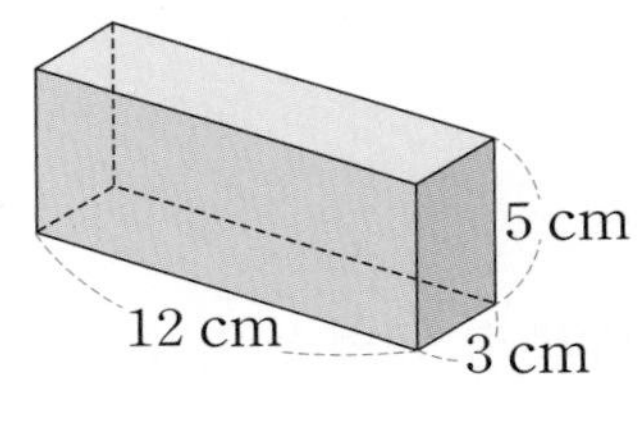

( )

08 정육면체의 부피는 몇 m^3입니까?

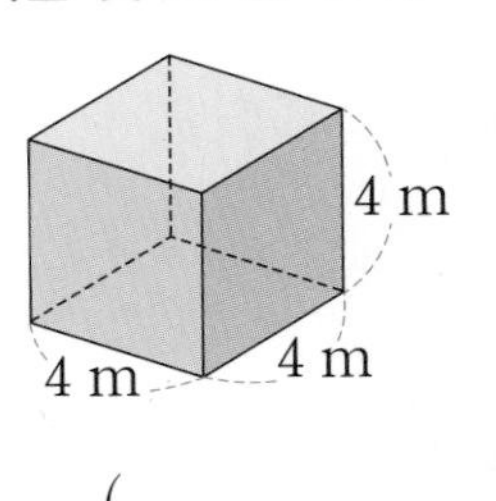

( )

[09~10] 직육면체의 부피는 몇 m^3인지 구하려고 합니다. 물음에 답하시오.

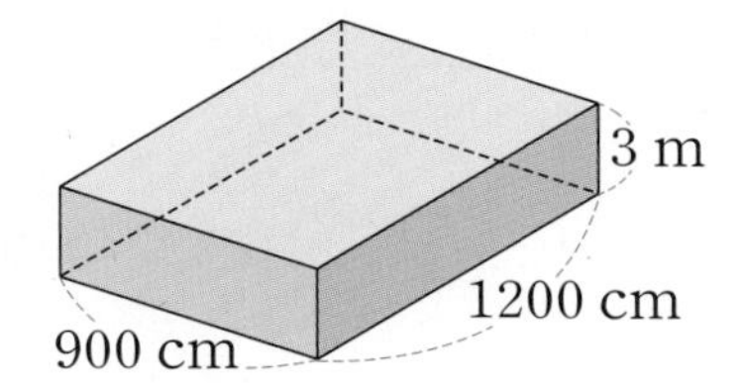

09 직육면체의 부피는 몇 cm^3입니까?

( )

10 직육면체의 부피는 몇 m^3입니까?

( )

11 잘못된 것은 어느 것입니까? ·········· ( )

① $0.4\ m^3 = 400000\ cm^3$

② $29\ m^3 = 29000000\ cm^3$

③ $10000000\ cm^3 = 10\ m^3$

④ $6.7\ m^3 = 67000000\ cm^3$

⑤ $56000000\ cm^3 = 56\ m^3$

12 호패는 직육면체 모양입니다. 호패 한 개의 겉넓이는 몇 cm^2입니까?

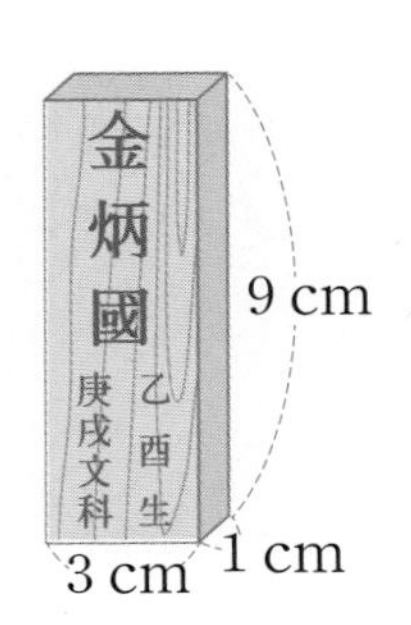

호패

조선 시대에 신분을 증명하기 위하여 16세 이상의 남자가 가지고 다녔던 패

( )

[13~14] 다음 전개도를 이용하여 직육면체 모양의 상자를 만들었습니다. 물음에 답하시오.

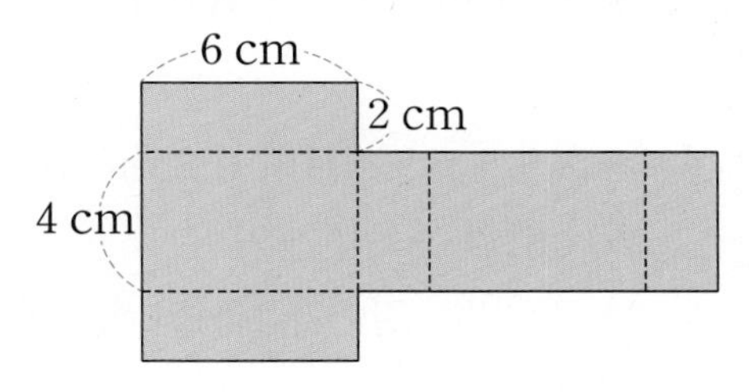

13 만든 상자의 겉넓이는 몇 cm^2입니까?

( )

14 만든 상자의 부피는 몇 cm^3입니까?

( )

15 한 모서리의 길이가 7 cm인 정육면체의 겉넓이는 몇 cm^2인지 식을 쓰고 답을 구하시오.

식

답

16 부피가 큰 순서대로 기호를 쓰시오.

㉠ 한 모서리의 길이가 0.5 m인 정육면체의 부피
㉡ 가로가 1 m, 세로가 0.2 m, 높이가 70 cm인 직육면체의 부피
㉢ 한 모서리의 길이가 1 m인 정육면체의 부피

( )

17 가와 나 중에서 겉넓이가 더 넓은 직육면체는 어느 것입니까?

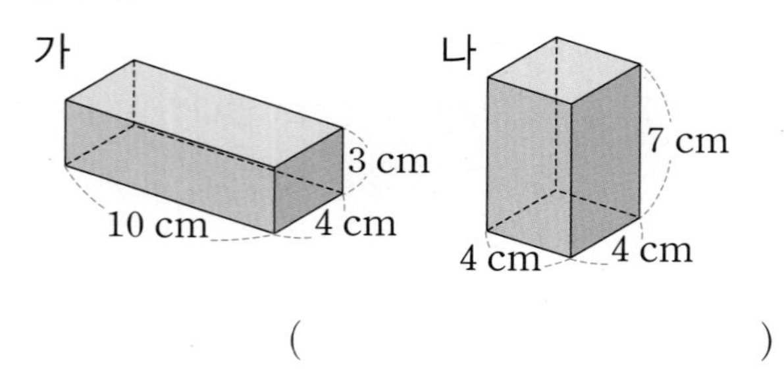

( )

18 직육면체 모양의 상자의 부피는 756 cm^3입니다. 이 상자의 높이는 몇 cm입니까?

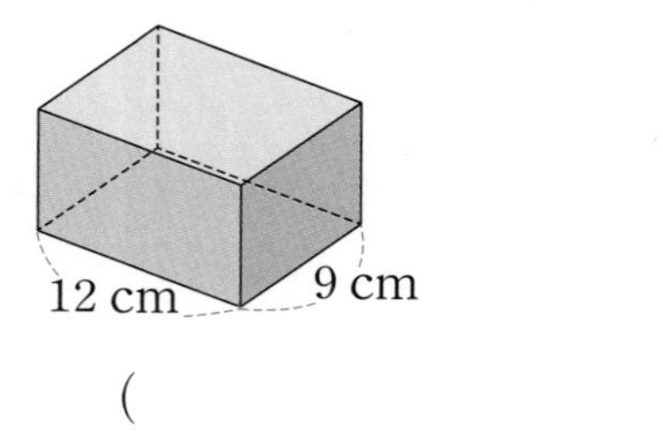

( )

19 ❶그림과 같은 직육면체 모양의 떡을 잘라서 정육면체 모양으로 만들려고 합니다. / ❷만들 수 있는 가장 큰 정육면체 모양 떡의 부피는 몇 cm^3입니까?

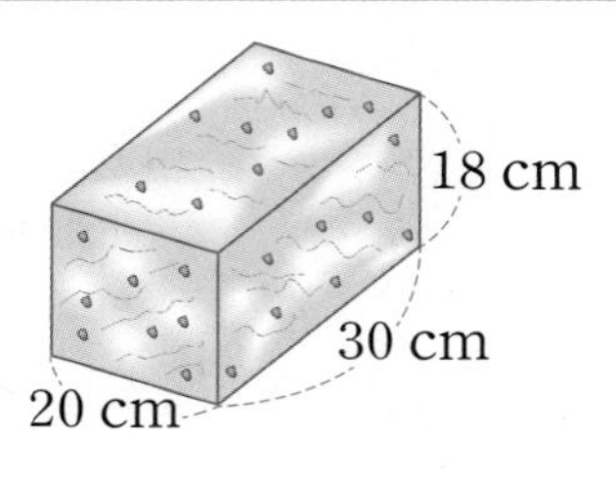

( )

❶ 만들 수 있는 가장 큰 정육면체의 한 모서리의 길이를 구합니다.

❷ ❶에서 구한 한 모서리의 길이를 이용하여 만들 수 있는 가장 큰 정육면체 모양의 부피를 구합니다.

20 ❶ 왼쪽 직육면체와 오른쪽 정육면체의 겉넓이가 같습니다. / ❷정육면체의 한 모서리의 길이는 몇 cm입니까?

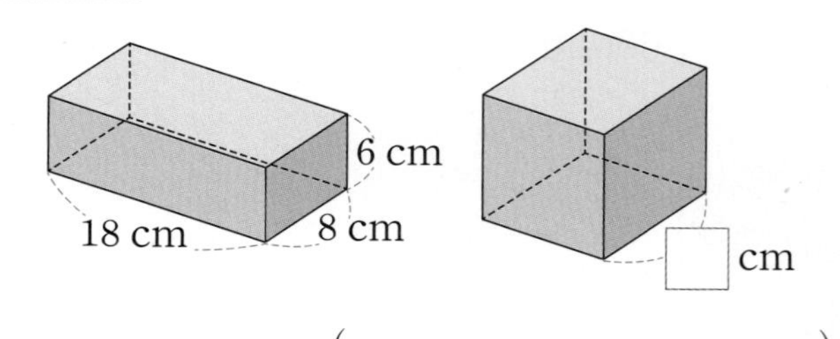

( )

❶ 직육면체의 겉넓이는 몇 cm^2인지 구합니다.

❷ 겉넓이가 같은 정육면체의 한 모서리의 길이는 몇 cm인지 구합니다.

창의·융합 문제

• 정답은 39쪽

[1~2] 집에서 볼 수 있는 물건 중에서 부피를 m^3 단위로 나타내기에 알맞은 물건을 알아보려고 합니다. 물음에 답하시오.

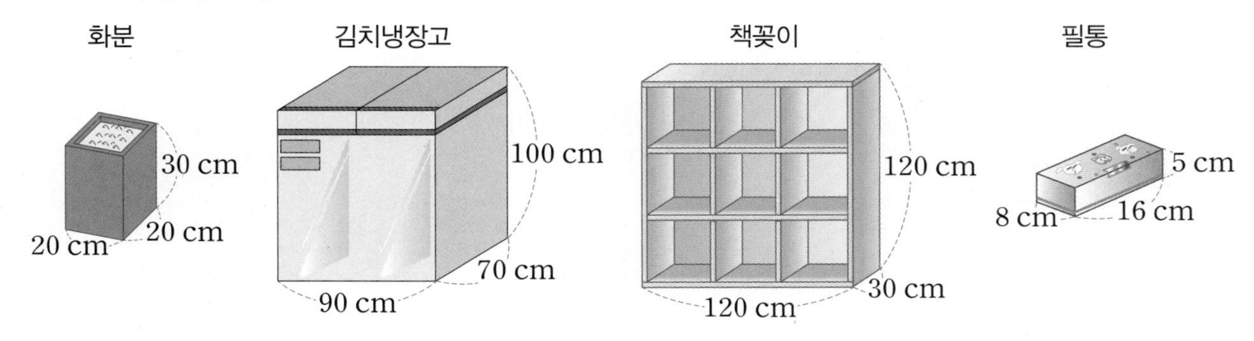

1 위 물건들 중에서 부피를 m^3 단위로 나타내기에 알맞은 물건을 2개 찾아 쓰고 물건의 부피를 구하시오.

물건		
부피 (m^3)		

2 주변에서 부피를 m^3 단위로 나타내기에 알맞은 물건을 찾아 보고 부피를 구하시오.

물건 (   )
부피 (   )

6 직육면체의 부피와 겉넓이

조건에 맞는 도형 나누기

도형을 조건에 맞게 나누어 보시오. (단, 모양을 뒤집어서 같은 것은 같은 모양으로 생각합니다.)

조건 1 똑같은 모양이 되도록 나눕니다

조건 2 나누어진 각 모양에는 ☀, ☁이 한 개씩 들어가야 합니다.

<4등분 하기>

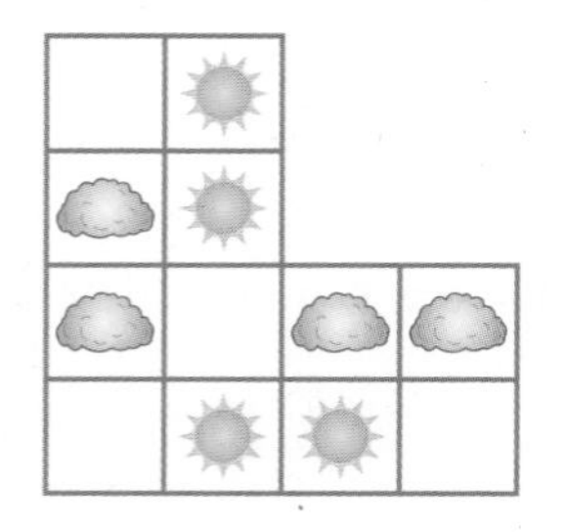

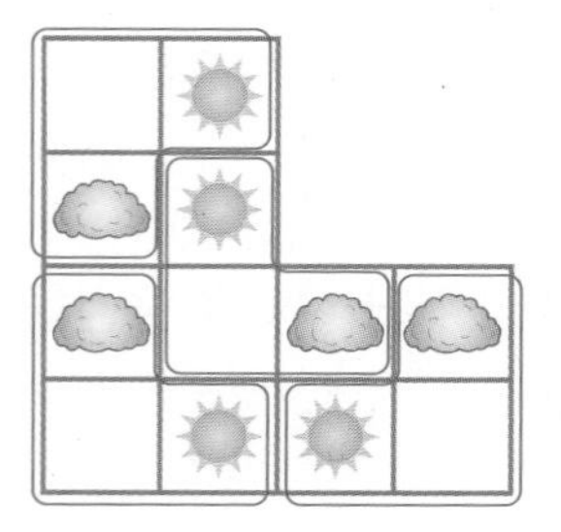

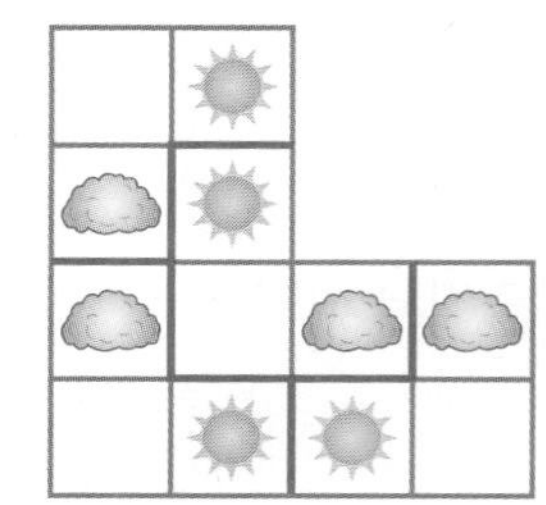

<4등분 하기>

1

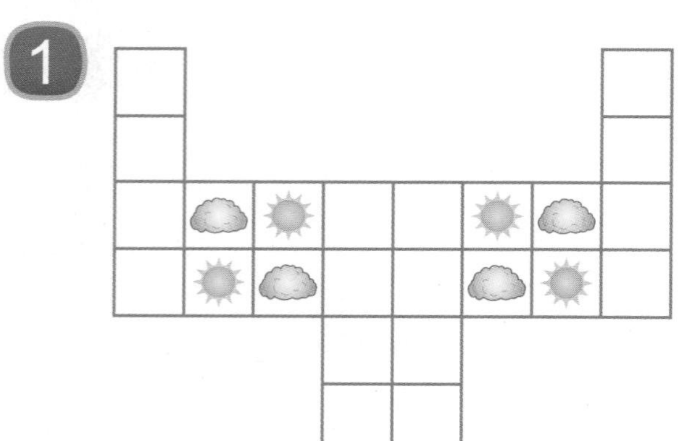

<5등분 하기>

2

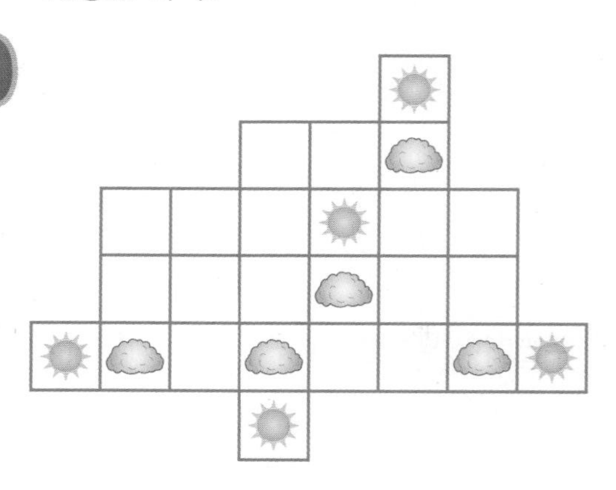

| 정답 | 1 예

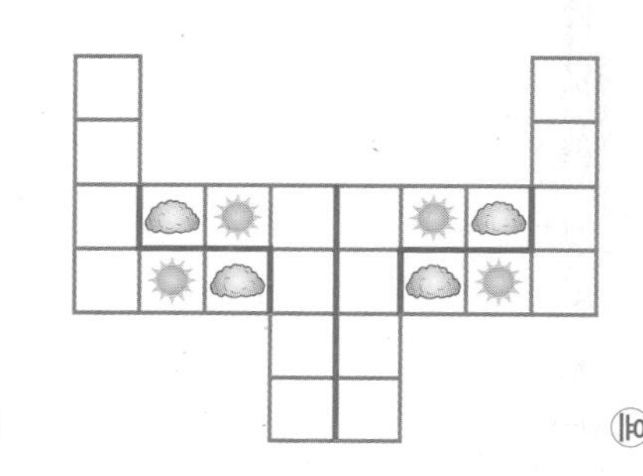

2

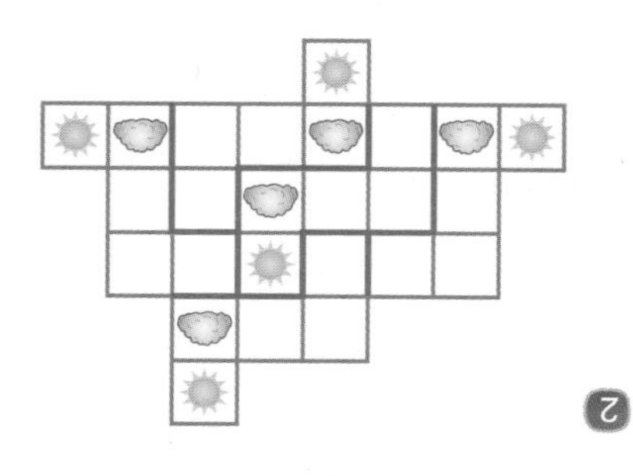

꼭 알아야 할 사자성어

'언행일치'는 '말과 행동이 같아야 한다'는 뜻을 가진 단어에요.
이것은 곧 말한 대로 지키는 것이
중요하다는 걸 의미하기도 해요.
오늘부터 부모님, 선생님, 친구와의 약속과
내가 세운 공부 계획부터 꼭 지켜보는 건 어떨까요?

모든 개념을
다 보는
해결의 법칙

개념 해결의 법칙

꼼꼼 풀이집

수학 6·1

천재교육

개념 해결의 법칙

꼼꼼 풀이집

1 분수의 나눗셈 ---- 2 쪽

2 각기둥과 각뿔 ---- 7 쪽

3 소수의 나눗셈 ---- 13 쪽

4 비와 비율 ---- 21 쪽

5 여러 가지 그래프 ---- 29 쪽

6 직육면체의 부피와 겉넓이 ---- 35 쪽

6-1

5~6학년군 수학③

1 분수의 나눗셈

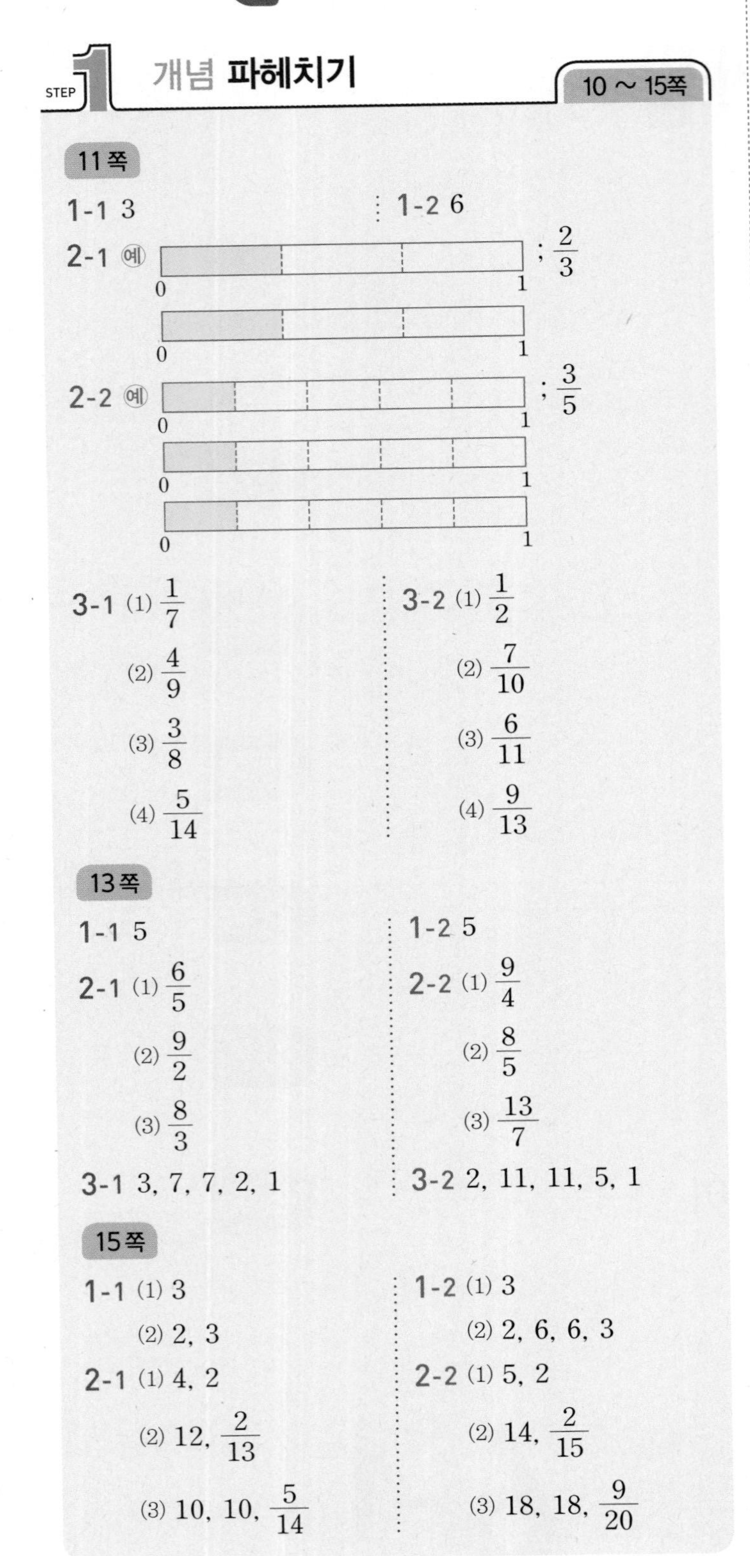

STEP 1 개념 파헤치기 10 ~ 15쪽

11쪽

1-1 3
1-2 6

2-1 예 (막대 그림) ; $\frac{2}{3}$

2-2 예 (막대 그림) ; $\frac{3}{5}$

3-1 (1) $\frac{1}{7}$ (2) $\frac{4}{9}$ (3) $\frac{3}{8}$ (4) $\frac{5}{14}$

3-2 (1) $\frac{1}{2}$ (2) $\frac{7}{10}$ (3) $\frac{6}{11}$ (4) $\frac{9}{13}$

13쪽

1-1 5
1-2 5

2-1 (1) $\frac{6}{5}$ (2) $\frac{9}{2}$ (3) $\frac{8}{3}$

2-2 (1) $\frac{9}{4}$ (2) $\frac{8}{5}$ (3) $\frac{13}{7}$

3-1 3, 7, 7, 2, 1
3-2 2, 11, 11, 5, 1

15쪽

1-1 (1) 3 (2) 2, 3
1-2 (1) 3 (2) 2, 6, 6, 3

2-1 (1) 4, 2 (2) 12, $\frac{2}{13}$ (3) 10, 10, $\frac{5}{14}$

2-2 (1) 5, 2 (2) 14, $\frac{2}{15}$ (3) 18, 18, $\frac{9}{20}$

11쪽

1-1 $1\div3$은 전체를 3등분 한 것 중의 하나이므로 $\frac{1}{3}$입니다.

1-2 $1\div6$은 전체를 6등분 한 것 중의 하나이므로 $\frac{1}{6}$입니다.

2-1 $2\div3$은 $\frac{1}{3}$이 2개이므로 $\frac{2}{3}$입니다.

2-2 $3\div5$는 $\frac{1}{5}$이 3개이므로 $\frac{3}{5}$입니다.

3-2 (자연수)÷(자연수)의 몫은 나누어지는 수를 분자, 나누는 수를 분모로 하는 분수로 나타낼 수 있습니다.

13쪽

1-1 생각 열기 $●\div■=\frac{●}{■}$

1-2 생각 열기 (자연수)÷(자연수)의 몫을 분수로 나타낼 때 나누어지는 수는 분자에 놓고 나누는 수는 분모에 놓습니다.

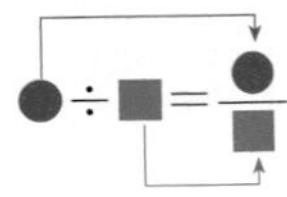

5개를 모두 4로 나누었으므로 $\frac{1}{4}$이 5개입니다.

⇨ $5\div4=\frac{5}{4}$

2-2 (1) $9\div4=\frac{9}{4}$

(2) $8\div5=\frac{8}{5}$

(3) $13\div7=\frac{13}{7}$

3-1 $1\div■$는 $\frac{1}{■}$이고 $●\div■$는 $\frac{1}{■}$이 ●개인 것과 같습니다.

$1\div3=\frac{1}{3}$입니다.

$7\div3$은 $\frac{1}{3}$이 7개입니다.

따라서 $7\div3=\frac{7}{3}=2\frac{1}{3}$입니다.

3-2 $1\div2$는 $\frac{1}{2}$이고 $11\div2$는 $\frac{1}{2}$이 11개인 것과 같으므로 $11\div2=\frac{11}{2}=5\frac{1}{2}$입니다.

15쪽

1-2 (1) $\frac{3}{5}$을 똑같이 둘로 나누면 10칸 중 3칸이므로 $\frac{3}{10}$입니다.

(2) $\frac{3}{5}$에서 3이 2의 배수가 아니므로 2의 배수가 되도록 $\frac{3}{5}=\frac{3\times2}{5\times2}$로 바꾸어 계산합니다.

2-1 생각 열기

① 분자가 자연수의 배수일 때: 분자를 자연수로 나눕니다.

② 분자가 자연수의 배수가 아닐 때: 크기가 같은 분수 중에 분자가 자연수의 배수인 수로 바꾸어 계산합니다.

2-2 (1) 분자 10이 자연수 5의 배수입니다.

$\frac{10}{19}\div5=\frac{10\div5}{19}=\frac{2}{19}$

(2) 분자 14가 자연수 7의 배수입니다.

⇨ $\frac{14}{15}\div7=\frac{14\div7}{15}=\frac{2}{15}$

(3) 분자 9가 자연수 2의 배수가 아닙니다.

⇨ $\frac{9}{10}\div2=\frac{9\times2}{10\times2}\div2=\frac{18}{20}\div2=\frac{18\div2}{20}=\frac{9}{20}$

STEP 2 개념 확인하기 (16 ~ 17쪽)

01 (1) $\frac{2}{7}$ (2) $\frac{5}{11}$ 02 $\frac{1}{7}$, 3, $\frac{3}{7}$

03 $\frac{9}{17}$ 04 $\frac{1}{8}$ L

05 (1) $\frac{8}{5}\left(=1\frac{3}{5}\right)$ (2) $\frac{11}{4}\left(=2\frac{3}{4}\right)$ 06 >

07 4, 4, 4, 4, 9 08 $\frac{7}{3}$ kg$\left(=2\frac{1}{3}\text{ kg}\right)$

09 예 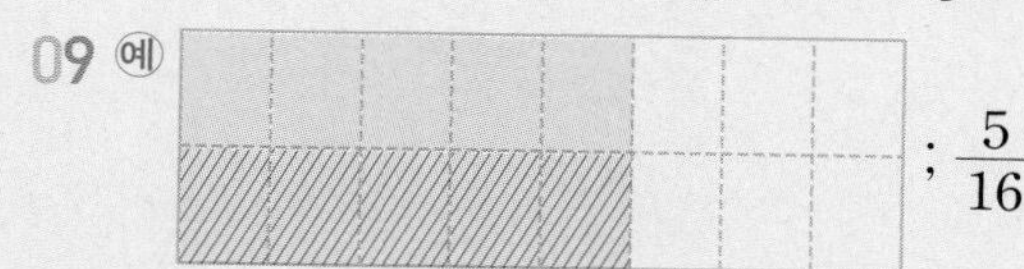 ; $\frac{5}{16}$

10 (1) $\frac{3}{13}$ (2) $\frac{5}{21}$ 11 < 12 $\frac{3}{28}$ m

01 ▲÷■=$\frac{▲}{■}$

02 $1\div7=\frac{1}{7}$이고 3÷7은 $\frac{1}{7}$이 3개인 것과 같으므로 $3\div7=\frac{3}{7}$입니다.

03 $9\div17=\frac{9}{17}$

04 (학생 한 명이 마신 물의 양)=(물 전체의 양)÷(학생 수)

$=1\div8=\frac{1}{8}$ (L)

05 몫이 가분수이면 대분수로 나타낼 수 있습니다.

06 $15\div6=\frac{15}{6}=2\frac{3}{6}$ ⇨ $2\frac{3}{6}>2\frac{1}{6}$

07 9÷5의 몫은 1이고 나머지는 4입니다.

나머지 4를 다시 5로 나누면 몫은 $\frac{4}{5}$이므로

$9\div5=1\frac{4}{5}=\frac{9}{5}$입니다.

08 (한 접시에 담아야 하는 떡의 양)

$=7\div3=\frac{7}{3}$ (kg)$=2\frac{1}{3}$ (kg)

09 $\frac{5}{8}$를 2로 나누려면 $\frac{5}{8}$를 $\frac{10}{16}$으로 바꿉니다. 이를 두 부분으로 나누면 $\frac{5}{16}$가 됩니다. ⇨ $\frac{5}{8}\div2=\frac{5}{16}$

10 (1) 분자가 자연수의 배수이므로 분수의 분자를 자연수로 나눕니다.

$\frac{12}{13}\div4=\frac{12\div4}{13}=\frac{3}{13}$

(2) 분자가 자연수의 배수가 아닐 때에는 크기가 같은 분수 중에서 분자가 자연수의 배수인 분수로 바꾸어 계산합니다.

$\frac{5}{7}\div3=\frac{5\times3}{7\times3}\div3=\frac{15}{21}\div3=\frac{15\div3}{21}=\frac{5}{21}$

11 $\frac{10}{19}\div5=\frac{10\div5}{19}=\frac{2}{19}$, $\frac{18}{19}\div6=\frac{18\div6}{19}=\frac{3}{19}$ ⇨ $\frac{2}{19}<\frac{3}{19}$

12 정사각형은 네 변의 길이가 같으므로 한 변의 길이는

$\frac{3}{7}\div4=\frac{12}{28}\div4=\frac{12\div4}{28}=\frac{3}{28}$ (m)입니다.

STEP 1 개념 파헤치기 (18 ~ 21쪽)

19쪽

1-1 $\frac{1}{2}$, $\frac{1}{2}$, $\frac{4}{12}\left(=\frac{1}{3}\right)$

1-2 $\frac{1}{4}$, $\frac{1}{4}$, $\frac{1}{12}$

2-1 (1) $\frac{1}{7}$, $\frac{3}{35}$ (2) $\frac{1}{5}$, $\frac{7}{45}$ (3) $\frac{1}{7}$, $\frac{5}{28}$ (4) $\frac{1}{5}$, $\frac{8}{15}$

2-2 (1) $\frac{1}{3}$, $\frac{5}{18}$ (2) $\frac{1}{6}$, $\frac{5}{48}$ (3) $\frac{1}{4}$, $\frac{7}{12}$ (4) $\frac{1}{8}$, $\frac{4}{24}\left(=\frac{1}{6}\right)$

21쪽

1-1 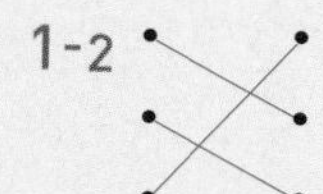

1-2

2-1 (1) 12, $\frac{3}{11}$ (2) 10, 7, $\frac{10}{21}$

2-2 (1) 9, $\frac{3}{4}$ (2) 21, 7, $\frac{21}{35}\left(=\frac{3}{5}\right)$

3-1 (1) 15, 5 (2) 15, 3, 15

3-2 (1) 8, 2 (2) 8, 4, 8

19쪽

1-1 생각 열기 $\frac{4}{6}\div 2 \Rightarrow \frac{4}{6}$의 $\frac{1}{2} \Rightarrow \frac{4}{6}\times\frac{1}{2}$

$\frac{4}{6}\div 2$는 $\frac{4}{6}$를 똑같이 2로 나눈 것 중의 하나입니다.

이것은 $\frac{4}{6}$의 $\frac{1}{2}$이므로 $\frac{4}{6}\times\frac{1}{2}$입니다.

$\Rightarrow \frac{4}{6}\div 2=\frac{4}{6}\times\frac{1}{2}=\frac{4}{12}\left(=\frac{1}{3}\right)$

1-2 $\frac{1}{3}\div 4$는 $\frac{1}{3}$을 똑같이 4로 나눈 것 중의 하나입니다.

이것은 $\frac{1}{3}$의 $\frac{1}{4}$이므로 $\frac{1}{3}\times\frac{1}{4}$입니다.

$\Rightarrow \frac{1}{3}\div 4=\frac{1}{3}\times\frac{1}{4}=\frac{1}{12}$

2-1 생각 열기 $\frac{▲}{■}\div ●=\frac{▲}{■}\times\frac{1}{●}=\frac{▲}{■\times ●}$

(1) $\frac{3}{5}\div 7=\frac{3}{5}\times\frac{1}{7}=\frac{3}{35}$

(2) $\frac{7}{9}\div 5=\frac{7}{9}\times\frac{1}{5}=\frac{7}{45}$

(3) $\frac{5}{4}\div 7=\frac{5}{4}\times\frac{1}{7}=\frac{5}{28}$

(4) $\frac{8}{3}\div 5=\frac{8}{3}\times\frac{1}{5}=\frac{8}{15}$

2-2 (1) $\frac{5}{6}\div 3=\frac{5}{6}\times\frac{1}{3}=\frac{5}{18}$

(2) $\frac{5}{8}\div 6=\frac{5}{8}\times\frac{1}{6}=\frac{5}{48}$

(3) $\frac{7}{3}\div 4=\frac{7}{3}\times\frac{1}{4}=\frac{7}{12}$

(4) $\frac{4}{3}\div 8=\frac{4}{3}\times\frac{1}{8}=\frac{4}{24}\left(=\frac{1}{6}\right)$

21쪽

1-1 $1\frac{1}{4}\div 3=\frac{5}{4}\div 3=\frac{5}{4}\times\frac{1}{3}$

$2\frac{2}{5}\div 2=\frac{12}{5}\div 2=\frac{12}{5}\times\frac{1}{2}$

$1\frac{2}{3}\div 5=\frac{5}{3}\div 5=\frac{5}{3}\times\frac{1}{5}$

1-2 $2\frac{1}{2}\div 5=\frac{5}{2}\div 5=\frac{5}{2}\times\frac{1}{5}$

$1\frac{3}{4}\div 4=\frac{7}{4}\div 4=\frac{7}{4}\times\frac{1}{4}$

$1\frac{3}{5}\div 3=\frac{8}{5}\div 3=\frac{8}{5}\times\frac{1}{3}$

2-1 (1) $1\frac{1}{11}\div 4=\frac{12}{11}\div 4=\frac{12\div 4}{11}=\frac{3}{11}$

(2) $3\frac{1}{3}\div 7=\frac{10}{3}\div 7=\frac{10}{3}\times\frac{1}{7}=\frac{10}{21}$

2-2 (1) $2\frac{1}{4}\div 3=\frac{9}{4}\div 3=\frac{9\div 3}{4}=\frac{3}{4}$

(2) $4\frac{1}{5}\div 7=\frac{21}{5}\div 7=\frac{21}{5}\times\frac{1}{7}=\frac{21}{35}\left(=\frac{3}{5}\right)$

3-1 생각 열기 먼저 대분수를 가분수로 바꾸어 계산합니다.

(1) 분자를 자연수로 나누어 계산합니다.

$2\frac{1}{7}\div 3=\frac{15}{7}\div 3=\frac{15\div 3}{7}=\frac{5}{7}$

(2) 분수의 곱셈으로 나타내어 계산합니다.

$2\frac{1}{7}\div 3=\frac{15}{7}\div 3=\frac{15}{7}\times\frac{1}{3}=\frac{15}{21}$

3-2 (1) 분자를 자연수로 나누어 계산합니다.

$1\frac{3}{5}\div 4=\frac{8}{5}\div 4=\frac{8\div 4}{5}=\frac{2}{5}$

(2) 분수의 곱셈으로 나타내어 계산합니다.

$1\frac{3}{5}\div 4=\frac{8}{5}\div 4=\frac{8}{5}\times\frac{1}{4}=\frac{8}{20}$

STEP 2 개념 확인하기 (22 ~ 23쪽)

01 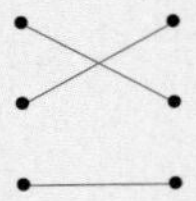

02 2, 2, 2, $\frac{5}{14}$

03 (1) $\frac{3}{8}$ (2) $\frac{7}{50}$

04 <

05 $\frac{1}{27}$

06 $\frac{8}{15}$ m

07 ( )(○)( )

08 (1) $\frac{12}{20}\left(=\frac{3}{5}\right)$ (2) $\frac{13}{20}$

09 $\frac{21}{35}\left(=\frac{3}{5}\right)$

10 $\frac{25}{42}$, $\frac{11}{24}$

11 예 $2\frac{4}{5}\div 2=\frac{14}{5}\div 2=\frac{\overset{7}{\cancel{14}}}{5}\times\frac{1}{\underset{1}{\cancel{2}}}=\frac{7}{5}\left(=1\frac{2}{5}\right)$

12 1, 2

01 $\frac{1}{3}\div 2=\frac{1}{3}\times\frac{1}{2}$, $\frac{7}{3}\div 5=\frac{7}{3}\times\frac{1}{5}$, $\frac{2}{3}\div 5=\frac{2}{3}\times\frac{1}{5}$

02 $\frac{5}{7}\div 2 \Rightarrow \frac{5}{7}$의 $\frac{1}{2} \Rightarrow \frac{5}{7}\times\frac{1}{2}$

03 (1) $\frac{3}{4}\div 2=\frac{3}{4}\times\frac{1}{2}=\frac{3}{8}$

(2) $\frac{7}{5}\div 10=\frac{7}{5}\times\frac{1}{10}=\frac{7}{50}$

04 $\frac{10}{19}\div 5=\frac{10\div 5}{19}=\frac{2}{19}$

$\frac{18}{19}\div 6=\frac{18\div 6}{19}=\frac{3}{19}$

$\Rightarrow \frac{2}{19}<\frac{3}{19}$

05 $\frac{10}{7}$(가분수), $\frac{2}{9}$(진분수), 6(자연수), $\frac{4}{3}$(가분수)

⇨ $\frac{2}{9}\div 6=\frac{\overset{1}{\cancel{2}}}{9}\times\frac{1}{\underset{3}{\cancel{6}}}=\frac{1}{27}$

06 정삼각형은 세 변의 길이가 모두 같으므로 한 변의 길이는 $\frac{8}{5}\div 3=\frac{8}{5}\times\frac{1}{3}=\frac{8}{15}$ (m)입니다.

07 $2\frac{2}{3}\div 11=\frac{8}{3}\div 11=\frac{8}{3}\times\frac{1}{11}$

08 (1) $2\frac{2}{5}\div 4=\frac{12}{5}\div 4=\frac{12}{5}\times\frac{1}{4}=\frac{12}{20}\left(=\frac{3}{5}\right)$

다른 풀이

분자를 자연수로 나누어 계산할 수도 있습니다.

$2\frac{2}{5}\div 4=\frac{12}{5}\div 4=\frac{12\div 4}{5}=\frac{3}{5}$

(2) $1\frac{3}{10}\div 2=\frac{13}{10}\div 2=\frac{13}{10}\times\frac{1}{2}=\frac{13}{20}$

09 $4\frac{1}{5}\div 7=\frac{21}{5}\div 7=\frac{21}{5}\times\frac{1}{7}=\frac{21}{35}\left(=\frac{3}{5}\right)$

10 $4\frac{1}{6}\div 7=\frac{25}{6}\div 7=\frac{25}{6}\times\frac{1}{7}=\frac{25}{42}$

$2\frac{3}{4}\div 6=\frac{11}{4}\div 6=\frac{11}{4}\times\frac{1}{6}=\frac{11}{24}$

11 대분수를 가분수로 바꾸지 않고 계산하여 틀렸습니다.

참고

① 계산의 마지막에 약분하여 나타낼 수 있습니다.

$2\frac{4}{5}\div 2=\frac{14}{5}\div 2=\frac{14}{5}\times\frac{1}{2}=\frac{\overset{7}{\cancel{14}}}{\underset{5}{\cancel{10}}}=\frac{7}{5}\left(=1\frac{2}{5}\right)$

② 분자를 자연수로 나누어 계산할 수 있습니다.

$2\frac{4}{5}\div 2=\frac{14}{5}\div 2=\frac{14\div 2}{5}=\frac{7}{5}\left(=1\frac{2}{5}\right)$

12 $2\frac{1}{4}\div\square$가 1보다 크려면 □ 안에 들어갈 자연수는 나누어지는 수인 $2\frac{1}{4}$보다 작아야 합니다. 따라서 □ 안에 들어갈 수 있는 자연수는 1, 2입니다.

STEP 3 단원 마무리평가

24 ~ 27쪽

01 $\frac{3}{4}$

02 (1) $\frac{2}{7}$ (2) $\frac{10}{19}$

03 ④

04 예 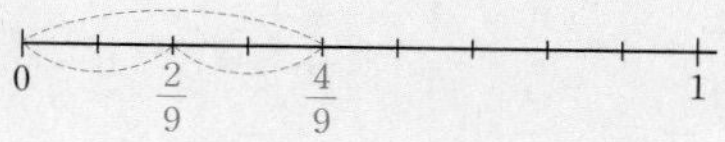 ; $\frac{2}{9}$

05 (1) $\frac{2}{45}$ (2) $\frac{2}{5}$

06 예 $\frac{4}{9}\div 3=\frac{12}{27}\div 3=\frac{12\div 3}{27}=\frac{4}{27}$

07 $\frac{9}{28}$

08 ⑤

09 예 $1\frac{3}{7}\div 6=\frac{10}{7}\times 6$에서 $\div 6$을 $\times\frac{1}{6}$로 고쳐서 계산해야 하는데 ÷를 ×로만 고쳐서 계산해서 틀렸습니다.

10 예 $1\frac{3}{7}\div 6=\frac{10}{7}\div 6=\frac{10}{7}\times\frac{1}{6}=\frac{10}{42}\left(=\frac{5}{21}\right)$

11 <

12 $\frac{4}{7}$, $\frac{4}{84}\left(=\frac{1}{21}\right)$

13 $\frac{13}{6}\left(=2\frac{1}{6}\right)$

14 $\frac{5}{13}$ m

15 $\frac{1}{4}$ L

16 예 $\frac{3}{8}\div 2=\frac{6}{16}\div 2=\frac{6\div 2}{16}=\frac{3}{16}$이야.

17 $\frac{8}{5}\text{ m}^2\left(=1\frac{3}{5}\text{ m}^2\right)$

18 $5\frac{2}{3}$; $\frac{17}{54}$

19 $\frac{7}{54}$ m

20 $\frac{3}{2}\left(=1\frac{1}{2}\right)$

창의·융합 문제

1) $\frac{7}{10}$배

2) 200 g, $\frac{5}{4}$장$\left(=1\frac{1}{4}\text{장}\right)$, $\frac{2}{4}$개$\left(=\frac{1}{2}\text{개}\right)$, $\frac{7}{8}$큰술, 1큰술, $\frac{4}{12}$컵$\left(=\frac{1}{3}\text{컵}\right)$

01 $3\div 4$는 $\frac{1}{4}$이 3개인 것과 같으므로 $3\div 4=\frac{3}{4}$입니다.

02 **생각 열기** ▲÷■=$\frac{▲}{■}$

(1) $2\div 7=\frac{2}{7}$ (2) $10\div 19=\frac{10}{19}$

03 $\frac{3}{8}\div 2=\frac{3}{8}\times\frac{1}{2}$이므로 ④와 계산 결과가 같습니다.

04 수직선에 $\frac{4}{9}$만큼 표시하고 이를 두 부분으로 나누면 $\frac{2}{9}$가 됩니다.

05 (1) $\frac{4}{9}\div 10=\frac{\overset{2}{\cancel{4}}}{9}\times\frac{1}{\underset{5}{\cancel{10}}}=\frac{2}{45}$

(2) $\frac{12}{5}\div 6=\frac{\overset{2}{\cancel{12}}}{5}\times\frac{1}{\underset{1}{\cancel{6}}}=\frac{2}{5}$

06 분자가 자연수의 배수가 아닐 때, 크기가 같은 분수 중에서 분자가 자연수의 배수인 분수로 바꾸어 계산하는 방법입니다.

$\frac{4}{9}\div 3=\frac{4\times 3}{9\times 3}\div 3=\frac{12}{27}\div 3=\frac{12\div 3}{27}=\frac{4}{27}$

07 $\frac{9}{7}=1\frac{2}{7}$이고 $1\frac{2}{7}<4$이므로 $\frac{9}{7}$를 4로 나눕니다.

⇨ $\frac{9}{7}\div 4=\frac{9}{7}\times\frac{1}{4}=\frac{9}{28}$

08 ① $4\div 5=\frac{4}{5}$ ② $1\div 8=\frac{1}{8}$ ③ $8\div 9=\frac{8}{9}$

④ $3\div 10=\frac{3}{10}$ ⑤ $11\div 6=\frac{11}{6}\left(=1\frac{5}{6}\right)$

⇨ 몫이 1보다 큰 것은 ⑤입니다.

09 서술형 가이드 분수의 곱셈으로 나타내는 과정에서 $\div 6$을 $\times\frac{1}{6}$로 고쳐야 한다고 썼는지 확인합니다.

채점 기준

상	계산이 틀린 이유를 바르게 썼음.
중	계산이 틀린 이유를 썼으나 미흡함.
하	계산이 틀린 이유를 쓰지 못함.

10 생각 열기 대분수를 가분수로 고친 뒤 분수의 곱셈으로 나타내어 계산합니다.

$1\frac{3}{7}\div 6=\frac{10}{7}\div 6=\frac{10}{7}\times\frac{1}{6}=\frac{10}{42}\left(=\frac{5}{21}\right)$

11 $\frac{3}{16}\div 9=\frac{\overset{1}{\cancel{3}}}{16}\times\frac{1}{\underset{3}{\cancel{9}}}=\frac{1}{48}$, $\frac{2}{3}\div 8=\frac{\overset{1}{\cancel{2}}}{3}\times\frac{1}{\underset{4}{\cancel{8}}}=\frac{1}{12}$

⇨ $\frac{1}{48}<\frac{1}{12}$

참고
분자가 1인 분수는 분모가 작을수록 큽니다.

12 $4\div 7=\frac{4}{7}$, $\frac{4}{7}\div 12=\frac{4}{7}\times\frac{1}{12}=\frac{4}{84}\left(=\frac{1}{21}\right)$

13 $\square\times 6=13$ ⇨ $\square=13\div 6=\frac{13}{6}\left(=2\frac{1}{6}\right)$

14 (한 사람이 갖게 되는 색 테이프의 길이)

$=5\div 13=\frac{5}{13}$ (m)

15 (한 사람이 마신 물의 양)

$=\frac{5}{4}\div 5=\frac{\overset{1}{\cancel{5}}}{4}\times\frac{1}{\underset{1}{\cancel{5}}}=\frac{1}{4}$ (L)

16 서술형 가이드 (분수)÷(자연수)를 계산하려면 분수의 분자를 자연수로 나누어야 함을 알고 있는지 확인합니다.

채점 기준

상	(분수)÷(자연수)의 계산 방법을 알고 바르게 계산함.
중	(분수)÷(자연수)의 계산 방법을 알고 있으나 계산 과정에서 실수를 함.
하	(분수)÷(자연수)의 계산 방법 모름.

17 $4\frac{4}{5}\div 3=\frac{\overset{8}{\cancel{24}}}{5}\times\frac{1}{\underset{1}{\cancel{3}}}=\frac{8}{5}\ (m^2)=1\frac{3}{5}\ (m^2)$

18 만들 수 있는 가장 큰 대분수: $5\frac{2}{3}$

⇨ $5\frac{2}{3}\div 18=\frac{17}{3}\div 18=\frac{17}{3}\times\frac{1}{18}=\frac{17}{54}$

참고
가장 큰 대분수를 만들 때에는 자연수 부분에 가장 큰 수를 놓고 나머지 수 카드로 진분수를 만듭니다.

$5\frac{2}{3}$

가장 큰 수 — 나머지 수 카드로 만든 진분수

19 (정삼각형 1개의 세 변의 길이의 합)

$=\frac{7}{9}\div 2=\frac{7}{9}\times\frac{1}{2}=\frac{7}{18}$ (m)

정삼각형은 세 변의 길이가 모두 같으므로 한 변의 길이는 $\frac{7}{18}\div 3=\frac{7}{18}\times\frac{1}{3}=\frac{7}{54}$ (m)입니다.

20 어떤 수를 □라 하면 $\square\times 6=54$, $\square=54\div 6=9$입니다.

바르게 계산하면 $9\div 6=\frac{9}{6}=\frac{3}{2}\left(=1\frac{1}{2}\right)$입니다.

창의·융합 문제

1 그림자 ㉮의 길이: 7 cm, 그림자 ㉯의 길이: 10 cm

⇨ $7\div 10=\frac{7}{10}$ (배)

2 각각의 재료를 4로 나누어 떡볶이 1인분을 만드는 데 필요한 재료의 양을 구합니다.

떡볶이떡: $800\div 4=200$ (g)

어묵: $5\div 4=\frac{5}{4}$(장)$=1\frac{1}{4}$(장)

대파: $2\div 4=\frac{2}{4}$(개)$=\frac{1}{2}$(개)

고추장: $3\frac{1}{2}\div 4=\frac{7}{2}\div 4=\frac{7}{2}\times\frac{1}{4}=\frac{7}{8}$(큰술)

설탕: $4\div 4=1$(큰술)

물: $1\frac{1}{3}\div 4=\frac{4}{3}\div 4=\frac{4}{3}\times\frac{1}{4}=\frac{4}{12}$(컵)$=\frac{1}{3}$(컵)

2 각기둥과 각뿔

STEP 1 개념 파헤치기 30 ~ 33쪽

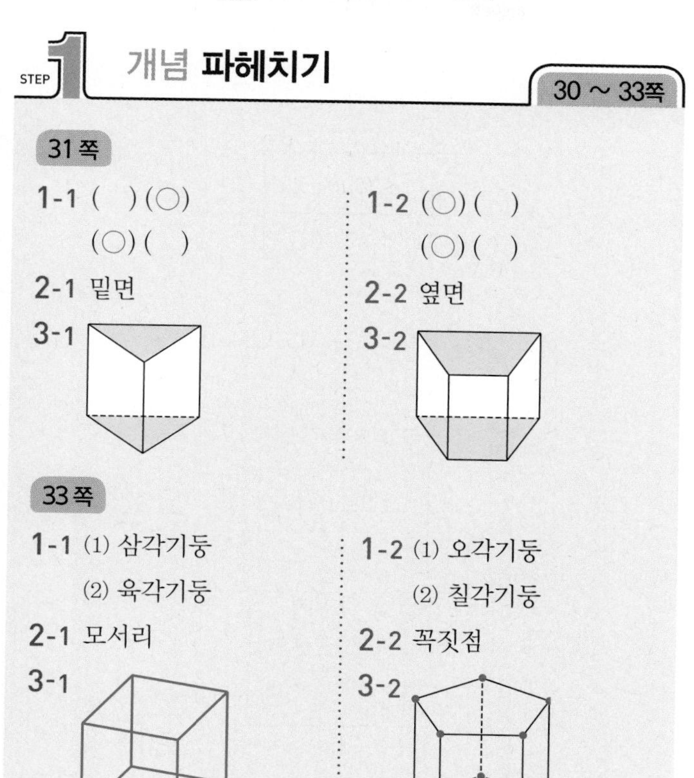

31쪽

1-1 ( )(○)
(○)( )

1-2 (○)( )
(○)( )

2-1 밑면

2-2 옆면

3-1

3-2

33쪽

1-1 (1) 삼각기둥
(2) 육각기둥

1-2 (1) 오각기둥
(2) 칠각기둥

2-1 모서리

2-2 꼭짓점

3-1

3-2

31쪽

1-1 서로 평행한 두 면이 합동인 다각형으로 이루어진 입체도형을 찾습니다.

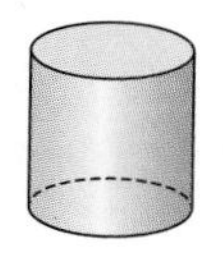

⇨ 서로 평행한 두 면이 다각형이 아닙니다.

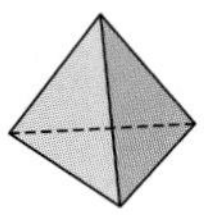

⇨ 서로 평행한 두 면이 없습니다.

1-2 서로 평행한 두 면이 합동인 다각형으로 이루어진 입체도형을 찾습니다.

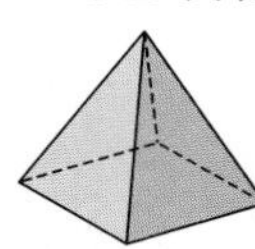

⇨ 서로 평행한 두 면이 없습니다.

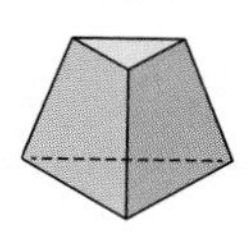

⇨ 서로 평행한 두 면이 합동이 아닙니다.

2-1 서로 평행하고 나머지 면들과 모두 수직으로 만나는 두 면 중 하나이므로 **밑면**입니다.

2-2 두 밑면과 만나는 면이므로 **옆면**입니다.

3-1 밑면을 찾아 색칠합니다.

33쪽

1-1 생각 열기 각기둥의 이름은 밑면의 모양에 따라 정해집니다.

(2)

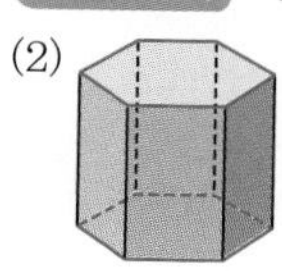

밑면의 모양: 육각형
각기둥의 이름: **육각기둥**

1-2 (2)

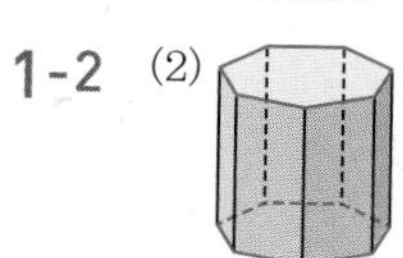

밑면의 모양: 칠각형
각기둥의 이름: **칠각기둥**

2-1 생각 열기 화살표가 가리키는 것은 면과 면이 만나는 선분입니다.

면과 면이 만나는 선분이므로 **모서리**입니다.

2-2 모서리와 모서리가 만나는 점이므로 **꼭짓점**입니다.

3-1 면과 면이 만나는 선분을 모두 찾습니다.

참고

사각기둥의 모서리는 12개입니다.

3-2 모서리와 모서리가 만나는 점을 모두 찾습니다.

참고

오각기둥의 꼭짓점은 10개입니다.

STEP 2 개념 확인하기 34 ~ 35쪽

01 나, 라, 바

02 (1)

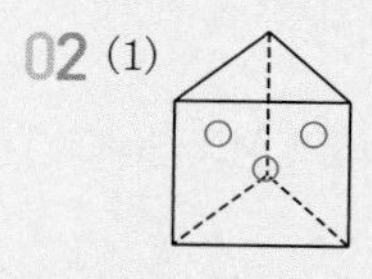

(2)

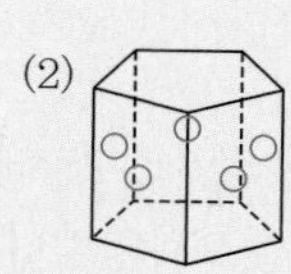

03 직사각형

04 면 ㄱㄴㄷ, 면 ㄹㅁㅂ

05

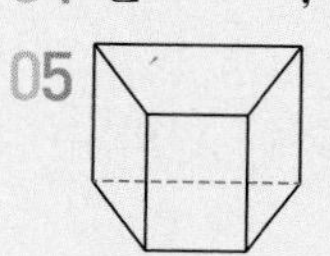

06 (1) 2 (2) 직사각형

07 윤아

08

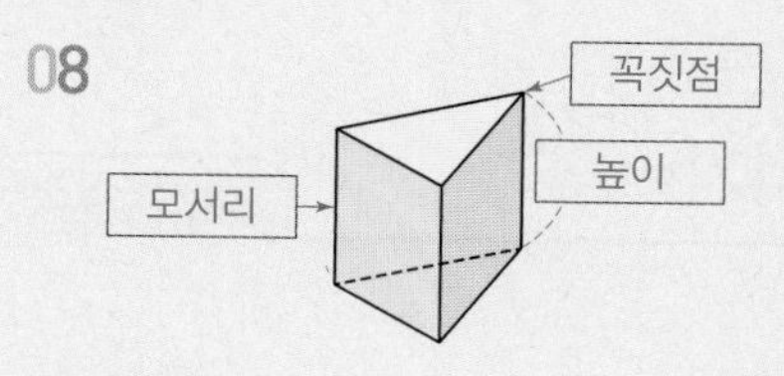

09 6개

10 오각기둥

11 (위부터) 3, 6, 5, 9 ; 4, 8, 6, 12 ; 5, 10, 7, 15

12 (1) 2 (2) 2 (3) 3

01 서로 평행한 두 면이 합동인 다각형으로 이루어진 입체도형을 모두 찾습니다.

참고
- 각기둥 찾는 방법
  ① 서로 평행한 두 면이 있는지 확인합니다.
  ② 서로 평행한 두 면이 합동인지 확인합니다.
  ③ 서로 평행한 두 면이 다각형인지 확인합니다.

02 두 밑면과 만나는 면을 모두 찾습니다.

03 각기둥에서 두 밑면과 만나는 면을 옆면이라 하고 각기둥의 옆면은 모두 직사각형입니다.

04 서로 평행하고 합동인 두 면을 찾습니다.

05 보이지 않는 모서리를 점선으로 나타내어 완성합니다.

06 각기둥의 밑면은 2개이고, 옆면의 모양은 **직사각형**입니다.

07 각기둥의 옆면의 모양은 밑면에 상관없이 항상 직사각형입니다.

08
- **모서리**: 면과 면이 만나는 선분
- **꼭짓점**: 모서리와 모서리가 만나는 점
- **높이**: 두 밑면 사이의 거리

09 생각 열기 각기둥에서 두 밑면 사이의 거리를 각기둥의 높이라고 합니다.
합동인 두 밑면의 대응하는 꼭짓점을 이은 모서리를 모두 찾습니다.

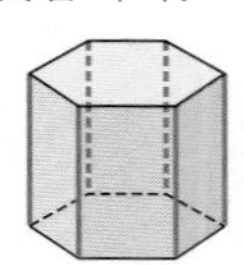

왼쪽 그림에서 빨간색 선분 6개가 높이를 나타내는 모서리입니다.

10 생각 열기 각기둥의 이름은 밑면의 모양에 따라 정해집니다.
펜타곤을 위에서 본 모양은 오각형입니다.
밑면의 모양이 오각형인 각기둥의 이름은 **오각기둥**입니다.

11 삼각기둥, 사각기둥, 오각기둥의 구성 요소의 수를 알아봅니다.

12 각기둥에서 한 밑면의 변의 수, 꼭짓점의 수, 면의 수, 모서리의 수 사이의 규칙을 찾아봅니다.

STEP 1 개념 파헤치기 36 ~ 39쪽

37쪽

1-1 사각형에 ○표, 사각기둥에 ○표	1-2 오각형에 ○표, 오각기둥에 ○표
2-1 ( )(○)	2-2 (○)( )
3-1 (위부터) 6, 10	3-2 9

39쪽

1-1
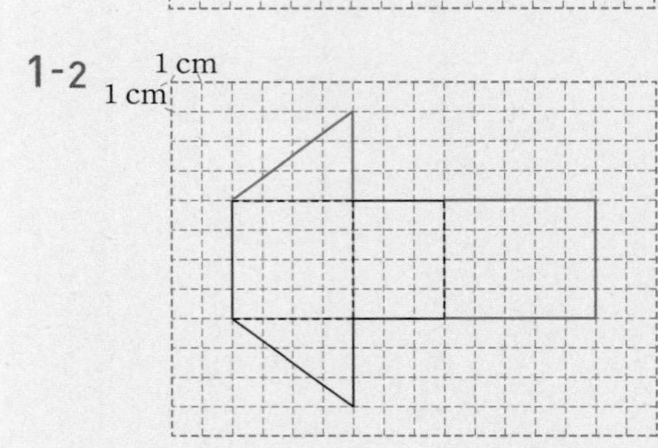

1-2
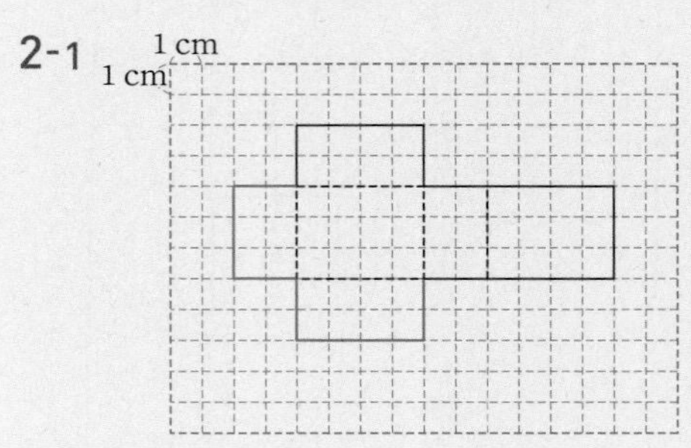

2-1

1 cm
1 cm

2-2
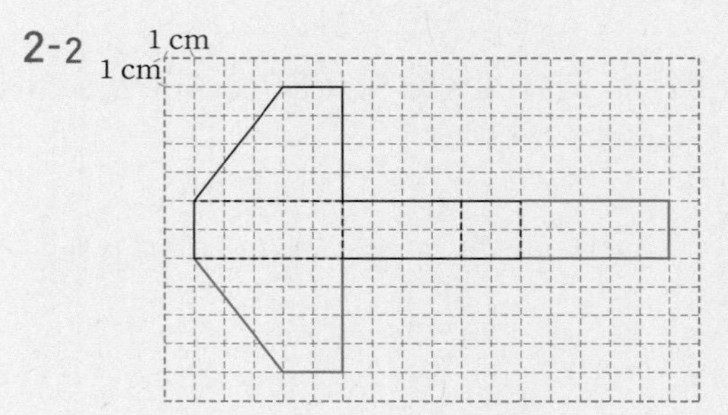

37쪽

1-1 생각 열기 밑면의 모양이 ●각형인 각기둥의 전개도를 접으면 ●각기둥이 만들어집니다.
밑면의 모양이 사각형이므로 전개도를 접으면 사각기둥이 만들어집니다.

1-2 밑면의 모양이 오각형이므로 전개도를 접으면 오각기둥이 만들어집니다.

2-1 생각 열기 밑면과 옆면이 맞게 있는지, 겹치는 면은 없는지 알아봅니다.
다음 그림은 밑면이 1개 부족합니다.

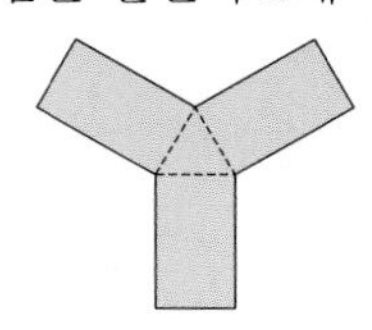

2-2 다음 그림은 △표 한 면끼리 겹칩니다.

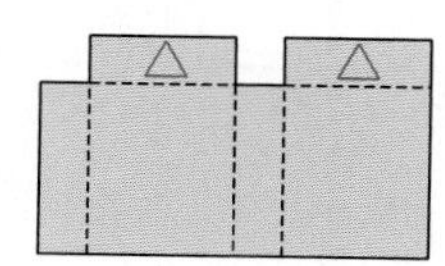

3-1 길이가 같은 선분을 찾습니다.

39쪽

1-1 생각 열기 잘린 모서리는 실선으로, 잘리지 않은 모서리는 점선으로 그립니다.

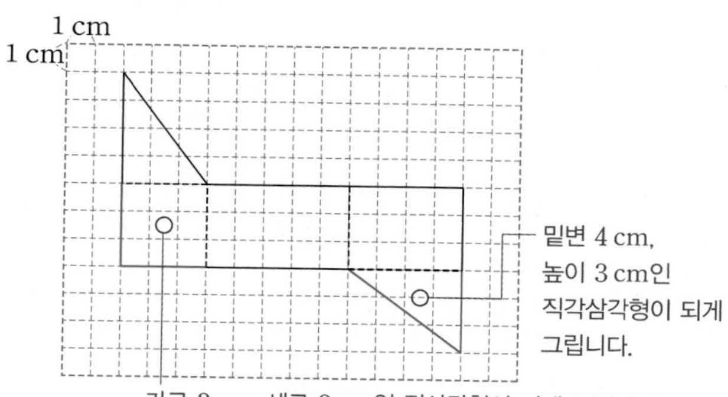

1-2

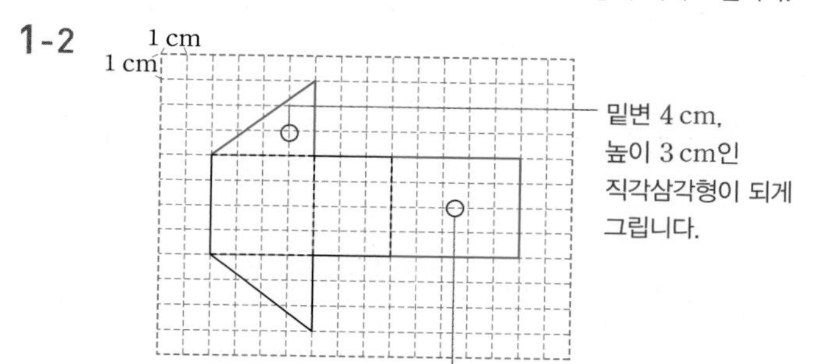

2-1

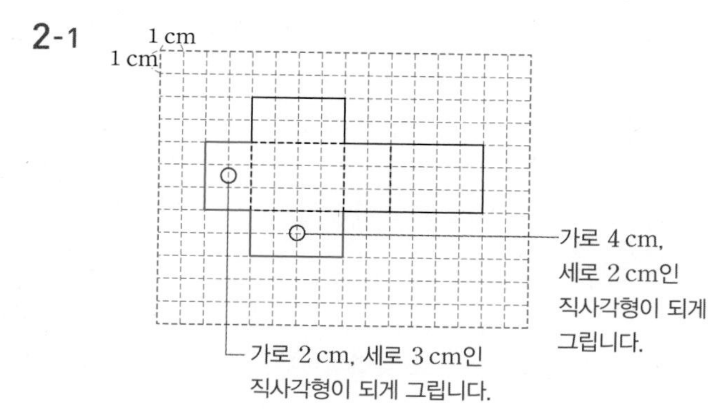

2-2

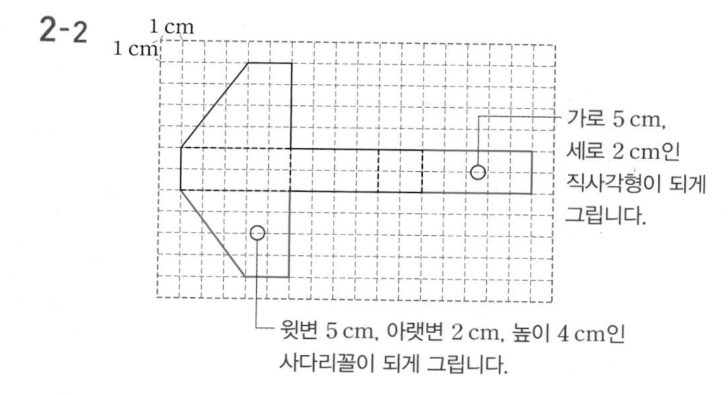

참고
- 삼각기둥의 전개도: 밑면은 삼각형 2개, 옆면은 직사각형 3개입니다.
- 사각기둥의 전개도: 밑면은 사각형 2개, 옆면은 직사각형 4개입니다.

STEP 2 개념 확인하기

40 ~ 41쪽

01 선분 ㅈㅇ
02 2
03 오각기둥
04 가, 나
05 4개
06 9 cm
07

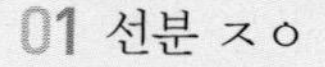

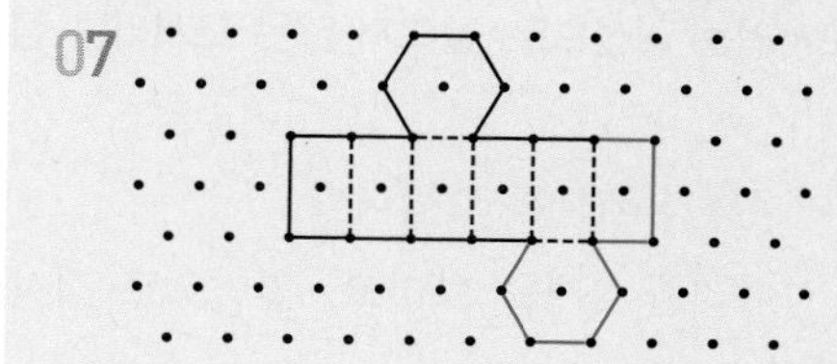

08 예

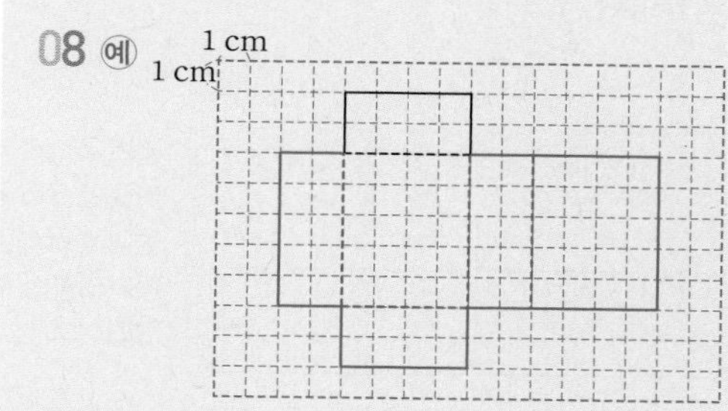

09 예

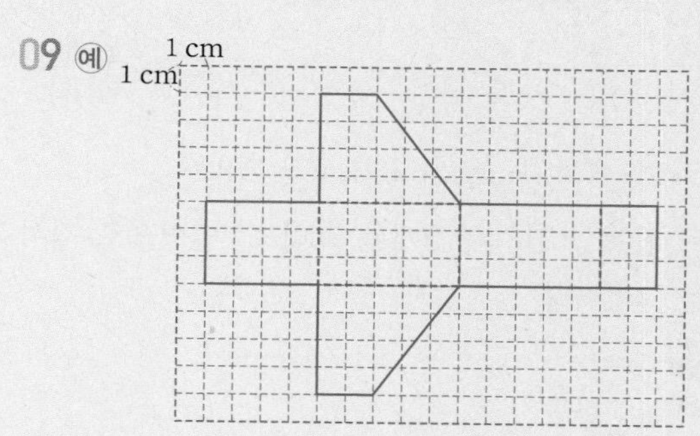

10 예

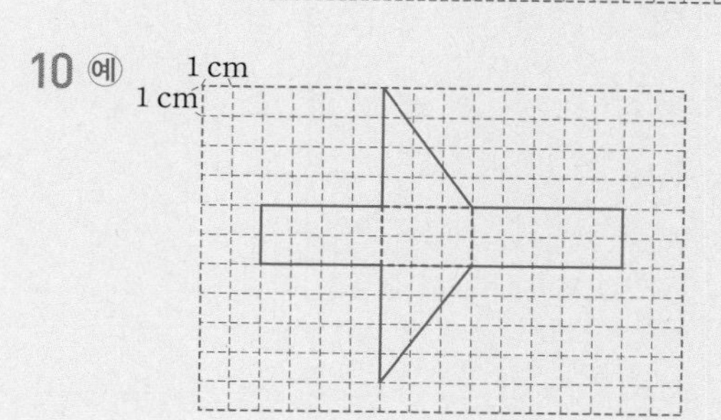

01 전개도를 접었을 때 점 ㄱ과 점 ㅈ, 점 ㄴ과 점 ㅇ이 맞닿으므로 선분 ㄱㄴ과 맞닿는 선분은 **선분 ㅈㅇ**입니다.

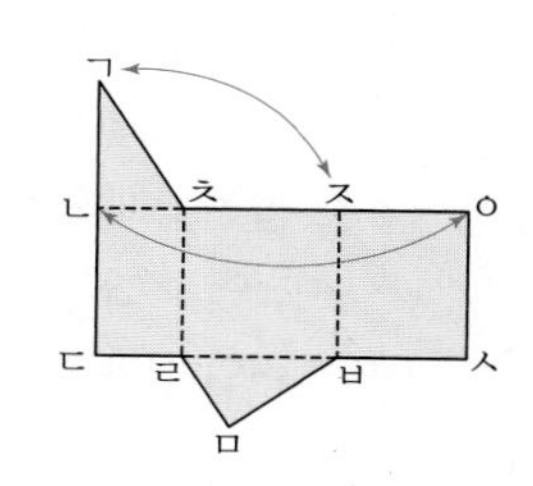

02 길이가 같은 선분을 찾아 써넣습니다.

03 밑면의 모양이 오각형인 각기둥이므로 **오각기둥**이 됩니다.

04 ⇨ 전개도를 접었을 때 ○표 한 면끼리 겹칩니다.

05 색칠된 면은 밑면이므로 옆면과 수직입니다.
사각기둥의 옆면은 모두 **4개**입니다.

06 전개도를 접으면 육각기둥이 됩니다.
육각기둥의 높이를 나타내는 모서리의 길이가 9 cm이므로 육각기둥의 높이는 **9 cm**입니다.

07 밑면이 2개, 옆면이 6개가 되도록 그려야 합니다.

08 생각 열기 잘린 모서리는 실선으로, 잘리지 않은 모서리는 점선으로 그립니다.
밑면이 2개, 옆면이 4개가 되도록 그립니다.

09 밑면으로 합동인 사다리꼴 2개를 그리고, 옆면으로 직사각형 4개를 그립니다.

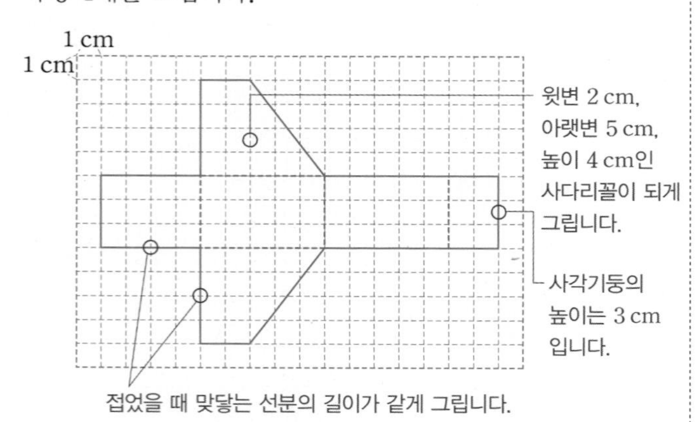

10 밑면으로 합동인 삼각형 2개를 그리고, 옆면으로 직사각형 3개를 그립니다.

다른 풀이

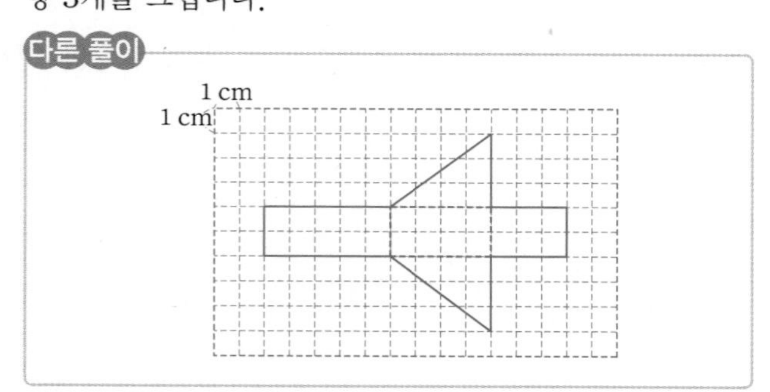

주의

〈각기둥의 전개도를 그릴 때 주의할 점〉
- 접었을 때 서로 겹치는 면이 없어야 하므로 두 밑면은 위와 아래에 그립니다.
- 접었을 때 맞닿는 선분의 길이가 같아야 합니다.
- 접었을 때 만들어지는 각기둥의 옆면의 수는 한 밑면의 변의 수와 같아야 합니다.

STEP 1 개념 파헤치기 42 ~ 45쪽

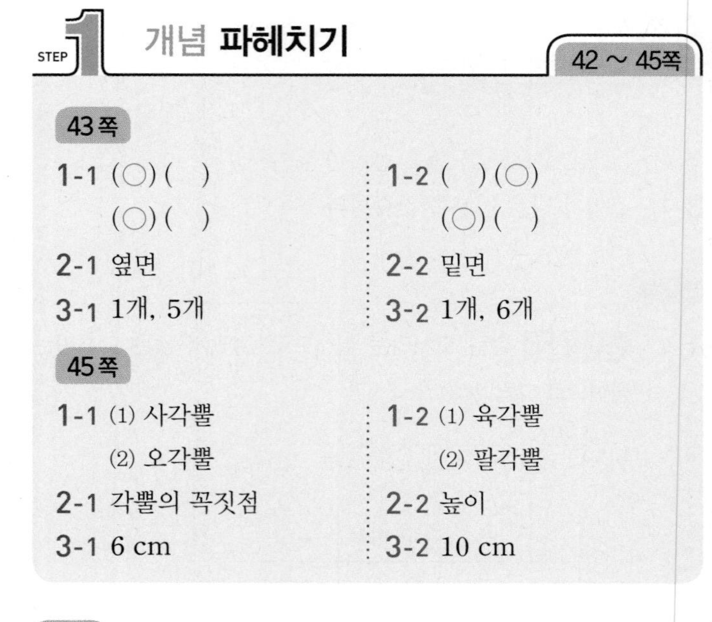

43쪽

1-1 (○)( )
(○)( )

1-2 ( )(○)
(○)( )

2-1 옆면

2-2 밑면

3-1 1개, 5개

3-2 1개, 6개

45쪽

1-1 (1) 사각뿔
(2) 오각뿔

1-2 (1) 육각뿔
(2) 팔각뿔

2-1 각뿔의 꼭짓점

2-2 높이

3-1 6 cm

3-2 10 cm

43쪽

1-1 밑에 놓인 면이 다각형이고 옆으로 둘러싼 면이 모두 삼각형인 입체도형을 찾습니다.

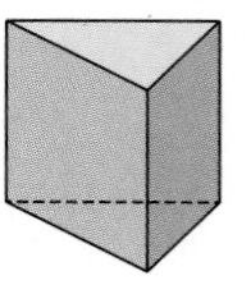

⇨ 옆으로 둘러싼 면이 삼각형이 아닙니다.

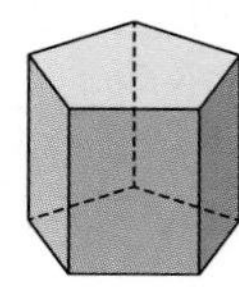

⇨ 옆으로 둘러싼 면이 삼각형이 아닙니다.

1-2 ⇨ 밑면이 다각형이 아닙니다.

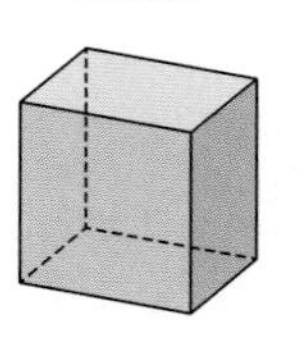

⇨ 옆으로 둘러싼 면이 삼각형이 아닙니다.

2-1 밑면과 만나는 면이므로 **옆면**입니다.

2-2 밑에 놓인 면이므로 **밑면**입니다.

3-1 생각 열기 각뿔의 옆면은 삼각형이고 옆면의 수는 밑면의 변의 수와 같습니다.
각뿔의 밑면은 항상 **1개**이고 밑면이 오각형이므로 옆면은 **5개**입니다.

3-2 각뿔의 밑면은 항상 **1개**이고 밑면이 육각형이므로 옆면은 **6개**입니다.

45쪽

1-1 생각 열기 각뿔의 이름은 밑면의 모양에 따라 정해집니다.

(2) 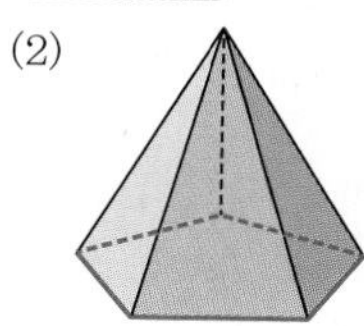

밑면의 모양: 오각형
각뿔의 이름: **오각뿔**

1-2 (2) 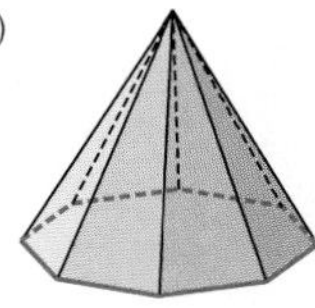

밑면의 모양: 팔각형
각뿔의 이름: **팔각뿔**

2-1 꼭짓점 중에서도 옆면이 모두 만나는 점을 **각뿔의 꼭짓점**이라고 합니다.

2-2 각뿔의 꼭짓점에서 밑면에 수직인 선분의 길이를 **높이**라고 합니다.

3-1 각뿔의 꼭짓점에서 밑면에 수직인 선분의 길이가 6 cm이므로 높이는 **6 cm**입니다.

3-2 각뿔의 꼭짓점에서 밑면에 수직인 선분의 길이가 10 cm이므로 높이는 **10 cm**입니다.

STEP 2 개념 확인하기 (46 ~ 47쪽)

01 가, 바, 아

02 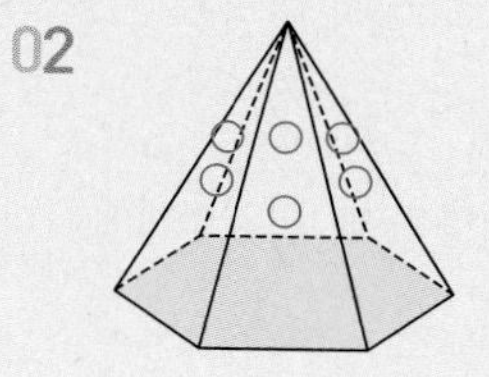

03 (1) 5개
(2) 면 ㄱㄴㄷ, 면 ㄱㄷㄹ, 면 ㄱㄹㅁ, 면 ㄱㅂㅁ, 면 ㄱㄴㅂ

04 (1) 1 (2) 삼각형

05 소예

06 나

07 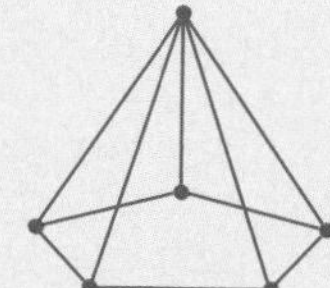

08

09 8개

10 (위부터) 3, 4, 4, 6 ; 4, 5, 5, 8 ; 1, 1, 2

11 ㉢, ㉡, ㉠

01 밑에 놓인 면이 다각형이고 옆으로 둘러싼 면이 모두 삼각형인 입체도형을 모두 찾습니다.

참고
- 각뿔 찾는 방법
  ① 밑에 놓인 면이 다각형인지 확인합니다.
  ② 옆으로 둘러싼 면이 삼각형인지 확인합니다.

02 각뿔에서 밑에 놓인 면을 밑면이라고 하며 밑면은 항상 1개입니다.

03 (1) 오각뿔에서 밑면의 변의 수는 5개이므로 밑면과 만나는 면은 **5개**입니다.
(2) 밑면과 만나는 면을 모두 찾습니다.

04 각뿔의 밑면은 **1**개이고, 옆면의 모양은 **삼각형**입니다.

05 각뿔의 옆면의 모양은 삼각형입니다.

06 가는 각뿔의 모서리의 길이를 재는 것입니다.

07 모서리는 면과 면이 만나는 선분이고, 꼭짓점은 모서리와 모서리가 만나는 점입니다.

08 생각 열기 각뿔의 이름은 밑면의 모양에 따라 정해집니다.
밑면의 모양이 오각형이면 오각뿔입니다.
밑면의 모양이 팔각형이면 팔각뿔입니다.

09 생각 열기 ●각뿔의 모서리의 수는 (●×2)개입니다.
피라미드는 사각뿔 모양이므로 모서리는 $4 \times 2 = 8$(개)입니다.

10 각뿔에서 밑면의 변의 수, 꼭짓점의 수, 면의 수, 모서리의 수 사이의 규칙을 찾아봅니다.

참고
- 각뿔에서 꼭짓점, 면, 모서리의 수
  (꼭짓점의 수)=(밑면의 변의 수)+1
  (면의 수)=(밑면의 변의 수)+1
  (모서리의 수)=(밑면의 변의 수)×2

11 ㉠ 팔각뿔의 밑면의 변의 수는 8개입니다.
⇨ (꼭짓점의 수)$=8+1=9$(개)
㉡ 구각뿔의 밑면의 변의 수는 9개입니다.
⇨ (면의 수)$=9+1=10$(개)
㉢ 육각뿔의 밑면의 변의 수는 6개입니다.
⇨ (모서리의 수)$=6 \times 2=12$(개)
⇨ $12>10>9$이므로 ㉢>㉡>㉠입니다.

STEP 3 단원 마무리평가 (48 ~ 51쪽)

01 나, 다, 라, 마

02 라

03 나

04 면 ㄴㄷㄹㅁ

05 팔각기둥

06 육각뿔

07 15 cm

08 오각기둥

09 면 ㄱㄹㅁㄴ, 면 ㄴㅁㅂㄷ, 면 ㄱㄹㅂㄷ

10 모서리 ㄱㄴ, 모서리 ㄴㄷ, 모서리 ㄷㄱ, 모서리 ㄱㄹ, 모서리 ㄴㅁ, 모서리 ㄷㅂ, 모서리 ㄹㅁ, 모서리 ㅁㅂ, 모서리 ㅂㄹ

11 지혜

12 예 밑면이 다각형이 아닙니다.

13

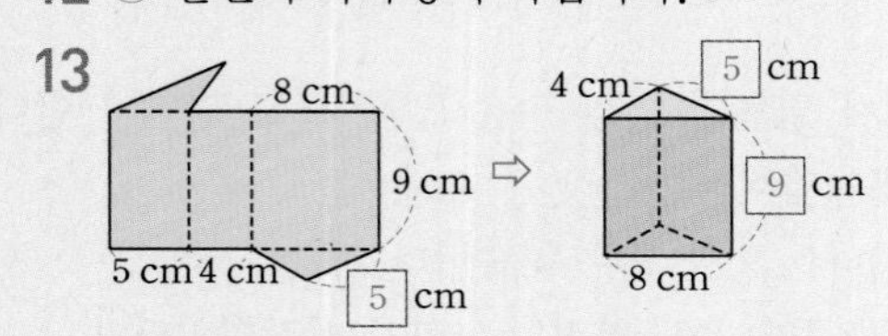

14

도형	가	나
밑면의 모양	오각형	사각형
꼭짓점의 수(개)	10	5
면의 수(개)	7	5
모서리의 수(개)	15	8

15 12개

16 ㉡, ㉢

17

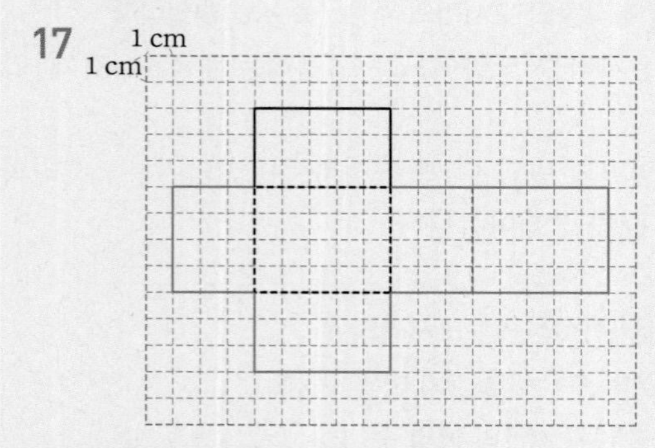

18 팔각기둥, 8, 2, 16 ; 16개

19 면 ㉥

20 11개

창의·융합 문제

1) 예

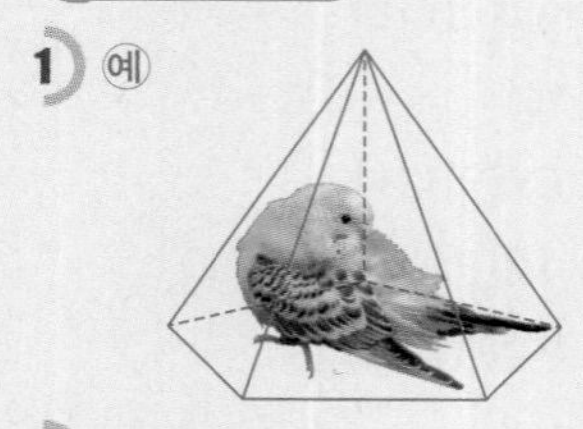

2) 14개, 21개

01 가

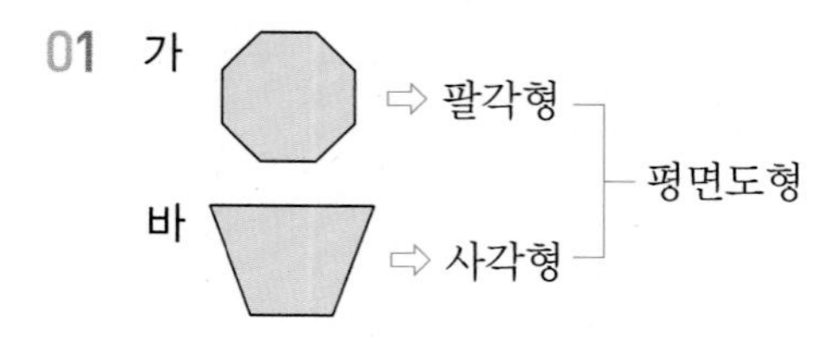

가, 바는 평면도형이므로 입체도형이 아닙니다.

참고

평면도형은 원, 삼각형, 사각형……과 같이 평면에 놓일 수 있는 도형입니다.

02 서로 평행한 두 면이 합동인 다각형으로 이루어진 입체도형을 찾습니다.

03 밑에 놓인 면이 다각형이고 옆으로 둘러싼 면이 모두 삼각형인 입체도형을 찾습니다.

04 사각뿔에서 밑에 놓인 면은 **면 ㄴㄷㄹㅁ**입니다.

05 각기둥의 이름은 밑면의 모양에 따라 정해집니다.

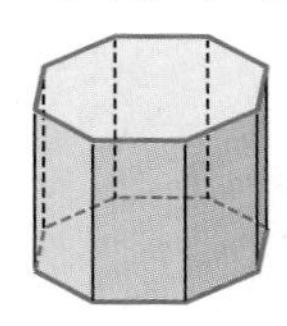

밑면의 모양: 팔각형
각기둥의 이름: **팔각기둥**

06 각뿔의 이름은 밑면의 모양에 따라 정해집니다.

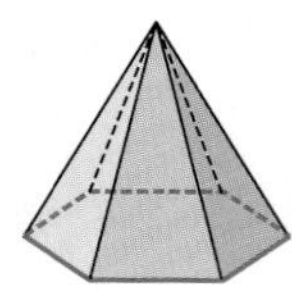

밑면의 모양: 육각형
각뿔의 이름: **육각뿔**

07 각기둥에서 두 밑면 사이의 거리를 높이라고 합니다.

08 밑면의 모양이 오각형이고 옆면이 직사각형이므로 **오각기둥**입니다.

09 두 밑면인 면 ㄱㄴㄷ, 면 ㄹㅁㅂ과 만나는 면을 모두 찾습니다.

10 면과 면이 만나는 선분을 모두 찾습니다.
'모서리' 대신에 '선분' 또는 '변'을 사용해도 됩니다.

11 각뿔의 밑면은 1개입니다.

12 각뿔은 밑면이 다각형이고 옆면이 모두 삼각형입니다.
서술형 가이드 밑면의 모양이 다각형이 아니라고 썼거나 옆면의 모양이 삼각형이 아니라고 썼는지 확인합니다.

채점 기준

상	이유를 바르게 썼음.
중	이유를 썼지만 미흡함.
하	이유를 잘못 썼음.

13 각기둥의 전개도를 점선을 따라 접었을 때 맞닿는 선분의 길이는 같습니다.

14 가: 오각기둥의 한 밑면의 변의 수는 5개입니다.
(꼭짓점의 수) $=5\times2=$ **10**(개)
(면의 수) $=5+2=$ **7**(개)
(모서리의 수) $=5\times3=$ **15**(개)
나: 사각뿔의 밑면의 변의 수는 4개입니다.
(꼭짓점의 수) $=4+1=$ **5**(개)
(면의 수) $=4+1=$ **5**(개)
(모서리의 수) $=4\times2=$ **8**(개)

참고

도형	●각기둥	●각뿔
밑면의 모양	●각형	●각형
꼭짓점의 수(개)	●×2	●+1
면의 수(개)	●+2	●+1
모서리의 수(개)	●×3	●×2

15 밑면의 모양이 육각형인 각뿔은 육각뿔입니다.
육각뿔의 모서리의 수는 6×2=**12(개)**입니다.

16 ●각뿔에서 각각의 수를 알아봅니다.
㉠ ●, ㉡ ●+1, ㉢ ●+1, ㉣ ●×2이므로 개수가 같은 것은 ㉡과 ㉢입니다.

17 잘린 모서리는 실선으로, 잘리지 않은 모서리는 점선으로 그립니다.

18 서술형 가이드 풀이 과정에 들어 있는 □ 안을 모두 알맞게 채웠는지 확인합니다.

채점 기준

상	□ 안을 모두 알맞게 채우고 답을 바르게 구함.
중	□ 안을 모두 채우지 못했지만 답을 바르게 구함.
하	□ 안을 모두 채우지 못하고 답을 구하지 못함.

19 전개도를 점선을 따라 접었을 때 면 ㉮는 면 ㉯, 면 ㉰, 면 ㉱, 면 ㉲와 수직으로 만납니다.
면 ㉮와 평행한 면은 만나지 않는 면이므로 **면 ㉳**입니다.

20 생각 열기 ●각뿔의 모서리의 수는 (●×2)개이고, 면의 수는 (●+1)개입니다.
이 각뿔의 밑면의 변의 수를 □개라고 하면
(모서리의 수)=□×2=20, □=10이므로 이 각뿔은 십각뿔입니다.
따라서 십각뿔의 면의 수는 10+1=**11(개)**입니다.

창의·융합 문제

1) 밑면이 1개이고 옆면의 모양이 모두 삼각형이므로 각뿔입니다.
밑면의 모양이 오각형이므로 오각뿔입니다.
따라서 오각뿔 모양의 새장을 그립니다.

2) 생각 열기 고무찰흙의 수는 꼭짓점의 수와 같고 막대의 수는 모서리의 수와 같습니다.
필요한 고무찰흙의 수는 칠각기둥의 꼭짓점 수와 같으므로 7×2=**14(개)**입니다.
필요한 막대의 수는 칠각기둥의 모서리 수와 같으므로 7×3=**21(개)**입니다.

3 소수의 나눗셈

STEP 1 개념 파헤치기 54 ~ 57쪽

55쪽

1-1 (1) 2.46, 2
(2) 123, 123, 1.23

1-2 (1) 44.8, 4
(2) 112, 112, 11.2

2-1 1.4

2-2 (1) 23, 2.3
(2) 61, 6.1

3-1 54, 0.54

3-2 (1) 28, 0.28
(2) 211, 2.11

57쪽

1-1 896, 896, 8, 112, 1.12

1-2 1944, 1944, 4, 486, 4.86

2-1 1.23

2-2 (1) 189, 1.89
(2) 315, 3.15

3-1 (위부터)
(1) 24, 7, 6, 12, 12
(2) 72, 14, 14, 4, 4

3-2 (1) 6.23
(2) 4.52

55쪽

1-1 (2) 1 m=100 cm이므로 2.46 m=246 cm입니다.
246÷2=123이므로 한 명이 가질 수 있는 끈은 123 cm=**1.23** m입니다.

1-2 (2) 1 cm=10 mm이므로 44.8 cm=448 mm입니다.
448÷4=112이므로 리본 한 도막의 길이는 112 mm=**11.2** cm입니다.

2-1 생각 열기 나누어지는 수가 $\frac{1}{10}$배가 되면 몫도 $\frac{1}{10}$배가 됩니다.

$\frac{1}{10}$배
28÷2=14 ⇨ 2.8÷2=**1.4**
$\frac{1}{10}$배

2-2 나누어지는 수가 $\frac{1}{10}$배가 되면 몫도 $\frac{1}{10}$배가 됩니다.
(1) 69÷3=23 ⇨ 6.9÷3=**2.3**
(2) 244÷4=61 ⇨ 24.4÷4=**6.1**

3-1 생각 열기 나누어지는 수가 162의 $\frac{1}{100}$배가 되었으므로 몫도 $\frac{1}{100}$배가 됩니다.
162÷3=54 ⇨ 1.62÷3=**0.54**

3-2 (1) $56 \div 2 = 28 \Rightarrow 0.56 \div 2 = 0.28$ (위: $\frac{1}{100}$배, 아래: $\frac{1}{100}$배)

(2) $633 \div 3 = 211 \Rightarrow 6.33 \div 3 = 2.11$ (위: $\frac{1}{100}$배, 아래: $\frac{1}{100}$배)

57쪽

1-1 생각 열기 소수의 나눗셈을 분수의 나눗셈으로 바꾸어 계산하여 몫을 구합니다.

$8.96 \div 8 = \frac{896}{100} \div 8 = \frac{896 \div 8}{100} = \frac{112}{100} = 1.12$

2-1 나누어지는 수 861이 8.61로 $\frac{1}{100}$배가 되었으므로 몫도 123의 $\frac{1}{100}$배인 **1.23**이 됩니다.

2-2 생각 열기 나누어지는 수가 $\frac{1}{100}$배가 되면 몫도 $\frac{1}{100}$배가 됩니다.

(1) $756 \div 4 = 189 \Rightarrow 7.56 \div 4 = 1.89$ (위: $\frac{1}{100}$배, 아래: $\frac{1}{100}$배)

(2) $945 \div 3 = 315 \Rightarrow 9.45 \div 3 = 3.15$ (위: $\frac{1}{100}$배, 아래: $\frac{1}{100}$배)

3-1 생각 열기 자연수의 나눗셈과 같은 방법으로 계산하고 몫의 소수점은 나누어지는 수의 소수점을 올려 찍습니다.

(1)
```
    1.2 4
3)3.7 2
  3
    7
    6
    1 2
    1 2
      0
```

(2)
```
    2.7 2
2)5.4 4
  4
  1 4
  1 4
      4
      4
      0
```

3-2 (1)
```
     6.2 3
5)3 1.1 5
  3 0
    1 1
    1 0
      1 5
      1 5
        0
```

(2)
```
     4.5 2
7)3 1.6 4
  2 8
    3 6
    3 5
      1 4
      1 4
        0
```

STEP 2 개념 확인하기 (58 ~ 59쪽)

01 (왼쪽부터) 134, 13.4, 1.34 ; $\frac{1}{10}$, $\frac{1}{100}$

02 3.1

03 2.31

04 55, 5.5, 0.55

05 0.64 m

06 82.4, 41.2

07 (1) 1.24 (2) 2.86

08 예 $47.04 \div 6 = \frac{4704}{100} \div 6 = \frac{4704 \div 6}{100}$
$= \frac{784}{100} = 7.84$

09 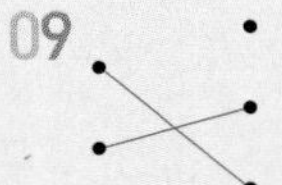

10 >

11 3.14 cm

01 나누는 수가 같고 나누어지는 수가 자연수의 $\frac{1}{10}$배, $\frac{1}{100}$배일 경우에는 몫도 $\frac{1}{10}$배, $\frac{1}{100}$배가 됩니다.

02 생각 열기 나누어지는 수가 자연수의 $\frac{1}{10}$배가 되면 몫도 $\frac{1}{10}$배가 됩니다.

$124 \div 4 = 31 \Rightarrow 12.4 \div 4 = 3.1$ (위: $\frac{1}{10}$배, 아래: $\frac{1}{10}$배)

03 나누어지는 수가 자연수의 $\frac{1}{100}$배가 되면 몫도 $\frac{1}{100}$배가 됩니다.

$693 \div 3 = 231 \Rightarrow 6.93 \div 3 = 2.31$ (위: $\frac{1}{100}$배, 아래: $\frac{1}{100}$배)

04 나누는 수가 같고 나누어지는 수가 자연수의 $\frac{1}{10}$배, $\frac{1}{100}$배일 경우에는 몫도 $\frac{1}{10}$배, $\frac{1}{100}$배가 됩니다.

05 호진이가 가지고 있는 리본을 4등분하면
$256 \div 4 = 64$ (cm)입니다.
소예가 가지고 있는 리본을 4등분하는 식은 $2.56 \div 4$입니다.
2.56은 256의 $\frac{1}{100}$배이므로 소예의 리본 한 도막의 길이는 64의 $\frac{1}{100}$배인 **0.64 m**입니다.

06 $824 \div 2$를 계산한 값의 $\frac{1}{10}$배인 수가 나오는 식은 824의 $\frac{1}{10}$배인 수를 2로 나누는 식이어야 합니다.

07 **생각 열기** 자연수의 나눗셈과 같은 방법으로 계산하고 몫의 소수점은 나누어지는 수의 소수점을 올려 찍습니다.

(1)
```
    1.2 4
 4)4.9 6
   4
   ---
     9
     8
   ---
     1 6
     1 6
   -----
       0
```

(2)
```
    2.8 6
 3)8.5 8
   6
   ---
   2 5
   2 4
   ---
     1 8
     1 8
   -----
       0
```

08 나누어지는 수 47.04는 소수 두 자리 수이므로 분모가 100인 분수로 바꾸어야 합니다.

09
```
     4.9 5
 7)3 4.6 5
   2 8
   -----
     6 6
     6 3
   -----
       3 5
       3 5
   -------
         0
```

```
     4.8 5
 5)2 4.2 5
   2 0
   -----
     4 2
     4 0
   -----
       2 5
       2 5
   -------
         0
```

10 나누는 수가 같고 나누어지는 수가 $\frac{1}{10}$배가 되면 몫도 $\frac{1}{10}$배가 됩니다.

⇨ $192 \div 16 > 19.2 \div 16$

11 마름모는 네 변의 길이가 모두 같으므로

(한 변의 길이)=(마름모의 둘레)÷4

$=12.56 \div 4 = \mathbf{3.14\ (cm)}$

입니다.

STEP 1 개념 **파헤치기** 60 ~ 63쪽

61쪽

1-1 132, 132, 4, 33, 0.33

1-2 612, 612, 9, 68, 0.68

2-1 0.15

2-2 (1) 73, 0.73 (2) 63, 0.63

3-1 (위부터) (1) 56, 12, 12 (2) 23, 21, 21

3-2 (1) 0.56 (2) 0.26

63쪽

1-1 2, 115, 1.15

1-2 860, 860, 4, 215, 2.15

2-1 1.65

2-2 (1) 125, 1.25 (2) 115, 1.15

3-1 (위부터) 5, 0, 10

3-2 (1)
```
    1.5 6
 5)7.8
   5
   ---
   2 8
   2 5
   ---
     3 0
     3 0
   -----
       0
```
(2)
```
     6.3 5
 4)2 5.4
   2 4
   -----
     1 4
     1 2
   -----
       2 0
       2 0
   -------
         0
```

61쪽

1-1 **생각 열기** 소수를 분수로 고쳐서 계산하여 몫을 구합니다.

$1.32 \div 4 = \frac{132}{100} \div 4 = \frac{132 \div 4}{100}$

$= \frac{33}{100} = \mathbf{0.33}$

1-2 $6.12 \div 9 = \frac{612}{100} \div 9 = \frac{612 \div 9}{100}$

$= \frac{68}{100} = \mathbf{0.68}$

2-2 나누어지는 수가 $\frac{1}{100}$배가 되면 몫도 $\frac{1}{100}$배가 됩니다.

3-2 **생각 열기** 나누어지는 수가 나누는 수보다 작은 경우, 먼저 몫의 일의 자리에 0을 쓰고 몫의 소수점은 나누어지는 수의 소수점을 올려 찍습니다.

(1)
```
    0.5 6
 3)1.6 8
   1 5
   ---
     1 8
     1 8
   -----
       0
```

(2)
```
    0.2 6
 8)2.0 8
   1 6
   ---
     4 8
     4 8
   -----
       0
```

63쪽

1-1 $2.3 \div 2 = \frac{230}{100} \div 2 = \frac{230 \div 2}{100} = \frac{115}{100} = \mathbf{1.15}$

1-2 **생각 열기** (소수)÷(자연수)는 (분수)÷(자연수)로 바꾸어 계산할 수 있습니다.

$8.6 \div 4 = \frac{860}{100} \div 2 = \frac{860 \div 4}{100}$

$= \frac{215}{100} = \mathbf{2.15}$

2-2 생각 열기 나누어지는 수가 $\frac{1}{100}$배가 되면 몫도 $\frac{1}{100}$배가 됩니다.

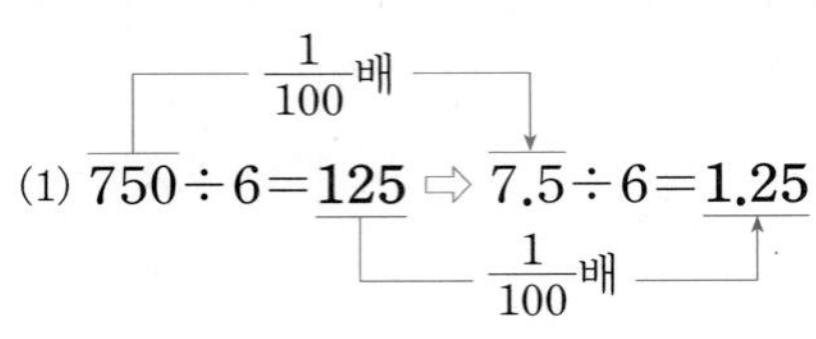

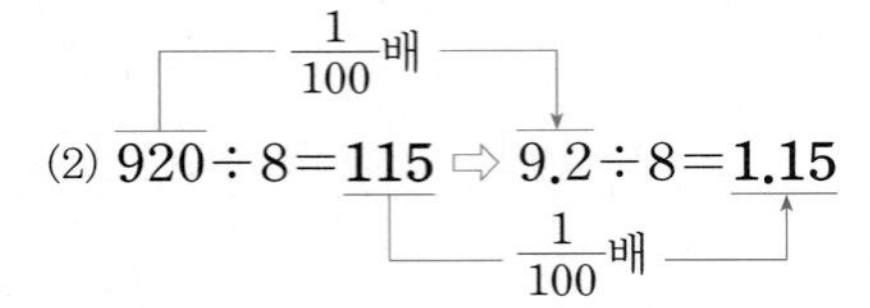

3-1 생각 열기 나누어떨어지지 않는 경우에는 나누어지는 수의 오른쪽 끝자리에 0이 계속 있는 것으로 생각하고 0을 내려 계산합니다.

$$\begin{array}{r} 4.15 \\ 2\overline{)8.3} \\ 8 \\ \hline 3 \\ 2 \\ \hline 10 \\ 10 \\ \hline 0 \end{array}$$

STEP 2 개념 확인하기 (64 ~ 65쪽)

01 (1) 0.46 (2) 0.28

02 $$\begin{array}{r} 0.36 \\ 7\overline{)2.52} \\ 21 \\ \hline 42 \\ 42 \\ \hline 0 \end{array}$$

03 $4.25\div5=\frac{425}{100}\div5=\frac{425\div5}{100}=\frac{85}{100}=0.85$

04 ㉡

05 0.91

06 ( )(○)

07 0.17

08 (1) 1.62 (2) 8.45

09 0.35, 0.65

10 155, 1.55

11 <

12 1.45

13 0.64 kg

01 몫이 1보다 작으면 자연수 자리에 0을 쓰고 몫의 소수점은 나누어지는 수의 소수점을 올려 찍습니다.

(1) $$\begin{array}{r} 0.46 \\ 8\overline{)3.68} \\ 32 \\ \hline 48 \\ 48 \\ \hline 0 \end{array}$$

(2) $$\begin{array}{r} 0.28 \\ 4\overline{)1.12} \\ 8 \\ \hline 32 \\ 32 \\ \hline 0 \end{array}$$

02 나누어지는 수 2.52의 자연수 부분 2는 나누는 수 7보다 작으므로 몫의 자연수 부분에 0을 쓰고 계산해야 합니다.

03 (소수)÷(자연수)는 (분수)÷(자연수)로 바꾸어 계산할 수 있습니다.

04 ㉠ 36÷4=9 ⇨ 3.6÷4=0.9 (나누어지는 수가 $\frac{1}{10}$배 → 몫도 $\frac{1}{10}$배)

㉡ 195÷5=39 ⇨ 1.95÷5=0.39 (나누어지는 수가 $\frac{1}{100}$배 → 몫도 $\frac{1}{100}$배)

㉢ 162÷3=54 ⇨ 1.62÷3=0.54 (나누어지는 수가 $\frac{1}{100}$배 → 몫도 $\frac{1}{100}$배)

05 $$\begin{array}{r} 0.91 \\ 6\overline{)5.46} \\ 54 \\ \hline 6 \\ 6 \\ \hline 0 \end{array}$$

06 $$\begin{array}{r} 0.71 \\ 8\overline{)5.68} \\ 56 \\ \hline 8 \\ 8 \\ \hline 0 \end{array} \qquad \begin{array}{r} 0.64 \\ 9\overline{)5.76} \\ 54 \\ \hline 36 \\ 36 \\ \hline 0 \end{array}$$

⇨ 0.71>0.64

07 1, 3, 6, 8 중 3개의 수를 이용하여 만들 수 있는 가장 작은 소수 두 자리 수는 1.36입니다.
따라서 1.36÷8=**0.17**입니다.

$$\begin{array}{r} 0.17 \\ 8\overline{)1.36} \\ 8 \\ \hline 56 \\ 56 \\ \hline 0 \end{array}$$

08 나누어지는 수의 오른쪽 끝자리에 0이 있는 것으로 생각하고 0을 내려 계산합니다.

(1) $$\begin{array}{r} 1.62 \\ 5\overline{)8.1} \\ 5 \\ \hline 31 \\ 30 \\ \hline 10 \\ 10 \\ \hline 0 \end{array}$$

(2) $$\begin{array}{r} 8.45 \\ 4\overline{)33.8} \\ 32 \\ \hline 18 \\ 16 \\ \hline 20 \\ 20 \\ \hline 0 \end{array}$$

09

$$\begin{array}{r} 0.35 \\ 4\overline{)1.4} \\ 1\,2 \\ \hline 2\,0 \\ 2\,0 \\ \hline 0 \end{array} \qquad \begin{array}{r} 0.65 \\ 4\overline{)2.6} \\ 2\,4 \\ \hline 2\,0 \\ 2\,0 \\ \hline 0 \end{array}$$

10 생각 열기 나누어지는 수가 $\frac{1}{100}$배가 되면 몫도 $\frac{1}{100}$배가 됩니다.

$930\div6=\underline{155}$ ⇨ $\underline{9.3}\div6=\underline{1.55}$ (930 → 9.3: $\frac{1}{100}$배, 155 → 1.55: $\frac{1}{100}$배)

11

$$\begin{array}{r} 3.12 \\ 5\overline{)15.6} \\ 1\,5 \\ \hline 6 \\ 5 \\ \hline 1\,0 \\ 1\,0 \\ \hline 0 \end{array} \qquad \begin{array}{r} 3.15 \\ 8\overline{)25.2} \\ 2\,4 \\ \hline 1\,2 \\ 8 \\ \hline 4\,0 \\ 4\,0 \\ \hline 0 \end{array}$$

⇨ $3.12<3.15$

12 어떤 수를 □라고 하면
□$\times4=5.8$ ⇨ $5.8\div4=$**1.45**입니다.

13 (빈 바구니의 무게)$=0.5$ kg
(사과 5개의 무게)$=3.7-0.5=3.2$ (kg)
⇨ (사과 한 개의 무게)$=3.2\div5=$**0.64 (kg)**

STEP 1 개념 파헤치기 (66 ~ 71쪽)

67쪽

1-1 2430, 2430, 6, 405, 4.05

1-2 $\frac{3220}{100}\div4=\frac{3220\div4}{100}=\frac{805}{100}=8.05$

2-1 2.06

2-2 (1) 205, 2.05 (2) 105, 1.05

3-1 (위부터) 3, 0, 6, 18

3-2 (1)
$$\begin{array}{r} 7.05 \\ 6\overline{)42.3} \\ 4\,2 \\ \hline 3\,0 \\ 3\,0 \\ \hline 0 \end{array}$$
(2)
$$\begin{array}{r} 6.05 \\ 8\overline{)48.4} \\ 4\,8 \\ \hline 4\,0 \\ 4\,0 \\ \hline 0 \end{array}$$

69쪽

1-1 7, 14, 1.4
1-2 5, 125, 1.25
2-1 0.32
2-2 0.6
3-1 (위부터) (1) 5, 10, 10 (2) 25, 10, 8, 20, 20
3-2 (1) 1.5 (2) 2.75

71쪽

1-1 (1) 6 (2) 6, 1, 1 (3) ( )(○)
1-2 (1) 8 (2) 8, 2, 3 (3) ( )(○)
2-1 예 8, 예 1 ; 1⊡0□4
2-2 예 30, 예 15 ; 1□5⊡2

67쪽

1-1 생각 열기 (소수)÷(자연수)는 (분수)÷(자연수)로 바꾸어 계산할 수 있습니다.

$24.3\div6=\frac{\mathbf{2430}}{100}\div6=\frac{\mathbf{2430\div6}}{100}=\frac{\mathbf{405}}{100}=\mathbf{4.05}$

2-2 생각 열기 나누어지는 수가 $\frac{1}{100}$배가 되면 몫도 $\frac{1}{100}$배가 됩니다.

(1) $820\div4=\underline{205}$ ⇨ $\underline{8.2}\div4=\underline{2.05}$ (820 → 8.2: $\frac{1}{100}$배, 205 → 2.05: $\frac{1}{100}$배)

(2) $630\div6=\underline{105}$ ⇨ $\underline{6.3}\div6=\underline{1.05}$ (630 → 6.3: $\frac{1}{100}$배, 105 → 1.05: $\frac{1}{100}$배)

3-1 생각 열기 받아내림을 하고 수가 작아 나누기를 계속 할 수 없으면 몫에 0을 쓰고 수를 하나 더 내려 계산합니다.

$$\begin{array}{r} 3.06 \\ 3\overline{)9.18} \\ 9 \\ \hline 1\,8 \\ 1\,8 \\ \hline 0 \end{array}$$

3-2 생각 열기 나누어떨어지지 않는 경우에는 나누어지는 수의 오른쪽 끝자리에 0이 계속 있는 것으로 생각하고 0을 내려 계산합니다.

(1)
$$\begin{array}{r} 7. \\ 6\overline{)42.3} \\ 4\,2 \\ \hline 3 \end{array} \Rightarrow \begin{array}{r} 7.05 \\ 6\overline{)42.3} \\ 4\,2 \\ \hline 3\,0 \\ 3\,0 \\ \hline 0 \end{array}$$

69쪽

1-1 생각 열기 

$7\div5=\frac{7}{5}=\frac{14}{10}=1.4$

1-2 몫을 소수로 나타내려면 분모가 10, 100……인 분수로 나타내어 몫을 구합니다.

$5\div4=\frac{5}{4}=\frac{125}{100}=1.25$

2-1 생각 열기 나누어지는 수가 $\frac{1}{100}$배가 되면 몫도 $\frac{1}{100}$배가 됩니다.

$800\div25=32$ ⇨ $8\div25=0.32$ (나누어지는 수 $\frac{1}{100}$배, 몫 $\frac{1}{100}$배)

2-2 나누어지는 수가 $\frac{1}{10}$배가 되면 몫도 $\frac{1}{10}$배가 됩니다.

$30\div5=6$ ⇨ $3\div5=0.6$ (나누어지는 수 $\frac{1}{10}$배, 몫 $\frac{1}{10}$배)

3-1 생각 열기 몫이 자연수로 나누어떨어지지 않는 경우에는 나누어지는 수의 오른쪽 끝자리에 0이 계속 있는 것으로 생각하고 0을 받아내려 계산합니다.

(1)
```
   4.5
2)9
  8
  10
  10
   0
```

(2)
```
   5.25
4)21
  20
   10
    8
    20
    20
     0
```

3-2 (1)
```
   1.5
6)9
  6
  30
  30
   0
```

(2)
```
   2.75
4)11
   8
   30
   28
    20
    20
     0
```

71쪽

1-1 $5.82\div6$을 $6\div6$으로 어림하면 몫이 약 1입니다.
$5.82\div6$의 몫은 1보다 작은 수이므로 0.97입니다.

1-2 $8.32\div4$를 $8\div4$로 어림하면 몫이 약 2입니다.
$8.32\div4$의 몫은 2보다 크고 3보다 작은 수이므로 2.08입니다.

2-1 $8.32\div8$을 $8\div8$로 어림하면 몫은 약 1입니다.
$8.32\div8$의 몫은 1보다 크고 2보다 작은 수이므로 1.04입니다.

2-2 $30.4\div2$를 $30\div2$로 어림하면 몫은 약 15입니다.
$30.4\div2$의 몫은 15보다 크고 16보다 작은 수이므로 15.2입니다.

STEP 2 개념 확인하기 (72 ~ 73쪽)

01 (1) 7.08 (2) 9.05

02
```
    8.06
5)40.3
  40
    30
    30
     0
```

03 (1) 204, 2.04 (2) 605, 6.05

04 6.05, 3.05

05 1.04배

06 6.12, 6, 1.02 ; 1.02

07 (1) 2.5 (2) 0.85

08 $6\div4=\frac{6}{4}=\frac{150}{100}=1.5$

09 1.75

10 0.25 kg

11 ( )
( )
(○)
( )

12 ㉡, ㉣

01 (1)
```
    7.08
5)35.4
  35
    40
    40
     0
```

(2)
```
    9.05
6)54.3
  54
    30
    30
     0
```

02 3은 5보다 작으므로 몫의 수가 소수 첫째 자리에 0을 쓰고 0을 내려 계산해야 합니다.

03 나누어지는 수가 $\frac{1}{100}$배가 되면 몫도 $\frac{1}{100}$배가 됩니다.

04
```
    6.05
6)36.3
  36
    30
    30
     0
```

```
    3.05
8)24.4
  24
    40
    40
     0
```

05 (노원구에 내린 비의 양)÷(금천구에 내린 비의 양)
$=5.2\div5=$**1.04(배)**

06 삼각뿔의 모서리는 모두 6개입니다. 모든 모서리의 길이가 같으므로 한 모서리의 길이는 **6.12÷6=1.02 (m)**입니다.

서술형 가이드 식 6.12÷6을 바르게 계산하고 답을 구했는지 확인합니다.

채점 기준

상	식 6.12÷6=1.02를 쓰고 답을 바르게 구했음.
중	식 6.12÷6만 썼음.
하	식을 쓰지 못함.

07 (1)
```
      2.5
  6)1 5
    1 2
      3 0
      3 0
        0
```
(2)
```
       0.8 5
  20)1 7
     1 6 0
       1 0 0
       1 0 0
           0
```

08 (자연수)÷(자연수)를 분수로 바꿀 때 나누는 수는 분모가 되고, 나누어지는 수는 분자가 됩니다.

09
```
    1.7 5
  4)7
    4
    3 0
    2 8
      2 0
      2 0
        0
```

10 (키위 한 봉지의 무게)=5÷4=1.25 (kg)
⇨ (키위 한 개의 무게)=1.25÷5=**0.25** (kg)

11 30.24÷4에서 30.24를 소수 첫째 자리에서 반올림하면 30입니다. 30÷4의 몫은 7보다 크고 8보다 작으므로 **30.24÷4=7.56**이 답이 됩니다.

12 나누어지는 수가 나누는 수보다 크면 몫이 1보다 크고, 나누어지는 수가 나누는 수보다 작으면 몫이 1보다 작습니다.

STEP 3 단원 마무리평가 74 ~ 77쪽

01 63, 63, 21, 2.1 **02** 1.6
03 > **04** (1) 1.2 (2) 0.9
05 $9.2\div8=\frac{920}{100}\div8=\frac{920\div8}{100}=\frac{115}{100}=1.15$

06 5.15 **07** 5.05
08
```
      2.2 8
  7)1 5.9 6
    1 4
      1 9
      1 4
        5 6
        5 6
          0
```
09 (선 잇기: 위 왼쪽 점과 아래 오른쪽 점, 아래 왼쪽 점과 위 오른쪽 점을 잇는 그림)

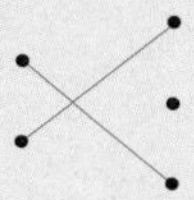

10 3.35 **11** ( ) (○)
12 예 6, 예 1 ; 0.9 2 **13** 15÷3에 ○표
14 19.8 m² **15** 16.5÷3=5.5 ; 5.5 cm
16 18.16÷2=9.08 ; 9.08 km
17 2.81 L **18** 271.5
19 1.88 m **20** 0.5

창의·융합 문제
1) 2.35
2) 1.2

01 소수 한 자리 수는 분모가 10인 분수로 고쳐서 계산합니다.
$6.3\div3=\frac{63}{10}\div3=\frac{63\div3}{10}=\frac{21}{10}=2.1$

02 생각 열기 나누어지는 수가 $\frac{1}{10}$배가 되면 몫도 $\frac{1}{10}$배가 됩니다.
352÷22=16 ⇨ 35.2÷22=**1.6** (나누어지는 수 $\frac{1}{10}$배, 몫 $\frac{1}{10}$배)

03 922÷2>9.22÷2 ($\frac{1}{100}$배)
나누는 수가 같고 나누어지는 수가 $\frac{1}{100}$배가 되었으므로 몫도 $\frac{1}{100}$배가 됩니다. 따라서 922÷2의 몫이 9.22÷2의 몫보다 큽니다.

04 (1)
```
       1.2
  17)2 0.4
     1 7
       3 4
       3 4
         0
```
(2)
```
     0.9
  8)7.2
    7 2
      0
```

05 소수를 분수로 고쳐서 분수의 나눗셈을 계산하여 몫을 구합니다.

06

```
     5.1 5
8)4 1.2
  4 0
    1 2
      8
      4 0
      4 0
        0
```

07

```
    5.             5.0 5
4)2 0.2   ⇨   4)2 0.2
  2 0             2 0
     ②               2 0
                     2 0
                       0
```

08 몫의 소수점은 나누어지는 수의 소수점을 올려 찍습니다.

09

```
   0.6 9        0.6 4
7)4.8 3      9)5.7 6
  4 2           5 4
    6 3           3 6
    6 3           3 6
      0             0
```

10

```
     3.3 5
8)2 6.8
  2 4
    2 8
    2 4
      4 0
      4 0
        0
```

11

```
     2.1 6          4.0 5
5)1 0.8        8)3 2.4
  1 0            3 2
      8              4 0
      5              4 0
      3 0              0
      3 0
        0
```

⇨ $2.16<4.05$

12 소수 첫째 자리에서 반올림하여 소수를 자연수로 만들어 몫을 어림하면 몫의 소수점 위치를 쉽게 찾을 수 있습니다. $5.52\div6$을 어림하면 $6\div6$이므로 몫은 약 1입니다.
따라서 $5.52\div6$의 몫은 1보다 작아야 하므로 0.92가 되도록 소수점을 찍습니다.

13 세 나눗셈식 모두 나누는 수가 3으로 같으므로 나누어지는 수가 가장 큰 식의 몫이 가장 큽니다.
15, 1.5, 0.15 중 15가 가장 큰 수이므로 $15\div3$의 몫이 가장 큽니다.

14 (색칠된 부분의 넓이)$=79.2\div4=\mathbf{19.8}$ (m^2)

15 정삼각형은 세 변의 길이가 모두 같습니다.
(정삼각형의 한 변의 길이)$=$(둘레)$\div3$
$=\mathbf{16.5\div3=5.5}$ **(cm)**

서술형 가이드 $16.5\div3$을 바르게 계산하고 답을 구했는지 확인합니다.

채점 기준

상	식 $16.5\div3=5.5$를 쓰고 답을 바르게 구했음.
중	식 $16.5\div3$만 썼음.
하	식을 쓰지 못함.

16 서술형 가이드 $18.16\div2$를 바르게 계산하고 답을 구했는지 확인합니다.

채점 기준

상	식 $18.16\div2=9.08$을 쓰고 답을 바르게 구했음.
중	식 $18.16\div2$만 썼음.
하	식을 쓰지 못함.

17 (벽의 넓이)$=3\times2=6$ (m^2)
⇨ (1 m^2의 벽을 칠하는 데 사용한 페인트의 양)
$=16.86\div6=\mathbf{2.81}$ **(L)**

18 나누는 수는 6으로 같고 몫이 $\frac{1}{10}$배가 되었으므로 나누어지는 수도 $\frac{1}{10}$배가 되었습니다.

$\frac{1}{10}$배

$2715\div6=452.5$ ⇨ $\boxed{271.5}\div6=45.25$

$\frac{1}{10}$배

19 나무 사이의 간격은 모두 $6-1=5$(군데)입니다.
따라서 나무 사이의 간격을 $9.4\div5=\mathbf{1.88}$ **(m)**로 해야 합니다.

20 나누어지는 수가 작을수록, 나누는 수가 클수록 나눗셈의 몫은 작아집니다. 따라서 5, 4, 7, 8 중 가장 작은 수인 4를 나누어지는 수로 가장 큰 수인 8을 나누는 수로 하여 나눗셈식을 만듭니다.
⇨ $4\div8=\frac{4}{8}=\frac{1}{2}=\frac{5}{10}=\mathbf{0.5}$

창의·융합 문제

1 지구의 반지름을 1이라고 보았을 때 천왕성의 반지름이 4이므로 천왕성의 반지름을 1이라고 본다면 토성의 반지름을 4로 나누어야 합니다.
(토성의 반지름)$=9.4\div4=\mathbf{2.35}$

2 $24\div2=12$ ⇨ $2.4\div2=\mathbf{1.2}$ **(kg)**

4 비와 비율

STEP 1 개념 파헤치기

80 ~ 85쪽

81쪽

1-1 (1) 2, 4 ; 4
(2) 2, 3 ; 3

1-2 (1) 4, 4 ; 4
(2) 4, 2 ; 2

2-1 6, 8 ; 3

2-2 9, 12 ; 2

83쪽

1-1 (1) 7 (2) 7, 4
(3) 4, 7

1-2 (1) 5 (2) 5, 8
(3) 5, 8

2-1 13 : 11

2-2 15 : 16

3-1 (1) 7, 9 (2) 11, 13
(3) 15, 14

3-2 (1) 4, 5 (2) 17, 16
(3) 12, 10

85쪽

1-1 비교하는 양에 ○표,
기준량에 ○표

1-2 4에 ○표, 3에 ○표

2-1 4, $\frac{3}{4}$

2-2 6, $\frac{5}{6}$

3-1 $\frac{7}{10}$, 0.7

3-2 5, 0.2

4-1 $\frac{6}{4}\left(=\frac{3}{2}\right)$, 1.5

4-2 $\frac{6}{8}\left(=\frac{3}{4}\right)$, 0.75

81쪽

2-1 (남학생 수)÷(여학생 수)=6÷2=3
⇨ 남학생 수는 여학생 수의 3배입니다.

2-2 (사과 수)÷(배 수)=6÷3=2
⇨ 사과 수는 배 수의 2배입니다.

83쪽

1-1 (1) 각도기 수와 컴퍼스 수의 비
⇨ (각도기 수) : (컴퍼스 수)=4 : 7
(2) 컴퍼스 수와 각도기 수의 비
⇨ (컴퍼스 수) : (각도기 수)=7 : 4
(3) 컴퍼스 수에 대한 각도기 수의 비
⇨ (각도기 수) : (컴퍼스 수)=4 : 7

1-2 (1) 연필 수와 지우개 수의 비
⇨ (연필 수) : (지우개 수)=8 : 5
(2) 지우개 수와 연필 수의 비
⇨ (지우개 수) : (연필 수)=5 : 8
(3) 연필 수에 대한 지우개 수의 비
⇨ (지우개 수) : (연필 수)=5 : 8

2-1 (남학생 수) : (여학생 수)
=13 : 11

2-2 (남학생 수) : (여학생 수)
=15 : 16

3-1 (1) ■ 대 ▲ ⇨ ■ : ▲
(2) ★에 대한 ♥의 비 ⇨ ♥ : ★
(3) ●와 ▲의 비 ⇨ ● : ▲

3-2 ■ : ▲ ⇨ ■ 대 ▲
■와 ▲의 비
■의 ▲에 대한 비
▲에 대한 ■의 비

85쪽

1-1 2 : 7
7 → 기준량
2 → 비교하는 양

1-2 4 : 3
3 → 기준량
4 → 비교하는 양

2-1 생각 열기 ■ : ▲ ⇨ (비율)=$\frac{(비교하는 양)}{(기준량)}$
=$\frac{■}{▲}$

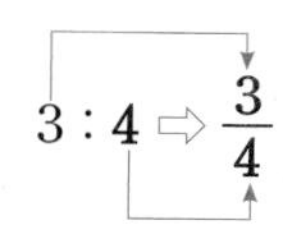
3 : 4 ⇨ $\frac{3}{4}$

2-2 5 : 6 ⇨ $\frac{5}{6}$

3-1 7 : 10 ⇨ (비율)=$\frac{7}{10}$=0.7

3-2 1 : 5 ⇨ (비율)=$\frac{1}{5}$=$\frac{2}{10}$=0.2

4-1 세로에 대한 가로의 비
(세로: 기준량, 가로: 비교하는 양)
⇨ (가로) : (세로)=6 : 4
⇨ $\frac{6}{4}=\frac{3}{2}$ ⇨ 1.5

4-2 밑변의 길이에 대한 높이의 비
(밑변의 길이: 기준량, 높이: 비교하는 양)
⇨ (높이) : (밑변의 길이)=6 : 8
⇨ $\frac{6}{8}=\frac{3}{4}$ ⇨ 0.75

STEP 2 개념 확인하기 86 ~ 87쪽

01 (1) 6 (2) 2.5

02 (1) 9, 12

(2) 예 모둠 수에 따라 학생 수는 바구니 수보다 각각 6, 12, 18, 24 더 많습니다.

예 항상 학생 수는 바구니 수의 3배입니다.

03 6 : 5

04 ⑤

05 5 : 12

06 틀립니다에 ○표,

예 5 : 8은 기준량이 8이지만 8 : 5는 기준량이 5이기 때문입니다.

07 5, 9

08 $\frac{1}{4}$, 0.25

09

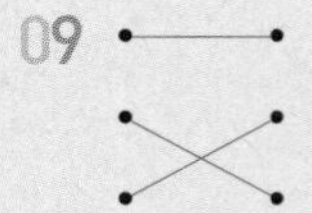

10 (1) $\frac{9}{6}\left(=\frac{3}{2}\right)$, $\frac{12}{8}\left(=\frac{3}{2}\right)$, 1.5

(2) 예 두 직사각형의 크기는 다르지만 두 직사각형의 세로에 대한 가로의 비율은 같습니다.

11 0.55

02 • $9-3=6$, $18-6=12$, $27-9=18$, $36-12=24$

• $9\div3=3$, $18\div6=3$, $27\div9=3$, $36\div12=3$

03 강아지는 6마리이고 고양이는 5마리입니다.

⇨ (강아지 수) : (고양이 수) = **6 : 5**

04 ①, ②, ③, ④ ⇨ 5 : 7

⑤ 5에 대한 7의 비 ⇨ 7 : 5

05 전체 12칸 중에서 색칠한 부분은 5칸입니다.

⇨ (색칠한 칸 수) : (전체 칸 수) = **5 : 12**

07 ■ : ▲ ⇨ 기호 :의 왼쪽에 있는 ■는 비교하는 양이고, 오른쪽에 있는 ▲는 기준량입니다.

08 4에 대한 1의 비 ⇨ 1 : 4

⇨ $\frac{1}{4}=\frac{25}{100}=\mathbf{0.25}$

09 • 3 : 10 ⇨ $\frac{3}{10}=0.3$

• 4와 5의 비 ⇨ 4 : 5 ⇨ $\frac{4}{5}=\frac{8}{10}=0.8$

• 7의 20에 대한 비 ⇨ 7 : 20 ⇨ $\frac{7}{20}=\frac{35}{100}=0.35$

10 기준량과 비교하는 양이 달라도 비율은 같을 수 있습니다.

11 (그림 면이 나온 횟수) : (동전을 던진 횟수) = 11 : 20

⇨ $\frac{11}{20}=\frac{55}{100}=\mathbf{0.55}$

STEP 1 개념 파헤치기 88 ~ 93쪽

89쪽

1-1 (1) 2, 300

(2) 걸린 시간 또는 2시간, 간 거리 또는 300 km

(3) $\frac{300}{2}$, 150

1-2 (1) 3, 210

(2) 걸린 시간 또는 3시간, 간 거리 또는 210 km

(3) $\frac{210}{3}$, 70

2-1 $\frac{1000}{2}$, 500

2-2 $\frac{1200}{3}$, 400

91쪽

1-1 (1) 넓이 또는 6 km^2, 인구 또는 9000명

(2) $\frac{9000}{6}$, 1500

1-2 (1) 넓이 또는 8 km^2, 인구 또는 9600명

(2) $\frac{9600}{8}$, 1200

2-1 (1) $\frac{160000}{200}(=800)$

(2) $\frac{410000}{500}(=820)$

(3) 나 도시

2-2 (1) $\frac{1500000}{300}(=5000)$

(2) $\frac{2400000}{600}(=4000)$

(3) 다 도시

93쪽

1-1 (1) 흰색 물감 양 또는 200 mL, 초록색 물감 양 또는 8 mL

(2) 8, 0.04

1-2 (1) 흰색 물감 양 또는 300 mL, 파란색 물감 양 또는 9 mL

(2) 9, 0.03

2-1 $\frac{200}{1000}\left(=\frac{1}{5}=0.2\right)$

2-2 $\frac{500}{2000}\left(=\frac{1}{4}=0.25\right)$

3-1 $\frac{60}{300}\left(=\frac{1}{5}=0.2\right)$

3-2 $\frac{50}{200}\left(=\frac{1}{4}=0.25\right)$

89쪽

1-1 생각 열기 걸린 시간(기준량)에 대한 간 거리(비교하는 양)의 비율

⇨ (비율) = $\frac{(\text{간 거리})}{(\text{걸린 시간})}$

(3) (비율) = $\frac{(\text{간 거리})}{(\text{걸린 시간})}=\frac{300}{2}=150$

1-2 (2) 걸린 시간(기준량)에 대한 간 거리(비교하는 양)의 비율

(3) (비율) = $\frac{(\text{간 거리})}{(\text{걸린 시간})}=\frac{210}{3}=70$

2-1 (비율) = $\frac{(\text{간 거리})}{(\text{걸린 시간})}=\frac{1000}{2}=500$

91쪽

1-1 생각 열기 마을의 넓이에 대한 인구의 비율
(넓이: 기준량, 인구: 비교하는 양)

⇨ (비율)$=\frac{(인구)}{(넓이)}$

(2) (넓이에 대한 인구의 비율)$=\frac{(인구)}{(넓이)}$
$=\frac{9000}{6}=1500$

1-2 (2) (비율)$=\frac{(인구)}{(넓이)}=\frac{9600}{8}=1200$

2-1 생각 열기 넓이에 대한 인구의 비율이 클수록 인구가 더 밀집한 곳입니다.

(1) 가 도시: (비율)$=\frac{(인구)}{(넓이)}=\frac{160000}{200}=800$

(2) 나 도시: (비율)$=\frac{(인구)}{(넓이)}=\frac{410000}{500}=820$

(3) 비율이 $800<820$이므로 인구가 더 밀집한 곳은 **나 도시**입니다.

2-2 (1) 다 도시: (비율)$=\frac{(인구)}{(넓이)}=\frac{1500000}{300}=5000$

(2) 라 도시: (비율)$=\frac{(인구)}{(넓이)}=\frac{2400000}{600}=4000$

(3) 비율이 $5000>4000$이므로 인구가 더 밀집한 곳은 **다 도시**입니다.

93쪽

1-1 (2) (비율)$=\frac{(초록색 물감 양)}{(흰색 물감 양)}$
$=\frac{8}{200}=\frac{1}{25}=0.04$

1-2 (2) (비율)$=\frac{(파란색 물감 양)}{(흰색 물감 양)}$
$=\frac{9}{300}=\frac{3}{100}=0.03$

2-1 (비율)$=\frac{(보라색 페인트 양)}{(흰색 페인트 양)}$
$=\frac{200}{1000}=\frac{1}{5}=0.2$

2-2 (비율)$=\frac{(주황색 페인트 양)}{(흰색 페인트 양)}$
$=\frac{500}{2000}=\frac{1}{4}=0.25$

3-1 (비율)$=\frac{(설탕 양)}{(설탕물 양)}=\frac{60}{300}=\frac{1}{5}$
$=0.2$

3-2 (비율)$=\frac{(설탕 양)}{(설탕물 양)}=\frac{50}{200}=\frac{1}{4}$
$=0.25$

STEP 2 개념 확인하기

94 ~ 95쪽

01 $\frac{440}{5}$, 88

02 $\frac{100}{25}$, 4

03 (1) $\frac{200}{4}(=50)$, $\frac{165}{3}(=55)$ (2) 나 자동차

04 $\frac{6000}{3}$, 2000

05 $\frac{1400000}{500}(=2800)$

06 $\frac{3381000}{10500}(=322)$

07 $\frac{254000}{2}(=12700)$, $\frac{42000}{3}(=14000)$

08 푸름 마을,
예 푸름 마을이 사랑 마을에 비해 넓이에 대한 인구의 비율이 크기 때문입니다.

09 $\frac{5}{250}\left(=\frac{1}{50}=0.02\right)$

10 0.1

11 $\frac{120}{300}\left(=\frac{2}{5}=0.4\right)$, $\frac{180}{400}\left(=\frac{9}{20}=0.45\right)$, 건우

01 생각 열기 (가는 데 걸린 시간에 대한 간 거리의 비율)
$=\frac{(간 거리)}{(걸린 시간)}$

(비율)$=\frac{(간 거리)}{(걸린 시간)}=\frac{440}{5}=88$

02 (비율)$=\frac{(간 거리)}{(걸린 시간)}=\frac{100}{25}=4$

03 생각 열기 가는 데 걸린 시간에 대한 간 거리의 비율이 클수록 자동차가 빨리 달린 것입니다.

(1) 가 자동차: $\frac{200}{4}=50$

나 자동차: $\frac{165}{3}=55$

(2) 비율이 $50<55$이므로 **나 자동차**가 더 빠릅니다.

04 생각 열기 넓이에 대한 인구의 비율은 $1\,km^2$의 넓이에 몇 명이 살고 있는지를 나타냅니다.

(비율)$=\frac{(인구)}{(넓이)}=\frac{6000}{3}=2000$

05 (비율)$=\frac{(인구)}{(넓이)}=\frac{1400000}{500}=2800$

06 $(\text{비율})=\dfrac{(\text{인구})}{(\text{넓이})}=\dfrac{3381000}{10500}=322$

07 • 사랑 마을: $\dfrac{25400}{2}=12700$

• 푸름 마을: $\dfrac{42000}{3}=14000$

08 생각 열기 넓이에 대한 인구의 비율이 클수록 인구가 더 밀집한 곳입니다.

비율이 $12700<14000$이므로 인구가 더 밀집한 곳은 **푸름 마을**입니다.

09 생각 열기 (흰색 물감 양에 대한 검은색 물감 양의 비율)

$=\dfrac{(\text{검은색 물감 양})}{(\text{흰색 물감 양})}$

$(\text{비율})=\dfrac{(\text{검은색 물감 양})}{(\text{흰색 물감 양})}$

$=\dfrac{5}{250}=\dfrac{1}{50}=0.02$

10 $(\text{비율})=\dfrac{(\text{소금 양})}{(\text{소금물 양})}=\dfrac{30}{300}=\dfrac{1}{10}=0.1$

11 • 예서: $\dfrac{120}{300}=\dfrac{2}{5}=0.4$

• 건우: $\dfrac{180}{400}=\dfrac{9}{20}=0.45$

⇨ 비율이 $0.4<0.45$이므로 더 진한 매실주스를 만든 사람은 **건우**입니다.

STEP 1 개념 파헤치기 (96 ~ 99쪽)

97쪽

1-1 방법 1 50, 50 / 방법 2 100, 50

1-2 방법 1 20, 20 / 방법 2 100, 20

2-1 16

2-2 27

3-1 (1) 15 % (2) 19 %

3-2 (1) 75 % (2) 46 %

99쪽

1-1 (1) 23 (2) 51

1-2 (1) 47 (2) 63

2-1 (1) 100, 0.17 (2) 49, 0.49

2-2 (1) 100, 0.31 (2) 83, 0.83

3-1 예 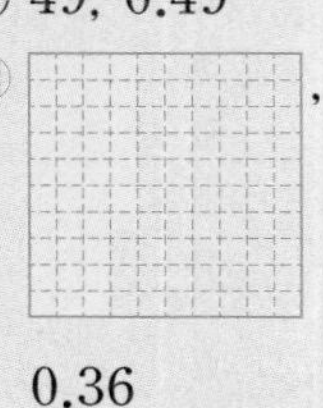, 0.36

3-2 예 , 0.62

97쪽

1-1 다음과 같은 두 가지 방법으로 백분율을 나타낼 수 있습니다.

방법 1 분모가 100인 분수로 나타낸 다음 분자에 %를 붙입니다.

$\dfrac{1}{2}$ ⇨ $\dfrac{50}{100}$ ⇨ **50 %**

방법 2 (비율) × 100 ⇨ $\dfrac{1}{2}\times100=$**50 (%)**

1-2 방법 1 $\dfrac{1}{5}$ ⇨ $\dfrac{20}{100}$ ⇨ **20 %**

방법 2 (비율) × 100 ⇨ $\dfrac{1}{5}\times100=$**20 (%)**

2-1 전체 100칸 중 색칠한 부분은 16칸입니다.

⇨ $\dfrac{16}{100}$ ⇨ **16 %**

2-2 전체 100칸 중 색칠한 부분은 27칸입니다.

⇨ $\dfrac{27}{100}$ ⇨ **27 %**

3-1 (1) $\dfrac{3}{20}=\dfrac{15}{100}$ ⇨ **15 %** (2) $0.19=\dfrac{19}{100}$ ⇨ **19 %**

다른 풀이

(백분율) = (비율) × 100

(1) $\dfrac{3}{20}\times100=15\,(\%)$ (2) $0.19\times100=19\,(\%)$

3-2 (1) $\dfrac{3}{4}=\dfrac{75}{100}$ ⇨ **75 %** (2) $0.46=\dfrac{46}{100}$ ⇨ **46 %**

다른 풀이

(1) $\dfrac{3}{4}\times100=75\,(\%)$ (2) $0.46\times100=46\,(\%)$

99쪽

1-1 ■ %에서 % 앞의 수를 분자로, 100을 분모로 하는 분수로 나타냅니다.

2-1 백분율을 분모가 100인 분수로 나타낸 다음 소수로 나타냅니다.

2-2 ▲% ⇨ $\dfrac{▲}{100}$ ⇨ ▲ ÷ 100

3-1 36 % ⇨ $\dfrac{36}{100}$ (36 ← 색칠할 모눈 칸 수, 100 ← 전체 모눈 칸 수)

⇨ **0.36**

3-2 62 % ⇨ $\dfrac{62}{100}=$**0.62**

따라서 모눈 100칸 중 62칸에 색칠합니다.

STEP 2 개념 확인하기 100 ~ 101쪽

01 (1) 38 % (2) 52 % 02 70 %

03 (위부터) 37 ; $\frac{9}{100}$, 9 ; 0.24, 24

04 ㉢ 05 ㉣

06 32 %

07 틀립니다에 ○표,

예 $\frac{1}{5}$을 소수로 나타내면 0.2이지만 백분율로 나타내면 20 %입니다.

08 ( ) ( ) (○)

09 0.12 10 >

11 12 예

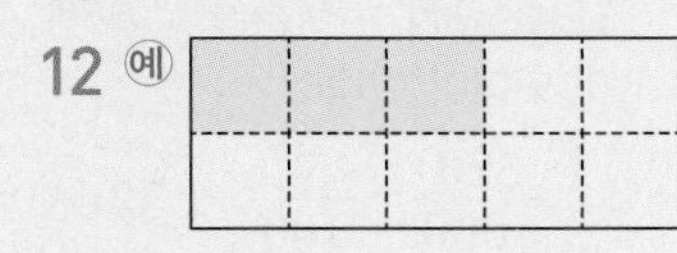

13 영우네 반 14 104 g

01 (1) $\frac{19}{50}=\frac{38}{100}$ ⇨ **38 %**

(2) $0.52=\frac{52}{100}$ ⇨ **52 %**

다른 풀이

비율에 100을 곱합니다.

(1) $\frac{19}{50}$ ⇨ $\frac{19}{50}\times100=$ **38 (%)**

(2) 0.52 ⇨ $0.52\times100=$ **52 (%)**

02 전체가 10칸, 색칠한 부분이 7칸이므로

$\frac{(\text{색칠한 칸 수})}{(\text{전체 칸 수})}\times100=\frac{7}{10}\times100=$ **70 (%)**입니다.

03 • $0.37\times100=$ **37** (%)

• 0.09를 분수로 나타내면 $\frac{\mathbf{9}}{\mathbf{100}}$,

백분율로 나타내면 $\frac{9}{100}$ ⇨ **9** %입니다.

• $\frac{6}{25}=\frac{24}{100}=$ **0.24**,

$0.24\times100=$ **24** (%)

04 ㉢ $0.8=\frac{80}{100}$ ⇨ 80 %

05 ㉠ 0.42 ⇨ 42 %

㉢ $\frac{21}{50}=\frac{42}{100}$ ⇨ 42 %

㉣ $\frac{21}{100}$ ⇨ 21 %

06 $\frac{(\text{안경을 쓴 학생 수})}{(\text{전체 학생 수})}\times100=\frac{8}{25}\times100=$ **32 (%)**

07 $\frac{1}{5}=\frac{20}{100}=0.2$

⇨ $0.2\times100=20$ (%)

08 생각 열기 ■ % ⇨ $\frac{■}{100}$

% 앞의 수를 분자로, 100을 분모로 하는 분수로 나타냅니다.

10 % ⇨ $\frac{10}{100}=\frac{1}{10}$

09 12 % ⇨ $\frac{12}{100}=$ **0.12**

다른 풀이

12 % ⇨ $12\div100=0.12$

10 생각 열기 백분율을 소수로 나타내거나 소수를 백분율로 나타내어 크기를 비교합니다.

80 % ⇨ $\frac{80}{100}=0.8$

따라서 0.8 > 0.08입니다.

다른 풀이

$0.08\times100=8$ (%) ⇨ 80 % > 8 %

11 • 25 % ⇨ $\frac{25}{100}=\frac{1}{4}$ • 50 % ⇨ $\frac{50}{100}=\frac{1}{2}$

• 60 % ⇨ $\frac{60}{100}=\frac{3}{5}$

12 30 % ⇨ $\frac{30}{100}=\frac{3}{10}$

따라서 10칸 중에 **3칸에 색칠**합니다.

다른 풀이

전체 10칸의 30 %만큼은 $10\times\frac{30}{100}=3$(칸)입니다.

따라서 10칸 중에 3칸에 색칠합니다.

13 75 % ⇨ $\frac{75}{100}=0.75$

따라서 0.75 < 0.8이므로 영우네 반의 성공률이 더 높습니다.

참고

소수를 백분율로 나타내어 크기를 비교할 수도 있습니다.

0.8 ⇨ $\frac{8}{10}=\frac{80}{100}$ ⇨ 80 %

따라서 75 < 80이므로 영우네 반의 성공률이 더 높습니다.

14 52 % ⇨ $\frac{52}{100}=\frac{104}{200}$

따라서 식빵 200 g에 들어 있는 탄수화물은 **104 g**입니다.

STEP 1 개념 파헤치기 102 ~ 107쪽

103쪽

1-1 6000, 2000 ; 2000, 25, 25
1-2 3400, 600 ; 600, 15, 15
2-1 (1) 2400, 80, 80 (2) 80, 20, 20
2-2 (1) 4500, 90, 90 (2) 90, 10, 10
3-1 30 %
2-2 20 %

105쪽

1-1 (1) 180, 36 (2) 36, 36
1-2 (1) 120, 30 (2) 30, 30
2-1 (1) 52 % (2) 45 % (3) 3 %
2-2 (1) 57 % (2) 41 % (3) 2 %

107쪽

1-1 (1) 40, 20 (2) 20, 20
1-2 (1) $\frac{90}{300}$, 30 (2) 30, 30
2-1 (1) 5 % (2) 4 % (3) 가 비커
2-2 (1) 9 % (2) 11 % (3) 나 비커

103쪽

1-1 생각 열기 $\frac{(\text{할인 금액})}{(\text{원래 가격})}$을 분모가 100인 분수로 나타냅니다.
할인 금액을 구한 다음 원래 가격에 대한 할인 금액의 백분율을 구합니다.

2-1 생각 열기 (할인율)$=100-$(판매율)
(1) $\frac{2400}{3000}=\frac{80}{100}$ ⇨ 80 %
(2) (할인율)$=100-$(판매율)
$=100-80=20$ ⇨ 20 %

2-2 (1) $\frac{4500}{5000}=\frac{90}{100}$ ⇨ 90 %
(2) (할인율)$=100-$(판매율)
$=100-90=10$ ⇨ 10 %

3-1 (할인 금액)$=1000-700=300$(원)
(할인율)$=\frac{300}{1000}\times 100=30$ (%)

다른 풀이
$\frac{700}{1000}=\frac{70}{100}$ ⇨ 70 %
(할인율)$=100-70=30$ ⇨ 30 %

3-2 (할인 금액)$=10000-8000=2000$(원)
(할인율)$=\frac{2000}{10000}\times 100=20$ (%)

다른 풀이
$\frac{8000}{10000}=\frac{80}{100}$ ⇨ 80 %
(할인율)$=100-80=20$ ⇨ 20 %

105쪽

1-1 $\frac{180}{500}=\frac{36}{100}$ ⇨ 36 %

1-2 $\frac{120}{400}=\frac{30}{100}$ ⇨ 30 %

2-1 생각 열기 득표율을 구할 때 기준량은 전체 투표 수인 1000이 되어야 합니다.
(1) $\frac{520}{1000}=\frac{52}{100}$ ⇨ 52 %
(2) $\frac{450}{1000}=\frac{45}{100}$ ⇨ 45 %
(3) $\frac{30}{1000}=\frac{3}{100}$ ⇨ 3 %

참고
득표율을 구할 때 (비율)$\times$100으로 구할 수도 있습니다.
(가 후보의 득표율)$=\frac{520}{1000}\times 100=52$ (%)

2-2 (1) $\frac{1140}{2000}=\frac{57}{100}$ ⇨ 57 %
(2) $\frac{820}{2000}=\frac{41}{100}$ ⇨ 41 %
(3) $\frac{40}{2000}=\frac{2}{100}$ ⇨ 2 %

107쪽

1-1 생각 열기 (소금물 진하기)$=\frac{(\text{소금 양})}{(\text{소금물 양})}$

1-2 (2) (설탕물의 진하기)$=\frac{(\text{설탕 양})}{(\text{설탕물 양})}=\frac{90}{300}=\frac{30}{100}$
⇨ 30 %

2-1 생각 열기 진하기가 클수록 더 진한 소금물입니다.
(1) • 가 비커: $\frac{25}{500}=\frac{5}{100}$ ⇨ 5 %
• 나 비커: $\frac{12}{300}=\frac{4}{100}$ ⇨ 4 %
(2) 5 % > 4 %이므로 **가 비커**의 소금물이 더 진합니다.

2-2 (1) • 가 비커: $\frac{36}{400}=\frac{9}{100}$ ⇨ 9 %
• 나 비커: $\frac{55}{500}=\frac{5}{100}$ ⇨ 11 %
(2) 9 % < 11 %이므로 **나 비커**의 설탕물이 더 진합니다.

STEP 2 개념 확인하기 108 ~ 109쪽

01 15 %
02 ( ) (○)
03 40 %
04 (1) 25 %, 20 % (2) 물감
05 75, 76, 50
06 38, 44, 18
07 호진
08 20 %
09 25 %
10 강헌
11 ㉡
12 30 %

01 생각 열기 할인 금액이 주어졌으므로

$(\text{할인율})=\frac{(\text{할인 금액})}{(\text{원래 가격})}$입니다.

$\frac{(\text{할인 금액})}{(\text{원래 가격})}=\frac{1200}{8000}=\frac{15}{100}$ ⇨ 15 %

따라서 물건의 할인율은 **15 %**입니다.

02 생각 열기 할인 금액을 구한 다음 할인율을 구합니다.

(할인 금액)=20000−16000=4000(원)

⇨ $(\text{할인율})=\frac{4000}{20000}\times100=20\ (\%)$

따라서 20 % 할인권을 사용하였습니다.

다른 풀이

피자 값을 얼마의 할인율로 지불하였는지 구한 다음 할인권을 찾아봅니다.

$\frac{(\text{할인된 판매 가격})}{(\text{원래 가격})}\times100=\frac{16000}{20000}\times100=80\ (\%)$

⇨ (할인율)=100−80=20 ⇨ 20 %

03 (할인 금액)=15000−9000=6000(원)

$(\text{할인율})=\frac{6000}{15000}\times100=\mathbf{40}\ (\%)$

04 (1) • 물감: $\frac{3500}{14000}\times100=\mathbf{25}\ (\%)$

• 필통: $\frac{1000}{5000}\times100=\mathbf{20}\ (\%)$

(2) 25 %>20 %이므로 할인율이 더 높은 물건은 **물감**입니다.

참고

• 물감의 할인 금액: 14000−10500=3500(원)
• 필통의 할인 금액: 5000−4000=1000(원)

주의

할인 금액이 크다고 하여 할인율이 항상 높은 것은 아닙니다.

05 생각 열기 $(\text{찬성률})=\frac{(\text{찬성하는 학생 수})}{(\text{전체 학생 수})}\times100$

• 1반: $\frac{18}{24}\times100=\mathbf{75}\ (\%)$

• 2반: $\frac{19}{25}\times100=\mathbf{76}\ (\%)$

• 3반: $\frac{11}{22}\times100=\mathbf{50}\ (\%)$

06 생각 열기 기준량은 전체 투표 수이므로 전체 투표 수를 먼저 구합니다.

(전체 투표 수)=190+200+190
=500(표)

• 후보 1: $\frac{190}{500}\times100=\mathbf{38}\ (\%)$

• 후보 2: $\frac{220}{500}\times100=\mathbf{44}\ (\%)$

• 후보 3: $\frac{90}{500}\times100=\mathbf{18}\ (\%)$

07 $(\text{진혜의 득표율})=\frac{8}{25}\times100=32\ (\%)$

⇨ 35 %>32 %이므로 **호진**이의 득표율이 더 높습니다.

08 생각 열기 $(\text{설탕물의 진하기})=\frac{(\text{설탕 양})}{(\text{설탕물 양})}\times100$

$\frac{50}{250}\times100=\mathbf{20}\ (\%)$

09 $\frac{300}{1200}\times100=\mathbf{25}\ (\%)$

10 • 강헌: $\frac{100}{200}\times100=50\ (\%)$

• 나은: $\frac{160}{400}\times100=40\ (\%)$

⇨ 50 %>40 %이므로 **강헌**이가 만든 포도주스가 더 진합니다.

11 ㉠ $\frac{20}{250}\times100=8\ (\%)$

㉡ $\frac{24}{200}\times100=12\ (\%)$

㉢ $\frac{27}{450}\times100=6\ (\%)$

⇨ 12%>8%>6%이므로 ㉡ 소금물이 가장 진합니다.

12 생각 열기 (소금물 양)=(소금 양)+(물 양)

(소금물 양)=30+70=100 (g)

⇨ $\frac{30}{100}\times100=\mathbf{30}\ (\%)$

주의

기준량을 물 양으로 생각하여 $\frac{30}{70}\times100$으로 계산하지 않도록 합니다.

STEP 3 단원 마무리평가

110 ~ 113쪽

01 3, 5
02 10, 11
03 4, 4 ; 4
04 4, 2 ; 2
05 20, 12
06 $\frac{12}{20}\left(=\frac{3}{5}\right)$, 0.6
07 ③
08 40 %
09 0.57
10 (선 잇기)
11 $\frac{13}{20}$, 0.65
12 45 %
13 =
14 ㉢
15 정현
16 $\frac{350}{5}$(=70)
17 49 %
18 85, 100, $\frac{15}{100}$, 15 ; 15
19 나 지역
20 가 서점

창의·융합 문제

1) 2500원
2) 5, 10, 20
3) 모자, 윗옷, 운동화

01 (풀의 수) : (가위의 수)=**3 : 5**

05 12 : 20
- 20 → 기준량
- 12 → 비교하는 양

06 (비율)$=\frac{(\text{비교하는 양})}{(\text{기준량})}=\frac{12}{20}=\frac{3}{5}=0.6$

07 (전체 학생 수)=(남학생 수)+(여학생 수)
=7+3=10(명)
⇨ (남학생 수) : (전체 학생 수)=7 : 10

08 $\frac{2}{5}\times100=40\ (\%)$

09 57 % ⇨ $\frac{57}{100}=0.57$

10 • $0.7=\frac{7}{10}=\frac{70}{100}$ ⇨ 70 %
• $0.07=\frac{7}{100}$ ⇨ 7 %

11 (가로에 대한 세로의 비율)
$=\frac{(\text{세로})}{(\text{가로})}=\frac{13}{20}=0.65$

12 전체가 20칸, 색칠한 부분이 9칸이므로 전체에 대한 색칠한 부분의 비율은 $\frac{9}{20}$입니다.
$\frac{9}{20}=\frac{45}{100}$ ⇨ **45 %**

13 분수를 백분율로 나타내어 크기를 비교합니다.
$\frac{1}{5}=\frac{20}{100}$ ⇨ 20 %

14 ㉢ 6 % ⇨ $\frac{6}{100}=\frac{3}{50}$

15 **생각 열기** 성공률을 모두 백분율이나 소수로 통일한 다음 크기를 비교합니다.
82 % ⇨ $\frac{82}{100}=0.82$
따라서 0.82>0.7이므로 **정현**이의 성공률이 더 높습니다.

16 (비율)$=\frac{(\text{간 거리})}{(\text{걸린 시간})}=\frac{350}{5}=70$

17 **생각 열기** 가 후보, 나 후보의 득표 수와 무효표의 합이 전체 투표 수입니다.
(전체 투표 수)=196+188+16=400(표)
(가 후보의 득표율)$=\frac{196}{400}\times100=49\ (\%)$

18 **서술형 가이드** 소금물 양에 대한 소금 양의 비율을 바르게 구했는지 확인합니다.

채점 기준

상	소금물 양에 대한 소금 양을 비율을 바르게 구했음.
중	소금물 양에 대한 소금 양의 비율을 구하는 과정에서 실수하여 답이 틀림.
하	소금물 양에 대한 소금 양의 비율을 모름.

19 • 가 지역: $\frac{340000}{40}=8500$ • 나 지역: $\frac{405000}{45}=9000$
⇨ 비율이 8500<9000이므로 인구가 더 밀집한 곳은 **나 지역**입니다.

20 (나 서점의 할인율)$=\frac{2400}{16000}\times100=15\ (\%)$
⇨ 20 %>15 %이므로 **가 서점**에서 책을 사는 것이 더 이익입니다.

창의·융합 문제

1) 윗옷 2벌의 할인 금액은 5000원이므로 윗옷 1벌당 할인 금액은 **2500원**입니다.

2) • 운동화: $\frac{3000}{60000}\times100=5\ (\%)$
• 윗옷: $\frac{2500}{25000}\times100=10\ (\%)$
• 모자: $\frac{3600}{18000}\times100=20\ (\%)$

3) 할인율이 20 %>10 %>5 %이므로 할인율이 큰 순서대로 쓰면 **모자, 윗옷, 운동화**입니다.

5 여러 가지 그래프

STEP 1 개념 파헤치기 116 ~ 121쪽

117쪽

1-1 (1) 예 2가지
1-2 예 2가지
2-1 7, 7
2-2 4, 4
3-1 예

마을별 쓰레기 배출량

마을	배출량
가	◇◇◇◇◇◇◇◇◇◇
나	◈◇◇◇◇◇◇◇◇
다	◈◈◇◇◇◇◇
라	◈◈◇◇◇

◈100 kg ◇ 10 kg

3-2 예

도서관 별 대출된 도서 수

도서관	도서 수
늘푸른	■■■ (큰 그림 1개, 작은 그림 2개)
가람	■■■■■■■■
누리	□□□□□ (큰 그림 1개, 작은 그림 4개)
하늘	□□□□□□□□□

■ 10만 권 ■ 1만 권

119쪽

1-1 겨울
1-2 컴퓨터 게임
2-1 가을
2-2 노래
3-1 20 %
3-2 25 %

121쪽

1-1 백분율
1-2 백분율
2-1 80, 40 ; 40, 20 ; 60, 30
2-2 6, 30 ; 5, 25 ; 2, 10
3-1 기르는 동물별 마릿 수

0 10 20 30 40 50 60 70 80 90 100(%)
닭 (40 %), 돼지 (30 %), 오리(10 %), 소(20 %)

3-2 가 보고 싶은 나라별 학생 수

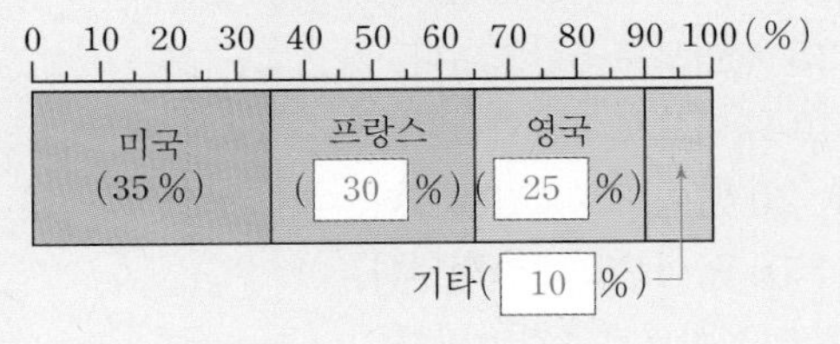

117쪽

1-1 100 kg을 나타내는 그림과 10 kg을 나타내는 그림 2가지로 나타내는 것이 좋을 것 같습니다.

1-2 10만 권을 나타내는 그림과 1만 권을 나타내는 그림 2가지로 나타내는 것이 좋을 것 같습니다.

2-2 14만 권=10만 권+4만 권이고 4만 권은 1만 권이 4개이므로 작은 그림은 4개로 나타냅니다.

3-1
- 다 마을: 쓰레기 배출량이 250 kg이므로 ◈ 2개, ◇ 5개로 나타냅니다.
- 라 마을: 쓰레기 배출량이 230 kg이므로 ◈ 2개, ◇ 3개로 나타냅니다.

3-2 **생각 열기** 큰 그림은 10만 권, 작은 그림은 1만 권을 나타내므로 조사한 수에 맞도록 그림을 그립니다.
- 누리 도서관: 대출된 도서가 14만 권이므로 ■ 1개, ■ 4개로 나타냅니다.
- 하늘 도서관: 대출된 도서가 9만 권이므로 ■ 9개로 나타냅니다.

119쪽

1-1 **생각 열기** 띠그래프에서 비율이 높을수록 차지하는 부분의 길이가 깁니다.
띠그래프에서 길이가 가장 긴 부분은 겨울이므로 가장 많은 학생이 태어난 계절은 **겨울**입니다.

1-2 띠그래프에서 길이가 가장 긴 부분은 컴퓨터 게임이므로 가장 많은 학생의 취미 활동은 **컴퓨터 게임**입니다.

2-1 띠그래프에서 길이가 가장 짧은 부분은 가을이므로 가장 적은 학생이 태어난 계절은 **가을**입니다.

2-2 띠그래프에서 길이가 가장 짧은 부분은 노래이므로 가장 적은 학생의 취미 활동은 **노래**입니다.

3-1 **생각 열기** 띠그래프에서 봄을 찾아 그 아래에 쓰여 있는 백분율을 알아봅니다.
띠그래프에서 봄을 찾아 보면 봄에 태어난 학생은 전체의 **20 %**입니다.

3-2 띠그래프에서 운동을 찾아 보면 운동이 취미인 학생은 전체의 **25 %**입니다.

120쪽

1-1~1-2 띠그래프는 전체에 대한 각 부분의 비율을 띠 모양에 나타낸 그래프입니다.

2-1 백분율: $\frac{(\text{동물별 마릿수})}{(\text{전체 동물 마릿수})} \times 100$

2-2 백분율: $\frac{(\text{가 보고 싶은 나라별 학생 수})}{(\text{전체 학생 수})} \times 100$

3-1~3-2 각 항목들이 차지하는 백분율의 크기만큼 선을 그어 띠를 나누고 나눈 부분에 각 항목의 내용과 백분율을 씁니다.

STEP 2 개념 확인하기 122 ~ 123쪽

01 예 (큰 그림), (작은 그림)

02 예

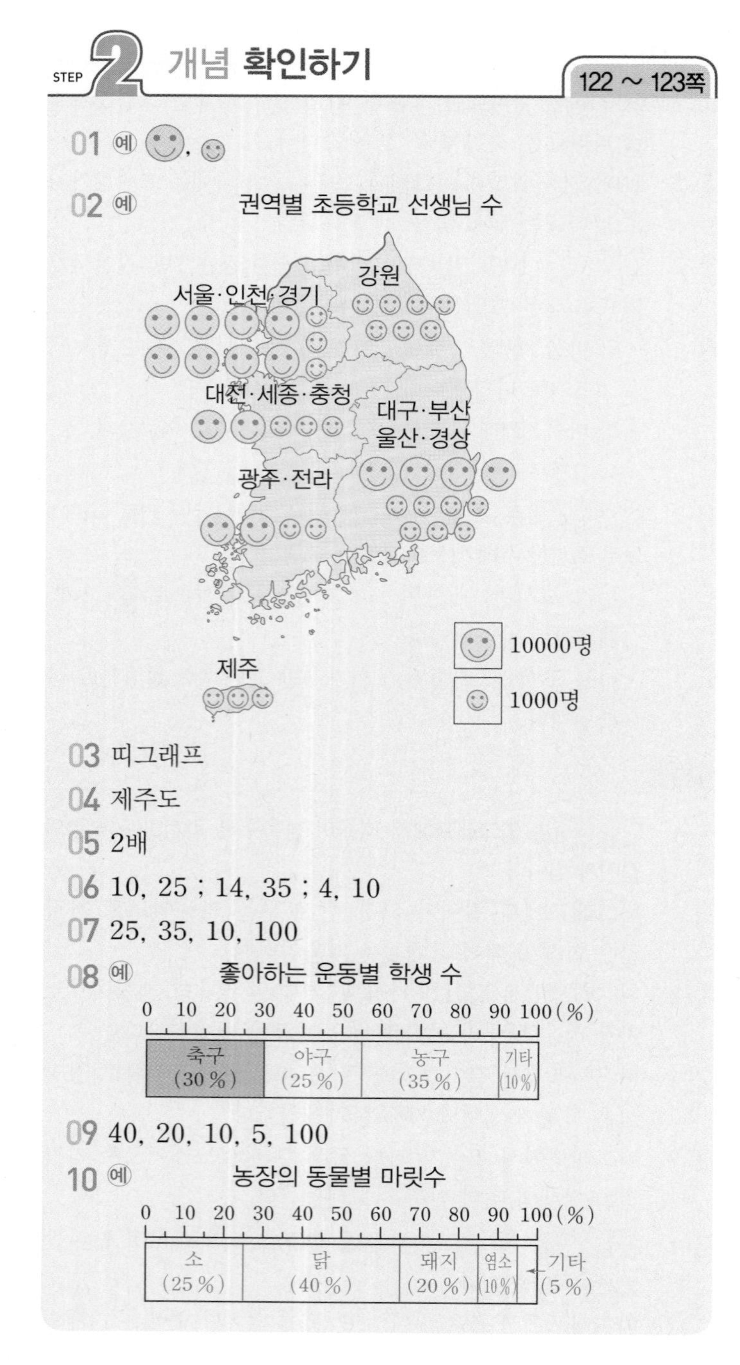

03 띠그래프

04 제주도

05 2배

06 10, 25 ; 14, 35 ; 4, 10

07 25, 35, 10, 100

08 예 좋아하는 운동별 학생 수

0 10 20 30 40 50 60 70 80 90 100(%)

축구 (30 %)	야구 (25 %)	농구 (35 %)	기타 (10 %)

09 40, 20, 10, 5, 100

10 예 농장의 동물별 마릿수

0 10 20 30 40 50 60 70 80 90 100(%)

소 (25 %)	닭 (40 %)	돼지 (20 %)	염소 (10 %)	기타 (5 %)

01 10000명은 큰 그림으로, 1000명은 작은 그림으로 나타내고 조사한 내용에 맞는 그림으로 나타냅니다.

02 • 서울 · 인천 · 경기: 선생님 수가 83000명이므로 (큰 그림) 8개, (작은 그림) 3개로 나타냅니다.
• 대전 · 세종 · 충청: 선생님 수가 23000명이므로 (큰 그림) 2개, (작은 그림) 3개로 나타냅니다.
• 강원: 선생님 수가 7000명이므로 (작은 그림) 7개로 나타냅니다.
• 광주 · 전라: 선생님 수가 22000명이므로 (큰 그림) 2개, (작은 그림) 2개로 나타냅니다.
• 대구 · 부산 · 울산 · 경상: 선생님 수가 47000명이므로 (큰 그림) 4개, (작은 그림) 7개로 나타냅니다.
• 제주: 선생님 수가 3000명이므로 (작은 그림) 3개로 나타냅니다.

03 **띠그래프**: 전체에 대한 각 부분의 비율을 띠 모양에 나타낸 그래프

04 띠그래프에서 길이가 가장 긴 부분을 찾으면 **제주도**입니다.

05 경주에 가고 싶은 학생은 전체의 32 %이고, 전주에 가고 싶은 학생은 전체의 16 %입니다.
⇨ $32 \div 16 = \mathbf{2}$(**배**)

06 생각 열기 백분율: $\dfrac{(\text{좋아하는 운동별 학생 수})}{(\text{전체 학생 수})} \times 100$

07 각 항목의 백분율을 모두 더하면 100 %가 되어야 합니다.
⇨ (합계)$=30+\mathbf{25}+\mathbf{35}+\mathbf{10}=\mathbf{100}$ (%)

08 **• 띠그래프 그리는 방법**
① 백분율의 크기만큼 선을 그어 띠를 나눕니다.
작은 눈금 한 칸이 5 %를 나타내므로 25 %는 5칸, 35 %는 7칸, 10 %는 2칸이 되도록 나눕니다.

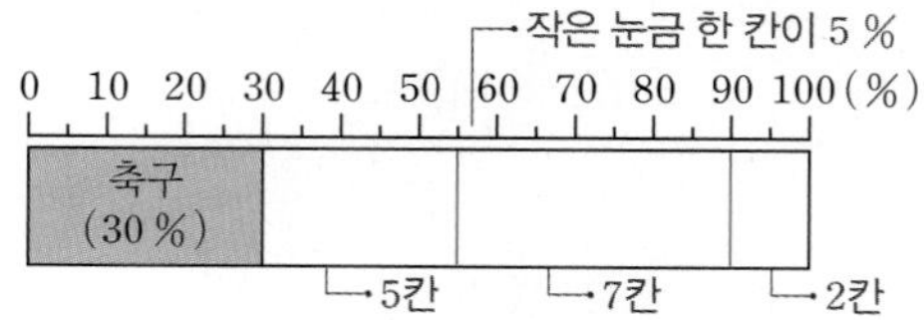

② 나눈 부분에 각 항목의 내용과 백분율을 씁니다.

좋아하는 운동별 학생 수

0 10 20 30 40 50 60 70 80 90 100(%)

축구 (30 %)	야구 (25 %)	농구 (35 %)	기타 (10 %)

09 생각 열기 백분율: $\dfrac{(\text{동물별 마릿수})}{(\text{전체 동물 수})} \times 100$

• 닭: $\dfrac{32}{80} \times 100 = \mathbf{40}$ (%)

• 돼지: $\dfrac{16}{80} \times 100 = \mathbf{20}$ (%)

• 염소: $\dfrac{8}{80} \times 100 = \mathbf{10}$ (%)

• 기타: $\dfrac{4}{80} \times 100 = \mathbf{5}$ (%)

⇨ (합계)$=25+40+20+10+5=\mathbf{100}$ (%)

참고
각 항목의 백분율의 합은 항상 100 %가 되어야 합니다.

10 각 항목들이 차지하는 백분율의 크기만큼 선을 그어 띠를 나누고 나눈 부분에 각 항목의 내용과 백분율을 씁니다.
눈금 한 칸의 크기는 5 %입니다.
• 소: 25 %이므로 5칸입니다.
• 닭: 40 %이므로 8칸입니다.
• 돼지: 20 %이므로 4칸입니다.
• 염소: 10 %이므로 2칸입니다.
• 기타: 5 %이므로 1칸입니다.

STEP 1 개념 파헤치기 124 ~ 127쪽

125쪽

1-1 윷놀이
1-2 식품비
2-1 강강술래
2-2 연료비
3-1 15 %
3-2 25 %

127쪽

1-1 6, 30; 4, 20 ; 3, 15
1-2 7, 35 ; 3, 15 ; 2, 10

2-1 좋아하는 간식별 학생 수

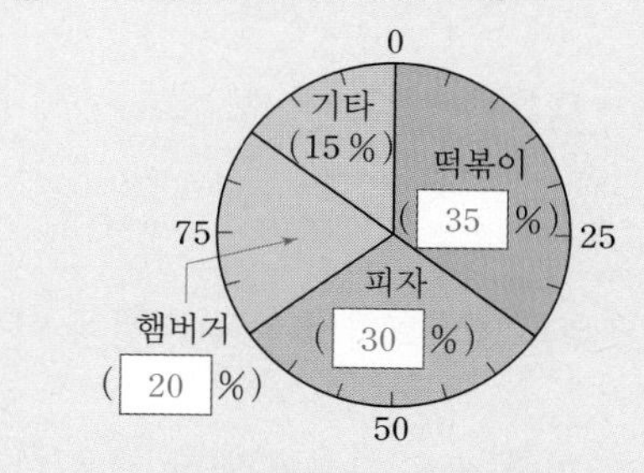

2-2 좋아하는 음악별 학생 수

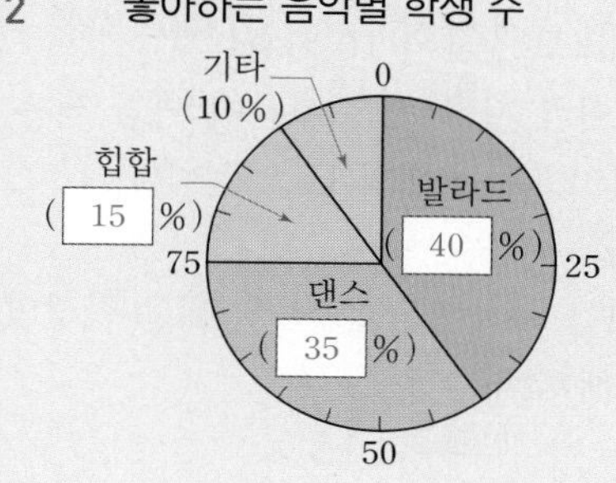

125쪽

1-1 생각 열기 원그래프에서 비율이 높을수록 차지하는 부분의 넓이가 넓습니다.
원그래프에서 넓이가 가장 넓은 부분은 윷놀이이므로 가장 많은 학생이 좋아하는 민속놀이는 **윷놀이**입니다.

1-2 원그래프에서 넓이가 가장 넓은 부분은 식품비이므로 가장 많은 비용이 드는 쓰임새는 **식품비**입니다.

2-1 원그래프에서 넓이가 가장 좁은 부분은 강강술래이므로 가장 적은 학생이 좋아하는 민속놀이는 **강강술래**입니다.

2-2 원그래프에서 기타를 제외하고 넓이가 가장 좁은 부분은 연료비이므로 가장 적은 비용이 드는 쓰임새는 **연료비**입니다.

3-1 생각 열기 그래프에서 항목을 찾은 다음 백분율을 알아봅니다.
원그래프에서 널뛰기를 찾아보면 백분율은 전체의 **15 %**입니다.

3-2 원그래프에서 교육비를 찾아보면 백분율은 전체의 **25 %**입니다.

127쪽

1-1 백분율: $\frac{(\text{좋아하는 간식별 학생 수})}{(\text{전체 학생 수})} \times 100$

1-2 백분율: $\frac{(\text{좋아하는 음악별 학생 수})}{(\text{전체 학생 수})} \times 100$

2-1~2-2 각 항목들이 차지하는 백분율의 크기만큼 선을 그어 원을 나누고 나눈 부분에 각 항목의 내용과 백분율을 씁니다.

STEP 2 개념 확인하기 128 ~ 129쪽

01 원그래프
02 사과
03 30 %
04 진서
05 도영, 민우
06 예 약 2배
07 10, 20 ; 15 30 ; 5, 10
08 100 %
09 예 혈액형별 학생 수

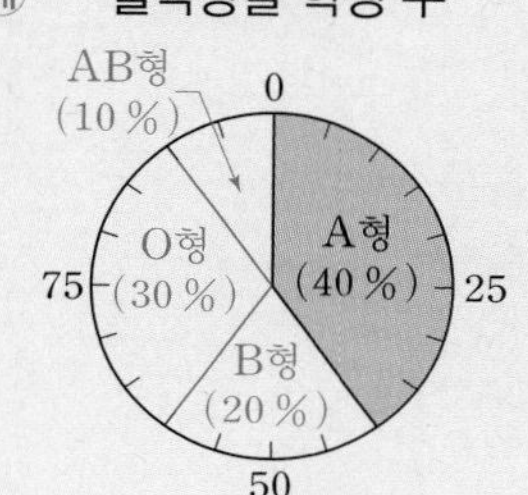

10 60, 20, 10
11 예 악보의 음표별 수

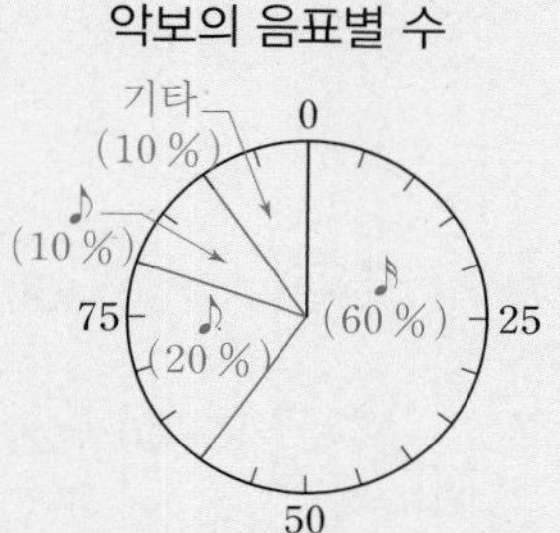

01 **원그래프**: 전체에 대한 각 부분의 비율을 원 모양에 나타낸 그래프

02 생각 열기 원그래프에서 비율이 높을수록 차지하는 부분의 넓이가 넓습니다.
원그래프에서 넓이가 가장 넓은 부분은 사과이므로 가장 많은 학생이 좋아하는 과일은 **사과**입니다.

03 생각 열기 원그래프에서 귤을 찾은 다음 백분율을 알아봅니다.
귤을 좋아하는 학생은 전체의 **30 %**입니다.

04 원그래프에서 넓이가 가장 넓은 부분은 진서이므로 득표 수가 가장 많은 사람은 **진서**입니다.

05 원그래프에서 백분율이 같은 사람을 찾으면 **도영, 민우**입니다.

06 • 민우의 득표 수는 전체의 25 %
• 현아의 득표 수는 전체의 12 %
⇨ 25÷12=2.08……이므로 민우의 득표 수는 현아의 득표 수의 **약 2배**입니다.

07 백분율: $\frac{(\text{혈액형별 학생 수})}{(\text{전체 학생 수})}\times 100$

08 생각 열기 원그래프에서 각 항목의 백분율의 합은 항상 100 %가 되어야 합니다.
(합계)=40+20+30+10
=**100 (%)**

09 • **원그래프 그리는 방법**
① 백분율의 크기만큼 선을 그어 원을 나눕니다.
눈금 한 칸이 5 %를 나타내므로 20 %는 4칸, 30 %는 6칸, 10 %는 2칸으로 나눕니다.

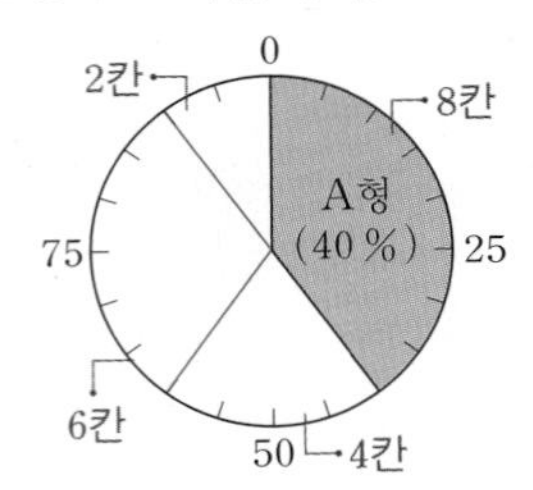

② 각 항목의 내용과 백분율을 씁니다.

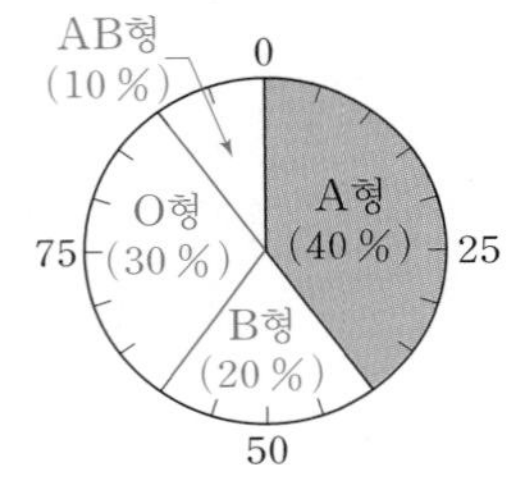

10 • ♪: $\frac{30}{50}\times 100=$**60 (%)**
• ♪: $\frac{10}{50}\times 100=$**20 (%)**
• ♪: $\frac{5}{50}\times 100=$**10 (%)**

11 각 항목들이 차지하는 백분율의 크기만큼 선을 그어 원을 나누고 나눈 부분에 각 항목의 내용과 백분율을 씁니다.

참고
원그래프 그리는 방법
① 자료를 보고 각 항목의 백분율을 구합니다.
② 각 항목의 백분율의 합계가 100 %가 되는지 확인합니다.
③ 각 항목들이 차지하는 백분율의 크기만큼 선을 그어 원을 나눕니다.
④ 나눈 부분에 각 항목의 내용과 백분율을 씁니다.
⑤ 원그래프의 제목을 씁니다.

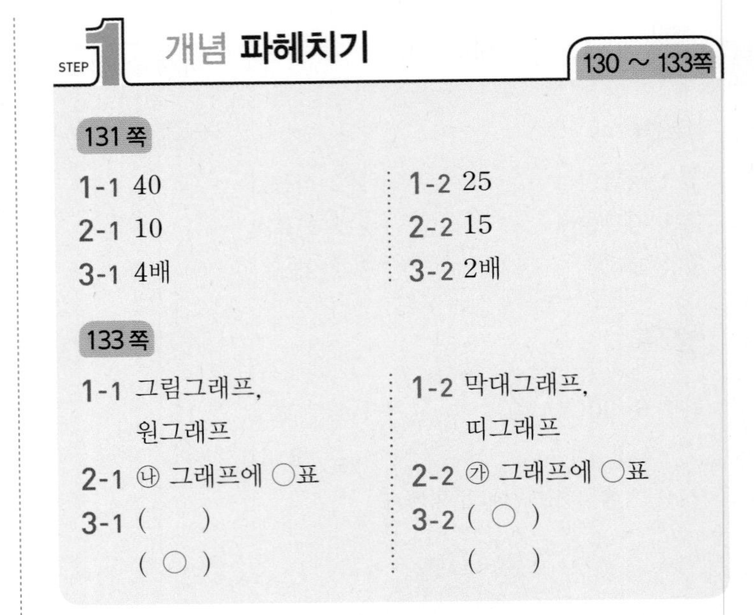
STEP 1 개념 **파헤치기** 130 ~ 133쪽

131쪽
1-1 40 | 1-2 25
2-1 10 | 2-2 15
3-1 4배 | 3-2 2배

133쪽
1-1 그림그래프, 원그래프 | 1-2 막대그래프, 띠그래프
2-1 ㉯ 그래프에 ○표 | 2-2 ㉮ 그래프에 ○표
3-1 ( ) (○) | 3-2 (○) ( )

131쪽

1-2 원그래프에서 딸기우유를 찾아보면 백분율은 전체 학생 수의 **25 %**입니다.

2-1 띠그래프에서 길이가 가장 짧은 부분이 가장 적은 학생이 좋아하는 꽃이므로 전체의 **10 %**입니다.

2-2 원그래프에서 넓이가 가장 좁은 부분이 가장 적은 학생이 좋아하는 우유이므로 전체의 **15 %**입니다.

3-1 장미: 40 %, 백합: 10 %
⇨ 장미를 좋아하는 학생은 백합을 좋아하는 학생의 40÷10=**4(배)**입니다.

3-2 초코우유: 30 %, 바나나우유: 15 %
⇨ 초코우유를 좋아하는 학생은 바나나우유를 좋아하는 학생의 30÷15=**2(배)**입니다.

133쪽

2-2 막대그래프는 막대의 길이로 수량의 많고 적음을 알 수 있고, 띠그래프는 차지하는 부분의 길이로 비율의 크기를 알 수 있습니다.

3-1 • 1년 동안 키의 변화: 꺾은선그래프
• 우리 반 학생들이 좋아하는 색깔
: 막대그래프, 띠그래프, 원그래프

3-2 • 우리나라 각 도시별 인구
: 그림그래프, 막대그래프, 띠그래프, 원그래프
• 반별 수학 시험의 평균: 막대그래프

참고
• 항목별 크기를 비교할 때 ⇨ 막대그래프
• 시간에 따른 크기 변화를 알아볼 때
⇨ 꺾은선그래프
• 항목별 비율을 비교할 때 ⇨ 띠그래프, 원그래프

STEP 2 개념 확인하기 134 ~ 135쪽

01 동화책 02 25 %
03 2배 04 3배
05 60 % 06 3000원
07 (위부터) 1400, 4000 ; 35, 10, 5, 100
08 예 재활용품 분리 배출량

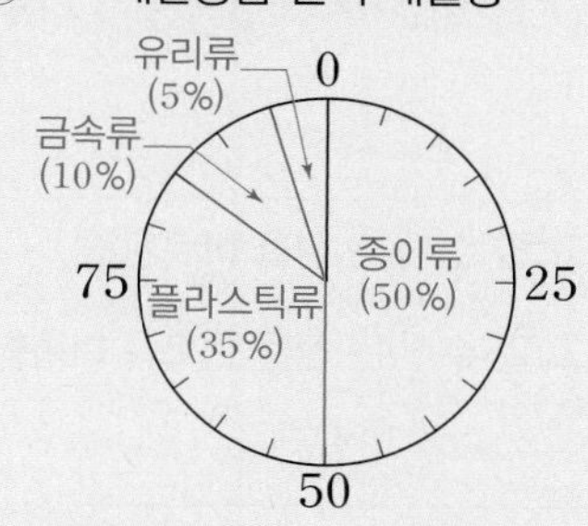

09 예 종이류의 분리 배출량의 비율이 가장 큽니다.
10 ㉢, ㉣ 11 ㉡

01 띠그래프에서 길이가 가장 긴 부분을 찾으면 **동화책**입니다.

02 띠그래프에서 동시집을 찾아보면 백분율은 전체의 **25 %** 입니다.

03 동화책: 30 %, 위인전: 15 %
⇨ 동화책을 읽은 학생은 위인전을 읽는 학생의 30÷15=**2(배)**입니다.

04 학용품: 36 %, 이웃돕기: 12 %
⇨ 학용품을 사는 데 사용한 금액은 이웃돕기에 사용한 금액의 36÷12=**3(배)**입니다.

05 생각 열기 ■ 또는 ▲에 사용한 금액의 백분율은 ■의 백분율과 ▲의 백분율의 합으로 구합니다.
학용품: 30 %, 군것질: 24 %
⇨ 학용품 또는 군것질에 사용한 금액은 전체의 36+24=**60 (%)**입니다.

06 군것질에 사용한 금액은 이웃돕기에 사용한 금액의 2배입니다. 따라서 군것질에 사용한 금액은 1500×2=**3000(원)** 입니다.

07 생각 열기 각 항목의 백분율의 합은 항상 100 %가 되어야 합니다.
(배출량 합계)=2000+1400+400+200=**4000** (kg)
• 플라스틱류: $\frac{1400}{4000}$×100=**35** (%)
• 금속류: $\frac{400}{4000}$×100=**10** (%)
• 종이류: $\frac{200}{4000}$×100=**5** (%)
(백분율 합계)=50+35+10+5=**100** (%)

08 각 항목들이 차지하는 백분율만큼 선을 그어 원을 나누고 각 항목의 내용과 백분율을 씁니다.

09 배출량이 많은 순서대로 쓰면 종이류, 플라스틱류, 금속류, 유리류입니다도 답이 됩니다.

10 학년별 학생 수나 비율을 비교하기 좋은 그래프는 막대그래프, 띠그래프, 원그래프입니다.

11 시간에 따른 변화하는 양을 나타내기 좋은 그래프는 꺾은선그래프입니다.

STEP 3 단원 마무리평가 136 ~ 139쪽

01 2, 4 02 410, 280, 1250
03 과수원별 사과 생산량

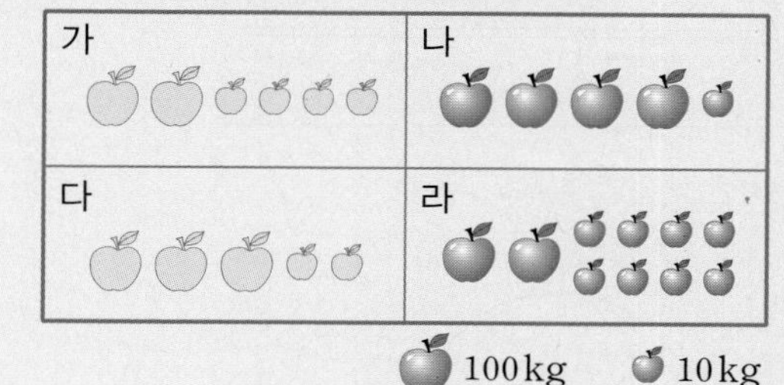

04 지아 05 22 %
06 쌀 07 2배
08 ㉢ 09 40, 20, 25, 10, 5, 100
10 예 좋아하는 과목별 학생 수

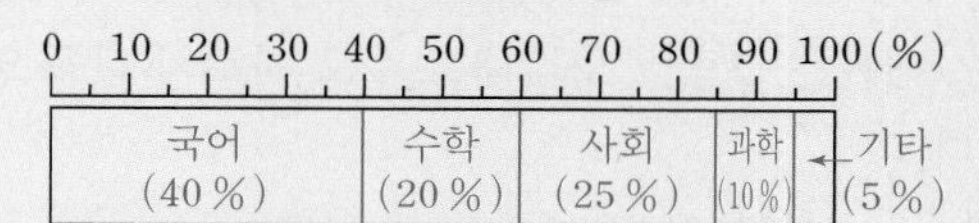

11 예 좋아하는 과목별 학생 수

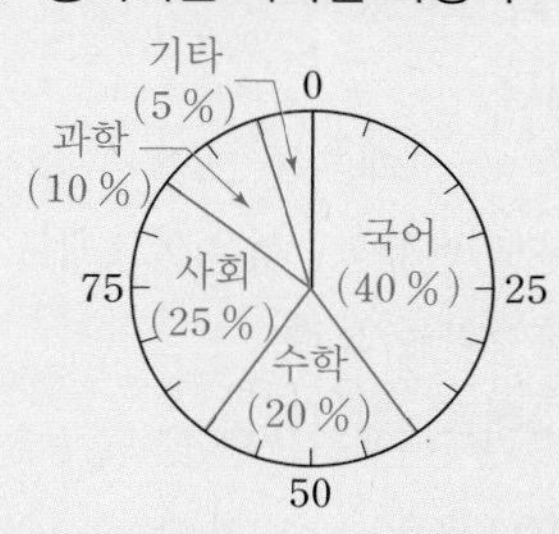

12 잠자기, 학교 생활, 공부, 운동
13 잠자기 14 40 %
15 예 학교 생활을 하는 시간은 운동을 하는 시간의 약 2배 입니다.
16 (위부터) 105, 75, 90, 30 ; 35, 25, 30, 10
17 예 맛별 팔린 아이스크림의 수

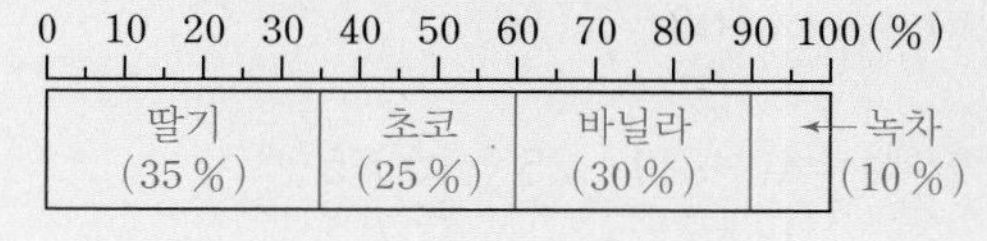

18 예) 맛별 팔린 아이스크림의 수

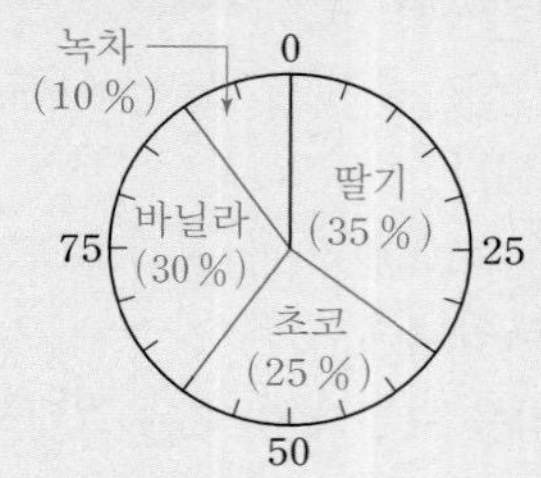

19 12명

20 10명

창의·융합 문제

1) 110, 40, 20, 20, 200 ;
55, 20, 10, 10, 5, 100

2) 예) 준비한 색깔별 찰흙의 무게

0 10 20 30 40 50 60 70 80 90 100(%)

갈색 (55 %)	초록색 (20 %)	빨간색 (10 %)	파란색 (10 %)	기타 (5 %)

3) 예) 준비한 색깔별 찰흙의 무게

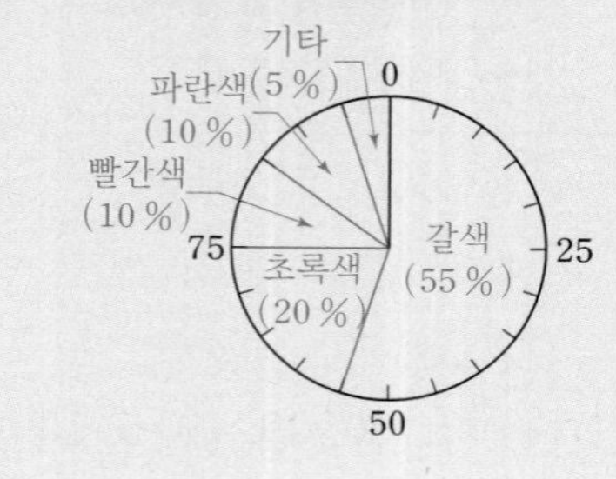

04 그림그래프는 그림이 나타내는 수로 자료의 값을 알 수 있습니다.

07 콩: 18 %, 보리: 9 %
⇨ 콩의 소비량은 보리의 소비량의
$18\div 9=$**2(배)**입니다.

08 ㉠ 우리 마을의 사람 수 ⇨ 그래프를 그릴 수 없습니다.
㉡ 하루 동안 교실의 온도 변화 ⇨ 꺾은선그래프
㉢ 우리 반 학생들이 좋아하는 노래
⇨ 막대그래프, 띠그래프, 원그래프

09
- 국어: $\frac{16}{40}\times 100=\mathbf{40}\ (\%)$
- 수학: $\frac{8}{40}\times 100=\mathbf{20}\ (\%)$
- 사회: $\frac{10}{40}\times 100=\mathbf{25}\ (\%)$
- 과학: $\frac{4}{40}\times 100=\mathbf{10}\ (\%)$
- 기타: $\frac{2}{40}\times 100=\mathbf{5}\ (\%)$

⇨ (합계)$=40+20+25+10+5$
$=100\ (\%)$

12 38>25>15>12이므로 긴 시간부터 쓰면 **잠자기, 학교 생활, 공부, 운동**입니다.

13 **잠자기**는 하루 생활의 38 %를 차지하므로 하루 전체 시간의 30 %를 넘게 차지합니다.

14 학교 생활: 25 %, 공부: 15 %
⇨ 학교 생활 또는 공부를 하는 시간은 하루 전체 시간의
$25+15=$**40 (%)**입니다.

15 서술형 가이드 원그래프를 보고 알 수 있는 점을 바르게 썼는지 확인합니다.

채점 기준

상	원그래프를 보고 알 수 있는 점을 바르게 씀.
중	원그래프를 보고 알 수 있는 점을 썼으나 미흡함.
하	쓰지 못함.

16
- 딸기: $\frac{105}{300}\times 100=\mathbf{35}\ (\%)$
- 초코: $\frac{75}{300}\times 100=\mathbf{25}\ (\%)$
- 바닐라: $\frac{90}{300}\times 100=\mathbf{30}\ (\%)$
- 녹차: $\frac{30}{300}\times 100=\mathbf{10}\ (\%)$

19 피아노: 30%, 무용: 15%
⇨ 피아노를 배우고 싶은 학생은 무용을 배우고 싶은 학생의 $30\div 15=2$(배)이므로 피아노를 배우고 싶은 학생은 $6\times 2=$**12(명)**입니다.

20 (태권도가 차지하는 비율)
$=100-30-20-15-10=25\ (\%)$
(태권도를 배우고 싶어 하는 학생 수)
$=$(전체 학생 수)$\times\frac{25}{100}=40\times\frac{25}{100}=$**10(명)**

창의·융합 문제

1)
- 갈색: $\frac{110}{200}\times 100=\mathbf{55}\ (\%)$
- 초록색: $\frac{40}{200}\times 100=\mathbf{20}\ (\%)$
- 빨간색: $\frac{20}{200}\times 100=\mathbf{10}\ (\%)$
- 파란색: $\frac{20}{200}\times 100=\mathbf{10}\ (\%)$,
- 기타: $\frac{10}{200}\times 100=\mathbf{5}\ (\%)$

2) 준비한 색깔별 찰흙의 무게의 백분율만큼 띠를 나누고 나눈 띠 위에 색깔과 백분율의 크기를 씁니다.

3) 준비한 색깔별 찰흙의 무게의 백분율만큼 선을 그어 원을 나누고 나눈 원 위에 색깔과 백분율의 크기를 씁니다.

6 직육면체의 부피와 겉넓이

개념 파헤치기

142 ~ 147쪽

143 쪽

1-1 가

1-2 (1) 나에 ○표
(2) 나에 ○표
(3) 가에 ○표
(4) 없습니다에 ○표

2-1 (1) 20개
(2) 18개
(3) 가

2-2 (1) 24개
(2) 20개
(3) 가

145 쪽

1-1 24, 24

1-2 (1) 36개 (2) 36 cm^3

2-1 3 ; 5, 3, 3, 45

2-2 4, 4 ; 4, 4, 3, 48

3-1 6, 6, 6, 216

3-2 9, 9, 9, 729

147 쪽

1-1 1000000

1-2 1000000

2-1 (1) 2 m, 2 m
(2) 24 m^3

2-2 (1) 4 m, 4 m, 3 m
(2) 48 m^3

3-1 (1) 2000000
(2) 18000000
(3) 9
(4) 37

3-2 (1) ○
(2) ×
(3) ×
(4) ○

143 쪽

1-1 가 나

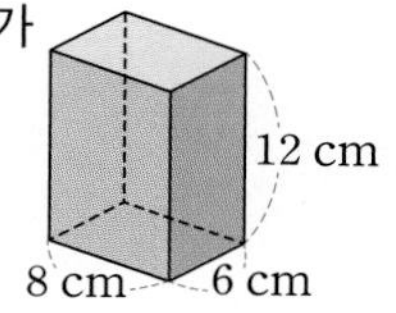

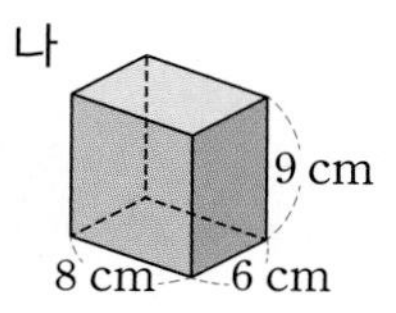

가로: 모두 8 cm로 가=나, 세로: 모두 6 cm로 가=나
두 직육면체의 가로와 세로가 같으므로 높이가 더 높은 직육면체의 부피가 더 큽니다. ⇨ **가>나**

1-2 가 나

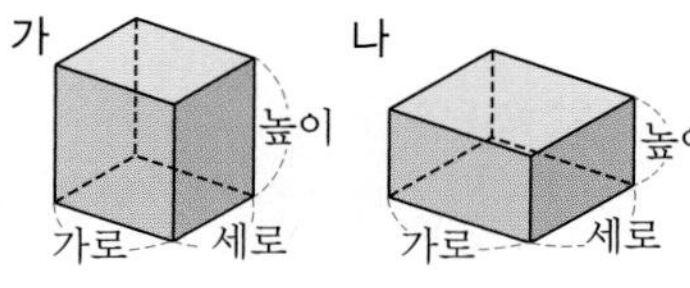

맞대어 비교하면
가로: 가<**나**, 세로: 가<**나**, 높이: **가**>나입니다.
⇨ 어느 직육면체의 부피가 더 작은지 정확히 알 수 **없습니다.**

2-1 생각 열기 쌓은 쌓기나무가 많을수록 부피가 더 큽니다.

가 나

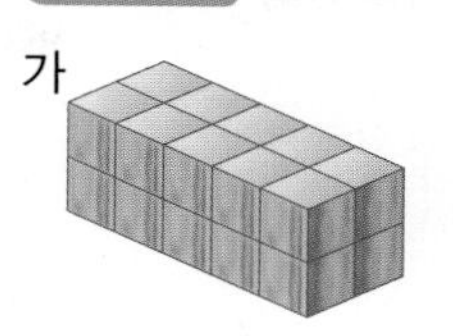

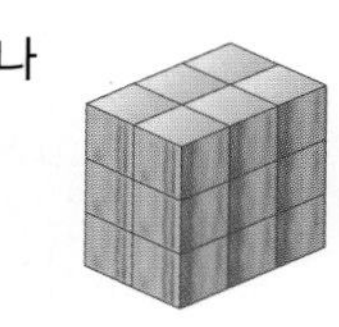

(1) 가에 사용한 쌓기나무 수: 5×2×2=**20**(개)
(2) 나에 사용한 쌓기나무 수: 2×3×3=**18**(개)
(3) 20개>18개이므로 부피는 **가**>나입니다.

2-2 가 나

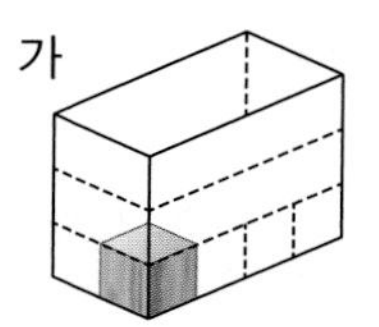

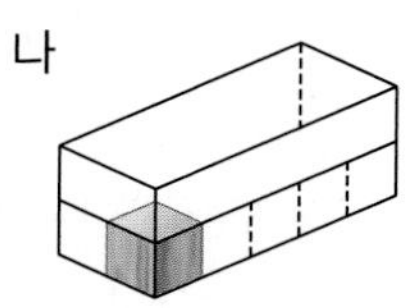

(1) 가 상자에 담을 수 있는 쌓기나무 수: 2×4×3=**24**(개)
(2) 나 상자에 담을 수 있는 쌓기나무 수: 2×5×2=**20**(개)
(3) 담을 수 있는 쌓기나무가 24개>20개이므로 **가**>나 입니다.

145 쪽

1-1

• 쌓기나무 수: 6×2×2=**24**(개)
• 쌓기나무 1개의 부피가 1 cm^3이므로 쌓기나무 24개의 부피는 **24 cm^3**입니다.

1-2 생각 열기 부피가 1 cm^3인 쌓기나무가 ■개이면 부피는 ■ cm^3입니다.

(1) 쌓기나무 수: 4×3×3=**36**(개)
(2) 쌓기나무 1개의 부피가 1 cm^3이므로 쌓기나무 36개의 부피는 **36 cm^3**입니다.

2-1

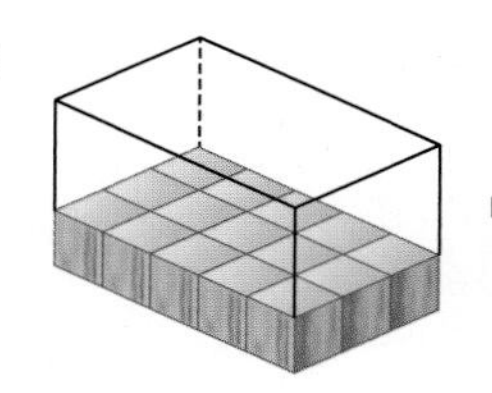

⇨

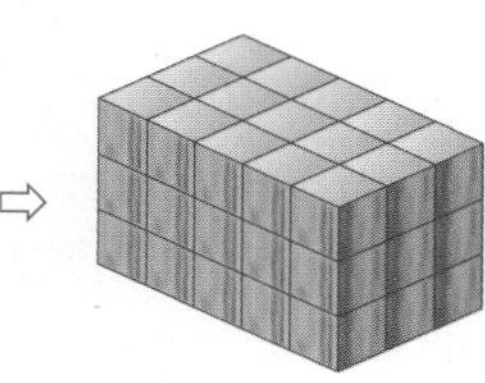

(5×**3**) cm^3 **5**×**3**×**3**=**45** (cm^3)

• 쌓기나무가 가로에 5개, 세로에 3개 있으므로 직육면체의 1층에는 쌓기나무가 5×3=15(개) 있습니다.
• 높이가 3층이므로 쌓기나무 수는 5×3×3=45(개)이고 부피는 45 cm^3입니다.

2-2

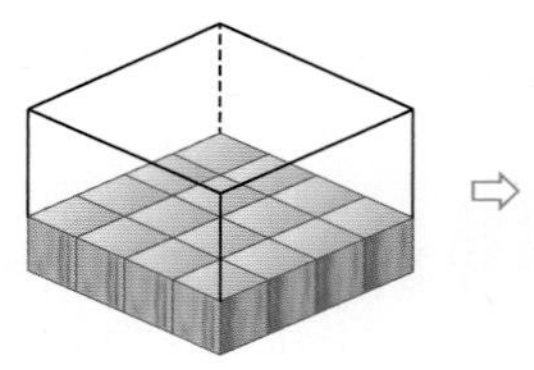

⇨

(4×4) cm³ $\quad 4\times4\times3=48$ (cm³)

- 쌓기나무가 가로에 4개, 세로에 4개 있으므로 직육면체의 1층에는 쌓기나무가 $4\times4=16$(개) 있습니다.
- 높이가 3층이므로 쌓기나무의 수는 $4\times4\times3=48$(개)이고 부피는 48 cm³입니다.

3-1 생각 열기 (정육면체의 부피)
=(한 모서리의 길이)×(한 모서리의 길이)×(한 모서리의 길이)

(정육면체의 부피)$=6\times6\times6$
$=216$ (cm³)

3-2 (정육면체의 부피)$=9\times9\times9$
$=729$ (cm³)

147쪽

1-1 $1\text{ m}^3=1\text{ m}\times1\text{ m}\times1\text{ m}$
$=100\text{ cm}\times100\text{ cm}\times100\text{ cm}$
$=1000000\text{ cm}^3$

1-2 한 모서리의 길이가 1 m인 정육면체의 부피는 $1\text{ m}^3=1000000\text{ cm}^3$입니다.
⇨ 1000000 cm³는 1 cm³가 1000000개입니다.

2-1 생각 열기 직육면체의 가로, 세로, 높이의 단위를 m로 나타낸 다음 직육면체의 부피를 구합니다.
(직육면체의 부피)=(가로)×(세로)×(높이)
(1) 600 cm=6 m, 200 cm=2 m
(2) (직육면체의 부피)$=6\times2\times2$
$=24$ (m³)

2-2 (1) 400 cm=4 m, 300 cm=3 m
(2) (직육면체의 부피)$=4\times4\times3$
$=48$ (m³)

3-1 생각 열기 $1\text{ m}^3=1000000\text{ cm}^3$임을 이용합니다.
(1) $1\text{ m}^3=1000000\text{ cm}^3$이므로 $2\text{ m}^3=2000000\text{ cm}^3$입니다.
(2) $18\text{ m}^3=18000000\text{ cm}^3$
(3) $1000000\text{ cm}^3=1\text{ m}^3$이므로 $9000000\text{ cm}^3=9\text{ m}^3$입니다.
(4) $37000000\text{ cm}^3=37\text{ m}^3$

3-2 (1) $1\text{ m}^3=1000000\text{ cm}^3$이므로 $5\text{ m}^3=5000000\text{ cm}^3$입니다. (○)
(2) $1\text{ m}^3=1000000\text{ cm}^3$이므로 $0.9\text{ m}^3=900000\text{ cm}^3$입니다. (×)
(3) $1000000\text{ cm}^3=1\text{ m}^3$이므로 $2800000\text{ cm}^3=2.8\text{ m}^3$입니다. (×)
(4) $4000000\text{ cm}^3=4\text{ m}^3$ (○)

STEP 2 개념 확인하기 148 ~ 149쪽

01 나, 가, 다 02 나
03 4, 4, 2, 32 ; 32 04 120 cm³
05 $10\times10\times10=1000$; 1000 cm³
06 동화책 07 2 cm
08 (1) 700000 (2) 1.5 09 0.42 m³
10 ㉡, ㉠, ㉢

01 생각 열기 직접 맞대어 비교합니다.

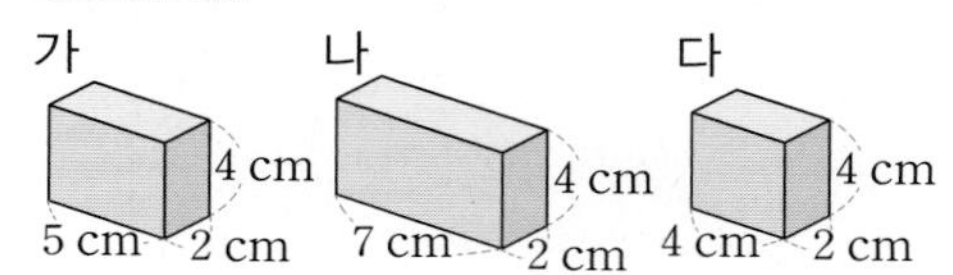

세 직육면체가 모두 세로와 높이가 같습니다.
따라서 가로가 길수록 직육면체의 부피가 큽니다.
⇨ 나>가>다

02 생각 열기 쌓기나무를 많이 담을 수 있는 상자의 부피가 더 큽니다.

가

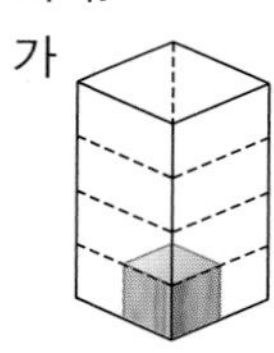

나

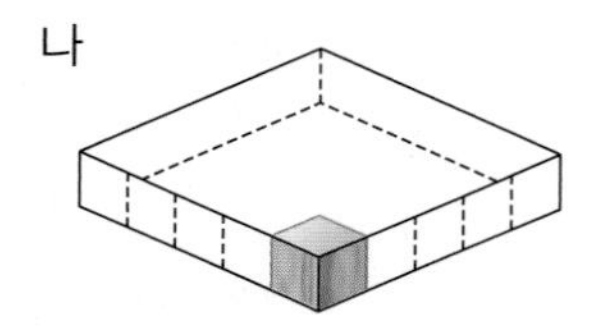

- 가에 담을 수 있는 쌓기나무 수
: $2\times2\times4=16$(개)
- 나에 담을 수 있는 쌓기나무 수
: $5\times5\times1=25$(개)

⇨ 16개<25개이므로 나의 부피가 더 큽니다.

03

- 쌓기나무 수: $4\times4\times2=32$(개)
- 쌓기나무 1개의 부피가 1 cm³이므로 쌓기나무 32개의 부피는 32 cm³입니다.

04 생각 열기 (직육면체의 부피)=(가로)×(세로)×(높이)
(직육면체의 부피)$=10\times4\times3$
$=120$ (cm³)

05 서술형 가이드 정육면체의 부피를 구하는 식을 세울 수 있는지 확인합니다.

채점 기준

상	식 $10\times10\times10=1000$을 쓰고 답을 바르게 구했음.
중	식 $10\times10\times10$만 씀.
하	식을 쓰지 못함.

06 • (동화책의 부피) $=10\times15\times2$
$=300\ (\text{cm}^3)$

• (선물 상자의 부피) $=8\times6\times5$
$=240\ (\text{cm}^3)$

⇨ $300\ \text{cm}^3>240\ \text{cm}^3$이므로 **동화책**의 부피가 더 큽니다.

07 (직육면체의 부피) $=3\times4\times$(높이) $=24$,
$12\times$(높이) $=24$, (높이) $=2$
⇨ 상자의 높이는 **2 cm**입니다.

참고
(직육면체의 부피) = (가로) × (세로) × (높이)
= (밑면의 넓이) × (높이)
⇨ (높이) = (직육면체의 부피) ÷ (밑면의 넓이)

08 (1) $1\ \text{m}^3=1000000\ \text{cm}^3$이므로
$0.7\ \text{m}^3=$ **700000** cm^3입니다.
(2) $1000000\ \text{cm}^3=1\ \text{m}^3$이므로
$1500000\ \text{cm}^3=$ **1.5** m^3입니다.

09 생각 열기 $100\ \text{cm}=1\ \text{m}$이므로 cm 단위를 m 단위로 나타낸 다음 부피를 계산합니다.
$70\ \text{cm}=0.7\ \text{m}$이므로
(직육면체의 부피) $=0.5\times1.2\times0.7$
$=$ **$0.42\ (\text{m}^3)$**

다른 풀이
cm^3 단위로 직육면체의 부피를 구한 다음 마지막에 m^3 단위로 나타낼 수 있습니다.
$0.5\ \text{m}=50\ \text{cm}$, $1.2\ \text{m}=120\ \text{cm}$
(직육면체의 부피) $=50\times120\times70$
$=420000\ (\text{cm}^3)$
⇨ $420000\ \text{cm}^3=0.42\ \text{m}^3$

10 생각 열기 부피의 단위를 통일하여 크기를 비교합니다.
㉠ $2.1\ \text{m}^3=2100000\ \text{cm}^3$
㉡ $11000000\ \text{cm}^3$
㉢ (직육면체의 부피) $=0.4\times0.5\times2=0.4\ (\text{m}^3)$
→ $0.4\ \text{m}^3=400000\ \text{cm}^3$
⇨ $11000000\ \text{cm}^3>2100000\ \text{cm}^3>400000\ \text{cm}^3$이므로 부피가 큰 순서대로 기호를 쓰면 ㉡, ㉠, ㉢입니다.

STEP 1 개념 파헤치기 150 ~ 153쪽

151 쪽

1-1 12, 20(또는 20, 12), 94 ; 12, 94
1-2 18, 12(또는 12, 18), 108 ; 24, 18(또는 18, 24), 108
2-1 28, 9, 5, 202
2-2 12, 3, 3, 78

153 쪽

1-1 (1) 6, 6, 36 (2) 36, 216
1-2 (1) 8, 8, 64 (2) 64, 384
2-1 10, 10, 600
2-2 12, 12, 864
3-1 $486\ \text{cm}^2$
3-2 $726\ \text{cm}^2$

151 쪽

1-1 가

5 cm, 4 cm, 3 cm ⇨ 3 cm, 4 cm, 5 cm

방법 1 (여섯 면의 넓이의 합)
=(㉠+㉡+㉢+㉣+㉤+㉥)
$=5\times4+5\times3+4\times3+5\times3+4\times3+5\times4$
$=$ **94** (cm^2)

방법 2 (직육면체의 겉넓이)
=(합동인 세 면의 넓이의 합)×2
=(㉠+㉡+㉢)×2
$=(5\times4+5\times3+4\times3)\times2$
$=$ **94** (cm^2)

1-2 가

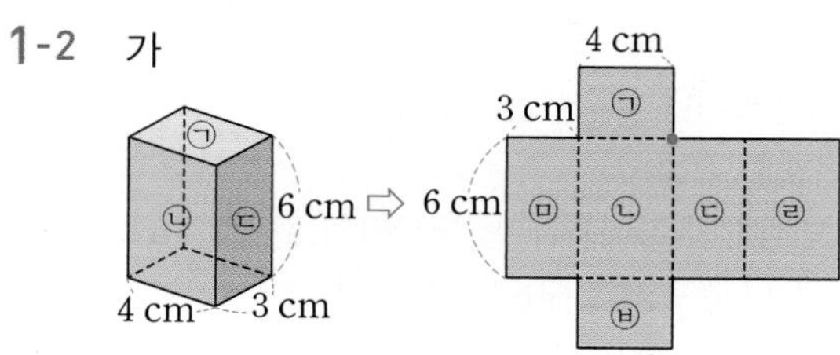

방법 1 (여섯 면의 넓이의 합)
=(㉠+㉡+㉢+㉣+㉤+㉥)
$=4\times3+4\times6+3\times6+4\times6+3\times6+4\times3$
$=$ **108** (cm^2)

방법 2 (직육면체의 겉넓이)
=(한 꼭짓점에서 만나는 세 면의 넓이의 합)×2
=(㉠+㉡+㉢)×2
$=(4\times3+4\times6+3\times6)\times2$
$=$ **108** (cm^2)

2-1 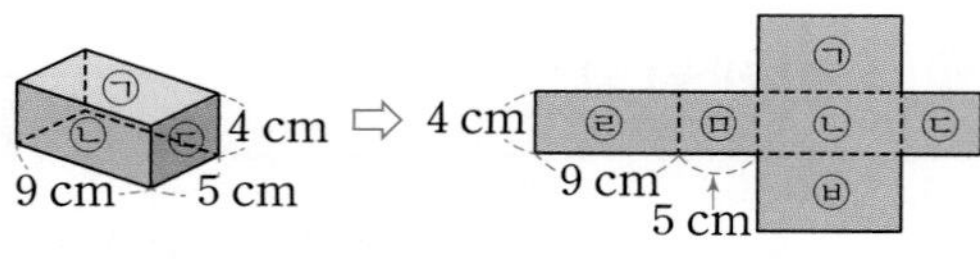

(옆면의 넓이)=(㉣+㉤+㉡+㉢)
=(9+5+9+5)×4
=112 (cm^2)
(한 밑면의 넓이)=(㉥)=9×5=45 (cm^2)
⇨ (직육면체의 겉넓이)
=(옆면의 넓이)+(한 밑면의 넓이)×2
=112+45×2=**202** (cm^2)

2-2 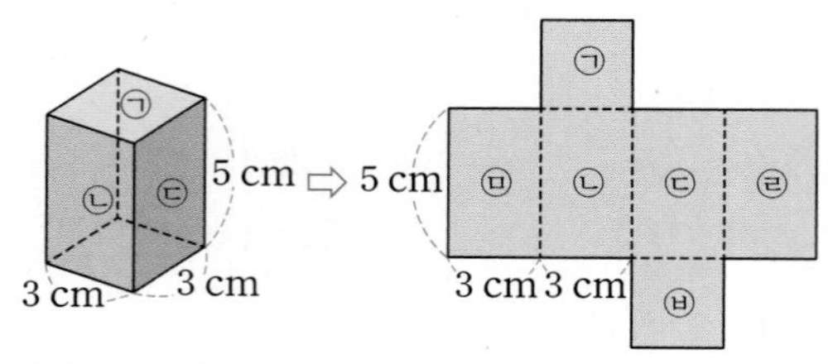

(옆면의 넓이)=(㉤+㉡+㉢+㉣)
=(3+3+3+3)×5
=60 (cm^2)
(한 밑면의 넓이)=(㉥)=3×3=9 (cm^2)
⇨ (직육면체의 겉넓이)=60+9×2=**78** (cm^2)

153쪽

1-1 생각 열기 (정육면체의 겉넓이)
=(한 면의 넓이)×6
=(한 모서리의 길이)×(한 모서리의 길이)×6

2-1 생각 열기 전개도를 접으면 한 모서리의 길이가 10 cm인 정육면체가 됩니다.
(정육면체의 겉넓이)
=(한 모서리의 길이)×(한 모서리의 길이)×6
=**10**×**10**×**6**=**600** (cm^2)

2-2 생각 열기 전개도를 접으면 한 모서리의 길이가 12 cm인 정육면체가 됩니다.
(정육면체의 겉넓이)
=(한 모서리의 길이)×(한 모서리의 길이)×6
=**12**×**12**×**6**=**864** (cm^2)

3-1 (정육면체의 겉넓이)
=9×9×6=**486 (cm^2)**

다른 풀이
(정육면체의 겉넓이)
=(여섯 면의 넓이의 합)
=9×9+9×9+9×9+9×9+9×9+9×9
=486 (cm^2)

3-2 (정육면체의 겉넓이)
=11×11×6=**726 (cm^2)**

STEP 2 개념 확인하기 154 ~ 155쪽

01 36, 54, 36, 54, 24, 24 ;
36, 54, 36, 54, 24, 24, 228
02 280 cm^2
03 102 cm^2
04 158 cm^2
05 현아, 18
06 14, 14, 6, 1176
07 96 cm^2
08 24 cm^2
09 54 cm^2
10 15×15×6=1350 ; 1350 cm^2
11 8

01 생각 열기 전개도를 접으면 맞닿는 부분의 길이가 같으므로 각 부분의 길이를 알아보고 면의 넓이를 구합니다.
(직육면체의 겉넓이)
=(㉠+㉡+㉢+㉣+㉤+㉥)
=**36**+**54**+**36**+**54**+**24**+**24**
=**228** (cm^2)

02 (직육면체의 겉넓이)
=(합동인 세 면의 넓이의 합)×2
=(10×10+10×2+10×2)×2
=**280 (cm^2)**

다른 풀이
(직육면체의 겉넓이)
=(여섯 면의 넓이의 합)
=10×10+10×10+10×2+10×2+10×2+10×2
=280 (cm^2)

03 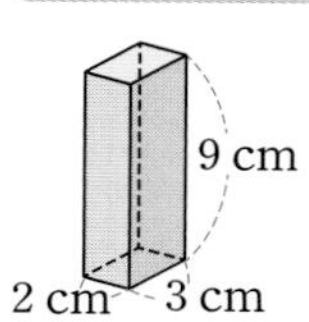

(직육면체의 겉넓이)
=(합동인 세 면의 넓이의 합)×2
=(2×3+2×9+3×9)×2
=**102 (cm^2)**

다른 풀이
방법 1 (직육면체의 겉넓이)
=(여섯 면의 넓이의 합)
=2×3+2×3+2×9+2×9+3×9+3×9
=102 (cm^2)
방법 2 (직육면체의 겉넓이)
=(옆면의 넓이)+(한 밑면의 넓이)×2
=(2+3+2+3)×9+2×3×2
=102 (cm^2)

04 생각 열기 전개도를 접으면 가로가 5 cm, 세로가 3 cm, 높이가 8 cm인 직육면체가 됩니다.

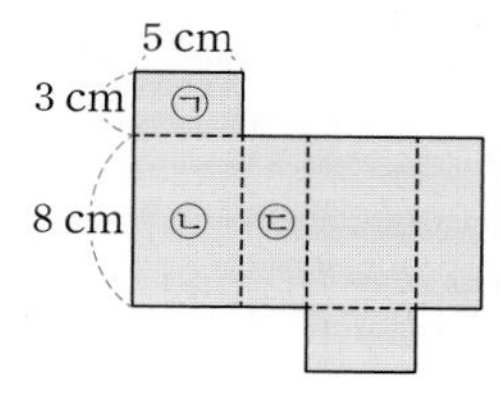

(직육면체의 겉넓이)
=(합동인 세 면의 넓이의 합)×2
=(㉠+㉡+㉢)×2
=(5×3+5×8+3×8)×2
=**158 (cm²)**

다른 풀이
(직육면체의 겉넓이)
=(옆면의 넓이)+(한 밑면의 넓이)×2
=(5+3+5+3)×8+5×3×2
=128+30=158 (cm²)

05 • (주혁이가 만든 상자의 겉넓이)
=(2×5+2×5+5×5)×2=90 (cm²)
• (현아가 만든 상자의 겉넓이)
=(4×6+4×3+6×3)×2=108 (cm²)
⇨ 90 cm² < 108 cm²이므로 **현아**가 만든 상자의 겉넓이가 108−90=**18** (cm²) 더 넓습니다.

07 (정육면체의 겉넓이)
=(한 면의 넓이)×6
=(한 모서리의 길이)×(한 모서리의 길이)×6
=4×4×6=**96 (cm²)**

08 (정육면체의 겉넓이)=(한 면의 넓이)×6
=4×6=**24 (cm²)**

09 생각 열기 한 모서리의 길이가 3 cm인 정육면체의 겉넓이를 구합니다.
(정육면체의 겉넓이)
=(한 모서리의 길이)×(한 모서리의 길이)×6
=3×3×6=**54 (cm²)**

10 서술형 가이드 정육면체의 겉넓이를 구하는 식을 세울 수 있는지 확인합니다.

채점 기준

상	식 15×15×6=1350을 쓰고 답을 바르게 구했음.
중	식 15×15×6만 씀.
하	식을 쓰지 못함.

11 (정육면체의 겉넓이)=□×□×6=384,
□×□=64, 8×8=64이므로 □=8입니다.

STEP 3 단원 마무리평가 156 ~ 159쪽

01 나
02 1000000, 1000000
03 36개
04 36 cm³
05 <
06 (1) 14000000 (2) 60
07 180 cm³
08 64 m³
09 324000000 cm³
10 324 m³
11 ④
12 78 cm²
13 88 cm²
14 48 cm³
15 7×7×6=294 ; 294 cm²
16 ㉢, ㉡, ㉠
17 가
18 7 cm
19 5832 cm³
20 10 cm

창의·융합 문제
1) (위부터) 김치냉장고, 책꽂이 ; 0.63, 0.432
2) 예 냉장고, 1.368 m³

01 가 나

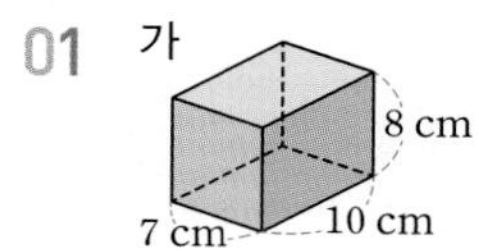

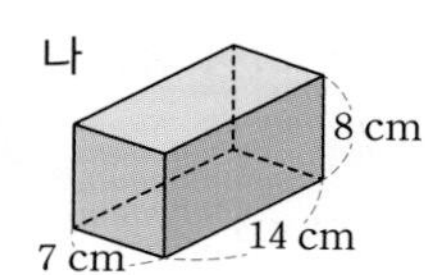

두 직육면체의 가로와 높이가 같고 나의 세로가 더 길므로 **나** 직육면체의 부피가 더 큽니다.

03 쌓기나무 수: 6×2×3=**36**(개)

04 생각 열기 부피가 1 cm³인 쌓기나무가 ■개이면 부피는 ■ cm³입니다.
쌓기나무 1개의 부피가 1 cm³이므로 쌓기나무 36개의 부피는 **36 cm³**입니다.

05 • 가에 사용된 쌓기나무 수: 3×5×4=60(개)
• 나에 사용된 쌓기나무 수: 7×2×5=70(개)
⇨ 60개 < 70개이므로 (가의 부피) < (나의 부피)입니다.

07 생각 열기 (직육면체의 부피)=(가로)×(세로)×(높이)
(직육면체의 부피)=12×3×5=**180 (cm³)**

08 (정육면체의 부피)=4×4×4=**64 (m³)**

09 생각 열기 100 cm=1 m임을 이용하여 m 단위를 cm 단위로 고칩니다.
3 m=300 cm
(직육면체의 부피)=900×1200×300
=**324000000 (cm³)**

10 생각 열기 1000000 cm³=1 m³
324000000 cm³=**324 m³**

11 생각 열기 $1000000\,cm^3=1\,m^3$

④ $6.7\,m^3=6700000\,cm^3$

12 (직육면체 모양 호패의 겉넓이)
$=$(합동인 세 면의 넓이의 합)$\times 2$
$=(3\times1+3\times9+1\times9)\times2$
$=$**78** (cm^2)

다른 풀이
(직육면체 모양 호패의 겉넓이)
$=$(옆면의 넓이)$+$(한 밑면의 넓이)$\times 2$
$=(3+1+3+1)\times9+3\times1\times2$
$=78\,(cm^2)$

13 생각 열기 전개도를 접으면 가로가 6 cm, 세로가 2 cm, 높이가 4 cm인 직육면체가 됩니다.

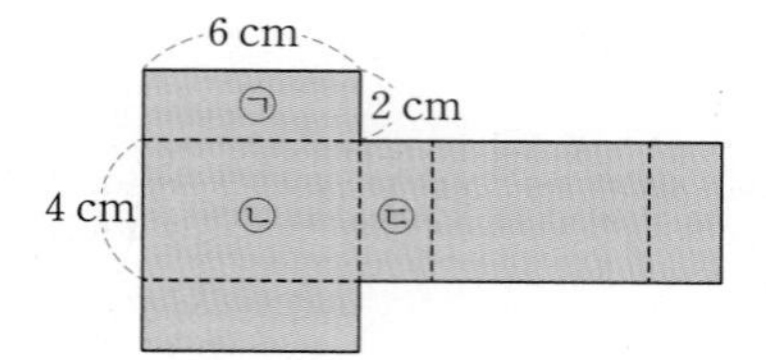

(상자의 겉넓이)
$=$(합동인 세 면의 넓이의 합)$\times 2$
$=$(㉠$+$㉡$+$㉢)$\times 2$
$=(6\times2+6\times4+2\times4)\times2$
$=$**88** (cm^2)

다른 풀이
방법 1 (직육면체의 겉넓이)
$=$(여섯 면의 넓이의 합)
$=6\times2+6\times4+2\times4+6\times4+2\times4+6\times2$
$=88\,(cm^2)$
방법 2 (직육면체의 겉넓이)
$=$(옆면의 넓이)$+$(한 밑면의 넓이)$\times 2$
$=(6+2+6+2)\times4+6\times2\times2$
$=88\,(cm^2)$

14 생각 열기 (직육면체의 부피)$=$(가로)$\times$(세로)$\times$(높이)

(상자의 부피)$=6\times2\times4=$**48** (cm^3)

15 (정육면체의 겉넓이)$=$(한 면의 넓이)$\times 6$
$=$(한 모서리의 길이)$\times$(한 모서리의 길이)$\times 6$

서술형 가이드 정육면체의 겉넓이를 구하는 식을 세울 수 있는지 확인합니다.

채점 기준

상	식 $7\times7\times6=294$를 쓰고 답을 바르게 구했음.
중	식 $7\times7\times6$만 씀.
하	식을 쓰지 못함.

16 ㉠ (정육면체의 부피)$=50\times50\times50=125000\,(cm^3)$
㉡ (직육면체의 부피)$=100\times20\times70=140000\,(cm^3)$
㉢ (정육면체의 부피)$=1\,m^3=1000000\,cm^3$
⇨ ㉢$>$㉡$>$㉠

다른 풀이
부피가 몇 m^3인지 구하여 비교할 수도 있습니다.
㉠ $0.5\times0.5\times0.5=0.125\,(m^3)$
㉡ $1\times0.2\times0.7=0.14\,(m^3)$
㉢ $1\,m^3$
⇨ ㉢$>$㉡$>$㉠

17 (가의 겉넓이)$=(10\times4+10\times3+4\times3)\times2$
$=164\,(cm^2)$
(나의 겉넓이)$=(4\times4+4\times7+4\times7)\times2$
$=144\,(cm^2)$
⇨ $164\,cm^2>144\,cm^2$이므로 겉넓이가 더 넓은 직육면체는 **가**입니다.

18 (직육면체의 부피)$=$(가로)$\times$(세로)$\times$(높이)
$=$(밑면의 넓이)$\times$(높이)
(높이)$=$(직육면체의 부피)$\div$(밑면의 넓이)
(밑면의 넓이)$=12\times9=108\,(cm^2)$
⇨ (높이)$=756\div108=$**7** **(cm)**

19 정육면체는 가로, 세로, 높이가 모두 같으므로 직육면체의 가장 짧은 모서리의 길이인 18 cm를 정육면체의 한 모서리의 길이로 해야 합니다.
⇨ (만들 수 있는 가장 큰 정육면체 모양 떡의 부피)
$=18\times18\times18=$**5832** (cm^3)

20 • (직육면체의 겉넓이)$=(18\times8+18\times6+8\times6)\times2$
$=600\,(cm^2)$
• (정육면체의 겉넓이)$=\square\times\square\times6=600$,
$\square\times\square=100$, $\square=10$
따라서 정육면체의 한 모서리의 길이는 **10 cm**입니다.

창의·융합 문제

1) • (**김치냉장고**의 부피)$=0.9\times0.7\times1$
$=$**0.63** (m^3)
• (**책꽂이**의 부피)$=1.2\times0.3\times1.2$
$=$**0.432** (m^3)

2) 알맞은 물건을 찾아 물건의 가로, 세로, 높이를 재어 보고 부피를 구해 봅니다.
예 (냉장고의 부피)$=0.95\times0.8\times1.8$
$=1.368\,(m^3)$

참 잘했어요

수학의 모든 개념 문제를 풀 정도로
실력이 성장한 것을 축하하며
이 상장을 드립니다.

이름 ______________________

날짜 ________ 년 ____ 월 ____ 일

우등생 전과목 시리즈

본책

국어/수학: 초 1~6학년(학기별)
사회/과학: 초 3~6학년(학기별)
가을·겨울: 초 1~2학년(학기별)

특별(세트)부록

1학년: 연산력 문제집 / 과목별 단원평가 문제집
2학년: 연산력 문제집 / 과목별 단원평가 문제집 / 헷갈리는 낱말 수첩
3~5학년: 검정교과서 단원평가 자료집 / 초등 창의노트
6학년: 반편성 배치고사 / 초등 창의노트

book.chunjae.co.kr

교재 내용 문의 ························ 교재 홈페이지 ▸ 초등 ▸ 교재상담
교재 내용 외 문의 ···················· 교재 홈페이지 ▸ 고객센터 ▸ 1:1문의
발간 후 발견되는 오류 ················ 교재 홈페이지 ▸ 초등 ▸ 학습지원 ▸ 학습자료실

9 791125 971191 63410
ISBN 979-11-259-7119-1
정가 13,500원

KC
어린이제품 안전 특별법에 의한 품질 표시

My name~

초등학교

학년 반 번

이름

개념 해결의 법칙

연산의 법칙

*주의
책 모서리에 다칠 수 있으니 주의하시기 바랍니다.
부주의로 인한 사고의 경우 책임지지 않습니다.

개념 해결의 법칙

연산의 법칙

수학

6·1

개념 해결의 법칙

연산의 법칙

차례

1 분수의 나눗셈 2쪽

1. (자연수)÷(자연수)의 몫을 분수로 나타내기
2. (분수)÷(자연수) 알아보기
3. (분수)÷(자연수)를 분수의 곱셈으로 나타내기
4. (대분수)÷(자연수) 알아보기

3 소수의 나눗셈 8쪽

1. 자연수의 나눗셈을 이용한 (소수)÷(자연수)
2. 각 자리에서 나누어떨어지지 않는 (소수)÷(자연수)
3. 몫이 1보다 작은 소수인 (소수)÷(자연수)
4. 소수점 아래 0을 내려 계산해야 하는 (소수)÷(자연수)
5. 몫의 소수 첫째 자리에 0이 있는 (소수)÷(자연수)
6. (자연수)÷(자연수)의 몫을 소수로 나타내기
7. 몫의 소수점 위치 확인하기

4 비와 비율 21쪽

1. 비율 알아보기
2. 비율을 백분율로 나타내기
3. 백분율을 비율로 나타내기

6 직육면체의 부피와 겉넓이 24쪽

1. 직육면체의 부피 구하기
2. m^3와 cm^3 사이의 관계
3. 직육면체의 부피를 m^3로 나타내기
4. 직육면체의 겉넓이 구하기

정답 30쪽

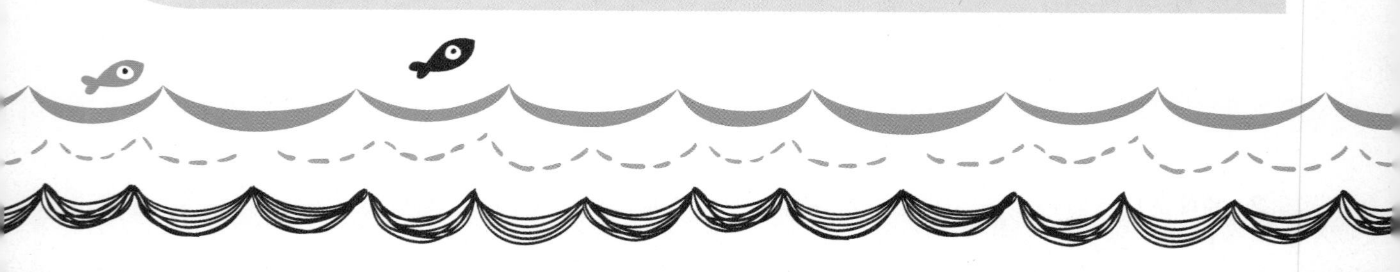

1. (자연수)÷(자연수)의 몫을 분수로 나타내기

학습 POINT

$1\div4=\dfrac{\boxed{1}}{\boxed{4}}$　　$3\div8=\dfrac{\boxed{3}}{\boxed{8}}$　　$7\div5=\dfrac{\boxed{7}}{\boxed{5}}\left(=1\dfrac{2}{5}\right)$

정답은 30쪽

[01 ~ 18] 나눗셈의 몫을 분수로 나타내시오.

01 $1\div8$

02 $1\div5$

03 $1\div7$

04 $1\div3$

05 $1\div9$

06 $1\div11$

07 $9\div13$

08 $10\div17$

09 $12\div25$

10 $7\div15$

11 $21\div43$

12 $18\div35$

13 $5\div2$

14 $9\div8$

15 $11\div4$

16 $13\div5$

17 $21\div10$

18 $40\div33$

2. (분수) ÷ (자연수) 알아보기

학습 POINT

① 분자가 자연수의 배수일 때

$$\frac{6}{7} \div 2 = \frac{6 \div 2}{7} = \frac{\boxed{3}}{7}$$

② 분자가 자연수의 배수가 아닐 때

$$\frac{3}{4} \div 2 = \frac{6}{8} \div 2 = \frac{6 \div 2}{8} = \frac{\boxed{3}}{8}$$

정답은 30쪽

[01 ~ 12] 계산을 하시오.

01 $\frac{4}{5} \div 2 = \frac{\square \div \square}{5} = \frac{\square}{\square}$

02 $\frac{7}{8} \div 7 = \frac{\square \div \square}{8} = \frac{\square}{\square}$

03 $\frac{9}{10} \div 3 = \frac{\square \div \square}{10} = \frac{\square}{\square}$

04 $\frac{8}{11} \div 4 = \frac{\square \div \square}{11} = \frac{\square}{\square}$

05 $\frac{10}{17} \div 5 = \frac{\square \div \square}{17} = \frac{\square}{\square}$

06 $\frac{18}{23} \div 9 = \frac{\square \div \square}{23} = \frac{\square}{\square}$

07 $\frac{6}{7} \div 3$

08 $\frac{10}{19} \div 5$

09 $\frac{8}{13} \div 2$

10 $\frac{24}{25} \div 8$

11 $\frac{12}{31} \div 4$

12 $\frac{30}{37} \div 6$

[13 ~ 26] 계산을 하시오.

13 $\frac{4}{7} \div 3$

20 $\frac{7}{9} \div 2$

14 $\frac{5}{11} \div 4$

21 $\frac{9}{14} \div 10$

15 $\frac{2}{3} \div 7$

22 $\frac{11}{12} \div 12$

16 $\frac{3}{8} \div 5$

23 $\frac{5}{7} \div 8$

17 $\frac{1}{2} \div 6$

24 $\frac{5}{13} \div 4$

18 $\frac{4}{5} \div 9$

25 $\frac{8}{15} \div 5$

19 $\frac{5}{13} \div 4$

26 $\frac{7}{10} \div 6$

3. (분수)÷(자연수)를 분수의 곱셈으로 나타내기

학습 POINT

분수의 나눗셈을 분수의 곱셈으로 나타내어 계산합니다.

$$\frac{1}{4}\div 3=\frac{1}{4}\times\frac{1}{3}=\frac{\boxed{1}}{\boxed{12}}$$

정답은 30쪽

[01 ~ 18] 계산을 하시오.

01 $\frac{1}{3}\div 4$

02 $\frac{2}{5}\div 5$

03 $\frac{3}{7}\div 2$

04 $\frac{2}{3}\div 9$

05 $\frac{7}{10}\div 8$

06 $\frac{8}{11}\div 3$

07 $\frac{1}{5}\div 2$

08 $\frac{5}{7}\div 3$

09 $\frac{3}{10}\div 4$

10 $\frac{5}{12}\div 2$

11 $\frac{7}{8}\div 9$

12 $\frac{13}{20}\div 5$

13 $\frac{7}{2}\div 4$

14 $\frac{9}{4}\div 8$

15 $\frac{31}{6}\div 7$

16 $\frac{47}{10}\div 9$

17 $\frac{17}{9}\div 8$

18 $\frac{23}{13}\div 4$

4. (대분수)÷(자연수) 알아보기

학습 POINT

대분수를 가분수로 바꾼 다음 분수의 곱셈으로 나타내어 계산합니다.

$$3\frac{3}{4}\div7=\frac{15}{4}\div7=\frac{15}{4}\times\frac{1}{7}=\frac{\boxed{15}}{\boxed{28}}$$

정답은 30쪽

[01 ~ 12] 나눗셈을 하여 기약분수로 나타내시오.

01 $2\frac{1}{6}\div8$

02 $1\frac{3}{5}\div7$

03 $3\frac{1}{2}\div8$

04 $2\frac{3}{8}\div4$

05 $1\frac{1}{3}\div5$

06 $2\frac{2}{7}\div9$

07 $2\frac{1}{8}\div4$

08 $1\frac{3}{10}\div5$

09 $2\frac{4}{7}\div5$

10 $3\frac{5}{6}\div7$

11 $4\frac{2}{9}\div6$

12 $2\frac{5}{8}\div7$

[13 ~ 26] 나눗셈을 하여 기약분수로 나타내시오.

13 $3\frac{3}{5} \div 8$

20 $3\frac{1}{3} \div 5$

14 $2\frac{1}{10} \div 6$

21 $4\frac{1}{2} \div 15$

15 $2\frac{4}{9} \div 4$

22 $1\frac{7}{8} \div 12$

16 $4\frac{1}{5} \div 28$

23 $1\frac{5}{7} \div 14$

17 $4\frac{4}{9} \div 18$

24 $6\frac{2}{3} \div 16$

18 $7\frac{6}{7} \div 22$

25 $4\frac{1}{8} \div 9$

19 $6\frac{1}{4} \div 10$

26 $9\frac{1}{6} \div 20$

1. 자연수의 나눗셈을 이용한 (소수)÷(자연수)

학습 POINT

- 나누는 수는 그대로이고 나누어지는 수가 $\frac{1}{10}$배가 되면 몫도 $\frac{1}{\boxed{10}}$배가 됩니다.
- 나누는 수는 그대로이고 나누어지는 수가 $\frac{1}{100}$배가 되면 몫도 $\frac{1}{\boxed{100}}$배가 됩니다.

정답은 31쪽

[01 ~ 06] □ 안에 알맞은 수를 써 넣으시오.

01

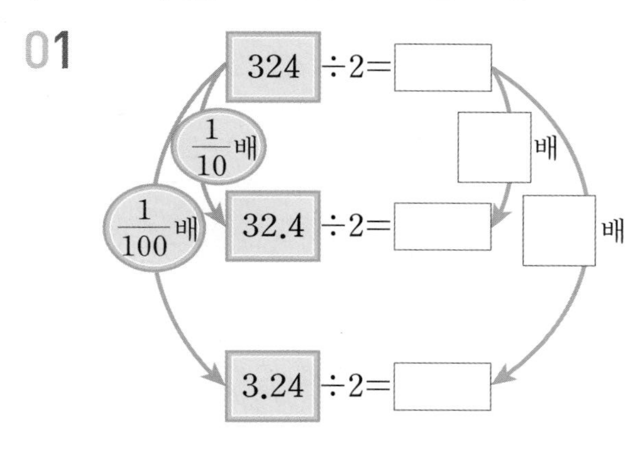

04

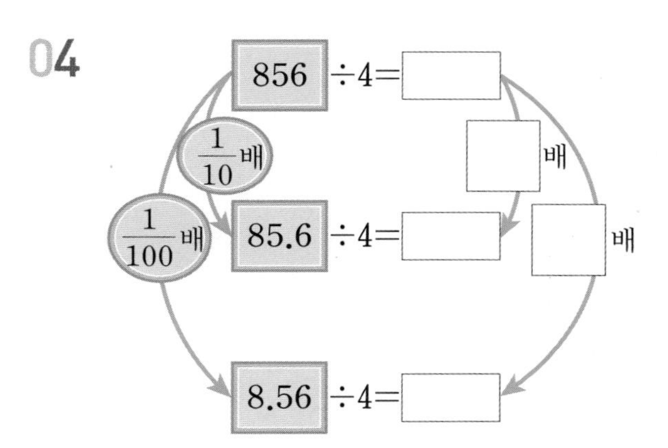

02

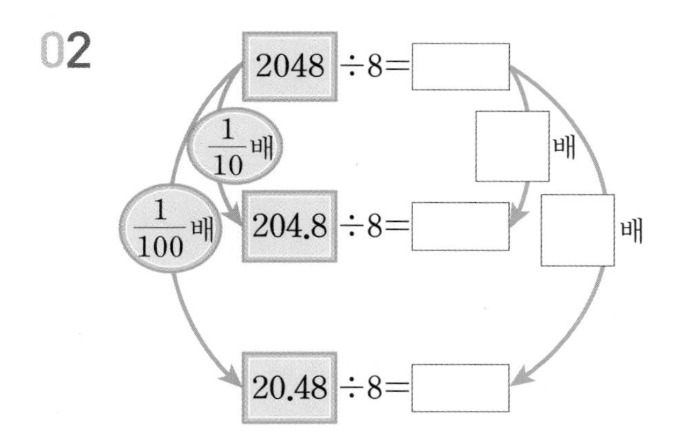

05

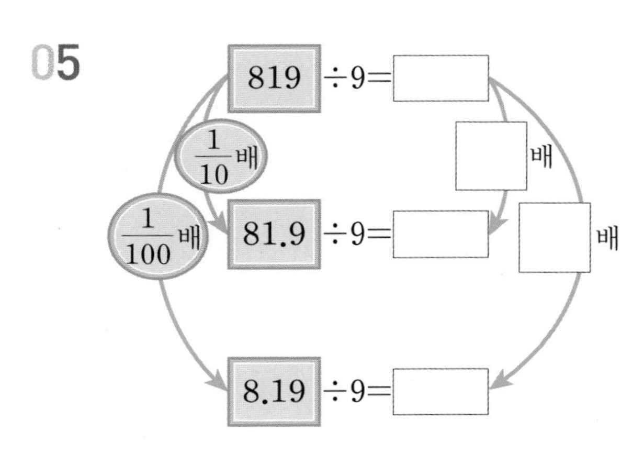

03

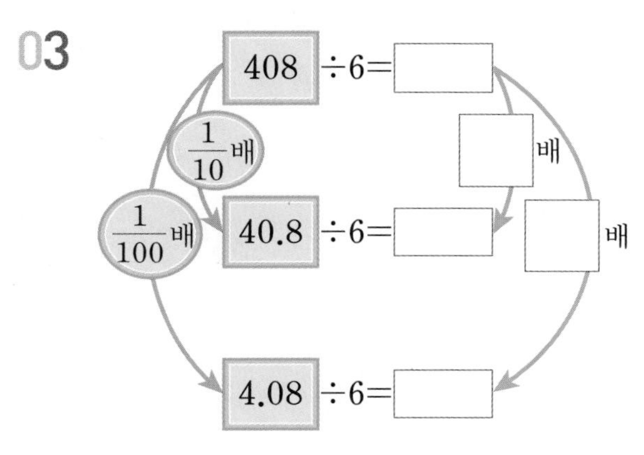

06

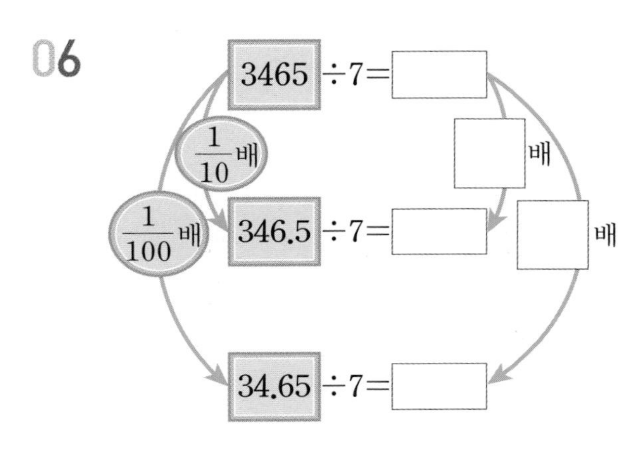

[07 ~ 21] 자연수의 나눗셈을 하고 소수의 나눗셈을 하려고 합니다. □ 안에 알맞은 수를 써넣으시오.

07
$336 \div 6 = \square$
$33.6 \div 6 = \square$
$3.36 \div 6 = \square$

08
$1206 \div 9 = \square$
$120.6 \div 9 = \square$
$12.06 \div 6 = \square$

09
$875 \div 7 = \square$
$87.5 \div 7 = \square$
$8.75 \div 7 = \square$

10
$1974 \div 3 = \square$
$197.4 \div 3 = \square$
$19.74 \div 3 = \square$

11
$2816 \div 8 = \square$
$281.6 \div 8 = \square$
$28.16 \div 8 = \square$

12
$474 \div 6 = \square$
$47.4 \div 6 = \square$
$4.74 \div 6 = \square$

13
$568 \div 4 = \square$
$56.8 \div 4 = \square$
$5.68 \div 4 = \square$

14
$1263 \div 3 = \square$
$126.3 \div 3 = \square$
$12.63 \div 3 = \square$

15
$152 \div 8 = \square$
$15.2 \div 8 = \square$
$1.52 \div 8 = \square$

16
$369 \div 3 = \square$
$36.9 \div 3 = \square$
$3.69 \div 3 = \square$

17
$246 \div 6 = \square$
$24.6 \div 6 = \square$
$2.46 \div 6 = \square$

18
$1425 \div 5 = \square$
$142.5 \div 5 = \square$
$14.25 \div 5 = \square$

19
$628 \div 2 = \square$
$62.8 \div 2 = \square$
$6.28 \div 2 = \square$

20
$4926 \div 6 = \square$
$492.6 \div 6 = \square$
$49.26 \div 6 = \square$

21
$156 \div 4 = \square$
$15.6 \div 4 = \square$
$1.56 \div 4 = \square$

2. 각 자리에서 나누어떨어지지 않는 (소수)÷(자연수)

학습 POINT

$$3\overline{)4.11} \Rightarrow \begin{array}{r} 1. \\ 3\overline{)4.11} \\ 3 \\ \hline 1\,1 \end{array} \Rightarrow \begin{array}{r} 1.3 \\ 3\overline{)4.11} \\ 3 \\ \hline 1\,1 \\ 9 \\ \hline 2\,1 \end{array} \Rightarrow \begin{array}{r} 1.37 \\ 3\overline{)4.11} \\ 3 \\ \hline 1\,1 \\ 9 \\ \hline 2\,1 \\ 2\,1 \\ \hline 0 \end{array}$$

$$\begin{array}{r} \boxed{1.37} \\ 3\overline{)4.11} \\ 3 \\ \hline 1\,1 \\ 9 \\ \hline 2\,1 \\ 2\,1 \\ \hline 0 \end{array}$$

정답은 31쪽

[01 ~ 09] 계산을 하시오.

01 $5\overline{)58.5}$

04 $6\overline{)13.02}$

07 $14\overline{)52.36}$

02 $2\overline{)49.6}$

05 $9\overline{)37.62}$

08 $15\overline{)78.45}$

03 $5\overline{)18.65}$

06 $7\overline{)36.68}$

09 $29\overline{)45.53}$

[10 ~ 21] 계산을 하시오.

10 $73.84 \div 8$

14 $41.09 \div 7$

18 $38.94 \div 3$

11 $90.31 \div 11$

15 $218.4 \div 8$

19 $153.6 \div 12$

12 $383.4 \div 9$

16 $513.12 \div 24$

20 $764.8 \div 8$

13 $101.04 \div 12$

17 $256.89 \div 3$

21 $331.2 \div 9$

3. 몫이 1보다 작은 소수인 (소수)÷(자연수)

학습 POINT

$4\overline{)1.2}$ ⇨ $4\overline{)1.2}$ (몫 자리: 0.) ⇨ $4\overline{)1.2}$ (몫: 0.3, 1 2, 0) ┆ 몫: 0.3

정답은 31쪽

[01 ~ 12] 계산을 하시오.

01 $4\overline{)2.8}$

05 $12\overline{)8.4}$

09 $9\overline{)3.24}$

02 $9\overline{)7.2}$

06 $21\overline{)16.8}$

10 $15\overline{)2.85}$

03 $6\overline{)5.4}$

07 $3\overline{)2.52}$

11 $13\overline{)3.12}$

04 $7\overline{)5.6}$

08 $4\overline{)1.52}$

12 $24\overline{)10.32}$

[13 ~ 24] 계산을 하시오.

13 $48.6 \div 54$

14 $10.92 \div 13$

15 $1.84 \div 8$

16 $5.95 \div 17$

17 $6.84 \div 12$

18 $7.68 \div 8$

19 $2.52 \div 9$

20 $4.35 \div 5$

21 $1.68 \div 7$

22 $5.74 \div 7$

23 $14.22 \div 18$

24 $69.3 \div 77$

4. 소수점 아래 0을 내려 계산해야 하는 (소수)÷(자연수)

학습 POINT

$$6\overline{)8.7} \Rightarrow \begin{array}{r} 1. \\ 6\overline{)8.7} \\ 6 \\ \hline 2\,7 \end{array} \Rightarrow \begin{array}{r} 1.4 \\ 6\overline{)8.7} \\ 6 \\ \hline 2\,7 \\ 2\,4 \\ \hline 3 \end{array} \Rightarrow \begin{array}{r} 1.4\,5 \\ 6\overline{)8.7\,0} \\ 6 \\ \hline 2\,7 \\ 2\,4 \\ \hline 3\,0 \\ 3\,0 \\ \hline 0 \end{array}$$

$$\begin{array}{r} \boxed{1.4\,5} \\ 6\overline{)8.7} \\ 6 \\ \hline 2\,7 \\ 2\,4 \\ \hline 3\,0 \\ 3\,0 \\ \hline 0 \end{array}$$

정답은 31쪽

[01 ~ 09] 계산을 하시오.

01 $5\overline{)34.2}$

04 $8\overline{)26.8}$

07 $15\overline{)141.3}$

02 $6\overline{)13.5}$

05 $14\overline{)88.9}$

08 $18\overline{)134.1}$

03 $4\overline{)12.6}$

06 $12\overline{)53.4}$

09 $25\overline{)129.5}$

[10 ~ 21] 계산을 하시오.

10 $42.6 \div 5$

11 $24.6 \div 4$

12 $5.1 \div 2$

13 $0.7 \div 5$

14 $6.2 \div 5$

15 $21.6 \div 15$

16 $12.2 \div 5$

17 $4.5 \div 6$

18 $20.4 \div 8$

19 $8.6 \div 5$

20 $0.3 \div 2$

21 $22.5 \div 6$

5. 몫의 소수 첫째 자리에 0이 있는 (소수)÷(자연수)

학습 POINT

$$5\overline{)15.2} \Rightarrow \begin{array}{r} 3. \\ 5\overline{)15.2} \\ 15 \\ \hline 2 \end{array} \Rightarrow \begin{array}{r} 3.0 \\ 5\overline{)15.2} \\ 15 \\ \hline 2 \end{array} \Rightarrow \begin{array}{r} 3.04 \\ 5\overline{)15.20} \\ 15 \\ \hline 20 \\ 20 \\ \hline 0 \end{array}$$

$$\begin{array}{r} \boxed{3.04} \\ 3\overline{)15.2} \\ 15 \\ \hline 20 \\ 20 \\ \hline 0 \end{array}$$

정답은 31쪽

[01 ~ 12] 계산을 하시오.

01 $6\overline{)18.48}$

05 $11\overline{)77.88}$

09 $12\overline{)36.6}$

02 $7\overline{)49.14}$

06 $13\overline{)26.52}$

10 $35\overline{)72.1}$

03 $5\overline{)30.35}$

07 $2\overline{)12.1}$

11 $25\overline{)150.5}$

04 $8\overline{)80.48}$

08 $6\overline{)24.3}$

12 $14\overline{)56.7}$

[13 ~ 24] 계산을 하시오.

13 $7.35 \div 7$

17 $54.42 \div 6$

21 $60.35 \div 5$

14 $48.4 \div 8$

18 $65.65 \div 13$

22 $27.45 \div 9$

15 $14.35 \div 7$

19 $72.56 \div 8$

23 $0.4 \div 8$

16 $10.4 \div 5$

20 $32.16 \div 4$

24 $0.54 \div 9$

6. (자연수)÷(자연수)의 몫을 소수로 나타내기

학습 POINT

$$4\overline{)9} \Rightarrow \begin{array}{r} 2. \\ 4\overline{)9.} \\ 8 \\ \hline 1 \end{array} \Rightarrow \begin{array}{r} 2.2 \\ 4\overline{)9.0} \\ 8 \\ \hline 10 \\ 8 \\ \hline 2 \end{array} \Rightarrow \begin{array}{r} 2.25 \\ 4\overline{)9.00} \\ 8 \\ \hline 10 \\ 8 \\ \hline 20 \\ 20 \\ \hline 0 \end{array}$$

$$\begin{array}{r} \boxed{2.25} \\ 4\overline{)9.} \\ 8 \\ \hline 10 \\ 8 \\ \hline 20 \\ 20 \\ \hline 0 \end{array}$$

정답은 31쪽

[01 ~ 12] 계산을 하시오.

01 $5\overline{)7}$

05 $12\overline{)30}$

09 $28\overline{)7}$

02 $4\overline{)6}$

06 $24\overline{)108}$

10 $25\overline{)122}$

03 $2\overline{)11}$

07 $8\overline{)10}$

11 $20\overline{)17}$

04 $6\overline{)33}$

08 $16\overline{)68}$

12 $40\overline{)42}$

[13 ~ 24] 계산을 하시오.

13 $9 \div 4$

14 $11 \div 25$

15 $8 \div 5$

16 $130 \div 25$

17 $2 \div 8$

18 $9 \div 5$

19 $6 \div 15$

20 $18 \div 15$

21 $18 \div 24$

22 $30 \div 8$

23 $24 \div 25$

24 $8 \div 16$

7. 몫의 소수점 위치 확인하기

학습 POINT

• 소수 나눗셈의 수를 간단한 자연수를 반올림하여 계산한 후 어림한 결과와 계산한 결과의 크기를 비교하여 소수점의 위치가 맞는지 확인합니다.

예 $28.4 \div 4$

어림셈 $28 \div 4$ ⇨ 약 7

몫 7.1(○) 0.71 (×)

정답은 32쪽

[01～12] 어림셈하여 몫의 소수점 위치를 찾아 소수점을 찍어 보시오.

01 $48.72 \div 6$

어림 □ $\div 6$ ⇨ 약 □

몫 8□1□2

02 $18.88 \div 8$

어림 □ $\div 8$ ⇨ 약 □

몫 2□3□6

03 $112.5 \div 9$

어림 □ $\div 9$ ⇨ 약 □

몫 1□2□5

04 $84.8 \div 4$

어림 □ $\div 4$ ⇨ 약 □

몫 2□1□2

05 $4.85 \div 5$

어림 □ $\div 5$ ⇨ 약 □

몫 0□9□7

06 $38.88 \div 12$

어림 □ $\div 12$ ⇨ 약 □

몫 3□2□4

07 $45.72 \div 18$

어림 □ $\div 18$ ⇨ 약 □

몫 2□5□4

08 $119.83 \div 23$

어림 □ $\div 23$ ⇨ 약 □

몫 5□2□1

09 $50.1 \div 3$

어림 □ $\div 3$ ⇨ 약 □

몫 1□6□7

10 $703.8 \div 9$

어림 □ $\div 9$ ⇨ 약 □

몫 7□8□2

11 $48.72 \div 6$

어림 □ $\div 6$ ⇨ 약 □

몫 8□1□2

12 $12.15 \div 5$

어림 □ $\div 5$ ⇨ 약 □

몫 2□4□3

1. 비율 알아보기

학습 POINT

5 : 8
- 기준량: 8, 비교하는 양: 5
- (비율)$=5\div8=\frac{5}{8}=0.625$

정답은 32쪽

[01 ~ 04] 기준량과 비교하는 양을 찾아 써 보고, 비율을 분수로 나타내시오.

01 7 : 10

기준량 (　　　　　)
비교하는 양 (　　　　　)
⇨ 비율 (　　　　　)

02 11 대 25

기준량 (　　　　　)
비교하는 양 (　　　　　)
⇨ 비율 (　　　　　)

03 5에 대한 2의 비

기준량 (　　　　　)
비교하는 양 (　　　　　)
⇨ 비율 (　　　　　)

04 3의 8에 대한 비

기준량 (　　　　　)
비교하는 양 (　　　　　)
⇨ 비율 (　　　　　)

[05 ~ 08] 기준량과 비교하는 양을 찾아 써 보고, 비율을 소수로 나타내시오.

05 13과 20의 비

기준량 (　　　　　)
비교하는 양 (　　　　　)
⇨ 비율 (　　　　　)

06 4 : 5

기준량 (　　　　　)
비교하는 양 (　　　　　)
⇨ 비율 (　　　　　)

07 17의 25에 대한 비

기준량 (　　　　　)
비교하는 양 (　　　　　)
⇨ 비율 (　　　　　)

08 6에 대한 9의 비

기준량 (　　　　　)
비교하는 양 (　　　　　)
⇨ 비율 (　　　　　)

2. 비율을 백분율로 나타내기

학습 POINT

• 분수를 백분율로 나타내기

$\frac{23}{100} \Rightarrow \frac{23}{100} \times 100 = 23 \Rightarrow$ 23 %
└분수에 100 곱하기

• 소수를 백분율로 나타내기

$0.23 \Rightarrow 0.23 \times 100 = 23 \Rightarrow$ 23 %
└소수에 100 곱하기

정답은 32쪽

[01 ~ 14] 비율을 백분율로 나타내시오.

01 $\frac{11}{100}$ (　　　　　　)

02 $\frac{74}{100}$ (　　　　　　)

03 $\frac{29}{100}$ (　　　　　　)

04 $\frac{55}{100}$ (　　　　　　)

05 $\frac{2}{5}$ (　　　　　　)

06 $\frac{1}{2}$ (　　　　　　)

07 $\frac{5}{4}$ (　　　　　　)

08 0.02 (　　　　　　)

09 0.57 (　　　　　　)

10 0.06 (　　　　　　)

11 0.99 (　　　　　　)

12 1.07 (　　　　　　)

13 5.95 (　　　　　　)

14 12.15 (　　　　　　)

3. 백분율을 비율로 나타내기

9% ⇨ $9 \div 100 = \frac{\boxed{9}}{\boxed{100}} = \boxed{0.09}$

└% 기호 없애기

정답은 32쪽

[01 ~ 07] 백분율을 분수로 나타내시오.

01 3 % (　　　　　　　　)

02 7 % (　　　　　　　　)

03 41 % (　　　　　　　　)

04 69 % (　　　　　　　　)

05 111 % (　　　　　　　　)

06 157 % (　　　　　　　　)

07 203 % (　　　　　　　　)

[08 ~ 14] 백분율을 소수로 나타내시오.

08 5 % (　　　　　　　　)

09 8 % (　　　　　　　　)

10 24 % (　　　　　　　　)

11 75 % (　　　　　　　　)

12 125 % (　　　　　　　　)

13 264 % (　　　　　　　　)

14 1986 % (　　　　　　　　)

1. 직육면체의 부피 구하기

학습 POINT

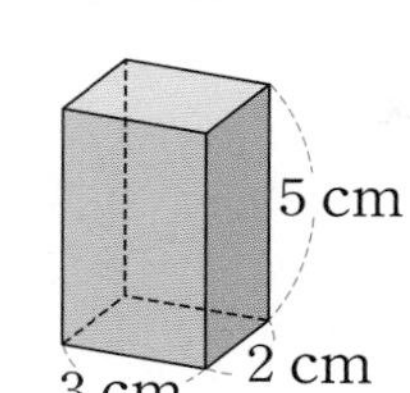

(직육면체의 부피)
=(가로)×(세로)×(높이)
=3×2×5= 30 (cm^3)

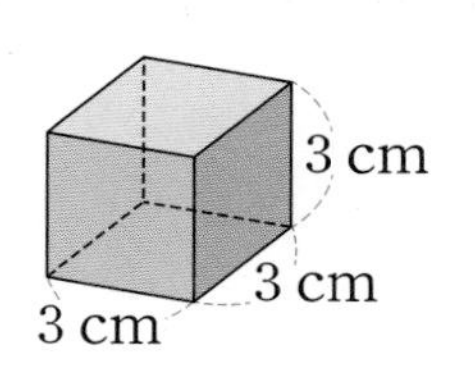

(정육면체의 부피)
=(한 모서리의 길이)×(한 모서리의 길이)
×(한 모서리의 길이)
=3×3×3= 27 (cm^3)

정답은 32쪽

[01 ~ 08] 직육면체의 부피를 구하시오.

01

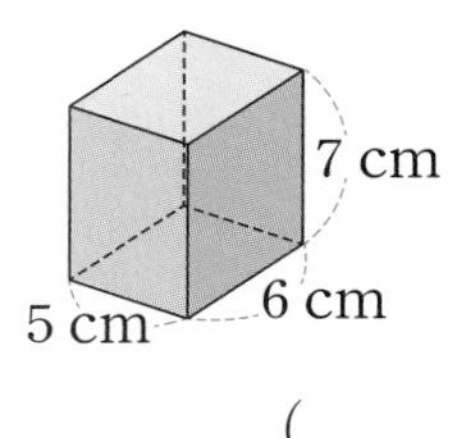

(   )

02

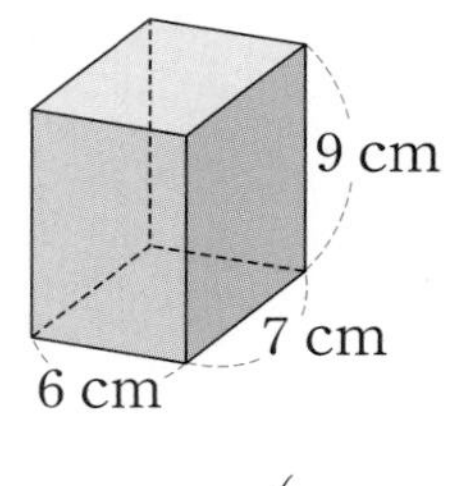

(   )

03

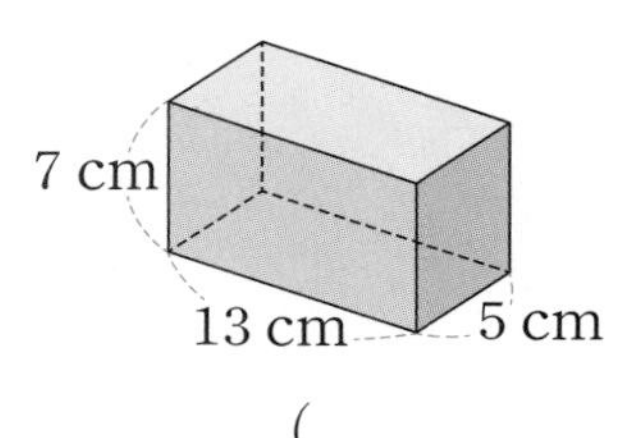

(   )

04

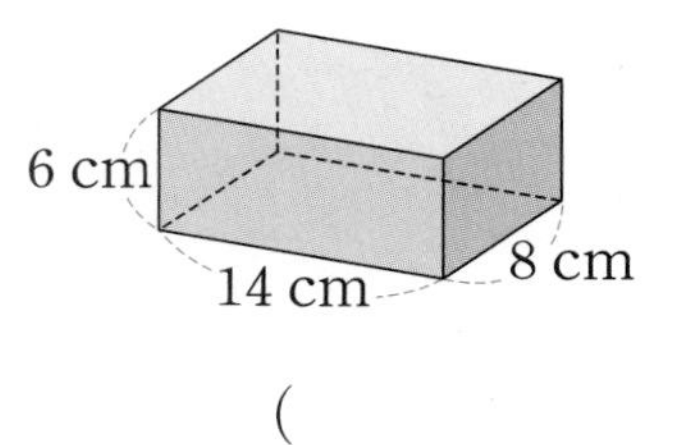

(   )

05

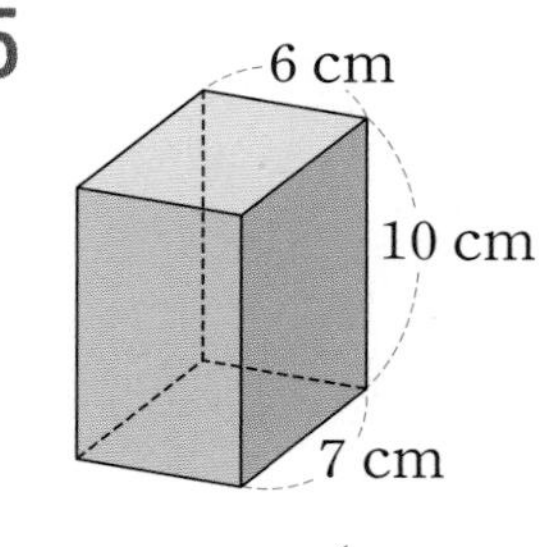

(   )

06

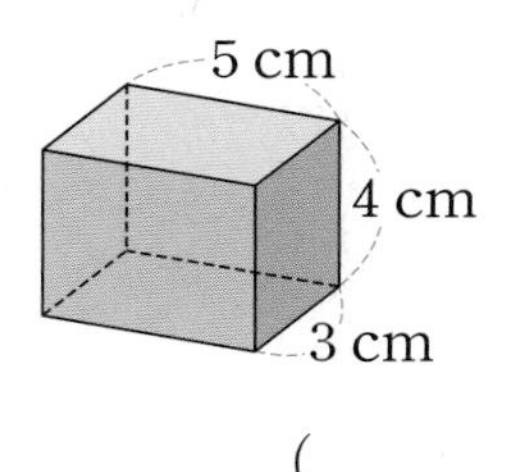

(   )

07

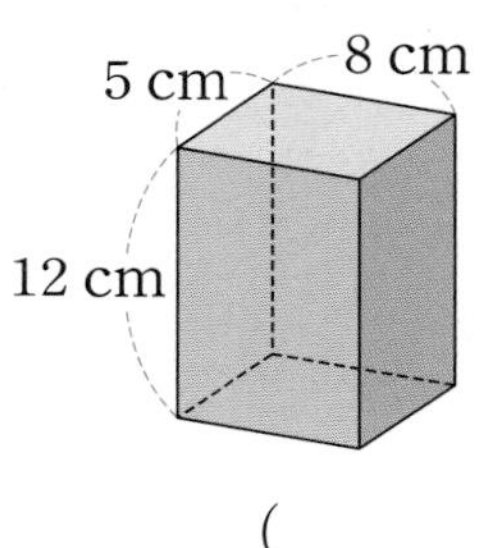

(   )

08

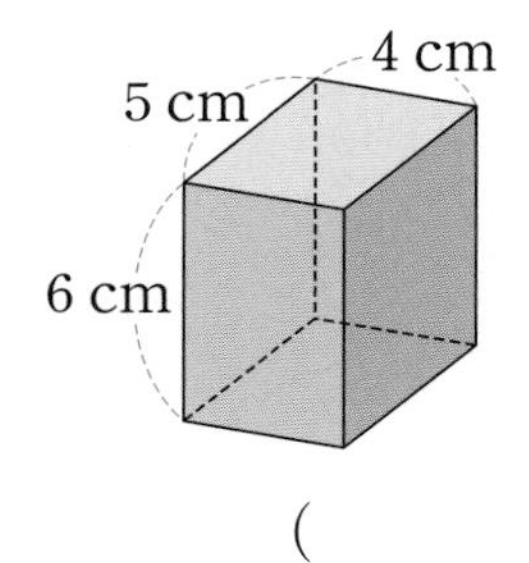

(   )

[09 ~ 18] 정육면체의 부피를 구하시오.

09

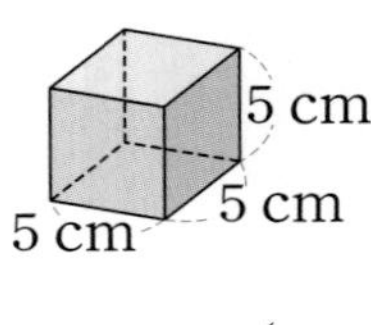

( )

10

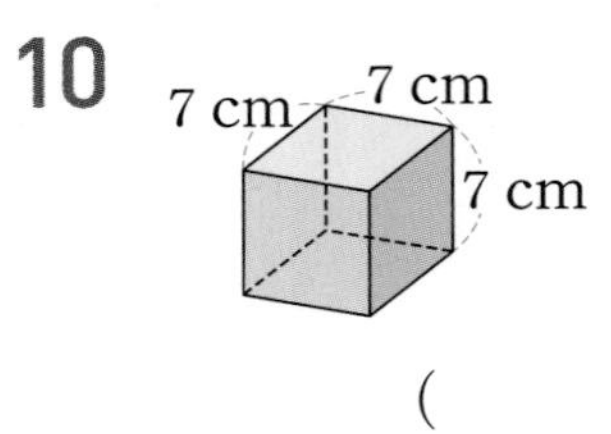

( )

11

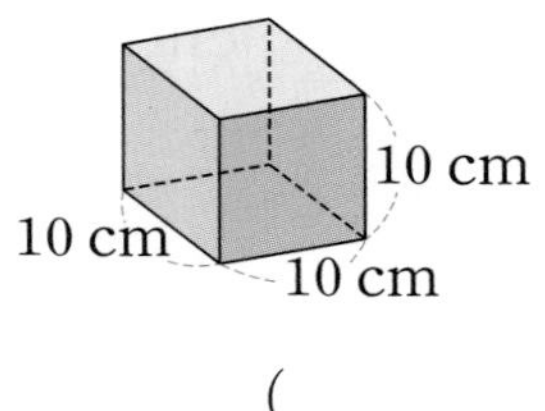

( )

12

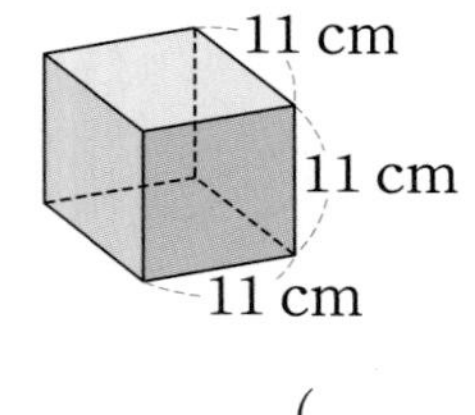

( )

13

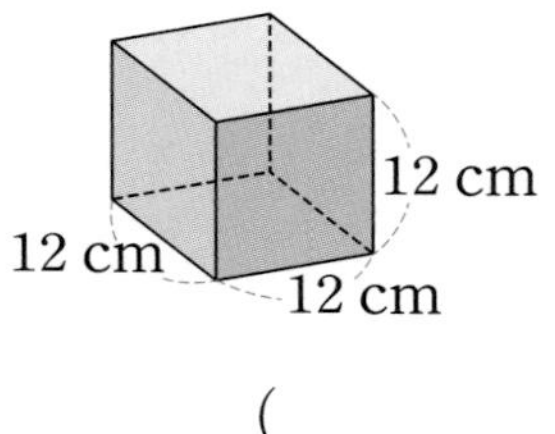

( )

14

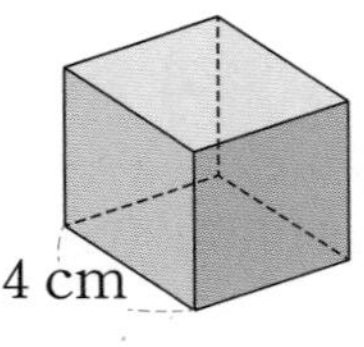

( )

15

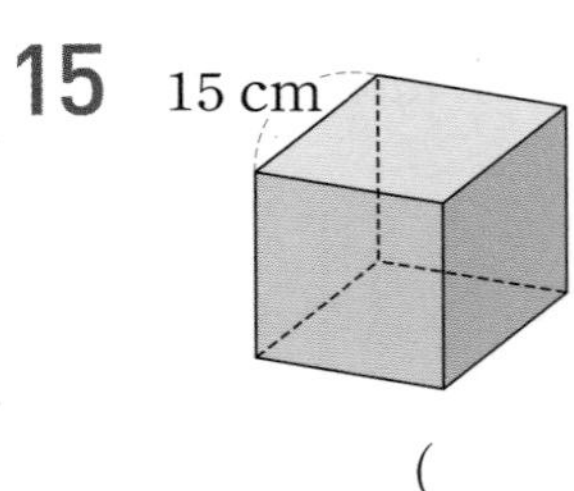

( )

16

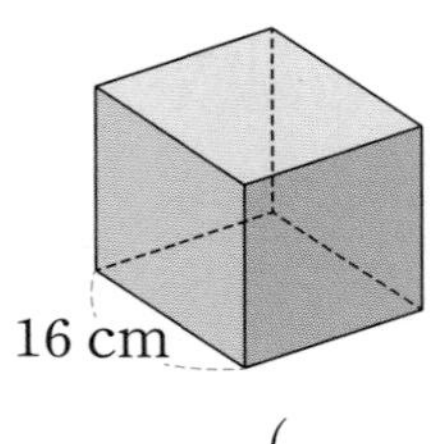

( )

17

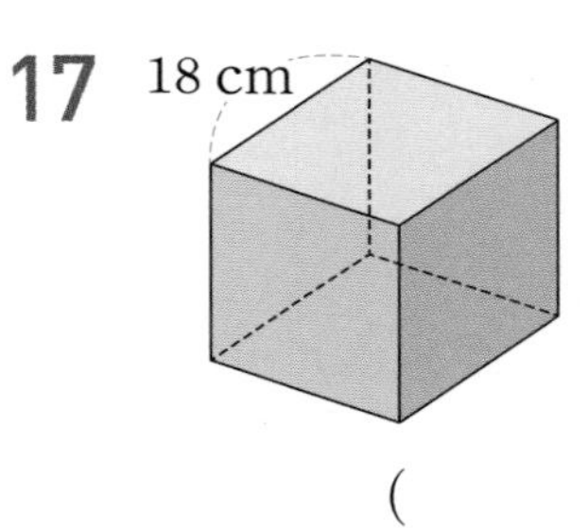

( )

18

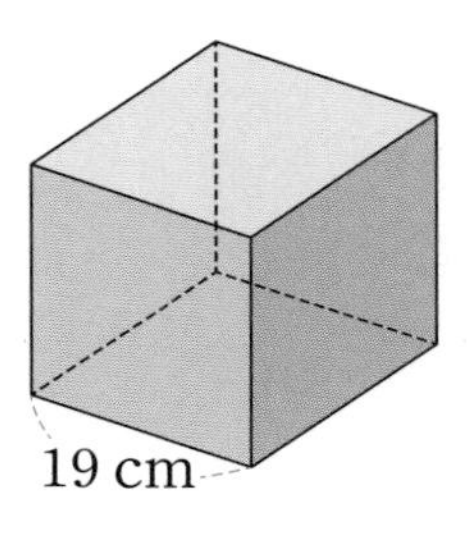

( )

2. m^3와 cm^3 사이의 관계

학습 POINT

한 모서리의 길이가 1 m인 정육면체의 부피를 [1 m^3]라 쓰고 [1 세제곱미터]라고 읽습니다.

$$1000000\ cm^3 = 1\ m^3$$

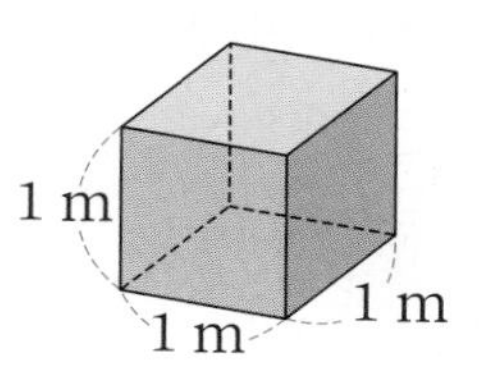

정답은 32쪽

[01 ~ 16] □ 안에 알맞은 수를 써넣으시오.

01 $3\ m^3 = \square\ cm^3$

02 $8\ m^3 = \square\ cm^3$

03 $50\ m^3 = \square\ cm^3$

04 $0.2\ m^3 = \square\ cm^3$

05 $9000000\ cm^3 = \square\ m^3$

06 $24000000\ cm^3 = \square\ m^3$

07 $77000000\ cm^3 = \square\ m^3$

08 $600000\ cm^3 = \square\ m^3$

09 $10\ m^3 = \square\ cm^3$

10 $27\ m^3 = \square\ cm^3$

11 $91\ m^3 = \square\ cm^3$

12 $0.9\ m^3 = \square\ cm^3$

13 $700000\ cm^3 = \square\ m^3$

14 $3500000\ cm^3 = \square\ m^3$

15 $80000\ cm^3 = \square\ m^3$

16 $100000000\ cm^3 = \square\ m^3$

3. 직육면체의 부피를 m^3로 나타내기

학습 POINT

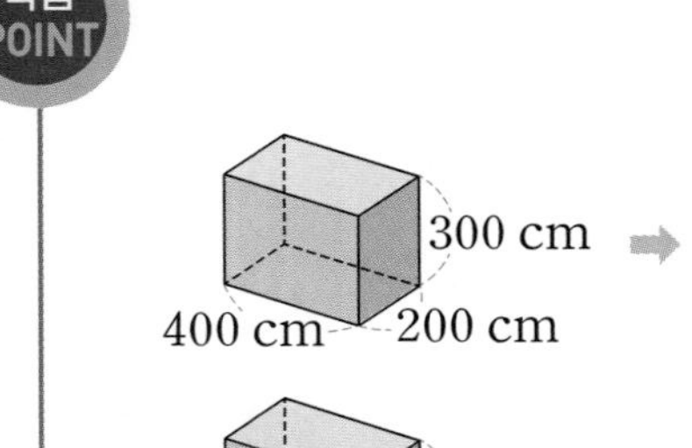

가로	세로	높이	부피
400 cm	200 cm	300 cm	$400 \times 200 \times 300$ $=$ 24000000 (cm^3)
$=$	$=$	$=$	$=$
4 m	2 m	3 m	$4 \times 2 \times 3 =$ 24 (m^3)

정답은 32쪽

[01 ~ 08] 직육면체의 부피는 몇 m^3인지 구하시오.

01

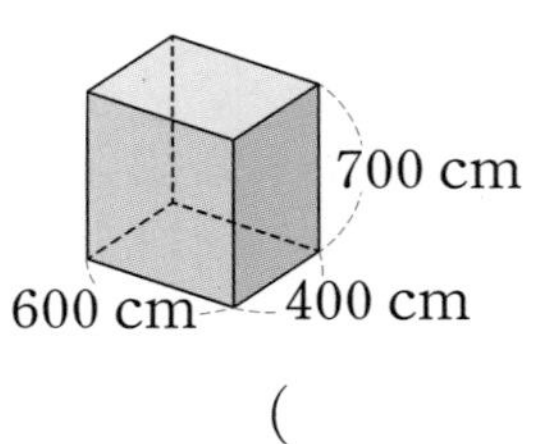

(　　　　　　　　)

05

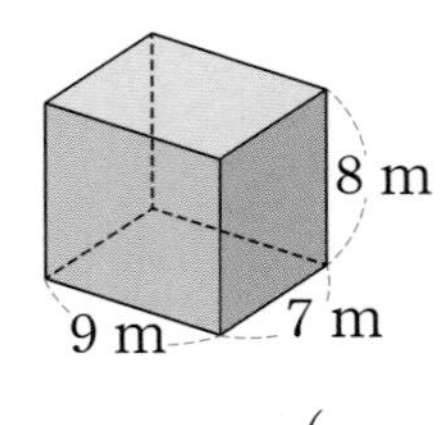

(　　　　　　　　)

02

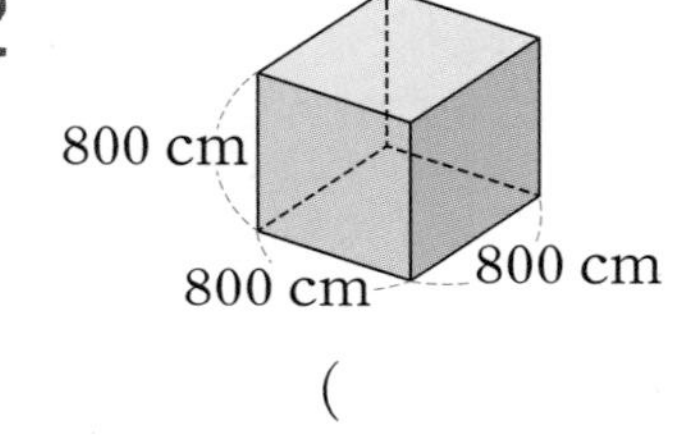

(　　　　　　　　)

06

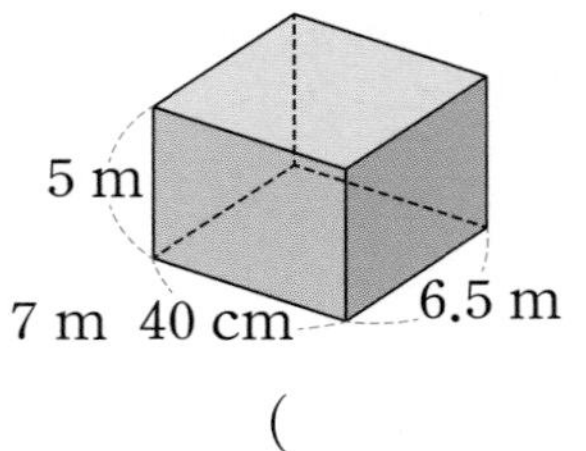

(　　　　　　　　)

03

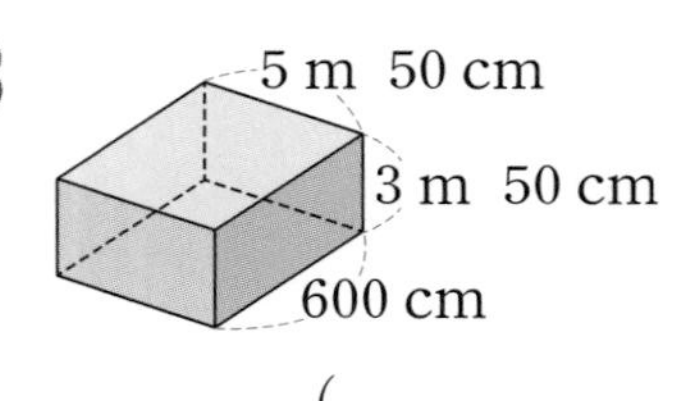

(　　　　　　　　)

07

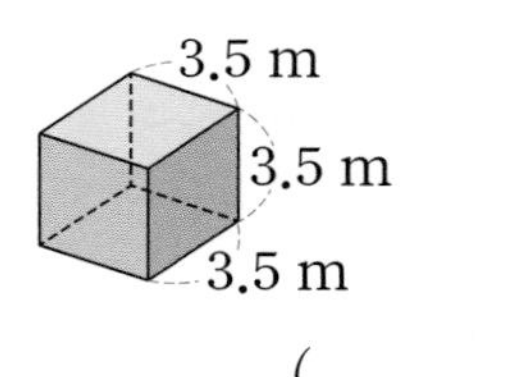

(　　　　　　　　)

04

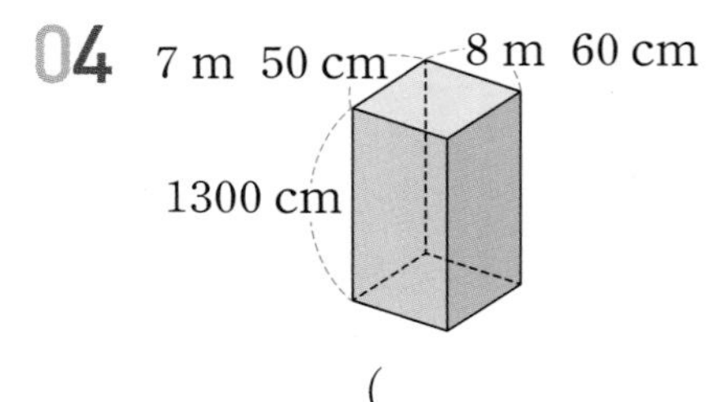

(　　　　　　　　)

08

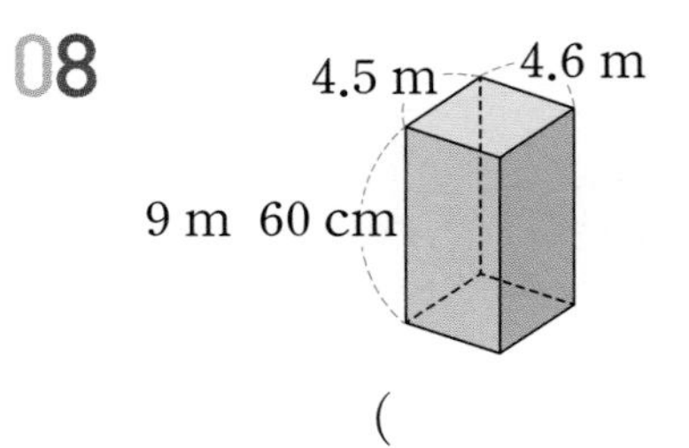

(　　　　　　　　)

4. 직육면체의 겉넓이 구하기

(직육면체의 겉넓이)=(합동인 세 면의 넓이의 합)×2

$=(3\times2+3\times5+2\times5)\times2$

$=(6+15+10)\times2$

$=\boxed{62}\ (cm^2)$

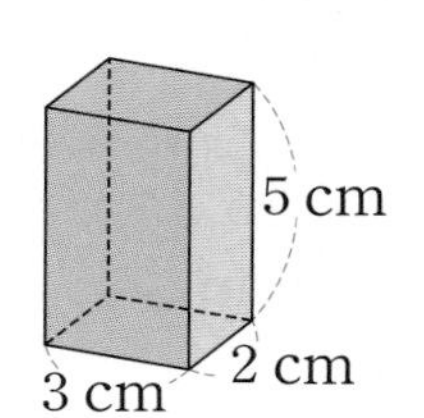

정답은 32쪽

[01 ~ 08] 직육면체의 겉넓이를 구하시오.

01

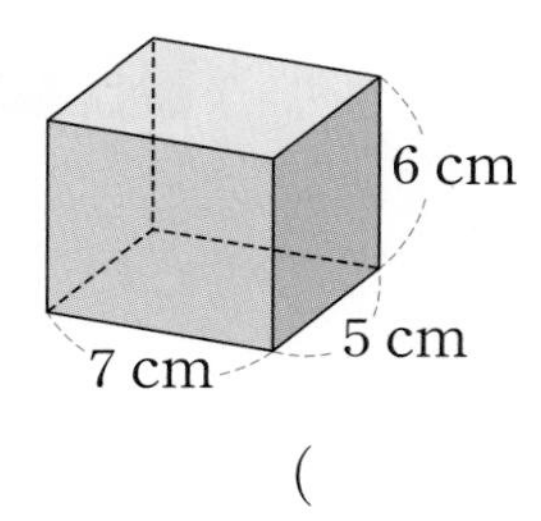

(　　　　　　　　)

05

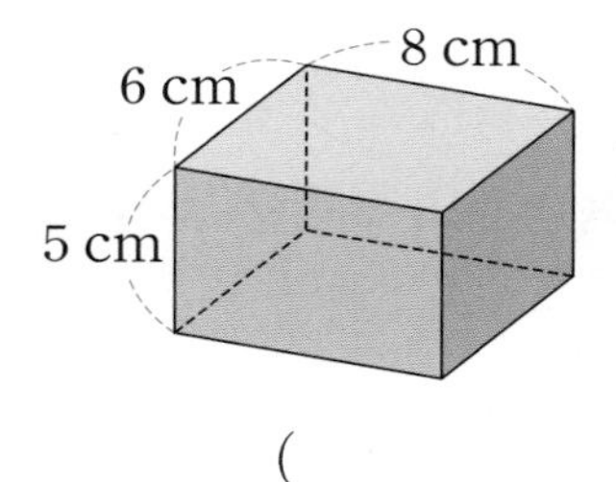

(　　　　　　　　)

02

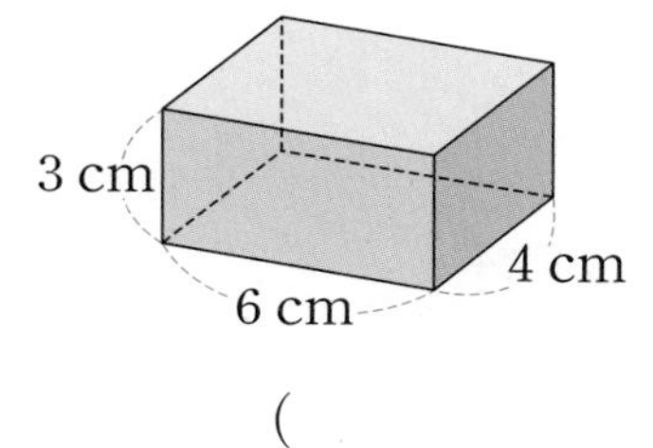

(　　　　　　　　)

06

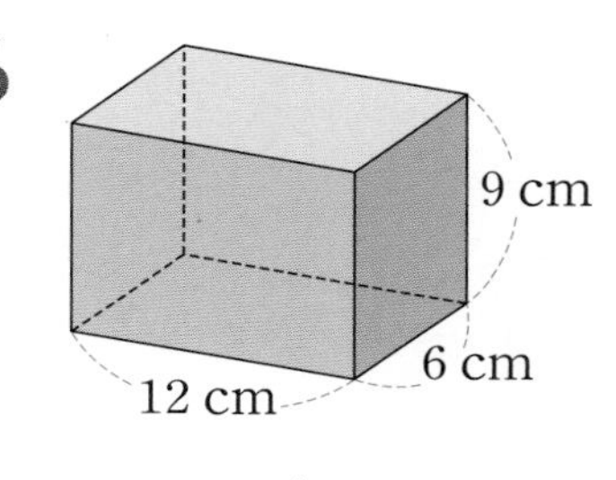

(　　　　　　　　)

03

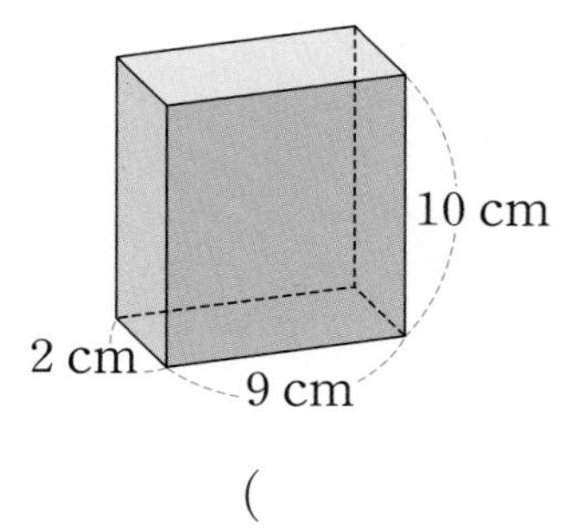

(　　　　　　　　)

07

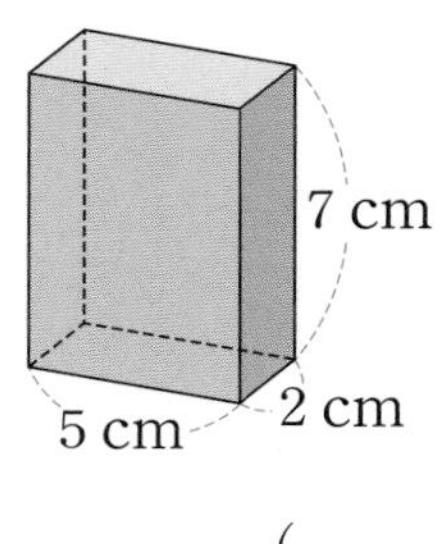

(　　　　　　　　)

04

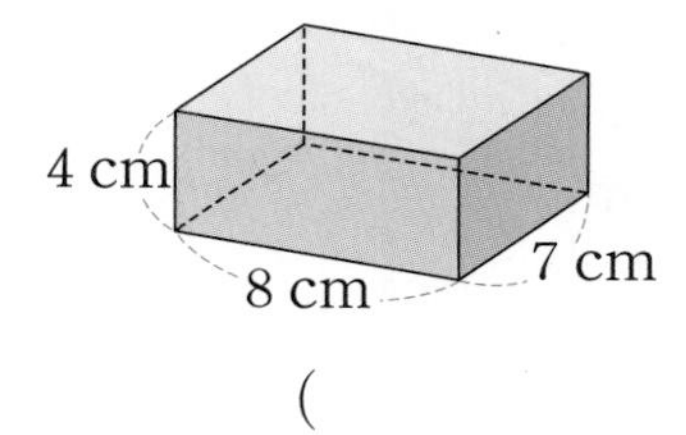

(　　　　　　　　)

08

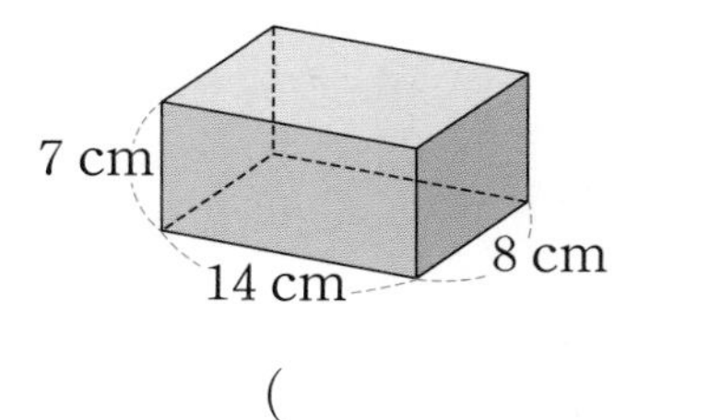

(　　　　　　　　)

[09 ~ 18] 정육면체의 겉넓이를 구하시오.

09

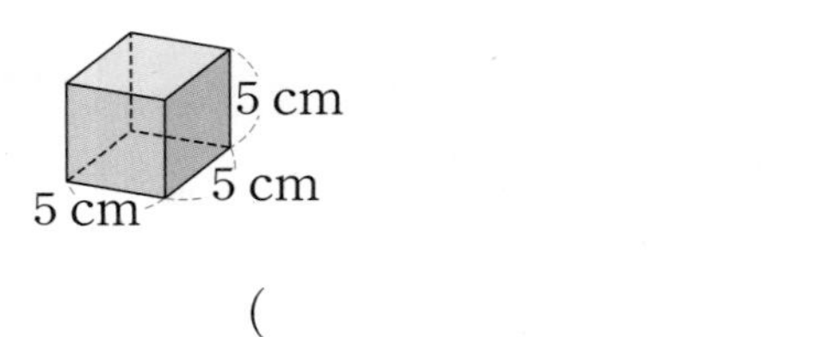

(　　　　　　　　　　)

10

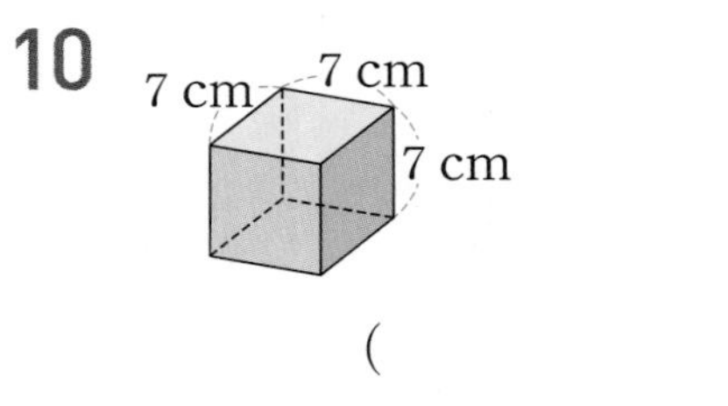

(　　　　　　　　　　)

11

10 cm
10 cm
10 cm

(　　　　　　　　　　)

12

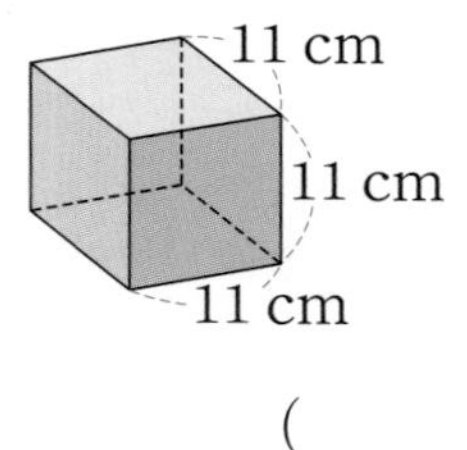

(　　　　　　　　　　)

13

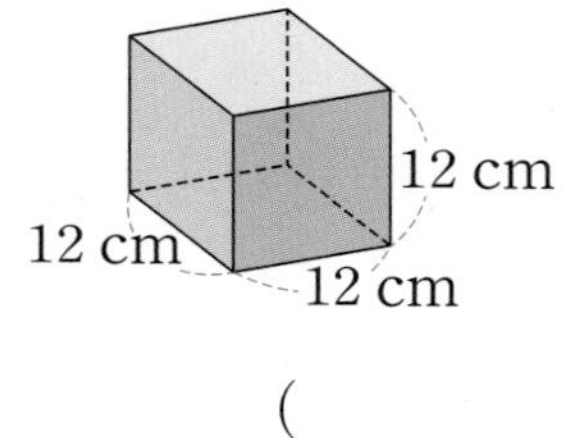

(　　　　　　　　　　)

14

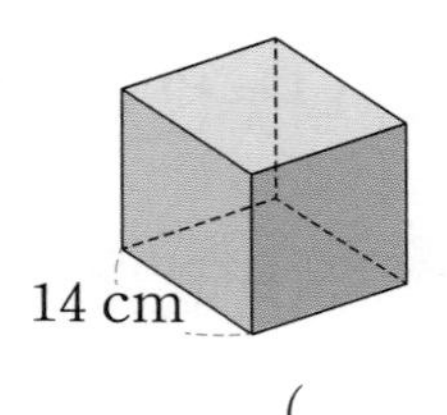

(　　　　　　　　　　)

15

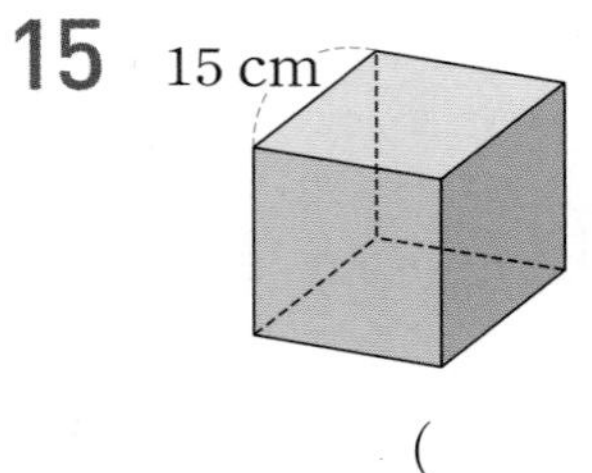

(　　　　　　　　　　)

16

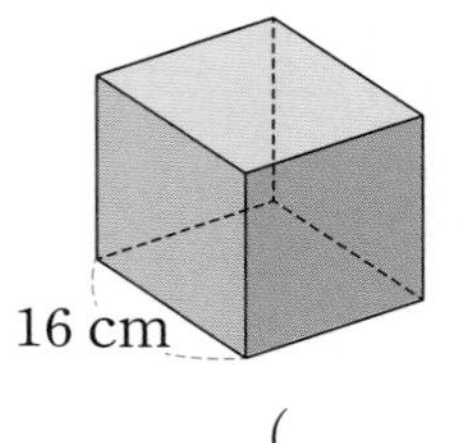

(　　　　　　　　　　)

17

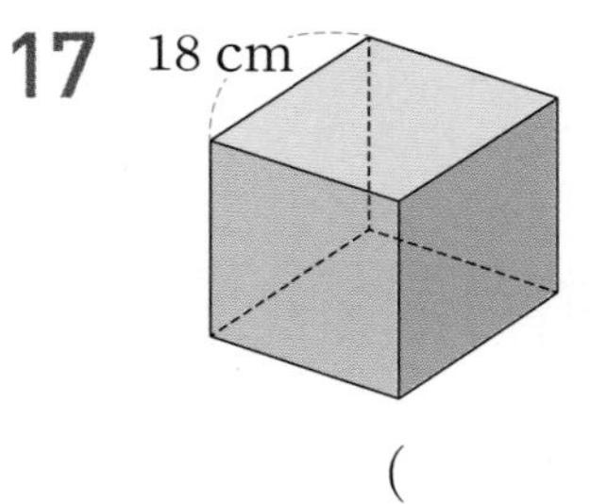

(　　　　　　　　　　)

18

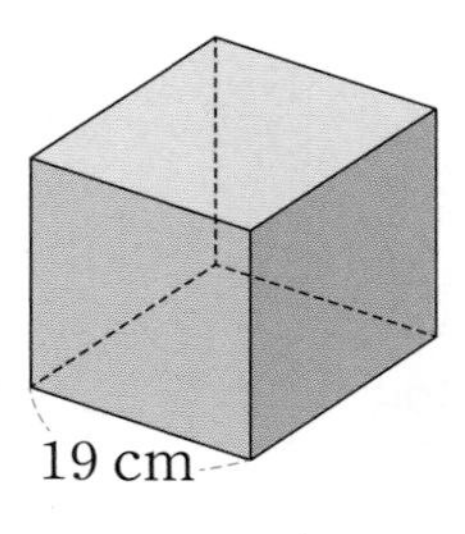

(　　　　　　　　　　)

1 분수의 나눗셈

2 쪽 1. (자연수)÷(자연수)의 몫을 분수로 나타내기

01 $\frac{1}{8}$
02 $\frac{1}{5}$
03 $\frac{1}{7}$
04 $\frac{1}{3}$
05 $\frac{1}{9}$
06 $\frac{1}{11}$
07 $\frac{9}{13}$
08 $\frac{10}{17}$
09 $\frac{12}{25}$
10 $\frac{7}{15}$
11 $\frac{21}{43}$
12 $\frac{18}{35}$
13 $\frac{5}{2}\left(=2\frac{1}{2}\right)$
14 $\frac{9}{8}\left(=1\frac{1}{8}\right)$
15 $\frac{11}{4}\left(=2\frac{3}{4}\right)$
16 $\frac{13}{5}\left(=2\frac{3}{5}\right)$
17 $\frac{21}{10}\left(=2\frac{1}{10}\right)$
18 $\frac{40}{33}\left(=1\frac{7}{33}\right)$

3 쪽 2. (분수)÷(자연수) 알아보기

01 $4, 2, \frac{2}{5}$
02 $7, 7, \frac{1}{8}$
03 $9, 3, \frac{3}{10}$
04 $8, 4, \frac{2}{11}$
05 $10, 5, \frac{2}{17}$
06 $18, 9, \frac{2}{23}$
07 $\frac{2}{7}$
08 $\frac{2}{19}$
09 $\frac{4}{13}$
10 $\frac{3}{25}$
11 $\frac{3}{31}$
12 $\frac{5}{37}$

4 쪽 2. (분수)÷(자연수) 알아보기

13 $\frac{4}{21}$
14 $\frac{5}{44}$
15 $\frac{2}{21}$
16 $\frac{3}{40}$
17 $\frac{1}{12}$
18 $\frac{4}{45}$
19 $\frac{5}{52}$
20 $\frac{7}{18}$
21 $\frac{9}{140}$
22 $\frac{11}{144}$
23 $\frac{5}{56}$
24 $\frac{5}{52}$
25 $\frac{8}{75}$
26 $\frac{7}{60}$

5 쪽 3. (분수)÷(자연수)를 분수의 곱셈으로 나타내기

01 $\frac{1}{12}$
02 $\frac{2}{25}$
03 $\frac{3}{14}$
04 $\frac{2}{27}$
05 $\frac{7}{80}$
06 $\frac{8}{33}$
07 $\frac{1}{10}$
08 $\frac{5}{21}$
09 $\frac{3}{40}$
10 $\frac{5}{24}$
11 $\frac{7}{72}$
12 $\frac{13}{100}$
13 $\frac{7}{8}$
14 $\frac{9}{32}$
15 $\frac{31}{42}$
16 $\frac{47}{90}$
17 $\frac{17}{72}$
18 $\frac{23}{52}$

6 쪽 4. (대분수)÷(자연수) 알아보기

01 $\frac{13}{48}$
02 $\frac{8}{35}$
03 $\frac{7}{16}$
04 $\frac{19}{32}$
05 $\frac{4}{15}$
06 $\frac{16}{63}$
07 $\frac{17}{32}$
08 $\frac{13}{50}$
09 $\frac{18}{35}$
10 $\frac{23}{42}$
11 $\frac{19}{27}$
12 $\frac{3}{8}$

7 쪽 4. (대분수)÷(자연수) 알아보기

13 $\frac{9}{20}$
14 $\frac{7}{20}$
15 $\frac{11}{18}$
16 $\frac{3}{20}$
17 $\frac{20}{81}$
18 $\frac{5}{14}$
19 $\frac{5}{8}$
20 $\frac{2}{3}$
21 $\frac{3}{10}$
22 $\frac{5}{32}$
23 $\frac{6}{49}$
24 $\frac{5}{12}$
25 $\frac{11}{24}$
26 $\frac{11}{24}$

3 소수의 나눗셈

8 쪽 1. 자연수의 나눗셈을 이용한 (소수)÷(자연수)

01 (왼쪽부터) 162, 16.2, 1.62 ; $\frac{1}{10}$, $\frac{1}{100}$

02 (왼쪽부터) 256, 25.6, 2.56 ; $\frac{1}{10}$, $\frac{1}{100}$

03 (왼쪽부터) 68, 6.8, 0.68 ; $\frac{1}{10}$, $\frac{1}{100}$

04 (왼쪽부터) 214, 21.4, 2.14 ; $\frac{1}{10}$, $\frac{1}{100}$

05 (왼쪽부터) 91, 9.1, 0.91 ; $\frac{1}{10}$, $\frac{1}{100}$

06 (왼쪽부터) 495, 49.5, 4.95 ; $\frac{1}{10}$, $\frac{1}{100}$

9 쪽 1. 자연수의 나눗셈을 이용한 (소수)÷(자연수)

07 56, 5.6, 0.56
08 134, 13.4, 1.34
09 125, 12.5, 1.25
10 658, 65.8, 6.58
11 352, 35.2, 3.52
12 79, 7.9, 0.79
13 142, 14.2, 1.42
14 421, 42.1, 4.21
15 19, 1.9, 0.19
16 123, 12.3, 1.23
17 41, 4.1, 0.41
18 285, 28.5, 2.85
19 314, 31.4, 3.14
20 821, 82.1, 8.21
21 39, 3.9, 0.39

10 쪽 2. 각 자리에서 나누어떨어지지 않는 (소수)÷(자연수)

01 11.7
02 24.8
03 3.73
04 2.17
05 4.18
06 5.24
07 3.74
08 5.23
09 1.57

11 쪽 2. 각 자리에서 나누어떨어지지 않는 (소수)÷(자연수)

10 9.23
11 8.21
12 42.6
13 8.42
14 5.87
15 27.3
16 21.38
17 85.63
18 12.98
19 12.8
20 95.6
21 36.8

12 쪽 3. 몫이 1보다 작은 소수인 (소수)÷(자연수)

01 0.7
02 0.8
03 0.9
04 0.8
05 0.7
06 0.8
07 0.84
08 0.38
09 0.36
10 0.19
11 0.24
12 0.43

13 쪽 3. 몫이 1보다 작은 소수인 (소수)÷(자연수)

13 0.9
14 0.84
15 0.23
16 0.35
17 0.57
18 0.96
19 0.28
20 0.87
21 0.24
22 0.82
23 0.79
24 0.9

14 쪽 4. 소수점 아래 0을 내려 계산해야 하는 (소수)÷(자연수)

01 6.84
02 2.25
03 3.15
04 3.35
05 6.35
06 4.45
07 9.42
08 7.45
09 5.18

15 쪽 4. 소수점 아래 0을 내려 계산해야 하는 (소수)÷(자연수)

10 8.52
11 6.15
12 2.55
13 0.14
14 1.24
15 1.44
16 2.44
17 0.75
18 2.55
19 1.72
20 0.15
21 3.75

16 쪽 5. 몫의 소수 첫째 자리에 0이 있는 (소수)÷(자연수)

01 3.08
02 7.02
03 6.07
04 10.06
05 7.08
06 2.04
07 6.05
08 4.05
09 3.05
10 2.06
11 6.02
12 4.05

17 쪽 5. 몫의 소수 첫째 자리에 0이 있는 (소수)÷(자연수)

13 1.05
14 6.05
15 2.05
16 2.08
17 9.07
18 5.05
19 9.07
20 8.04
21 12.07
22 3.05
23 0.05
24 0.06

18 쪽 6. (자연수)÷(자연수)의 몫을 소수로 나타내기

01 1.4
02 1.5
03 5.5
04 5.5
05 2.5
06 4.5
07 1.25
08 4.25
09 0.25
10 4.88
11 0.85
12 1.05

19 쪽 6. (자연수)÷(자연수)의 몫을 소수로 나타내기

13 2.25
14 0.44
15 1.6
16 5.2
17 0.25
18 1.8
19 0.4
20 1.2
21 0.75
22 3.75
23 0.96
24 0.5

20 쪽 7. 몫의 소수점 위치 확인하기

01 예 49, 8 ; 8⊡1□2
02 예 19, 2 ; 2⊡3□6
03 예 113, 12 ; 1□2⊡5
04 예 84, 21 ; 2□1⊡2
05 예 5, 1 ; 0⊡9□7
06 예 40, 3 ; 3⊡2□4
07 예 46, 2 ; 2⊡5□4
08 예 120, 5 ; 5⊡2□1
09 예 50, 17 ; 1□6⊡7
10 예 704, 78 ; 7□8⊡2
11 예 48, 8 ; 8⊡1□2
12 예 12, 2 ; 2⊡4□3

4 비와 비율

21 쪽 1. 비율 알아보기

01	10, 7, $\frac{7}{10}$	05	20, 13, 0.65
02	25, 11, $\frac{11}{25}$	06	5, 4, 0.8
03	5, 2, $\frac{2}{5}$	07	25, 17, 0.68
04	8, 3, $\frac{3}{8}$	08	6, 9, 1.5

22 쪽 2. 비율을 백분율로 나타내기

01	11 %	06	50 %	11	99 %
02	74 %	07	125 %	12	107 %
03	29 %	08	2 %	13	595 %
04	55 %	09	57 %	14	1215 %
05	40 %	10	6 %		

23 쪽 3. 백분율을 비율로 나타내기

01	$\frac{3}{100}$	05	$\frac{111}{100}\left(=1\frac{11}{100}\right)$	10	0.24
02	$\frac{7}{100}$	06	$\frac{157}{100}\left(=1\frac{57}{100}\right)$	11	0.75
03	$\frac{41}{100}$	07	$\frac{203}{100}\left(=2\frac{3}{100}\right)$	12	1.25
04	$\frac{69}{100}$	08	0.05	13	2.64
		09	0.08	14	19.86

6 직육면체의 부피와 겉넓이

24 쪽 1. 직육면체의 부피 구하기

01	210 cm^3	05	420 cm^3
02	378 cm^3	06	60 cm^3
03	455 cm^3	07	480 cm^3
04	672 cm^3	08	120 cm^3

25 쪽 1. 직육면체의 부피 구하기

09	125 cm^3	14	2744 cm^3
10	343 cm^3	15	3375 cm^3
11	1000 cm^3	16	4096 cm^3
12	1331 cm^3	17	5832 cm^3
13	1728 cm^3	18	6859 cm^3

26 쪽 2. m^3와 cm^3 사이의 관계

01	3000000	09	10000000
02	8000000	10	27000000
03	50000000	11	91000000
04	200000	12	900000
05	9	13	0.7
06	24	14	3.5
07	77	15	0.08
08	0.6	16	100

27 쪽 3. 직육면체의 부피를 m^3로 나타내기

01	168 m^3	05	504 m^3
02	512 m^3	06	240.5 m^3
03	115.5 m^3	07	42.875 m^3
04	838.5 m^3	08	198.72 m^3

28 쪽 4. 직육면체의 겉넓이 구하기

01	214 cm^2	05	236 cm^2
02	108 cm^2	06	468 cm^2
03	256 cm^2	07	118 cm^2
04	232 cm^2	08	532 cm^2

29 쪽 4. 직육면체의 겉넓이 구하기

09	150 cm^2	14	1176 cm^2
10	294 cm^2	15	1350 cm^2
11	600 cm^2	16	1536 cm^2
12	726 cm^2	17	1944 cm^2
13	864 cm^2	18	2166 cm^2